Ediciones ryr

CIRUJAS, CARTONEROS Y EMPRESARIOS

Nicolás Villanova

CIRUJAS, CARTONEROS Y EMPRESARIOS

La población sobrante como base de la industria papelera (Buenos Aires, 1989-2012)

Ediciones ryr

Villanova, Nicolás
Cirujas, cartoneros y empresarios / Nicolás Villanova. - 1a ed. . - Ciudad Autónoma de Buenos Aires : RyR, 2015.
424 p. ; 20 x 14 cm.

ISBN 978-987-1421-91-6

1. Ciencias Sociales. I. Título.
CDD 305.568

Printed in Argentina-Impreso en Argentina

Se terminó de imprimir en Pavón 1625, C.P. 1870.
Avellaneda, provincia de Buenos Aires, Argentina.
Responsable editorial: Nicolás Grimaldi
Diseño de tapa: Sebastián Cominiello
Diseño de interior: Federico Damián Genera
www.razonyrevolucion.org.ar
editorial@razonyrevolucion.org.ar

Ediciones ryr

CIRUJAS, CARTONEROS Y EMPRESARIOS

Prólogo

¿Qué es un cartonero? Muchos intelectuales se hicieron esta pregunta sobre todo allá por el 2001, en un momento en el cual ese conjunto de personas dedicadas a la recolección y clasificación de productos desechados se lanzó a la calle para sobrevivir a la crisis. Con solo observarlos e indagar un poco el asunto, nadie negaba que los recuperadores de materiales reciclables vivían en la miseria, laboraban extensas jornadas y hacían piquetes para obtener un tren propio que los trasladara desde sus hogares hasta su ámbito laboral.

Al comenzar a indagar los procesos y las condiciones de trabajo observamos que, con su labor, los recicladores producían una mercancía, el insumo papel o cartón reciclable, una de las materias primas usadas para la producción de papel. Entonces, si fabrican una mercancía (como obreros), viven en la miseria (como la mayoría de los obreros) y reclaman (como obreros), no habría razones para suponer que los cartoneros no conforman una capa específica del proletariado argentino.

Sin embargo, la historiografía académica tendió a alejar al "cartonero" de la clase obrera, asociándolo con los "excluidos", los "sectores populares", los "marginales" o los "informales". Todas estas nociones abonan en el sentido de una supuesta desaparición de la clase obrera, ideas que cobran mayor fuerza sobre todo luego de la década de 1980 y que acompañan en el campo de la ciencia el avance de la burguesía (sus ideas dominantes) y el repliegue del proletariado. Su consecuencia es claramente identificable: si la clase obrera es el sujeto revolucionario y esta tiende a desaparecer, entonces, se desvanecería con ella la posibilidad de un cambio revolucionario.

En este libro veremos que los recolectores de desechos, recuperadores urbanos, cirujas o como se pretenda llamarlos, constituyen una porción sustantiva de la fragmentada clase obrera. Es decir que, lejos de esfumarse, la clase ha tomado diversas expresiones (a partir de los cambios técnicos en los procesos de trabajo) entre las que se encuentran los cartoneros. Esto presupone que el sujeto histórico y portador de la revolución socialista está allí, vivito y coleando, y que por diversas razones se lo ha querido ocultar.

Esta síntesis escrita en unas pocas líneas no hubiera sido posible si no fuera por la pertenencia a un colectivo con un programa consciente. En efecto, este libro es el resultado de una tarea conjunta desarrollada por el CEICS, el centro de estudios de la organización política Razón y Revolución. No solo porque la tesis sobre cartoneros brota de un programa de investigación específico de la realidad argentina. Sino porque un conjunto de compañeros participó desde los orígenes de la investigación, allá por el 2007, hasta su concreción final.

Hay personas a quienes debo mucho y debiera mencionar. Nombrarlos a todos sería extenso en exceso y, hasta cierto punto, tedioso para el lector, de modo que me limito a quienes estuvieron involucrados directamente en esta tarea. En particular, quiero destacar a mis compañeros de militancia Marina Kabat y Eduardo Sartelli. Ellos fueron imprescindibles para el armado y desarrollo de una línea de investigación: los cartoneros como expresión de una capa de la sobrepoblación relativa. Eduardo, además, estuvo en el proceso final del desarrollo de este libro. A él va un agradecimiento y una mención especial por su dedicación, su tenacidad y por la masa enorme de tiempo que destina a la lucha en general y a todos los que pertenecemos a Razón y Revolución.

Quiero agradecer también a mis compañeros del Grupo de Investigación de la Clase Obrera Argentina del CEICS, Sebastián Cominiello, Roberto Muñoz, Julia Egan, Rocío Fernández, Nahuel Audisio y Nicolás Viñas, con quienes los resultados del libro fueron debatidos durante varios años. Dicho grupo, primero bajo la responsabilidad de Marina y ahora a cargo de Ianina Harari, desarrolla varias líneas de investigación vinculadas con el extenso mundo de la sobrepoblación relativa y la clase obrera ocupada. Tanto a ellos como a todos mis compañeros de lucha les agradezco el aprecio, la paciencia y la confianza, que espero sientan retribuida.

A su vez, el libro es parte de la tesis doctoral desarrollada en el marco de un proyecto financiado por el CONICET, entre abril de 2009 y 2014. Aquí le cabe una mención especial a mi directora de tesis, Marta Panaia, quien me otorgó una libertad plena para llevar adelante y desarrollar mis ideas, algo poco frecuente en el mundo académico, sobre todo cuando se combate contra algunas nociones fuertemente arraigadas en él.

En el terreno de los afectos, quiero agradecer a Romina, mi compañera, sostén permanente e incondicional, con quien comparto la vida.

A mis padres (Luis y Graciela) y hermanas (Ana y Caro), de quienes recibo cariño y apoyo siempre. A mis sobrinos, abuela y toda la familia. A mis amigos y a los pescadores con quienes viajo, pesco (cuando hay suerte...) y comparto de vez en cuando ese tiempo de ocio tan necesario por el cual luchamos los revolucionarios.

No podría terminar aquí sin resaltar que, por sobre toda otra cosa, debo expresar mi gratitud para con quienes hacen que este libro tenga sentido: los que permitieron que los entrevistara, los miembros de las asambleas populares y los dirigentes de diferentes organizaciones, sí, pero, antes que a nadie, a todos esos compañeros, compañeras, compañeritos y compañeritas que constituyen el objeto de estudio de este trabajo. Con la esperanza puesta en el futuro, en que el objeto se vuelve sujeto y nos libera a todos...

Ediciones ryr

Introducción

Este libro tiene como propósito estudiar las relaciones sociales que organizan ese conjunto de personas dedicadas a la recolección y clasificación de productos reciclables en la ciudad de Buenos Aires, comúnmente denominados "cartoneros". Esta población comienza a ser mayormente visibilizada entre los años previos y posteriores a la crisis del 2001. Sin embargo, tiene una historia previa. También conocidos históricamente como "cirujas", cualquier persona que haya vivido en las cercanías de algún basural durante las décadas de 1940 o 1960 bien puede haberlos observado juntar productos desechados en los vertederos. Lo que ha cambiado entre un momento y otro es la masividad que asume el fenómeno en las últimas décadas, como resultado de transformaciones de la sociedad argentina en general, de la rama de producción y en el seno de la clase obrera. Las preguntas que guían el desarrollo de nuestra investigación pueden formularse de la siguiente manera: ¿qué es un cartonero?; ¿a qué sujeto social e histórico pertenece?; ¿por qué razones se multiplica su número en los últimos treinta años?; ¿qué transformaciones hicieron posible su emergencia?

No bien se masifica el fenómeno cartonero, un conjunto de investigadores comenzó a visibilizarlo y a brindar las primeras respuestas a estos interrogantes. Una corriente de análisis hacía hincapié en la novedad del "sujeto" cartonero. En contraposición a los "viejos" cirujas, los "nuevos" cartoneros tendrían características específicas y disímiles. Desde esta perspectiva, el movimiento piquetero y los caceroleros también eran sujetos "emergentes" de la crisis del 2001. Del mismo modo, la forma de lucha y el tipo de organización asumían características similares. Esta concepción basada en la supuesta "novedad" que, como veremos en este libro, no es tal, es, en parte, expresión de la carencia de análisis con perspectiva histórica, por un lado, pero también de una determinada posición teórica.

En efecto, la idea de la novedad del fenómeno "cartonero" entronca con una posición teórica que pretende que presenciamos la desaparición de la clase obrera. Desde esta perspectiva, los (ex) obreros fabriles, luego devenidos en desocupados, perderían su condición de clase. Esta idea se corresponde con aquella que supone al obrero fabril como la única expresión del proletariado. En contraposición, todos aquellos que quedan "por fuera" de la estructura fabril ya no serían parte de la clase obrera. En consecuencia, un desocupado no sería un obrero. Su aparición en la vida política, esto es, como sujeto que lucha y se organiza, daría cuenta de la emergencia de algo nuevo. Conceptualmente, suele ser caracterizado como un "excluido" o "marginado" del sistema.

Un argumento similar propone que la novedad podría estar en el origen, es decir, no sería lo mismo si los cartoneros surgen del debilitamiento y disminución numérica de la clase obrera o como una fracción diferenciada. Pero el problema no es de dónde se nutre la capa de la clase obrera en la que se constituye el fenómeno "cartonero", la sobrepoblación relativa, sino adónde va. Como veremos a lo largo de este estudio, los "cartoneros" provienen tanto de la descomposición de otras fracciones y capas de la clase obrera (y de la pequeña burguesía), como también de la propia capa de la población sobrante. Tampoco tiene que ver con una supuesta nueva fase del capitalismo, la fase "financiera": el desarrollo de la población sobrante forma parte de la lógica propia del capital y ya está presente en el análisis de Marx en *El Capital*.

Las tesis sobre "marginación" y "exclusión" enfatizan en la separación entre los cartoneros y el trabajo. Pero, los cartoneros trabajan. A nadie se le escapa que los recuperadores recorren cuadras y cuadras con sus carros, recogen productos de la calle y luego los venden. A cambio, reciben un monto de dinero por la cantidad de piezas vendidas. Es decir, un salario a destajo. Por este motivo, sin dejar de caracterizarlos como "nuevos sujetos", la mayoría de los estudiosos del fenómeno ubica a los cartoneros como parte del "sector informal" o del "cuentapropismo". Si tenemos en cuenta que dentro del sector informal se contemplan situaciones más heterogéneas, esta definición oscurece aún más qué es de lo que se trata. Por ejemplo, un camionero que compra productos a los recolectores y los vende a las empresas también puede ser incorporado como parte del sector informal o cuentapropia y, sin embargo, su posición objetiva dista de la del cartonero recolector. El transporte presupone la tenencia de un medio de vida. A su vez, la caracterización del cartonero como cuentapropista hace desaparecer todo tipo de relación de subordinación con sus empleadores, los intermediarios y las empresas que utilizan los insumos recogidos por los recuperadores, subordinación perfectamente visible para el investigador.

Todas estas nociones alternativas se alejan de la concepción clásica marxista, esto es, de la categorización de clase y sus consecuencias. Los estudiosos del fenómeno ni siquiera se han tomado el trabajo de cuestionar tales nociones, lo cual incumple con la máxima científica según la cual se deben descartar las ideas viejas antes de adoptar nuevas. El problema no radica en la escasa vocación "marxista" de los investigadores actuales, sino que los conceptos que el marxismo aporta son más pertinentes para estudiar esta realidad que aquellos que se proponen como alternativa. Vale la pena recordar algunas nociones básicas. La clase obrera se divide en capas y fracciones. Dentro de estas últimas, se encuentra una fracción que es creada por el propio desarrollo del capitalismo, la sobrepoblación relativa. Los cambios técnicos en el desarrollo de la gran industria crean una población que "sobra" en términos relativos, es decir, para las necesidades de valorización del capital. Ya sea porque la mecanización de las tareas absorbe cada vez menos obreros, o bien, porque el capital directamente los expulsa por la tendencia a su concentración y centralización, el avance del capitalismo crea esta sobrepoblación.

Lógicamente, esta población debe subsistir de alguna manera, de lo contrario, se muere. El asistencialismo estatal y la ocupación en empleos informales ("changas") constituyen formas de subsistencia para cualquier obrero desocupado. Uno de los mecanismos por los cuales el capital emplea una sobrepoblación relativa remite a ciertas características de la rama en cuestión, en particular, su baja composición orgánica. Por otra parte, el crecimiento de una cada vez mayor sobrepoblación relativa en el capitalismo argentino ha creado una tendencia a la fractura en la estructura de la clase obrera. Este proceso se remonta a los años '60 y '70 y tiende a agudizarse en las décadas posteriores. La modificación de las condiciones de existencia jurídica de la fuerza de trabajo (lo que suele denominarse "flexibilización" laboral) y el crecimiento en los niveles de desocupación, desempleo y subempleo de las décadas de 1980 y 1990 abonan en este sentido. Este proceso se cristaliza tanto en la zona rural como urbana. En el mundo urbano, uno de los componentes de la sobrepoblación relativa que más ha crecido en los últimos años es aquella que indagamos aquí, los cartoneros.

Como intentaremos testear, los cartoneros son obreros y, al mismo tiempo, forman parte de una capa de la sobrepoblación relativa que es explotada en condiciones intensivas y que percibe salarios bajos. Dado que en el ámbito académico predominan esas nociones alternativas de las que hablamos más arriba, hemos dedicado una parte del **capítulo I** para despejar esos obstáculos epistemológicos que tienden a ocultar el carácter de clase de los cartoneros.

El interrogante acerca de qué es un cartonero presupone un análisis sobre su origen social y los cambios en su actividad en términos históricos. Esto implica el estudio de la estructura de relaciones que organizan el mundo cartonero. En primer lugar, supone caracterizar quiénes se benefician con el trabajo de los cartoneros. Como todo obrero, los recolectores producen una mercancía, esto es, el material reciclado. Esta mercancía tiene un valor de uso y un valor de cambio. Es decir, debe tener alguna finalidad en la sociedad (un uso) y ser intercambiable por otros bienes o dinero. Este producto se utiliza como insumo para la elaboración de otros bienes por parte de la industria, específicamente, la papelera. De allí que haya proliferado como categoría histórica el nombre de "cartonero", es decir, una persona especializada en la recolección de un tipo de producto, sobre todo hacia fines de la década de 1980. A su vez, la labor cartonera implica un ahorro para el Estado en la medida en que se evita el retiro de residuos y su entierro en los rellenos sanitarios. De este modo, tanto la industria como el Estado se benefician con el cartoneo. Dedicamos el **capítulo II** a la descripción de la evolución histórica de la recuperación de residuos, del reciclado por la industria papelera, los antecedentes acerca de las condiciones laborales de los "cirujas" y la legislación sobre el fenómeno.

En tercer término, observamos de qué manera y quiénes participan del fenómeno, es decir, intentamos aproximarnos al estudio de los empleados y los empleadores. De este modo, en el **capítulo III** describimos la red de intermediación entre empresas, intermediarios y recolectores. El estudio sobre el rol del Estado, luego de la crisis del 2001, resulta de particular interés debido a que ha tendido a reconocer efectivamente la labor cartonera. En cuarto lugar, el análisis de las relaciones de producción presupone indagar sobre el uso de la fuerza de trabajo cartonera por el capital. Esto implica una observación de los procesos de trabajo y las condiciones laborales de los cartoneros: las etapas del trabajo, la jornada laboral, el tipo y monto del salario, las herramientas utilizadas, etc. A estos aspectos dedicamos el **capítulo IV**.

Finalmente, el trabajo no estaría completo sin un análisis sobre la lucha y organización de los cartoneros. Aquí nos adentramos al estudio de un elemento que corresponde al ámbito de la superestructura del fenómeno. Algunos cambios en el seno de los cartoneros y ciertas políticas de subsidios efectuadas por el gobierno porteño, sobre todo en los últimos años, se encuentran directamente vinculadas con la lucha de los recolectores. Dicho en otros términos, una porción de los cartoneros que recoge en las calles porteñas obtuvo beneficios por parte del Estado sobre la base de su lucha, a pesar de haber sido fuertemente reprimidos por los diferentes gobiernos de turno. En el **capítulo V** periodizamos y caracterizamos esta lucha entre los años 1989 y 2012.

Después de las conclusiones adjuntamos una serie de apéndices sobre cuestiones colaterales pero que ayudan a entender algunos aspectos de los problemas tratados en este libro. En el **Apéndice I** describimos el funcionamiento de la industria "normal" de la fabricación de pasta celulósica y papel, es decir, la que funciona sin reciclado. Su lectura ayudará a entender por qué en una de ellas (la "oficial") se encuentra a la clase obrera en activo y por qué en la otra (la "reciclada") se concentra la actividad de la sobrepoblación relativa. En el **Apéndice II** hacemos un pequeño ejercicio de contabilidad para entender por qué las empresas papeleras impulsan el reciclaje local. El **Apéndice III** tiene como propósito mostrar las dificultades metodológicas que ofrece el Censo económico y sus divergencias con la realidad que aquí estudiamos.

Debemos, también, justificar la delimitación espacial de nuestro trabajo. Nuestro objeto de estudio son los cartoneros que recolectan en la ciudad de Buenos Aires. No se trata de una elección al azar. La ciudad porteña constituye uno de los ámbitos de mayor consumo y, consecuentemente, de mayor producción de desechos reciclables. A su vez, la región metropolitana de Buenos Aires es la zona que concentra la mayor cantidad de empresas papeleras, quienes se nutren de los insumos reciclables para la elaboración de papeles. El período estudiado abarca desde 1989 hasta la actualidad. Se trata de un momento en el cual el cartoneo tiende a crecer en la zona porteña. Además, hacia finales de los '80, la actividad cartonera asume algunas transformaciones que influyen en una tendencia a la reconversión tecnológica de la rama papelera para la utilización de papel reciclado como insumo, sobre todo, en los primeros años de la década de 1990. Este libro indaga solo la industria papelera como parte de la estructura que determina las condiciones laborales de los cartoneros. Aunque estos recogen todo tipo de productos, como el plástico, latas, nylon o chatarra, los derivados del papel y cartón reciclados son los materiales privilegiados en la recolección.

Creemos posible sostener que no hay nada "nuevo" en cuanto al "sujeto": se trata de clase obrera. En todo caso, la novedad se encuentra en las transformaciones que esta ha sufrido en los últimos cuarenta años, la más importante de las cuales es la aparición de una vasta sobrepoblación relativa de la cual los cartoneros son apenas una de sus tantas expresiones fenoménicas. Esta transformación se produce como consecuencia de avances de la acumulación del capital en tanto gran industria, que hacen posible la transformación de las fracciones de capital que se oponen y se nutren de la población que estudiamos. Es decir, la aparición de la sobrepoblación relativa a gran escala ha permitido la aparición de nuevas ramas de producción hasta ahora ausentes en Argentina, una de las cuales es, precisamente, el reciclado de papel. Esta nueva rama (nueva en relación a la historia argentina) solo puede sostenerse por la existencia de esta sobrepoblación relativa, sus bajísimos salarios y sus terribles condiciones de existencia, y viene a colocarse al lado de otras que se benefician de esta situación (como la confección, por ejemplo).

Por otra parte, este desarrollo del capital tiene no solo como consecuencia el desarrollo de nuevas capas de la clase obrera, sino la incorporación de estas a la corriente general de la lucha de clases. No solo hablamos de población que se reproduce como obrero sino que actúa como obrera y se moviliza y organiza como tal. De allí que sus acciones acompañen el movimiento general de lucha de los últimos años y que sus condiciones actuales de existencia resulten ininteligibles sin ese pasaje del *en sí* al *para sí*. La novedad no se encuentra a nivel del "sujeto", sino de sus transformaciones y, por lo tanto, de la apariencia que asume hoy un viejo conocido: la clase obrera.

Capítulo I

El planteo del problema

Ediciones ryr

El objeto de este trabajo es ese colectivo heterogéneo y cambiante que ha sido denominado "cartonero". En este capítulo examinaremos primero la bibliografía existente y luego trataremos de formular con más detalle los presupuestos teóricos, el problema, las hipótesis, las fuentes y las cuestiones metodológicas con las que trabajamos.

Antes de entrar en tema, es necesaria una aclaración de orden terminológico: históricamente, la actividad que se conoce como "recolección", recibe el nombre popular de "cirujeo". "Ciruja", según el Diccionario de la Real Academia, es una persona que busca en la basura objetos de valor. Algunos atribuyen el origen de la palabra a una derivación de "cirujano"; en lunfardo, aquel que separa con precisión lo que sirve de lo que no. En tanto "ciruja" alude a la recolección en la basura, no equivale, como veremos, estrictamente a "recolector", puesto que se puede realizar la tarea antes de que los materiales desperdiciados lleguen al estado de "basura". Al mismo tiempo, "cartonero" tampoco equivale a "ciruja" ni a "recolector", al no trabajar necesariamente con basura ni recolectar todo lo que se puede sino solamente cartón. Acá definiremos "cartonero" como un "recolector" especializado en productos de papel y derivados. Este personaje será el objeto privilegiado de nuestro estudio, aunque no dejaremos de hacer mención a otros e incluso estudiarlos cuando sea necesario.

En general, haremos alusión a nuestro personaje como "recolector", "ciruja" o "cartonero", para evitar repeticiones molestas. Sin embargo, debe quedar claro que la aparición del "cartonero" significa una transformación particular del mundo del cirujeo, una transformación en la estructura de la clase obrera en general y de la sobrepoblación relativa en particular.

Los estudios sobre el tema

La historia del cirujeo

Los estudios sobre las condiciones de trabajo y los cambios en el cirujeo en términos históricos han sido muy escasos. Paiva y Perelman son los únicos que observaron este aspecto a partir del análisis en dos basurales porteños: por un lado, en Parque de los Patricios, en el período 1860-1917; y, por otro lado, en el Bajo Flores, entre 1920 y 1977. Su estudio se concentra en el período anterior al momento en el cual los cirujas comienzan a recoger productos con carros a pie y a caballo, hecho que ocurriría debido al cierre de estos basurales y la creación del CEAMSE en 1977. Se deduce, de este modo, la importancia de la ubicación de los basurales como elemento articulador del cirujeo.[1] Sabina Dimarco pone en cuestión este aspecto al señalar la existencia de la actividad en las calles céntricas ya desde la década de 1940.[2] La autora cita a Martínez Estrada quien describe el cirujeo efectuado por hombres que recogían materiales y alimentos de los tachos de basura en el centro porteño y los guardaban en grandes bolsones.

También existen estudios parciales sobre las condiciones de vida y trabajo de los cirujas en décadas anteriores. Celia Guevara analiza las particularidades de la quema y el asentamiento conformado en sus alrededores, también denominado "Pueblo de las ranas", durante 1860. Sería el momento en el cual se identifica el origen histórico del ciruja. La autora señala el origen étnico de los habitantes. Se trataría de una población mayoritariamente criolla, de los cuales algunos serían veteranos de la guerra del Paraguay, e inmigrantes sudamericanos. Al parecer de la autora, un porcentaje de la población sería "refractaria a las autoridades estatales". Dentro de ella se encontrarían prostitutas, asesinos y delincuentes.[3]

Otros estudios efectuados a principios del siglo XX, que han sido utilizados como fuentes secundarias para la reconstrucción de

---

[1]Paiva, Verónica y Perelman, Mariano: "Aproximación histórica a la recolección formal e informal en la Ciudad de Buenos Aires: la 'quema' de Parque Patricios (1860-1917) y la del Bajo Flores (1920-1977)", en *Revista Theomai*, n°21, 1er semestre, Buenos Aires, Ed. Universidad Nacional de Quilmes, 2010; "Aproximaciones a la Historia del Cirujeo en la Ciudad de Buenos Aires", en *Revista del Instituto de Arte Americano e Investigaciones Estéticas*, n° 161, Buenos Aires, 2008.

[2]Dimarco, Sabina: "Entre el trabajo y la basura: socio-historia de la clasificación informal de residuos en la Ciudad de Buenos Aires (1870-2005)", Tesis doctoral, Facultad de Ciencias Sociales, Universidad de Buenos Aires, 2010.

[3]Guevara, Celia et. al.: "Metrópolis y márgenes", en Gutman, Margarita y Thomas Reese (Comp.): *Buenos Aires 1910. El imaginario para una gran capital*; Buenos Aires, Editorial EUDEBA, 1999.

la historia del cirujeo en este trabajo, contrastan los supuestos de Guevara. En este sentido, Roccatagliata observa el cirujeo en las calles céntricas de la ciudad porteña. El autor señala los recorridos, la jornada laboral, las herramientas utilizadas para la recolección y los lugares de venta.[4] Estas características muestran la disciplina laboral de los cirujas, elemento que contrasta notoriamente con la condición más próxima al lumpen-proletariado asumida por Guevara.

Durante las décadas de 1980 y 1990 se efectuaron estudios sobre el cirujeo en el conurbano bonaerense que también hemos incorporado como fuentes secundarias para reconstruir la historia de la actividad y sus cambios.[5] Uno de los pocos autores que utiliza a uno de estos estudios para comparar sus resultados de investigación es Francisco Suárez.[6] El autor analiza el cirujeo en los municipios de Malvinas Argentinas y en José C. Paz, entre los años 1998 y 1999 y lo compara sistemáticamente con los avances de Gonzalo Saraví, quien indaga el cirujeo en La Plata durante los años 1992 y 1993. A partir de la reconstrucción del cirujeo sobre la base de estos aportes, podemos avanzar en el análisis de los cambios en el cartoneo y observar el origen social de los cirujas. Incluso, son estudios que permiten comparar con el cartoneo en el período posterior a 2001.

Cartoneros y Estado

Las labores de los cirujas han sido analizadas como un beneficio para el medio ambiente y para la industria. Menos atención se ha prestado, tal vez por lo reciente del asunto, a la relevancia de su actividad para el Estado. Lo cierto es que el mismo Estado tendió a desconocer dicha relevancia. Es lo que remarcan los antropólogos Suárez[7] y

[4]Roccatagliata, Atilio: "Los Chiffonier (los traperos)", Tesis doctoral, Buenos Aires, Facultad de Medicina, Universidad de Buenos Aires, 1919.

[5]Se trata de las tesis de Martino, quien estudia el cirujeo en una villa en Quilmes en 1989 y la tesis efectuada por Saraví, quien analiza la actividad en La Plata, durante el año 1993. Martino, Mónica L.: "El cirujeo", Tesina presentada en Facultad de Ciencias Sociales, Universidad de Buenos Aires, 1989; Saraví, Gonzalo Andrés: "Detrás de la basura: cirujas", Tesis de licenciatura, Facultad de Filosofía y Letras, Departamento de Ciencias Antropológicas, Universidad de Buenos Aires, 1993.

[6]Suárez, Francisco: "Actores sociales de la gestión de residuos sólidos de los municipios de Malvinas Argentinas y José C. Paz", Tesis de maestría, Facultad de Filosofía y Letras, Universidad de Buenos Aires, 2001.

[7]Suárez, Francisco: "Que los recojan y arrojen fuera de la Ciudad. Historia de la gestión de los residuos sólidos (las basuras)", en, *Documento de trabajo*, n° 8, Universidad Nacional de General Sarmiento, 1998.

Schamber.[8] Ambos caracterizan a los cirujas como actores partícipes del sistema de tratamiento de residuos sólidos urbanos puesto que, a través del reciclaje, se evitaría el entierro de basura en los ámbitos destinados para ese fin. Sin embargo, observan que las políticas estatales vinculadas con la gestión de residuos no habrían tenido en cuenta la tarea de los cirujas, con la excepción de un momento acotado en el tiempo durante la década de 1940. Por el contrario, el Estado habría prohibido el cirujeo históricamente. Recién a partir de la sanción de la ley 992, en el año 2002, el Estado habría comenzado a incorporar a los cartoneros en la gestión del sistema de higiene urbana a través del permiso para cirujear.[9]

Por su parte, Sabina Dimarco reinterpreta esta historia del tratamiento de residuos para dar cuenta del cirujeo. A diferencia de los anteriores, la autora reconstruye los criterios con los cuales el Estado habría estructurado el sistema de tratamiento de basura. En aquellos momentos donde habría predominado un criterio más higienista y patógeno de la basura, el cirujeo habría sido prohibido, mientras que cuando prevaleció una evaluación económica de los desechos por parte de las autoridades gubernamentales, se habría impulsado el reciclaje. Desde esta perspectiva, la autora señala que el empleo de cirujas en las usinas incineradoras durante la década de 1940 fue el correlato de una demanda de la Unión Industrial Argentina para reaprovechar el material reciclable en un período de crisis económica e imposibilidad de importar insumos.[10]

La industria y la recolección de residuos

Como dijimos anteriormente, el cirujeo es caracterizado casi siempre como un eslabón de un circuito productivo del cual también participan los cirujas. Así, Pablo Schamber califica a los cartoneros como "actores económicamente importantes" de la rama de la producción del papel. Tanto cartoneros e intermediarios como empresas serían partícipes de un circuito productivo, de una cadena con diferentes eslabones interconectados entre sí, aunque formalmente autónomos.[11]

---

[8]Schamber, Pablo: *De los desechos a las mercancías. Una etnografía de los cartoneros*, Buenos Aires, Editorial SB, 2008.

[9]Esta periodización y caracterización es compartida por varios autores. Puede verse en Paiva, op. cit., y Paiva y Parelman, op. cit.

[10]Dimarco, op. cit.

[11]Schamber, op. cit. Desde esta misma perspectiva se abordaron las ramas del reciclado del hierro y del plástico. Ver, Rodríguez, Mónica Viviana: "Recuperación y reciclado de hierro en la Región Metropolitana de Buenos Airtes (RMBA)" y Suárez, Francisco, et. al.: "El reciclado de plástico en la Región Metropolitana de Buenos Aires", ambos en Schamber, Pablo y Suárez, Francisco (Comp.): *Recicloscopio II*.

Como crítica, podríamos decir que la metáfora de los "eslabones" soslaya la jerarquización de quienes intervienen en la actividad y los coloca a todos en un mismo plano. Por este motivo, no se observa la relación de explotación por la cual los cartoneros reproducen su fuerza de trabajo.

Ya sea el presentar a los cartoneros como "actores" de la gestión de residuos o como "eslabones" de una cadena económica, se pierde de vista la relación de explotación en la que estos están inmersos. El propio marco teórico empleado refuerza esta concepción puesto que desde la teoría de la "informalidad" se piensa a los cartoneros como cuentapropistas sin ninguna vinculación directa con las empresas y el Estado. La mayoría de los autores que han estudiado el cartoneo lo abordan desde este punto de vista. De este modo, se observa un intercambio de productos entre cartoneros y empresas que aparenta tener una forma igualitaria, un simple intercambio de mercancías de igual valor. No se percibe detrás de este intercambio una relación de subordinación y explotación.

¿La emergencia de un "nuevo" sujeto cartonero?

Con la crisis del 2001, un conjunto de autores señalaron la emergencia de nuevos sujetos sociales, con nuevas formas de organización y de lucha. El caso de los cartoneros no fue la excepción. No solo por la conformación de agrupaciones cooperativas o políticas, sino también por las modalidades de cartoneo y la trayectoria laboral previa de los cirujas. Aunque la mayoría de los autores observa la historia del cirujeo y algunos de ellos han intentado reconstruirla, mencionan la emergencia o reconfiguración de un nuevo sujeto social "cartonero" hacia fines de la década de 1990, con particularidades específicas y diferentes de los "viejos" cirujas. Los autores señalan dos momentos de desarrollo cuantitativo de nuestro objeto de estudio, aunque sin apoyarse en fuentes estadísticas. Por un lado, a mediados de la década de 1990, como consecuencia del aumento de la desocupación; por otro, en el período que se inicia con la devaluación de la moneda nacional luego del año 2002. La suba de los precios del reciclado habría sido un estímulo para el ingreso al cirujeo. Sin embargo, el carácter novedoso que observan los autores contrasta con otros estudios efectuados durante las décadas de 1980.[12]

Algunos trabajos mencionan este carácter novedoso sin presentar datos empíricos que avalen su tesis. En este sentido, los investigadores del Centro Cultural de la Cooperación intentan avanzar en una

---

Miradas sobre recuperadores urbanos, formas organizativas y circuitos de valorización de residuos en América Latina, Buenos Aires, Ed. CICCUS-UNLA-UNGS, 2011.

[12] Schamber, op. cit.

diferenciación entre "cartoneros" actuales y "cirujas" o "crotos" de antaño. Escliar supone que los cirujas no se dedicarían a la actividad en forma regular como lo haría el cartonero actual, sino que se encontrarían en la absoluta marginalidad. Los recorridos fijos, el tipo de material y la existencia de vínculos sociales generados por la actividad misma serían aspectos primordiales para distinguir ambos sujetos.[13] Fajn también advierte una diferencia entre los nuevos cartoneros y los antiguos "crotos", estableciendo una semejanza entre estos últimos y los denominados "cirujas".[14] Los primeros serían una muestra de un proceso de exclusión forzado e impuesto por la sociedad de mercado. Los crotos de las primeras décadas del siglo XX, en cambio, habrían elegido ocuparse en trabajos intermitentes y andar nómades. De este modo, buscarían evitar la relación contractual laboral y escapar al trabajo asalariado por decisión propia.

Ambas caracterizaciones no concuerdan con los aportes efectuados por estudios sobre el cirujeo en décadas anteriores y a principios del siglo XX, donde se observa la sistematicidad de la actividad y la vinculación con comerciantes e intermediarios.[15] A su vez, esta concepción romántica acerca de la libertad de los "crotos" debiera ser matizada. Existe bibliografía que si bien reivindica el carácter libertario de los linyeras y crotos, también muestra su nomadismo atravesado por las necesidades materiales.[16] Por otra parte, acordamos con Schamber quien cuestiona la vinculación entre las denominaciones de "croto", "linyera" o "atorrante" y la de "ciruja" como sujetos que realizan una misma actividad.[17] En realidad, los "crotos" o "linyeras" eran obreros rurales estacionales, cuya vinculación con la "trashumancia libertaria" es parte del mito, y no tienen nada que ver con cirujas y atorrantes.[18]

En cambio, otros estudios introducen elementos que permiten observar las especificidades de "viejos" y "nuevos" cirujas que los autores

---

[13]Escliar, Valeria, Mutuberría Lazarini, Valeria, Rodríguez, María Florencia, Rodríguez, Paula: *Cartoneros: ¿una política individual o asociativa? Ciudad de Buenos Aires, año 2004-2005*; Cuadernos de Trabajo, n° 75; Buenos Aires, Ediciones del CCC, Centro Cultural de la Cooperación Floreal Gorini, 2007.

[14]Fajn, Gabriel: "Exclusión social y autogestión. Cooperativas de recicladores de residuos", en *Revista IDELCOOP*, n°139, Buenos Aires, Instituto de la Cooperación, 2002.

[15]Ejemplos de esto son las mencionadas tesis de Roccatagliata, op. cit., Martino, op. cit., y Saraví, op. cit.

[16]Baigorria, Osvaldo: *Anarquismo trashumante. Crónicas de crotos y linyeras*, Buenos Aires, Ed. Terramar, 2008.

[17]Schamber, op. cit.

[18]Véase Sartelli, Eduardo: *La sal de la tierra. Clase y lucha de clases en el agro pampeano, 1870-1945*, Buenos Aires, Ediciones ryr, en prensa, sobre "crotos" y "linyeras". El atorrante, por su parte, era un simple desocupado.

proponen. Se trata de aportes que muestran cambios en el proceso de trabajo, las condiciones laborales y momentos de pauperización de esta fracción de la clase obrera, aunque estas características no son analizadas desde esta perspectiva. Los autores establecen diferentes clasificaciones de los cartoneros para avalar su tesis sobre la emergencia de un nuevo "sujeto" cartonero. Fundamentalmente, la tipología se basa en el tiempo de ejercicio de la actividad y el momento de ingreso. Pablo Schamber clasifica a los cartoneros en dos grandes grupos. Por un lado, los "estructurales" (o de toda la vida) y, por otro lado, los "coyunturales". Los primeros serían aquellos que trabajaron en los basurales municipales antes de su clausura durante 1977.[19] Debido a la creación del CEAMSE, este grupo habría abandonado el cirujeo en los basurales y se habría dedicado a la actividad en las calles, afirmación que se condice con los aportes de Paiva y Perelman.[20]

Siguiendo con el planteo de Schamber, el segundo grupo estaría representado por los cartoneros "coyunturales" divididos en "desempleados de la década del noventa" y "estimulados por devaluación". Como su nombre lo indica, los primeros serían aquellos que ingresaron en el cirujeo debido al desempleo, mientras que los segundos serían aquellos a los cuales el incremento de los precios del reciclado por la devaluación representó un estímulo para insertarse en el oficio. En este subgrupo predominarían los jóvenes, para quienes el cartoneo sería su primera fuente regular de ingresos, y las mujeres. En este caso se ingresaría en el cirujeo para complementar los bajos salarios.

Perelman concuerda con la caracterización más general de Schamber. Supone que dentro de los "estructurales" (o viejos) se encontrarían aquellos cirujas de "larga data" y que hacen de la actividad una forma "habitual de vida". Esta división pretende dar cuenta de aspectos vinculados con la subjetividad de los cartoneros y su percepción de la actividad. Los cirujas estructurales no sentirían vergüenza al momento de ingreso en la actividad como sí sucedería con los nuevos cartoneros. A diferencia de los viejos, este último grupo tendría una trayectoria laboral en otras ocupaciones y, como consecuencia del desempleo, habría ingresado en el cirujeo en la década de 1990.[21] A su vez, Paiva introduce otros aspectos para dar cuenta del resurgimiento del cartoneo bajo otras formas. Un ejemplo de esto último sería el traslado en los trenes cartoneros y el surgimiento de cooperativas desde

---

[19]Schamber, op. cit.

[20]Paiva y Perelman, op. cit.

[21]Perelman, Mariano: "Las subjetividades en vidas de cartón: el cirujeo en la Ciudad de Buenos Aires", Tesis de licenciatura, Facultad de Filosofía y Letras, Universidad de Buenos Aires, 2004.

los años previos al 2001.[22] Respecto de las cooperativas, estos supuestos contrastan con las menciones de Fajn quien señala su existencia durante la década de 1970.

Estos aportes permiten observar los cambios en el ámbito físico del cirujeo y en la ocupación de los cartoneros. Pero la inexistencia de estudios específicos acerca de los cirujas dedicados a la actividad durante toda su vida impide a estos autores contrastar los "nuevos" con los "viejos", entendidos como dos sujetos diferentes. Además, los estudios sobre el cirujeo durante las décadas de 1980 y principios de 1990 ponen en evidencia el ingreso a la actividad de personas desocupadas en un período anterior al señalado por los autores.[23] Finalmente, el traspaso de una ocupación en relación de dependencia al cirujeo no modifica el carácter de obrero de quienes desarrollan esa labor. El empleo de las teorías de la "exclusión" y la "informalidad" que los autores proponen hace perder de vista la relación de explotación del conjunto de una clase (la burguesía) sobre otra (la obrera).

Proceso y condiciones de trabajo

El proceso y las condiciones de trabajo en los recorridos a pie y otras modalidades de cartoneo ha sido escasamente abordado. Ricardo Abduca es uno de los pocos autores que describe detalladamente el proceso de trabajo del cartoneo en la calle y en el basural de José León Suárez. El autor cuestiona aquellos estudios según los cuales se priorizarían las percepciones de los cartoneros sobre el desarrollo de su actividad. Estos planteos de carácter más subjetivista procuran dilucidar si el cartoneo sería un "rebusque" o un "trabajo", según las percepciones de los sujetos.[24] Perelman y Aimetta muestran que los cirujas más "antiguos" caracterizarían el cartoneo como un "trabajo", mientras que, los más "nuevos" lo considerarían un "rebusque".[25] En cambio, Abduca observa el proceso de trabajo efectivamente realizado por los cartoneros. Por este motivo, describe detalladamente la obtención, la clasificación y el acopio de los productos. El autor concluye que la tarea

---

[22]Paiva, op. cit.

[23]De los aportes efectuados por Martino, op. cit. y Saraví, op. cit., se observa que algunos cirujas se insertaron en la actividad entre los años 1985 y 1987.

[24]Abduca, Ricardo Gabriel: "Acariciando lo áspero. El itinerario cartonero como construcción de un territorio", en Schamber y Suárez, op. cit.

[25]Perelman, Mariano: "El cirujeo en la ciudad de Buenos Aires: etnografía de la supervivencia", Tesis doctoral, Facultad de Filosofía y Letras, Universidad de Buenos Aires, 2010; Aimetta, Corina: "Salir a carrear: ¿trabajo o rebusque?", en *Revista Trabajo y Sociedad. Indagaciones sobre el trabajo, la cultura y las prácticas políticas en sociedades segmentadas*, nº 12, vol. XI, Santiago del Estero, Argentina, 2009.

de los cartoneros constituye un trabajo debido a que los desechos son convertidos en mercancías.[26]

Las condiciones de trabajo de los cartoneros en la calle han sido poco abordadas desde una perspectiva cuantitativa y comparada. Escliar y Parizeau efectuaron cuestionarios destinados a 100 y 397 cartoneros respectivamente.[27] Ambos analizan las ocupaciones previas de los cartoneros, el momento de ingreso a la actividad, la jornada laboral y el monto de ingresos percibido. También se describen los accidentes propios de la actividad. Se trata de aportes que son sustanciales para elaborar estadísticas. No obstante, estos autores no identifican las diferentes formas de cartoneo, lo que les impide efectuar comparaciones. Por ejemplo, no observan si los cartoneros que recogen materiales en las zonas céntricas de la ciudad realizan el mismo esfuerzo que aquellos que recorren barrios alejados del centro comercial, aspectos que abordaremos en este libro.

En general, prevalecen los estudios en base a una limitada cantidad de entrevistas.[28] Algunos autores utilizan la información suministrada por el Registro Único de Recuperadores efectuado durante el año 2003, que luego es complementada con unas pocas entrevistas. La fuente presenta algunas falencias puesto que no registra los ingresos percibidos por los cartoneros y establece categorías exageradamente amplias para medir la variable cantidad de horas dedicadas al cartoneo (hasta 3 horas, de 3 a 5 y más de 5). Además, el registro fue voluntario, de modo que no involucra al conjunto de la población cartonera. Como todo registro cuantitativo, la fuente pierde de vista aspectos cualitativos vinculados con las diferentes formas de recolección, falencia que es reproducida por los mismos autores. Desde esta perspectiva, Irene Martín indaga la "vulnerabilidad social" en la que se encuentran los cartoneros, entendida como las "dificultades para asegurarse la subsistencia cotidiana".[29] Para ello, los autores realizan una entrevista a 30 recuperadores y se basan en el empleo de 130 encuestas proporcionadas por el RUR. De este modo, reconstruyen aspectos vinculados con las percepciones de los peligros que la actividad sugiere.

En otros estudios predominan las historias de vida de sujetos con las cuales se mencionan aspectos de las condiciones de trabajo y de

---

[26]Abduca, op. cit.

[27]Escliar, op. cit.; Parizeau, Kate: "Un estudio acerca de la salud de los cartoneros de Buenos Aires. Peligro y desigualdad", en Schamber y Suárez, op. cit.

[28]Verónica Paiva, por ejemplo, indaga los recorridos de los cartoneros que viajaban en los trenes blancos de las ex líneas San Martín y Mitre. Observa la cantidad de cuadras caminadas, el tipo de material recolectado y los principales conflictos que se generan en la calle.

[29]Martín, Irene et. al.: "Vulnerabilidad y riesgos de los recuperadores de residuos de la Ciudad Autónoma de Buenos Aires", en Schamber y Suárez, op. cit.

vida. Aunque la mayoría de las entrevistas se realizaron a dirigentes de cooperativas y personas que pueden tener un conocimiento de la totalidad del fenómeno, esta metodología impide establecer comparaciones y analizar tendencias en el cartoneo a nivel de las características del conjunto de los individuos que lo realizan.[30]

El surgimiento de las primeras cooperativas de cartoneros luego del 2001 dio lugar a su análisis. Fajn y Escliar sugieren la conformación de asociaciones vinculadas con la economía social para la mejora en las condiciones de empleo de los cartoneros, sin presentar información empírica que lo avale.[31] Verónica Paiva coincide con estos autores al señalar que el cooperativismo evitaría los intermediarios y, de ese modo, se solucionaría el problema de la precariedad laboral.[32] Otros estudios han ampliado su abordaje a los aspectos técnicos y organizativos de las cooperativas. Pablo Schamber analiza la cooperativa Nuevos Rumbos de Lomas de Zamora.[33] El autor señala que los compradores de la cooperativa serían otros intermediarios. Se deduce, de este modo, que la existencia de esta cooperativa no habría logrado eliminar la intervención de los intermediarios, como procuraban los autores antes mencionados. En ninguno de estos estudios se indaga si los cartoneros habrían sido receptores de estas iniciativas cooperativas. En cambio, Gorbán menciona la negativa de algunos grupos de cartoneros a conformar estos emprendimientos.[34]

Con posterioridad a la creación de centros de reciclado gestionados por cooperativas en la ciudad de Buenos Aires, en el año 2006, o las plantas de clasificación en el predio del CEAMSE, durante el 2005, algunos autores analizaron el proceso y las condiciones de trabajo que allí imperaban. En este sentido, Buldaín observa la Cooperativa de Recicladores del Bajo Flores.[35] Con mayor detalle, otros autores

[30]Uno de los primeros libros publicados con posterioridad al 2001 fue el de Eduardo Anguita, elaborado sobre la base de cuatro relatos de cartoneros. Se trata de un trabajo periodístico sin contenido analítico. Por su parte, Pablo Edgardo Mesa analiza las condiciones de vida y laborales sobre un total de 10 entrevistas en profundidad, aunque en su publicación solo se basa en cuatro relatos. Ver Anguita, Eduardo: *Cartoneros. Recuperadores de desechos y causas perdidas*, Buenos Aires, Grupo Editorial Norma, 2003; Mesa, Pablo Edgardo: *Los recuperadores urbanos en la Gran Ciudad Metropolitana de Buenos Aires*, Buenos Aires, Ediciones Prometeo, 2010.

[31]Fajn, op. cit.; Escliar, op. cit.

[32]Paiva, op. cit.

[33]Schamber, op. cit.

[34]Gorbán, Débora: "Formas de organización y espacio. Reflexiones alrededor del caso de los trabajadores cartoneros de José León Suárez", Tesis de maestría, Facultad de Ciencias Sociales, Universidad de Buenos Aires, 2005.

[35]Buldaín, Beatriz: "Primera planta de selección y clasificación de residuos de la Ciudad Autónoma de Buenos Aires. Los cartoneros del Bajo Flores y la oportu-

abordaron el proceso de trabajo en una de las plantas de reciclado creadas en el interior del CEAMSE.[36]

Angélico y Maldován construyeron una tipología que resulta una tentativa interesante como abordaje del fenómeno, aunque denota un mayor esfuerzo por construir un modelo teórico sin dar ejemplos concretos. Los diferentes tipos de cooperativas estarían determinados por el grado de estabilidad en el circuito, que dependería del financiamiento externo, cantidad y procedencia de los insumos, su forma de comercialización y aspectos de las condiciones laborales de los cartoneros. Los autores señalan que las asociaciones de cartoneros combinarían la inserción en el mercado capitalista con modalidades autogestivas de organización, como también, una distribución equitativa de los ingresos.[37]

La escasez de estudios comparativos entre las diferentes formas de recolección en la calle, entre las distintas plantas de reciclado gestionadas por cooperativas y entre ambas formas de cartoneo, impide comprender cuáles son las condiciones más favorables para los cartoneros. A su vez, esta reconstrucción en la actualidad puede ser utilizada para comparar la actividad en términos históricos, aspecto que hasta ahora no ha sido abordado.

La lucha de los cartoneros

Dentro de los estudios sobre los cartoneros, el análisis sobre su lucha y organización es uno de los menos abordados. En términos generales, los autores niegan la existencia de la lucha o su posibilidad. Desde esta perspectiva, Socolsky señala que en un contexto de protestas efectuadas por caceroleros, asambleístas y piqueteros, la única forma de hacer política de los cartoneros sería creando "nuevas" fuentes de trabajo de manera auto-gestionada.[38] Su estudio se basa en entrevistas realizadas a Cristina Lescano, presidenta de la cooperativa El Ceibo. Otros

nidad de encauzar un nuevo modelo de gestión" en Schamber y Suárez, op. cit.

[36]Cross, Cecilia: "El empleo como aspiración y la precariedad como práctica. Experiencias de trabajadoras de una planta social de clasificación de residuos", ponencia presentada en *VI Jornadas de Sociología de la UNLP, Debates y perspectivas sobre Argentina y América Latina en el marco del Bicentenario. Reflexiones desde las Ciencias Sociales*, La Plata, 2010.

[37]Angélico, Héctor y Maldován, Johanna: "El reciclaje de residuos sólidos urbanos: las cooperativas como un actor diferenciado en el circuito productivo", ponencia presentada en *V encuentro de investigadores latinoamericanos de cooperativismo*, Brasil, 2008.

[38]Socolsky, Alejandra Dobo de: "Cartoneros: marco social, político y económico", en *Latin American and Caribbean Center*, Florida International University, Miami, 2006. Disponible en www.insumisos.com.

estudios comparan organizaciones de cartoneros y piqueteros para dar cuenta de sus especificidades. Analía García analiza la cooperativa de cartoneros Solidaridad, Unión y Resistencia (SUR) y el Movimiento de Trabajadores Desocupados de Lanús (MTD).[39] La autora señala la prioridad que otorgan los primeros al trabajo, situación que dificultaría su organización y participación en manifestaciones.

Estos autores subestiman la lucha de los cartoneros y no se han tomado el trabajo de contrastar sus tesis con otras fuentes. Detrás de estos planteos se oculta un debate más general en torno a qué hacer frente a la desocupación. Es decir, si crear "empleo genuino" por intermedio de la conformación de cooperativas o pequeñas empresas, o bien, impulsar subsidios al desempleo.[40] Por oposición al "piquetero" que lucha para obtener un plan social, los defensores del cooperativismo no le dan importancia al estudio de las manifestaciones de los cartoneros. En cambio, otros autores ponen en cuestión esta separación absoluta entre "piquetero" y "cartonero" al evidenciar que, en muchas organizaciones, se observan casos en los cuales un desocupado se encuentra organizado y, al mismo tiempo, realiza tareas de cartoneo.[41]

Un síntoma del vacío bibliográfico en torno a las luchas cartoneras es la ausencia de estudios de las movilizaciones en demanda de los llamados "Trenes Blancos". Incluso, en estudios sobre la historia del

---

[39]García, Analía: "En busca de la dignidad. Sobre los procesos de construcción de identidades colectivas en organizaciones de cartoneros y piqueteros", ponencia presentada en *V Congreso Europeo CEISAL de Latinoamericanistas. Las relaciones triangulares entre Europa y las Américas en el siglo XXI: expectativas y desafíos*, Bruselas, 2007.

[40]Algunos autores cuestionan la política estatal posterior a la crisis del 2001 por considerar que se trataría de una respuesta asistencialista (subsidios al desempleo), en detrimento de medidas productivistas de generación de empleo o alternativas de autogestión y cooperativismo en autonomía del Estado. Estas posiciones subestiman el debate efectuado en el seno del Movimiento Piquetero y el conjunto de partidos políticos y organizaciones de desocupados en las primeras asambleas nacionales piqueteras previas a diciembre de 2001. En ese entonces, la discusión se enmarcaba en torno al reclamo de un subsidio al desempleo sin contraprestación laboral (para evitar poner un freno al salario del obrero ocupado) o, por el contrario, un plan trabajar y subsidios a las PyMES para crear empleo. La obtención de la primera medida fue una conquista del movimiento. Sobre este debate puede verse, Chehtman, Solana María: "La autogestión como política social", ponencia presentada en *6to Congreso Nacional de Ciencia Política*, Universidad Nacional de Rosario, 2003; Palomino, Héctor: "La Argentina hoy, los movimientos sociales", en *Revista Herramienta*, n° 27, Buenos Aires, 2004; Oviedo, Luis: *Una historia del movimiento piquetero. De las primeras coordinadoras al Argentinazo*, Buenos Aires, Ed. Rumbos, 2004.

[41]Cross, Cecilia y Débora Gorbán: "Formas de organización y acción colectiva de desempleados y recicladores en el Conurbano bonaerense", en *Revista Venezolana de Gerencia*, vol. 9, n° 26, Universidad del Zulia, Maracaibo, Venezuela, 2004.

primer tren cartonero no hay un análisis de las luchas que lo hicieron posible, o bien, estas son explícitamente subestimadas. El único estudio sobre el origen y aspectos organizativos del Tren Blanco fue realizado por Débora Gorbán sobre el ramal a José León Suárez. La autora señala el momento en que se obtuvo el tren, la jerarquía de la estructura organizativa, la existencia de delegados por barrio y por estaciones y la función que cumplían en cada uno de los viajes en torno al cuidado de los cartoneros. Pero, a juicio de Gorbán, esta organización es posterior al funcionamiento del Tren Blanco y se consolida con su desarrollo y no es anterior al mismo.[42] Al igual que Gorbán, Dimarco sostiene que el origen del Tren Blanco no estaría ligado a ninguna lucha ni reivindicación del sector, sino a una respuesta de la empresa TBA a las quejas permanentes del resto de los usuarios del tren.[43] No obstante, la autora se contradice al aportar datos suministrados por las entrevistas a los cartoneros, quienes señalan que, antes de obtener los trenes exclusivos, tuvieron que juntar firmas entre pasajeros y guardas de TBA y recurrir a la lucha. Incluso, los mismos entrevistados indican que fueron ellos quienes le sugirieron a la empresa la posibilidad de tener un tren propio. Para resolver esta contradicción, la autora concluye que la mirada de los cartoneros en torno a la forma de obtención del Tren Blanco estaría "re-significada". Suponiendo que esto fuera cierto, aunque el desarrollo de nuestro estudio reafirma la existencia de acciones de lucha, la autora no se toma el trabajo de buscar otras fuentes que avalen lo que propone.

Otras formas de cartoneo y las luchas a las que dieron lugar sí han sido objeto de estudio. Raúl Álvarez observa un proceso de lucha de los cartoneros de José León Suárez por el permiso para cirujear en el relleno del CEAMSE en el período 2004-2009.[44] En este marco, se habrían creado las plantas de reciclado ubicadas en el interior del basural y operadas por grupos de cartoneros de los alrededores de la zona. Aunque no es su objetivo, su estudio no logra articular estos reclamos en un proceso más general de lucha. No obstante, se trata de un aporte que refuta la idea según la cual los cartoneros no efectuarían manifestaciones. Por su parte, Calello estudia la vinculación entre las asambleas

---

[42] Gorbán, 2005, op. cit.

[43] Dimarco, Sabrina: "Experiencias de autoorganización en cartoneros: un acercamiento a la configuración de vínculos laborales, sociales y políticos en contextos de exclusión social", en *Programa Nacional de Becas* CLACSO, Buenos Aires, 2005. Disponible en www.bibliotecavirtual.clacso.org.ar.

[44] Álvarez, Raúl: "Plantas que crecen en la basura. Los emprendimientos sociales de separación de basura en el CEAMSE de la Zona Norte del Conurbano Bonaerense", ponencia presentada en *XI Congreso Nacional y I Latinoamericano de Sociología Jurídica y Coloquio internacional: "Multiculturalismo, Identidad y Derecho"*, Facultad de Derecho, Universidad de Buenos Aires, octubre de 2010.

populares y los cartoneros.[45] Al igual que Álvarez, el autor no logra articular la existencia de esta alianza en un proceso más general de lucha de clases. No obstante, observa algunas intervenciones y manifestaciones puntuales logradas conjuntamente entre asambleístas y cartoneros de José León Suárez, como el plan de vacunación y la rehabilitación del Tren Blanco en la estación Carranza. En ambos casos, no se observa la participación de las asambleas populares en las primeras luchas iniciadas por los cartoneros del CEAMSE por obtener el ingreso al relleno durante el año 2002 que nosotros verificamos en nuestra investigación.

Las escasas investigaciones existentes sobre el punto indagan aspectos del surgimiento de algunas agrupaciones aisladas, fundamentalmente cooperativas, o conflictos específicos sin enmarcarlos en procesos más generales. Uno de los pocos estudios abordados desde una perspectiva procesual es el de Angélico y Maldován en torno a los momentos de conformación de las cooperativas cartoneras.[46] Los autores establecen una periodización desde los últimos años de la década de 1990 hasta el período posterior al 2008, etapa que estaría atravesada por las estrategias desplegadas por las agrupaciones para la mejora de sus condiciones laborales. En ese período, el estudio identifica las primeras iniciativas de conformación de cooperativas, la sanción de leyes reguladoras de la actividad y el surgimiento de nuevas asociaciones y ampliación de sus beneficios luego de 2008. Esta última etapa estaría atravesada por el conflicto del cierre de los ramales cartoneros y su substitución por camiones otorgados por el gobierno porteño. Sin embargo, los autores no observan la lucha de los cartoneros y las intervenciones de las cooperativas en ese proceso, aspectos que influyeron en su conformación y desarrollo.

La periodización sugerida por los autores resulta lineal y no observa ciertas contradicciones propias de esa etapa, que sí mencionan otros estudios. Por ejemplo, Gorbán señala la negativa de los grupos de cartoneros provenientes del Tren Blanco de José León Suárez para conformar cooperativas en los años posteriores al 2001.[47] Además, los conflictos mencionados por Angélico y Maldován en el 2008 luego de la clausura de los trenes no son analizados en profundidad y tampoco el grado de represión contra los cartoneros. Por ello se desconoce cuál fue la actitud de las cooperativas en relación a los cartoneros del Tren Blanco, en la medida en que el cierre de los ramales no las afectaba

[45]Calello, Tomás Daniel: "Asambleas vecinales y cartoneros. Reflexiones sobre lo que ¿fue?", en Schamber y Suárez, op. cit.

[46]Angélico, Héctor y Maldován, Johanna: "Asociatividad y redes: la disputa por la participación de los cartoneros en el sistema público de higiene urbana de la CABA", ponencia presentada en X *Congreso Nacional de Estudios del Trabajo*, Buenos Aires, 2011.

[47]Gorbán, op. cit.

directamente. Tampoco se observa la base material de los subsidios entregados a las cooperativas y la forma en que fueron distribuidos.

Dentro de los estudios comparativos, encontramos el de Sabina Dimarco quien analiza el contexto de surgimiento de la organización del Tren Blanco, dos cooperativas y una entidad más general que aglutina diversas asociaciones: la Unión de Trabajadores Cartoneros de Argentina (UTRACA).[48] Sobre la base de 24 entrevistas, observaciones y fuentes periodísticas, la autora señala que tales experiencias organizativas aparecen como el último recurso para la protección del trabajo y las fuentes de ingreso. En concordancia con esto último, Gorbán establece una clasificación de las organizaciones cartoneras.[49] Por un lado, aquellas que se articularon a partir de la defensa del cartoneo como actividad laboral y obtención de beneficios; por otro, aquellas que se unen en torno a la venta colectiva de material reciclable; por último, otras que se vincularían originariamente por una actividad y, posteriormente habrían conformado una entidad para el cartoneo. La autora menciona que estas experiencias habrían sido motorizadas por aquellos cartoneros que ingresaron en el cirujeo durante la década de 1990. Esta idea contrasta con aportes de otros autores que observan la emergencia de organizaciones cartoneras desde la década de 1980.[50] Aunque no las estudian, su mención y el análisis de ciertas demandas son aportes que permiten establecer una comparación de más largo plazo.

Finalmente, la legislación de la actividad fue abordada en los estudios sobre la historia de la gestión de residuos. Schamber y Suárez analizan tales normativas desde principios del siglo XX para dar cuenta de los momentos de prohibición del cirujeo, por ejemplo, a partir de la resolución del año 1925 y el decreto de 1942. No obstante, en su estudio no aparecen las normativas del período entre 1942 y 1977, como la legislación prohibitoria de la tracción a sangre y los antecedentes del decreto sancionado por la última dictadura militar.[51]

Las normativas posteriores al 2001 han sido abordadas en ausencia de una explicación del contexto político más general. Schamber analiza las causas inmediatas de la ley 992 y menciona las iniciativas de los diputados, de él mismo y Francisco Suárez en los debates previos a la sanción.[52] Otros hechos como la renuncia de un funcionario y las

---

[48]Dimarco, op. cit.

[49]Gorbán, op. cit.

[50]Orsatti, Álvaro y Gilardi, Rubén: "Regulación del trabajo en la vía pública en la Ciudad de Buenos Aires", en Carpio, Jorge; Klein, Emilio y Novacovsky, Irene (Comp.): *Informalidad y exclusión social*, Buenos Aires, Fondo de Cultura Económica, 1999.

[51]Schamber, op. cit.; Suárez, op. cit.

[52]Schamber, op.cit.

manifestaciones de cartoneros en la puerta de un galpón acopiador debido a la tentativa gubernamental por clausurarlo, son mencionados al pasar sin explicitar el proceso en el cual se enmarcan.[53] Tampoco se tiene en cuenta las discusiones en el seno mismo de la legislatura durante el debate de la ley, donde los diferentes partidos políticos propusieron la modificación e inserción de artículos que luego fueron rechazados. Por ejemplo, el impulso de planes sociales para cartoneros o la estatización de todo el sistema de higiene urbana.

Pablo Schamber también analiza el fallo judicial producto de la denuncia por el empadronamiento de cartoneros menores de edad y el decreto n° 212 que subsidiaba a los hijos de cartoneros sancionado en 2005.[54] El autor menciona las limitaciones del alcance del decreto y el hecho de no haber tenido en cuenta a los residentes del conurbano bonaerense que, según el registro, eran la mayoría. Como este análisis legal se realiza en abstracción de la evolución de la lucha de los cartoneros, Schamber no asocia estas limitaciones del decreto con el momento de reflujo en que el mismo se dicta. La ausencia de un análisis sistemático de las manifestaciones cartoneras junto a una minuciosa reconstrucción tanto de los decretos y leyes como de los fallos judiciales vinculados con la actividad no permite profundizar en estos aspectos. Por ejemplo, los juicios iniciados contra dirigentes cartoneros luego de la denuncia de la empresa TBA durante el año 2004, no han sido abordados.

Por su parte, Grassi indaga la ley 1.854 de creación de centros de reciclado.[55] El autor caracteriza a esta ley como el principio del reconocimiento del cartonero como un actor más de la gestión de residuos y del sistema de recolección diferenciada. Intenta presentarla como algo positivo y quizás por ello no menciona las manifestaciones efectuadas por los cartoneros que ingresaban a la ciudad porteña en camiones en contra de ciertos requerimientos dictados por la ley que no podían ser cumplidos, como por ejemplo la tenencia de una póliza de seguros, sistemas de comunicación y garantía de tratamiento de efluentes generados por los residuos. Otro tema que no ha recibido el debido tratamiento es la política de subsidios iniciada a partir del 2008, como consecuencia del fracaso de la ley 1.854 y la recolección diferenciada. Allí también la lucha aparece como un elemento central en la exigencia

[53]La mención de Schamber sobre la manifestación de los cartoneros se encuentra en una nota al pie en las páginas 67 y 68. Ídem.

[54]Schamber y Suárez, op. cit.

[55]Grassi, Luis Sebastián: "Inserción de los Recuperadores Urbanos en el ámbito de la Ley n° 1.854 y su decreto reglamentario n° 639/07 en la Ciudad de Buenos Aires", en Schamber y Suárez, op. cit.

de recomposición de subsidios en los años posteriores al 2009, aspecto que tampoco ha sido abordado.

En este libro proponemos el estudio de las acciones de los cartoneros en términos históricos. Esto permite analizar el proceso en el cual se sancionaron todas estas normativas y explicar las razones por las cuales, en un contexto de reflujo, como fueron los años 1990 y 1995, el reclamo de derogación de la normativa prohibitoria del cirujeo no fue tenido en cuenta. Con posterioridad al 2001, esta misma demanda fue satisfecha de manera inmediata, lo que habla del ensamble necesario entre la lucha general y la de los cartoneros. Para analizar este proceso relevamos las acciones de los cartoneros desde 1989 a 2012, algo que como dijimos en los párrafos anteriores no fue realizado por otros autores.

El cartoneo en el interior del país y en América Latina

El cartoneo no es una actividad específica del conurbano bonaerense o de la ciudad porteña. Tampoco es un fenómeno propio de la Argentina. La recolección y venta de materiales reciclables ha proliferado en otras provincias, como también en otros países latinoamericanos y del resto del mundo. A pesar de la escasez de estudios sobre el tema, sabemos que, por ejemplo, en la localidad santafesina de Rosario el cartoneo se ha masificado. Marta Panaia estudió aspectos vinculados con las cooperativas cartoneras de esa localidad, para comparar los riesgos y accidentes de trabajo en el cirujeo con los ocurridos en las cooperativas porteñas durante el año 2003.[56] La autora observa las condiciones en las cuales los cartoneros desarrollan su labor en los basurales. Por su parte, un informe efectuado por las autoridades gubernamentales en 2004 señala aspectos de las condiciones laborales a partir de una encuesta realizada a 576 cirujas. Allí menciona el predominio del cirujeo a caballo, aspecto que difiere con el cartoneo en la ciudad de Buenos Aires. Se observa que la mayoría de los cirujas serían migrantes de otras provincias, fundamentalmente de Chaco y Corrientes. El mismo informe señala que un tercio de los encuestados se dedicaban al cirujeo desde hacía más de 15 años.[57] En concordancia con este aspecto, Saavedra caracterizaba a la ciudad de Rosario como la "capital

[56] Panaia, Marta: *Accidentes de trabajadores informales y migrantes sin papeles: el caso de la industria de la construcción, cirujas, trabajadores infantiles y trabajadores agrícolas en la ciudad de rosario y Capital Federal*, Superintendencia de Riesgos del Trabajo, Presidencia de la Nación, Buenos Aires, 2007.

[57] Gobierno de la Ciudad de Rosario: "Relevamiento sobre Hábitos de 'Cirujeo' en la Ciudad de Rosario", Secretaría de Servicios Públicos, Dirección General de Política Ambiental, Programa de Emprendimientos Ambientales Solidarios, Rosario, 2004.

del ciruja" a principios de la década de 1990.[58] Una explicación para esto sería que a diferencia de la ciudad porteña, la despenalización del cirujeo en Rosario sucedió a principios de los '90.

En la ciudad de Córdoba el cirujeo también proliferó. Incluso, algunos estudios mencionan la existencia de varias organizaciones políticas y cooperativas cartoneras, cuyo origen se remonta en algunos casos a los primeros años de la década de 1990. Vergara y Giannone observan la existencia de "carreros"[59] desde hace más de tres décadas. La conformación de cooperativas se vincula con la lucha por obtener el permiso para cirujear con caballos y la exigencia para operar un centro de reciclado. Estudios en otras ciudades cordobesas también analizan conflictos de cartoneros contra el municipio por el permiso para cirujear.[60]

El fenómeno está documentado en otras partes del país. En Santa Rosa, La Pampa, el cartoneo se habría incrementado entre los años 2002 y 2004. Alonso señala que su proliferación se debe al incremento de la población desocupada proveniente del campo, que habría sido expulsada por la mecanización de las tareas agrarias.[61] A diferencia de otras ciudades del interior del país, en Santa Rosa no habría proliferado la tracción a caballo. Aunque la mayoría de los cartoneros se traslada a pie, también existen otras modalidades, como los carros manejados en bicicletas y motos. Alonso critica el poco apoyo estatal a la formación de cooperativas y el privilegio que se le habría dado a los planes sociales en detrimento de ellas.

En Pehuajó, al igual que en Santa Rosa, el aumento de la desocupación e inserción en el cirujeo en los '90 estaría vinculado con las transformaciones en el agro. Por esta razón, la mayoría de las mujeres se habría incorporado al sector sin haber conocido otros empleos, luego de que sus maridos, ex peones rurales, quedaran desocupados. Como sucedía en Rosario, en la década de 1990 era frecuente observar cirujas

---

[58]Saavedra, Luis: "Capital del ciruja", en *Documento de Protagonistas*, Buenos Aires, Bege Producciones, 1991.

[59]Vergara, Gabriela y Giannone, Gabriel: "Carreros, cartoneros, cirujas y algo más. Hacia un mapeo de los colectivos de recuperadores de residuos en la ciudad de Córdoba", en *Boletín Onteaiken*, n°7, mayo, Córdoba, 2009. "Carrero" es el nombre con el cual se identifica a los cirujas que recorren las calles con carros tirados por caballos.

[60]Bertone, Julia; Fraire, Vanina; Orellano, Gabriela y Peano, Alejandra: "El conflicto de la basura en San Francisco: la construcción del otro desde la mirada del ciruja", en Scribano, Adrián (Comp.): *Policromía corporal. Cuerpos, grafías y sociedad*, Argentina, Jorge Sarmiento Editor, 2007.

[61]Alonso, Aldo Fabio: "La informalidad económica en el siglo XXI: una mirada a través del trabajo de los 'cartoneros' en la ciudad de Santa Rosa, La Pampa, Argentina", ponencia presentada en XX *Jornadas de Historia Económica*, Mar del Plata, 2006.

con carros tirados por caballos.[62] Otros estudios en Bahía Blanca muestran una mayor extensión del cirujeo. Marinsalta estima la presencia de unas 800 familias dedicadas a la recolección y venta de materiales reciclables, tanto en las calles como en los basurales.[63] La autora menciona la ausencia de ayuda por parte de la Municipalidad. Esta última solo habría impulsado la creación de cooperativas, pero los cartoneros se habrían negado debido a la inconveniencia de destinar una parte de su sueldo para lograr tales objetivos. Desde una mirada sobre las percepciones de los sujetos, Repetto indaga el cirujeo de las mujeres en la provincia de Corrientes.[64] Tal como sucede en los barrios de Once y Microcentro de la ciudad porteña, las autoras observan que la actividad se desarrolla en zonas que concentran comercios.

Estudios efectuados en San Miguel de Tucumán también han sido abordados desde una perspectiva subjetivista, aunque se mencionan aspectos de las condiciones laborales. Malicia señala que la mayoría de los cartoneros llevaba varios años dedicándose a la tarea, algunos desde la década de 1970.[65] Dado que los ingresos no alcanzaban a cubrir las necesidades familiares, el cartoneo se complementaba con otras actividades como changas de albañilería y trabajos de pintura. Finalmente, otros autores indagaron el fenómeno en basurales. Durón y Morales estudian el surgimiento y desarrollo de dos organizaciones de cartoneros en Bariloche: la Asociación Recicladores de Bariloche, formalizada en 2003, y la Cooperativa Transformar, fundada en el 2000.[66] Al igual que la cooperativa El Ceibo en la ciudad porteña, un grupo de cada organización se dedicaba a la concientización de vecinos para que separasen en los hogares y, posteriormente, entregaran los productos reciclables a los cartoneros. Diana Sánchez analiza el cartoneo en Salta.[67] La autora observa que hasta 1999 los cirujas ingresaban al relleno para obtener productos reciclables. Con posterioridad comenzaron

---

[62]Ginieis, María Angélica: "Circuitos invisibles y rincones olvidados. Las 'cirujas' de Pehuajó desde una perspectiva de género", Tesis de maestría, PRIGEPP-FLACSO, Argentina, 2009.

[63]Marinsalta, Claudia: "Cartoneras en el espacio de Bahía Blanca. Una alternativa de supervivencia", Tesis de maestría, PRIGEPP-FLACSO, Argentina, 2007.

[64]Repetto, Julieta; Repetto, Mariana y Agoltti, Laura: "Análisis de un colectivo social: caso "Cartoneros" en Corrientes", Facultad de Arquitectura y Urbanismo, Universidad Nacional del Nordeste, 2003.

[65]Malicia, Matilde: "Cartoneros tucumanos. Una mirada desde sus protagonistas", en Schamber y Suárez, op. cit.

[66]Durón Miranda, Elena y Zulema Morales: "Excavadores del basural de Bariloche. Apuntes de una experiencia en curso", en Schamber y Suárez, op. cit.

[67]Sánchez, Diana Carolina: "Algunas observaciones sobre la experiencia asociativa de recuperadores en el relleno sanitario de Salta (Argentina)", en Schamber y Suárez, op. cit.

a efectuarse obras destinadas a modernizar el relleno y evitar el ingreso de personas, situación que provocó la reacción de los habitantes de los barrios aledaños que recolectaban materiales allí. El Municipio accedió al reclamo y en el año 2000 estableció un acuerdo con los recuperadores y la empresa consignataria del servicio de recolección.

Al igual que en Argentina, los análisis sobre el cirujeo han proliferado en otros países de América Latina con posterioridad al 2000. Los estudios comparativos entre países son muy escasos. Medina analiza el reciclaje en Brasil, Colombia y México. Pero su observable no son las condiciones laborales de los cartoneros sino la evolución de políticas destinadas al reciclaje.[68] El autor señala las limitaciones de los municipios latinoamericanos en la recolección de residuos y el tipo de tratamiento en los rellenos. En la ciudad colombiana de Bogotá se han realizado censos en los años 2003 y 2011, los cuales se toman como base para los estudios sobre el fenómeno.[69] Estudios de caso en la ciudad de Medellín ponen en evidencia características vinculadas con las condiciones laborales.[70]

A diferencia de Colombia, en Brasil no existen censos de cartoneros. Sobre las condiciones de vida y de trabajo de los cartoneros brasileros hemos encontrado estudios de diversas localidades. En Goiana un porcentaje de los recicladores suele dormir en los depósitos de acopio a cambio de la compra exclusiva de los materiales reciclables.[71] Otros estudios efectuados en la localidad de Paraná ponen en evidencia una tendencia a la migración del campo a la ciudad de las personas que se insertaron en el cirujeo, como consecuencia de la mecanización de las tareas agrarias.[72] Al igual que en Colombia y Argentina, las cooperativas

---

[68]Medina, Martín: "Reciclaje de desechos sólidos en América Latina", en *Revista Frontera Norte*, Vol. 11, n°21, Méjico, 1999.

[69]DANE: *Resultados de los estudios realizados por el DANE y la UESP sobre el reciclaje en Bogotá, 2001-2003. El reciclaje en Bogotá: actores, procesos y perspectivas*, Colombia, Ed. Gráficas DUCAL, 2004; UAESP: *Caracterización de la actividad del reciclaje en Bogotá*, Bogotá, Colombia, Ed. Pontificia Universidad Javeriana, IDEADE, 2011.

[70]AAVV: "Condiciones de trabajo y salud de los recicladores urbanos de Medellín (Colombia)", Societat Catalana de Seguretat i Medicina del Treball, Catalunia, 2007. Disponible en www.scsmt.cat/Upload/Documents/1/4/148.pdf; y AAVV (a): "Condiciones Sociales y de Salud de los Recicladores de Medellín", Colombia, 2008. Disponible en http://redalyc.uaemex.mx/pdf/422/42210503.pdf.

[71]AAVV: "Importância ambiental do trabalho dos catadores de materiais recicláveis em goiânia goiás Brasil", Organización Panamericana de la Salud, Brasil, 2006. Disponible en www.bvsde.paho.org/bvsaidis/uruguay30/BR05415_Rabelo.pdf.

[72]Bosi, Antonio: "Catadores de recicláveis no Brasil: a organização capitalista do trabalho 'informal'", ponencia presentada en *XIII Congresso Brasileiro de Sociologia*, UFPE, Recife (PE), 2007. El autor señala que la migración del campo a la ciudad es un fenómeno que comienza a presentarse a partir de la década de 1980, momento en el cual se extiende la tecnificación en el agro.

cartoneras brasileras también surgieron durante la década de 1980. No obstante, el mayor desarrollo fue con posterioridad al 2000.[73] Otros estudios abordaron las condiciones laborales en diferentes centros de clasificación, los accidentes más frecuentes, ingresos y jornada laboral.[74]

Si bien en Brasil y Argentina también se cirujea en los basurales, en la ciudad de México esta modalidad parecería haberse consolidado desde hace más tiempo. Un porcentaje de los materiales reciclables son recogidos y vendidos por los trabajadores del servicio de recolección oficial de basura. Junto a los camiones recolectores se trasladan cartoneros que también recogen el material reciclable para su usufructo, aunque un porcentaje del mismo o de sus ingresos debe ser entregado a los choferes del transporte.[75] Aquellos cirujas que no logran ir en los camiones se ven obligados a recoger en los rellenos. En los basurales del Distrito Federal se fundaron plantas de reciclado a mediados de la década de 1990.[76] Por su parte, los recuperadores que clasifican directamente en los basurales se encuentran en peores condiciones.[77] Estudios más recientes en rellenos que no corresponden al Distrito Federal, como por ejemplo en Mexicali, observan que solo un escaso porcentaje de cartoneros se habría dedicado al cirujeo durante toda s vida, mientras que la mayoría restante habría conocido otros empleos en relación de dependencia.[78]

---

[73]Pacheco e Silva, Marina; Ribeiro, Helena: "Grupos de catadores autônomos na coleta seletiva do município de São Paulo", en Cadernos Metrópole, n° 21, Brasil, 2009. Disponible en www.observatoriodasmetropoles.net/download/cm_artigos/cm21_159.pdf; Demajorovic, Jacques; Rizpah Besen, Gina; Alexandre Arico Rathsam: "Os desafios da gestão compartilhada de resíduos sólidos face à lógica do mercado", Brasil, 2004. Disponible en www.anppas.org.br/encontro_anual/encontro2/GT/GT11/jacuqes_demajorovic.pdf.

[74]Ribeiro, Helena y Gina Rizpah Besen: "Panorama da coleta seletiva no brasil: desafios e perspectivas a partir de três estudos de caso", Brasil, 2006. Disponible en www.interfacehs.sp.senac.br.

[75]Mora Reyes, José Ángel: "El problema de la basura en la ciudad de México", México, 2004. Disponible en <http://www.fundacion-christlieb.org.mx/estudios/estudio30.pdf>.

[76]AAVV (b): "Inventario de residuos sólidos", Gobierno del Distrito Federal de México, 2008. Disponible en www.sma.df.gob.mx.

[77]Wamsler, Christine: "El Sector Informal en la separación del material reciclable de los residuos sólidos municipales en el Estado de México", Secretaría de ecología, Dirección general de normatividad y apoyo técnico, Gobierno del Estado de México, 2000. Disponible en www2.gtz.de/dokumente/bib/05-0023.pdf; Castillo Berthier, Héctor; et. al.: "Basura: Proceso de Trabajo e Impactos en el Medio Ambiente Urbano", en *Revista Estudios Demográficos y Urbanos*, Vol. 2 Núm. 3, sept-dic, p. 513 a 545, El Colegio de México, México 1987.

[78]Lozano, G.; Ojeda, S.; Armijo C.; Favela H.; Aguilar W. y Cruz S.: "La basura como opción de trabajo: un perfil sociodemográfico de los pepenadores", ponen-

Presupuestos teóricos: sobrepoblación relativa, marginalidad e informalidad

Nuestra hipótesis sostiene que los cartoneros forman parte de una capa de la sobrepoblación relativa y de la clase obrera. Este trabajo discute con aquellas miradas que suponen al cartonero como un excluido o marginado del sistema o bien un cuentapropista. Reseñamos primero el cuerpo teórico que ha dado lugar a estos presupuestos que impiden observar la pertenencia de clase de los cartoneros.

Las nociones alternativas al concepto de sobrepoblación relativa que desarrollamos más abajo, parten de diferenciar la fase del capitalismo en la cual Marx efectúa sus aportes y el momento histórico posterior. Desde este punto de vista, el capitalismo habría atravesado varias etapas, en particular una "competitiva" y una "monopólica". La primera se definiría por la presencia de una compleja pluralidad de empresas incapaces de fijar precios y afectar la situación del mercado a su favor. La competencia, tal cual la describe la teoría neoclásica, habría sido una realidad en esta etapa, que se corresponde con el análisis de Marx. Pero a partir de la era del imperialismo, la aparición de conglomerados monopólicos, como los kartells y los trusts, comandados desde una cúspide financiera, habría eliminado la competencia como regulador básico del mercado, dando paso a una etapa no teorizada por Marx, la etapa "monopolista". La principal característica de la etapa monopolista sería la regulación de los precios por parte de los monopolios, lo que en cierta medida pone fin a la competencia en términos económicos y a la teoría del valor.[79] Autores como Baran y Sweezy han sido los principales teóricos desde esta perspectiva.[80] Aunque es la predominante en la academia, esta idea ha sido cuestionada por diversos autores, quienes sostienen el predominio de la competencia entre capitales, ya sea en una misma rama o entre ellas, por la apropiación de plusvalía generada por el conjunto del capital.[81] Los llamados "monopolios" no

---

cia presentada en *II Simposio Iberoamericano de Ingeniería de Residuos Barranquilla*, Instituto de Ingeniería. Universidad Autónoma de Baja California, Mexicali, B.C. México, 2009. Disponible en www.uninorte.edu.co/divisiones/Ingenierias/IDS/upload/File/Memorias%20II-SIIR/6B-Lozano-Mxico-002.pdf.

[79]Kornblihtt, Juan: *Crítica del marxismo liberal. Competencia y monopolio en el capitalismo argentino*, Buenos Aires, Ediciones ryr, 2008. Con ello también se eliminan las explicaciones del crecimiento económico, las innovaciones tecnológicas y sus consecuencias sociales, como por ejemplo, el empobrecimiento relativo del proletariado.

[80]Baran, Paul y Sweezy, Paul: *El capital monopolista*, Buenos Aires, Siglo XXI, 1969.

[81]Desde diversas tradiciones intelectuales, autores como Roman Rosdolsky, John Weeks, Anwar Shaikh, Fred Moseley y Diego Guerrero han cuestionado la idea del fin de la competencia a través de trabajos empíricos y mediciones de la tasa de

serían más que empresas de mayor envergadura que las precedentes, pero en modo alguno tendrían el poder de clausurar la competencia, que continúa siendo el regulador general de los precios. Para lo que aquí nos interesa, basados en este esquema, los estudios dominantes sobre nuestro tema en la actualidad parten del presupuesto de que en su fase competitiva, el capitalismo crearía una sobrepoblación relativa, mientras que, en su actual fase monopólica, como sugiere la teoría de la "marginalidad", dicha definición no sería la más adecuada: a la sobrepoblación relativa contraponen la aparición novedosa de una "masa marginal".

Siguiendo una línea parecida, la historiografía académica ha intentado periodizar diferentes momentos del capitalismo argentino a través del concepto de "modelo" de acumulación.[82] Desde esta perspectiva, se menciona la existencia de un modelo agroexportador hasta la década de 1930, otro regido por la industrialización por sustitución de importaciones hasta la dictadura militar de 1976 y, posteriormente, el modelo neoliberal, donde imperaría la especulación financiera. Estos supuestos han dado lugar a la noción de una "sociedad excluyente" como consecuencia de la implantación del neoliberalismo en Argentina.[83] Desde otro marco conceptual los investigadores de PIMSA también sostienen que la creación de una sobrepoblación relativa en la Argentina obedece, además de la profundización de la gran industria, al inicio de una fase financiera.[84]

Sin embargo, algunos estudios cuestionan la existencia de modelos cualitativamente diferentes y el cambio de una fase "productiva" a otra

---

ganancia en diferentes países. Véanse Rosdolsky, Roman: *Génesis y estructura de El Capital de Marx*, México, Siglo XXI, 2004; Weeks, John: *Capital and Exploitation*, Princeton U. Press, Princelon, New Jersey, 1981; Shaikh, Anwar: *Valor, acumulación y crisis*, Buenos Aires, Ediciones ryr, 2006; Moseley, Fred: "Teoría marxista de la crisis y la economía de posguerra de los Estados Unidos", en *Revista Razón y Revolución*, nº 14, Buenos Aires, Ediciones ryr, 2005; Guerrero, Diego: *Competitividad, teoría y política*, Barcelona, Ed. Ariel, 1995.

[82]Díaz Alejandro, Carlos: *Ensayos sobre la historia económica argentina*, Buenos Aires, Ed. Amorrortu, 1975; Ferrer, Aldo: *La economía argentina*, Buenos Aires, Fondo de Cultura Económica, 1984; Arceo, Enrique: *Argentina en la periferia próspera*, Buenos Aires, Ed. UNQUI, 2003; Basualdo, Eduardo: *Estudios de historia económica argentina*, Buenos Aires, Siglo XXI, 2006.

[83]Svampa, Maristella: *La sociedad excluyente*, Buenos Aires, Ed. Taurus, 2005. Dentro del campo de los "excluidos" estarían los desocupados y los cartoneros, entre otros.

[84]Iñigo Carrera, Nicolás (Dir.): *Sindicatos y desocupados en Argentina*, Buenos Aires, Ed. PIMSA/Dialektika, 2011. Sobre una crítica a esta posición, ver Harari, Ianina, y Egan, Julia: "Del economicismo al peronismo", en *Razón y Revolución*, nº 23, Buenos Aires, Ediciones ryr, 2012.

predominantemente "financiera".[85] Quienes rechazan la existencia de una nueva fase, en el caso argentino observan que el motor de la economía sigue siendo el sector agrario y la apropiación de renta diferencial por parte de sectores no terratenientes a partir de mecanismos estatales de transferencia.[86] Estos últimos han sido utilizados para impulsar el desarrollo del sector industrial y subsidiar los capitales menos eficientes, sobre todo a partir de la década de 1930. Nosotros suscribimos a estas visiones críticas.

El incremento de la sobrepoblación a partir de las décadas de 1960 y 1970 trajo consigo una serie de debates teóricos que intentaban explicar ese proceso. En este marco se desarrollaron las teorías de la "exclusión" en Europa, así como las teorías de la marginalidad en América Latina. De alguna u otra manera, ambas se distanciaron de la concepción marxista de la sobrepoblación relativa constituyendo nociones alternativas para su estudio. En general, el examen de las actividades que podrían considerarse propias de la sobrepoblación ha sido hegemonizado por estas corrientes alternativas y por la noción de "sector informal".

La teoría de la exclusión social se retoma con mayor fuerza durante los '90. Robert Castel fue uno de sus principales teóricos.[87] El autor caracteriza una crisis de la sociedad salarial y presenta un modelo para explicar el grado de "cohesión social" de los individuos según las variables inserción laboral y soportes relacionales. En ese modelo habría tres tipos de cohesión: integración, vulnerabilidad y exclusión. La primera correspondería a una situación de empleo estable y abundancia de soportes relacionales, mientras que la segunda estaría caracterizada por su ausencia. En la zona de la vulnerabilidad ambas variables son precarias. Esta visión presenta un análisis de relaciones entre individuos y no entre clases. Por este motivo, Castel afirma que los supernumerarios no serían explotados. Se deduce, de este modo, la pérdida de su condición de clase de los desocupados, aspecto que se distancia de la concepción marxista y la función del ejército industrial de reserva. En el mismo sentido, Rosanvallon continúa con esta vertiente y afirma que

---

[85]La idea sobre el predominio de la fase "financiera" a nivel mundial ha sido cuestionada por Shaikh, Anwar, op. cit., y Kliman, Andrew: "Tras las huellas de la actual crisis económica y algunas soluciones propuestas", en *Revista Razón y Revolución*, nº 19, Buenos Aires, Ed. ryr, 2009, entre otros.

[86]Sartelli, Eduardo (Comp.): *La crisis orgánica de la sociedad argentina*, Universidad de Buenos Aires, Editorial de la Facultad de Filosofía y Letras, 2011; Sartelli, Eduardo (Dir.): *Patrones en la ruta. El conflicto agrario y los enfrentamientos en el seno de la burguesía, marzo-julio de 2008*, Buenos Aires, Ediciones ryr, 2008.

[87]Castel, Robert: "De la exclusión como estado a la vulnerabilidad como proceso", en *Revista Archipiélago*, nº 21, Madrid, 1995; y *La metamorfosis de la cuestión social. Una crónica del salariado*, Buenos Aires, Ed. Paidós, 2009.

los "excluidos" no formarían en absoluto una clase objetiva "en el sentido que da a este término la tradición marxista (posición en el proceso de producción)".[88] Por esta misma razón, el autor sostiene la imposibilidad de representar políticamente a los desocupados y el fracaso al que esto habría dado lugar. Esto último contrasta con el desarrollo organizativo de los desocupados en Argentina (el Movimiento Piquetero), los "indignados" y "parados" en Europa de los últimos años.

Los estudios sobre el problema de la sobrepoblación en Argentina empezaron a extenderse a partir de la década del '60 en un contexto de incremento del desempleo y expansión de las villas miseria. La concepción sobre el "ser marginal" fue empleada primeramente para analizar aquellas poblaciones que vivían en los "márgenes" de la ciudad, en los asentamientos, desde una perspectiva culturalista. Su principal referente en el país fue Gino Germani.[89] En ese contexto, surge el "Proyecto de la Marginalidad", que discute con estos postulados. Sus referentes[90] abordaron el problema en articulación con las posiciones de Marx, lo que supuso poner el eje en las relaciones sociales de producción como determinantes principales.

Los miembros del "Proyecto Marginalidad" partían de la concepción marxista de sobrepoblación relativa pero pretendían analizar su desarrollo en los países dependientes en la fase monopolista del capital. Según los autores, en esa fase no toda la sobrepoblación relativa integraría el ejército industrial de reserva. Una porción sería excedentaria y no cumpliría función alguna para el capital monopólico, ni siquiera contribuiría al descenso del nivel salarial. Tampoco sería posible su reinserción productiva, al menos en el marco de la esfera del capital monopólico. Los autores definen tres tipos diferentes de marginalidad. El primero se refiere a la agricultura de subsistencia, sujetos caracterizados por los autores como campesinos que combinan agricultura de subsistencia con trabajo asalariado. Plantean que el capitalismo, lejos de avanzar sobre estas formas de producción precapitalistas disolviéndolas, encuentra en ellas un motor para la acumulación[91] y creen hallar aquí un elemento diferenciador con la forma latente de la sobrepoblación presentada por Marx en *El Capital*. El segundo tipo

---

[88]Rosanvallon, Pierre: *La nueva cuestión social. Repensar el estado providencia*, Buenos Aires, Ed. Manantial, 2007.

[89]Germani, Gino: *El concepto de marginalidad*, Buenos Aires, Ed. Nueva Visión, 1980.

[90]El equipo de investigación, asentado en primer lugar en el Instituto Latinoamericano de Planificación Económica y Social (ILPES-CEPAL) y del Centro para el Desarrollo Económico y Social de América (DESAL), y luego en el Instituto Torcuato Di Tella, estaba conformado por José Nun, Miguel Murmis, Juan Carlos Portantiero, Ernesto Laclau y Beba Balbé, entre otros.

[91]Igual tesis sostiene Melliasoux para el caso Europeo.

de marginalidad se refiere a los migrantes urbanos que se insertan en "ocupaciones refugio", en tanto no lograrían una venta estable de su fuerza de trabajo. El tercero, remite a la fuerza de trabajo que ya habría estado integrada y quedaría cesante de modo permanente o solo podría conseguir empleos intermitentes, o bien, en ocupaciones que subutilizarían su nivel previo de capacitación.

Posteriormente, José Nun reelabora el concepto y realiza una distinción entre el ejército industrial de reserva y la masa marginal.[92] Puede señalarse que este proyecto y el debate que suscitó dio lugar a una proliferación de textos teóricos, que no fueron acompañados por investigaciones concretas. Todo este desarrollo se funda en redefinir a la población como sobrante para lo que se considera el capital monopólico. Por otra parte, si bien es posible que sectores de la población obrera sean excedentarios para la conformación de un ejército de reserva, su existencia en determinado momento y lugar es algo que debiera demostrarse empíricamente. En este sentido son destacables los avances de Marshall, cuando en la década del '80 presenta una crítica a la concepción desarrollada por Nun a partir de una investigación empírica.[93]

En la actualidad uno de los intentos más sistemáticos por desarrollar en el terreno empírico la noción de marginalidad elaborado por Nun fue realizado por el equipo del Programa "Cambio Estructural y Desigualdad Social", que pretende captar un conjunto diverso de estas manifestaciones. Este equipo ha publicado diversas compilaciones de artículos realizadas por Mallimaci y Salvia.[94] Estos autores presentan lo que, desde su perspectiva, son diversas expresiones fenoménicas de la marginalidad económica ("no funcional pero a la vez inofensiva"), incluyendo trabajadores precarizados, vendedores ambulantes, limpiavidrios, mendigos, cartoneros, trabajadoras sexuales, trabajadores de fábricas recuperadas y perceptores de planes sociales entre otros.

La teoría de la marginalidad, en el sentido de la historia de las ideas, sería un antecedente de la concepción sobre la informalidad, actualmente en boga.[95] La noción de informalidad comienza a difundirse a partir de la década de 1970. Cobra mayor fuerza a partir de un informe

---

[92]Nun, José: "El futuro del empleo y la tesis de la masa marginal", en *Desarrollo Económico*, vol. 38, nº 152, Buenos Aires, 1999; Nun, José: "Superpoblación relativa, ejército industrial de reserva y masa marginal", en *Revista Latinoamericana de Sociología*, vol. V, nº 2, Buenos Aires, 1969; Nun, José: *Marginalidad y exclusión social*, Buenos Aires, Fondo de Cultura Económica, 2003.

[93]Marshall, Adriana: *El mercado de trabajo en el capitalismo periférico. El caso de Argentina*, México, Cuadernos del Pispal-El Colegio de México, 1981.

[94]Mallimaci, Fortunato y Salvia, Agustín (Coord.): *Los nuevos rostros de la marginalidad. La supervivencia de los desplazados*, Argentina, Editorial Biblos, 2005.

[95]Un análisis de estas categorías puede encontrarse en, Neffa, Julio César (Coord.): *La informalidad, la precariedad laboral y el empleo no registrado en la provincia de Buenos*

efectuado en Kenya por Keith Hart. En América Latina dicho concepto generó algunos debates a partir de sus tres grandes vertientes: la dualista, la estructuralista y la legalista. Estas discusiones encontraron su límite por las dificultades de operacionalización de tales categorías en términos estadísticos. Por esta razón, la corriente que mayor aceptación tuvo fue la sustentada en torno a la visión dualista, propuesta por la OIT. En el marco de la 90° Conferencia Internacional del Trabajo de 2002, la OIT suplantó el concepto de "sector informal" por el de "economía informal". Tokman señala que la "nueva definición de la OIT implica que al universo acotado por la concepción anterior de sector informal, que incluye a los trabajadores y propietarios de microempresas, servicio doméstico y trabajadores por cuenta propia, hay que sumar los trabajadores sin protección, independiente de si están en grandes, medianas o pequeñas empresas, para obtener lo que se ha llamado la economía informal".[96]

El informe sobre Kenya advirtió la escasa presencia de trabajadores asalariados y de empresarios, distinguiendo varios sectores de actividades económicas (en las calles, pequeños talleres domiciliarios con trabajadores familiares no remunerados, artesanos por cuenta propia y pequeños comercios sin obreros que no cumplimentaban con las normativas reglamentarias). Sobre la base de estas conclusiones, la OIT difunde su concepción del sector informal urbano. Según Neffa, esta noción pone su eje en los trabajadores pobres "que no son vistos como marginales sino que forman parte del aparato productivo y cumplen ciertas funciones".[97] Los informales serían concebidos como el producto del capitalismo periférico. Para sobrevivir se desempeñarían de manera precaria en micro-emprendimientos o generarían autoempleo. Para la OIT el sector informal estaría compuesto por "los ocupados en empresas pequeñas no modernas, los independientes con exclusión de los profesionales universitarios, trabajadores por cuenta propia, patrones y empleados de pequeños establecimientos y los que desarrollan tareas (remuneradas) en el servicio doméstico".[98] Aunque esta noción difundida por la OIT es la predominante en el mundo académico actual, hubo otras definiciones que en mayor o menor medida tienen puntos en común con la anterior y que fueron criticadas por miembros del organismo.

Aires, Ministerio de Trabajo de la Provincia de Buenos Aires, CEIL-PIETTE-CONICET, 2008.

[96]Tokman, Víctor: *Una voz en el camino. Empleo y equidad en América Latina: 40 años de Búsqueda*, Santiago, Ed. Fondo de Cultura Económica, 2004.

[97]Neffa, op. cit.

[98]PREALC: *El problema del empleo en América Latina. Situación, perspectivas y políticas*, Santiago, Ed. PREALC, 1976.

La segunda vertiente fue desarrollada por Castells, Portes y Benton. Esta corriente, denominada estructuralista (o "neo marxista"), considera a la informalidad como una característica necesaria del capitalismo para hacer posible la reducción de costos laborales.[99] Las actividades propias del sector informal serían legítimas pero se desarrollarían de manera ilegal (trabajo no registrado, en negro, empleo precario). A su vez, las unidades económicas informales no serían totalmente autónomas, sino que se articularían de manera subordinada con las actividades formales del sector moderno. Desde esta perspectiva, los trabajadores por cuenta propia serían, en realidad, empleados encubiertos de las empresas que proporcionan las mercancías.[100] No obstante, los autores advierten que los trabajadores de la economía informal no quedarían integrados al sector moderno, con lo cual serían "desocupados encubiertos" o "disfrazados". Castells y Portes hablan de una "economía informal" y no de "trabajadores informales" puesto que, según sostienen, no sería una condición individual sino un proceso de generación de ingresos no regulado por las instituciones.[101] Tokman ha criticado esta vertiente por considerar que no son solo las grandes empresas las que subcontratan mano de obra, sino también las pequeñas y medianas. Además cuestiona la inclusión de trabajadores asalariados temporarios y precarios en el concepto de informalidad. Según el autor, la temporalidad de un contrato no definiría la participación de una categoría ocupacional en un segmento del mercado de trabajo.

Ligado de alguna manera a las teorías de la "informalidad" pero más volcada hacia el análisis histórico se encuentra la propuesta de la "historia global del trabajo". Esta última intenta ser una respuesta a una supuesta crisis de la historia del trabajo. Los síntomas de la misma han sido la falta de cohesión y una extrema fragmentación.[102] Uno de los

---

[99]Portes, Alejandro y Benton, Lauren: "Desarrollo industrial y absorción laboral: una reinterpretación", en *Revista de Estudios Sociológicos*, n° 13, vol, 5, México, El Colegio de México, enero-abril de 1987; Portes, Alejandro: *En torno a la informalidad: Ensayos sobre teoría y medición de la economía no regulada*, México, M.A. Porrúa, FLACSO, 1995.

[100]Neffa advierte como ejemplo el caso de los cartoneros. Neffa, op. cit.

[101]Esta vertiente "estructuralista" cobró importancia en las décadas de 1980 y 1990 sobre todo en Brasil a partir de la escuela de Campinas. Sobre este punto, pueden verse los aportes de Dedecca, Claudio Salvadori y Baltar, Paulo Eduardo de A.: "Mercado de trabalho e informalidade nos anos 90", en *Estudos Econômicos*, Vol. 27, São Paulo, 1998; Dedecca, Claudio Salvadori: "O desemprego e o seu diagnóstico no Brasil hoje", en *Revista de Economia Política*, Janeiro-Março, n°34, São Paulo, 1998.

[102]A nivel internacional, varios autores han desarrollado esta línea de investigación sobre la crisis de la historia del trabajo y han brindado diferentes soluciones a la misma, por ejemplo: Carroll Moody, J. and Alice Kessler-Harris (Edit.):

máximos exponentes de esta vertiente, Marcel van der Linden, señala que otro síntoma de esta crisis sería el fracaso de las teorías marxistas y weberianas de explicar las situaciones presentes en el tercer mundo.[103] La Historia Global del Trabajo buscaría superar esta deficiencia por la vía de construir una historia no eurocéntrica ni nacionalista que no extrapole a otros períodos y lugares categorías creadas para Europa en un período histórico determinado. El período de análisis de esta línea de investigación se retrotrae mucho más temprano que la revolución industrial. En principio, la preocupación por la producción simple de mercancía estaría incorporada, pero no hay una definición precisa del límite histórico en el cual la Historia Global del Trabajo se inicia.

El enfoque de la Historia Global del Trabajo se construye en clara discusión con el marxismo. Sin embargo, no se trata de un debate honesto porque las posiciones y escritos del marxismo son o bien desconocidas, o bien tergiversadas deliberadamente. Marcel van der Linden sostiene que la teoría de Marx se construyó exclusivamente sobre el caso clásico de Inglaterra, en particular, la ciudad de Manchester a fines del siglo XIX. Desde su perspectiva, Marx no se habría preocupado por los obreros en posiciones de clase menos definidas, tales como los trabajadores por cuenta propia o formas de trabajo serviles. No obstante, la lectura de *El Capital* muestra un análisis mucho más complejo que atiende a los diversos procesos de proletarización y que analiza una multitud de situaciones transicionales como pueden ser el caso de los trabajadores a domicilio o los pequeños productores rurales. El análisis de la sobrepoblación relativa demuestra un examen muy lúcido de parte del sector que Van der Linden denomina cuentapropismo. Cabe señalar, además, el análisis que Marx dedica a las sociedades precapitalistas y sus formas de trabajo en los *Grundisse*, obra que Van der Linden no cita.

Por su parte, Van der Linden divide las formas de trabajo en, por un lado, aquellas que son pagas e impagas; y, por otro lado, autónomas y heterónomas. Los trabajadores cuentapropistas estarían insertos dentro de las formas de trabajo pagas heterónomas, al igual que los

---

Perspectives on American Labor History - The Problems of Synthesis, DeKalb, IL, Northern Illinois University Press, 1989; Burgmann, Verity: "The Strange Death of Labour History", in *Bede Nairn and Labor History*, Sydney, Pluto Press, pp. 69-81, 1991; Van der Linden, Marcel (Edit.): *The End of Labour History?*, Cambridge University Press, 1993; Frances, Rae and Bruce Scates: "Is Labour History Dead?", in *Australian Historical Studies*, pp. 470-481, 1993; Weiskopp, Thomas: "Von der verhinderten Heldengeschichte des Proletariats zur vergleichenden Sozialgeschichte der Arbeiter", pp. 34-53, 1999; Irving, Terry (Edit.): *Challenges to Labour History*, Sydney, University of New South Wales Press, 1994.

[103]Ver, Van der Linden, Marcel y Jan Lucassen: *Prolegomena for a Global Labour History*, Amsterdam, IISH, 1999.

integrantes de cooperativas. Según Van der Linden, los estudios tradicionales del trabajo y la clase obrera se han concentrado en las formas de trabajo pagas y heterónomas. El trabajo asalariado habría sido el foco de la atención, pese a representar solo una porción geográfica y temporal limitada de la historia del trabajo. El autor considera, además, que estas formas que no responden al trabajo asalariado clásico no son necesariamente resabios del precapitalismo y que, por el contrario, son reintroducidas en la modernidad, creciendo en ciertas zonas geográficas.

En términos de las acciones de los trabajadores, a nuestro juicio, la perspectiva propuesta adolece de un fuerte eclecticismo como reacción a una mirada centrada exclusivamente en las organizaciones obreras y sus dirigentes. En este sentido, se promueve una historia de los proyectos privados y públicos que desarrollan los trabajadores. Los sindicatos o los partidos políticos serían solo una variante de los proyectos públicos. Su historia debiera ser escrita bajo una nueva luz. Lo que habría de priorizarse en ese terreno es la historia antes negada o postergada de proyectos alternativos como las "sociedades de ayuda mutua, cooperativas, etc." u otros que involucren otras bases identitarias (etnia, género, etc). A nuestro juicio, la falta de jerarquía de esta perspectiva podría agravar en vez de resolver la fragmentación actual de la historia del trabajo. Por otra parte, la opción aquí esbozada plantea además algunos riesgos que podrían desencadenar en una tendencia a la ahistoricidad, en la medida en que los cambios centrales como el desarrollo del capitalismo aparecen diluidos.

Desde nuestra perspectiva, la Historia Global del Trabajo no nos parece una alternativa superadora del marxismo, al cual sus promotores no parecen conocer en profundidad. Sus afirmaciones sobre la supuesta negación u omisión en el análisis marxista de los cuentapropistas y otros sectores que no se corresponden con el asalariado típico, muestran que desconocen el desarrollo conceptual de Marx y Engels de la sobrepoblación relativa, así como los estudios actuales fundados en dicha categoría.[104] Específicamente, en relación con nuestro objeto de

[104]Algunos estudios recientes acerca de la sobrepoblación relativa es citada a continuación. Obsérvese que la mayoría de estos estudios se concentran en zonas geográficas o tipos de trabajos que, según Van der Linden, no son contemplados por la perspectiva marxista: Arn, Jack: "Pathway to the periphery: Urbanization, creation of a relative surplus population, and political outcomes in Manila, Philippines", in *Urban Anthropology and Studies of Cultural Systems and World Economic Development*, pp. 189-228, USA, 1995; Arn, Jack: "Third world urbanization and the creation of a relative surplus population: A history of Accra, Ghana to 1980", in *Review Fernand Braudel Center*, pp. 413-443, Binghamton University, 1996; Darity, William: "The managerial class and surplus population", in *Society*, n° 21, vol 1, pp. 54-62, USA, 1983; Hart, Keith: "Informal income opportunities and urban gover-

estudio, el enfoque de la Historia Global del Trabajo reproduce prejuicios tales como considerar "autónomo" una forma laboral por el solo hecho de no involucrar una relación salarial directa. Por el contrario, el marco teórico marxista nos ha permitido plantear nuestras hipótesis (inconcebibles desde el marco de la Historia Global del Trabajo) y desarrollar una fructífera investigación que, a nuestro juicio, brinda elementos empíricos para discutir los postulados teóricos de esta nueva propuesta teórica.

Finalmente, cabe mencionar que el malestar al que ha tratado de responder esta corriente también se ha sentido entre los historiadores del trabajo en la Argentina.[105] Pero aquí propuestas similares a las planteadas por Van der Linden, han sido explícitamente discutidas por los investigadores marxistas.[106]

---

nment in Ghana", in *Journal of Modern African Studies*, n° 11, Cambridge University Press, 1973; Humphries, Jane: "The 'Emancipation' of women in the 1970s and 1980s: From the latent to the floating", in *Capital & Class*, n°7, vol. 2, pp. 6-28, Nottingham University, UK, 1983; Kuumba, M. B.: "A cross-cultural race/class/gender critique of contemporary population policy: The impact of globalization", in *Sociological Forum*, n°3, vol. 14, pp. 447-463, Springer Netherlands, 1999; Li, Tania: "To make live or let die? Rural dispossession and the protection of surplus populations", in *Antipode*, n° 41, sup. 1, pp. 66-93, 2010; Lynch, Michael, J., Groves, W. B., & Lizotte, A.: "The rate of surplus value and crime. A theoretical and empirical examination of Marxian economic theory and criminology", in *Crime, Law and Social Change*, n° 21, Is. 1, pp. 15-48, 1994; McIntyre, Michael: "Race, surplus population and the Marxist theory of imperialism", in *Antipode*, n° 43, is. 5, 2011; McIntyre, M., & Nast, H. J.: "Bio (necro) polis: Marx, Surplus Populations, and the Spatial Dialectics of Reproduction and 'Race'", in *Antipode*, n° 43, is. 5, 2011; Neilson, David: "Formal and real subordination and the contemporary proletariat: Re-coupling Marxist class theory and labour-process analysis", in *Capital & Class*, n° 91, 2007; Neilson, David: "Sobrepoblación y la teoría marxista de clase", en *Razón y Revolución*, n° 19, Buenos Aires, 2009; Neilson, David and Thomas Stubbs: "Theory and empirical application Relative surplus population and uneven development in the neoliberal era", in: *Capital & Class*, n° 35, 2011; Young, Kate: The creation of a relative surplus population: a case study from Mexico, in *Women and Development: Sexual Division of Labor in Rural Societies*, New York, Praeger, pp. 149-177, 1982; Kabat, Marina: "From structural breakage to political reintegration of the working class: relative surplus population layers in Argentina and their involvement in the picketer movement", en *Capital and Class*, vol. 38 (2), 2014.

[105]Ver, por ejemplo, Suriano, Juan: "Los dilemas actuales de la historia de los trabajadores", en Gelman, Jorge (Comp.): *La historia económica argentina en la encrucijada*, Buenos Aires, Prometeo Libros, 2006; Lobato, Mirta: "Historia del trabajo y de los trabajadores en la Argentina: aproximaciones a su historiografía", en Panaia Marta (Comp.): *Trabajo y empleo, un abordaje interdisciplinario*, Buenos Aires, EUDEBA-PAITE, 1996.

[106]Sartelli, Eduardo y Kabat, Marina: "¿Clase obrera o sectores populares? Aportes teóricos y empíricos para una discusión necesaria", en *Anuario CEICS*, n° 2, Buenos

La vertiente "legalista", defendida por Hernando de Soto, asemeja la informalidad con la "extralegalidad".[107] El sector de los trabajadores informales estaría constituido por quienes se desempeñan en actividades al margen de la ley y perseguidas por el Estado. No serían informales los individuos, sino sus actividades. Las causas serían las restricciones y trabas impuestas por regulaciones normativas y la corrupción de funcionarios para otorgar autorizaciones. Neffa ejemplifica a partir de la situación de los migrantes rurales peruanos quienes, al llegar a la ciudad, se enfrentaban a prohibiciones y regulaciones estatales. Los informales se desempeñaban allí en múltiples actividades productivas y de servicios por las cuales se vulneraban las leyes y normas porque el costo de cumplimentarlas excedía sus beneficios.[108] Otros autores han criticado esta vertiente por considerar que no se trata de una definición teórica sino de una descripción.

Las nuevas definiciones surgidas en las diferentes conferencias internacionales del trabajo no han hecho más que ampliar la noción clásica propuesta por la OIT o clasificar tipologías que oscilan en torno a ella. Desde esta perspectiva, la OIT ha publicado textos que indagan a diferentes sectores de la población desde la concepción de la informalidad. Puede sintetizarse los aportes de la compilación de Carpio, Klein y Novacovsky en los estudios sobre los cartoneros, vendedores ambulantes, trabajadores sexuales, pancheros, limpiavidrios, trabajadores en PyMES, etc.[109] También se analiza con la misma perspectiva el trabajo no registrado a partir de la EPH. Todas las nociones allí vertidas se han alejado del concepto de clase social, por ello sugieren que un mismo sector (informal) puede incluir empleadores (la burguesía) y trabajadores (el proletariado). A su vez, la idea del trabajo por cuenta propia anula la percepción de la pertenencia de clase de los trabajadores explotados e impide el análisis de esa relación. En el caso de los cartoneros, como veremos en el capítulo correspondiente, más que la ideología "cuentapropista", la que cumple la misma función es la "cooperativista", asociada normalmente a la "autonomía" y a la "dignidad". Como veremos también, la realidad dista de conformarse según la ideología.

En la mayoría de los estudios de los cartoneros en diferentes países de América Latina y en Argentina se utiliza la noción de sector

---

Aires, Ed. ryr, 2008; e, Iñigo Carrera, Nicolás: "La historia de los trabajadores", en Gelman, Jorge (Comp.): *La historia económica argentina en la encrucijada*, Buenos Aires, Prometeo Libros, 2006.

[107]De Soto, Hernando: *El otro sendero: la revolución informal*, Bogotá, Editorial La Oveja Negra, 1987; De Soto, Hernando: *El Sector informal como instrumento para el desarrollo*, Monterrey, Centro de Investigaciones sobre la Libre Empresa, 1989.

[108]Neffa, op. cit.

[109]Carpio, Jorge, Klein, Emilio y Novacovsky, Irene: *Informalidad y exclusión social*, Buenos Aires, OIT/Fondo de Cultura Económica, 1999.

informal que impide observar su pertenencia de clase.[110] Por el contrario, nuestro trabajo propone un análisis desde una perspectiva de clase. El concepto que guía nuestra investigación es el de sobrepoblación relativa, al que ya hemos hecho alusión pero que no hemos explicado.

Desde nuestra perspectiva, no observamos tendencias actuales, en relación a aquello de lo que hablan las teorías de la marginalidad, la exclusión o la informalidad, que resulten cualitativamente diferentes de las ya señaladas por Marx en su momento. Aquello que Marx describe como sobrepoblación relativa se ajusta más a lo que se observa en la actualidad que los conceptos alternativos que hemos venido discutiendo. Por otra parte, la conceptualización marxista tiene la virtud de explicar no solo la aparición recurrente del fenómeno, sino también de dar cuenta de la razón por la cual asume las formas aparentemente confusas que asume. Veamos el concepto de sobrepoblación relativa con más detalle.

Marx sostiene que la sobrepoblación relativa aparece como efecto del desarrollo del capital y que evoluciona con el desarrollo del capital. A partir de allí, se puede entender que esa población superflua es un fenómeno mundial que crece como consecuencia de la mecanización de las tareas y del incremento de la composición orgánica del capital. Marx plantea que la propia dinámica del capitalismo crea una sobrepoblación relativa y, al mismo tiempo, esta es palanca de su desarrollo.[111] Esta creación es una consecuencia del desarrollo de la Gran Industria, propio del modo de producción capitalista, donde el trabajo es constantemente revolucionado por la mecanización de las tareas. La tecnificación en el proceso de producción hace que tendencialmente se requieran menos obreros para una tarea determinada y crea una

---

[110]Estudios a partir de la noción de informalidad en Brasil y México puede verse en Medina, Martín, op. cit., Franceschini, Guilherme y Caroline L. Ribeiro: "Economia solidária e cooperativas de catadores: competências e habilidades para a emancipação financeira-política-social", ponencia presentada en *VI ENEDS – Campinas*, San Pablo, Brasil, 2009; Queiróz Ribeiro, Solange y Marcelo Dornelis Carvalhal: "A precarização do trabalho dos catadores de material reciclável e a organização coletiva na associação dos catadores de material reciclável - Acamar - Cascavel - Paraná - Brasil", Brasil, 2009. Disponible en http://egal2009.easyplanners.info/area02/2233_Queiroz_Ribeiro_Solange.pdf; Dos Santos, Anna Lúcia Florisbela y Günther Wehenpohl: "De pepenadores y triadores. El sector informal y los residuos sólidos municipales en México y Brasil", en *INE-SEMARNAT, Gaceta ecológica*; número 60; México, 2001; Wamsler, op. cit., Lozano, op. cit. Para el caso de Colombia, ver: Corredor, Marta: "El sector reciclaje en Bogotá y su región. Oportunidades para los negocios inclusivos", Colombia, FUNDES AVINA, 2010. Disponible en www.fundes.org. En Argentina, pueden verse: Schamber, op. cit., Paiva, op. cit., y, Saraví, op. cit.

[111]Marx, Karl: *El Capital*, Tomo I, Vol 3, Libro primero, Buenos Aires, Siglo Veintiuno Editores, 2008.

sobrepoblación relativa superflua para las necesidades de valorización del capital. Sin embargo, el capital requiere de la sobrepoblación relativa. Marx señala que "el trabajo excesivo de la parte ocupada de la clase obrera engruesa las filas de su reserva (...) y, a la inversa, la presión del crecimiento del ejército industrial de reserva, por su competencia, ejerce presión y obliga al obrero ocupado a trabajar excesivamente y a someterse a los dictados del capital". En este sentido, la función histórica de la población desocupada es, por un lado, ejercer una presión hacia la baja del salario del obrero ocupado. La tendencia a la "flexibilización" y "precarización" laboral en Argentina durante la década de 1990, y también en el resto de los países latinoamericanos, es un ejemplo en este sentido. Por otro lado, esta fracción de la sobrepoblación relativa es utilizada por el capital en momentos de expansión económica.

La transformación de obreros productivos en supernumerarios debido a los cambios técnicos no modifica su pertenencia de clase. La sobrepoblación relativa en cualquiera de sus formas mantiene su condición de clase aunque exceda las necesidades de valorización del capital o sea explotada por debajo de la productividad media. Algunos autores niegan la pertenencia de clase de la población sobrante puesto que parten de una concepción según la cual el obrero fabril es el único plenamente proletarizado, mientras que ciertas capas de la sobrepoblación relativa empleadas en ramas donde predomina la subsunción formal no serían parte de la clase.[112] Aquí se confunde las modificaciones técnicas del proceso de trabajo con una supuesta mutación en la condición de clase de los trabajadores. Aunque puedan existir ramas donde predomina la subsunción formal del trabajo al capital, la generación de la sobrepoblación relativa en un país es determinada por el desarrollo de la gran industria. Las condiciones de existencia de la población sobrante están dictadas por la subsunción real del trabajo en el conjunto de la sociedad, como prueban los ejemplos a los que aludimos en el capítulo correspondiente.[113]

La teoría marxista reconoce tres formas de la sobrepoblación. La fluctuante se origina con el desarrollo de la industria tendiente a atraer y expulsar obreros. El desgaste físico debido a su uso hace que el capital tienda a incorporar personas jóvenes. Su utilización, desgaste y posterior recambio los convierte en sobrantes. La sobrepoblación relativa latente se origina fundamentalmente en el agro. A diferencia de

[112]Neilson, David: "Sobrepoblación y la teoría marxista de clase", en *Razón y Revolución*, n°19, Ediciones ryr, Buenos Aires, 2009.

[113]Sobre el debate en torno a la pertenencia de clase de la sobrepoblación relativa y los cambios técnicos de la subsunción formal y real del trabajo al capital, ver: Kabat, Marina: "La sobrepoblación relativa. El aspecto menos conocido de la concepción marxista de la clase obrera", en *Anuario del CEICS*, n°3, Buenos Aires, Ediciones ryr, 2009.

la industria, la mecanización de las tareas en la agricultura tiende a expulsar obreros, proceso que no es complementado por una nueva atracción. Es por ello que un porcentaje de población rural se encuentra constantemente en vías de migrar a zonas urbanas. Pero ese flujo presupone la existencia de una sobrepoblación relativa latente que se hace evidente con la tecnificación de tareas de cosecha o actividades donde aquella es reclutada. Por esta razón los obreros rurales trabajan por bajos salarios y sus condiciones de vida descienden en la miseria. La tercera modalidad de la sobrepoblación relativa es la estancada, constituida por una parte del ejército obrero activo. Pero su ocupación es absolutamente irregular a la vez que sus "condiciones de vida descienden por debajo del nivel medio normal de la clase obrera y es esto, precisamente, lo que convierte a esa categoría en base amplia para ciertos ramos de explotación del capital". Esta fracción de la sobrepoblación relativa se emplea en condiciones de trabajo intensivas y su fuerza de trabajo es vendida por debajo de su valor. A nuestro juicio, los cartoneros, cuyas condiciones de existencia examinaremos en el capítulo correspondiente, conforman parte de esta capa de la sobrepoblación relativa. Sus condiciones laborales y de vida concuerdan con la caracterización de Marx.[114]

No obstante, cada país presenta alguna especificidad en el proceso de acumulación de capital y el crecimiento de la población sobrante. El capitalismo argentino se caracteriza por la baja competitividad en el mercado mundial y la caída en la productividad relativa del trabajo respecto de otros países en términos históricos. La explotación de una clase obrera que vende su fuerza de trabajo por debajo de su valor, sobre todo desde la década de 1970, se vuelve un mecanismo compensatorio que presupone la existencia de una sobrepoblación relativa que crece y se consolida acompañando las transformaciones de la Gran Industria. En otros países donde operan capitales de mayor competitividad, como por ejemplo en Europa después de la Segunda Guerra Mundial, la sobrepoblación relativa recién se ha vuelto a manifestar en forma más aguda y abierta en años más recientes.

En términos generales, la mayoría de los estudios en Argentina basados en el concepto de sobrepoblación relativa se han concentrado en alguna de las fracciones que la forman (sobrepoblación latente, infantería ligera del capital) o en actividades laborales específicas. Particularmente, el trabajo en el agro ha concentrado la mayor parte de los estudios concretos sobre capas de la sobrepoblación relativa. El

[114]Desde otros puntos de vista, la mayoría de los autores que trabajan conceptos tales como informalidad, marginalidad o exclusión, coinciden con nosotros en que los cartoneros pertenecen a ese "mundo", no importa la caracterización que hagamos de él.

debate en torno a la presencia de sectores marginales y campesinos en el agro dio lugar a la proliferación de estudios marxistas con el objetivo de demostrar la pertenencia a la clase obrera de los trabajadores rurales en un contexto de vigencia de relaciones plenamente capitalistas.

Las primeras investigaciones en este sentido fueron elaboradas por el Centro de Investigación en Ciencias Sociales (CICSO) quien se dedicó al estudio del trabajo en el sector agrario.[115] También remarcamos los estudios sobre los trabajadores chaqueños realizadas por Nicolás Iñigo Carrera,[116] las investigaciones de Valeria Iñigo Carrera[117] y Liliana Fuscaldo[118] sobre los indígenas de Formosa, de Víctor Rau[119] sobre los tareferos en Misiones, de Cortese y Lecaro[120] sobre los obreros del tomate y de Agustina Desalvo en el marco del programa de investigación del Centro de Estudios e Investigación en Ciencias Sociales (CEICS) sobre los trabajadores rurales de Santiago del Estero.[121] Juan Iñigo Carrera ha expuesto la vinculación entre la existencia del trabajo infantil en el agro y la producción de una sobrepoblación relativa.[122] También se ha abordado una capa de la sobrepoblación relativa vinculada con el

---

[115]Delich, Francisco José: "Estructura agraria y tipos de organización y acción campesina", en Marsal, Juan Francisco (Comp.): *Argentina conflictiva*, Buenos Aires, Paidós, 1972; Delich, Francisco José: *Tierra y conciencia campesina en Tucumán*, Buenos Aires, Ed. Signos, 1970; Murmis, Miguel y Waisman, Carlos: "Monoproducción agroindustrial, crisis y clase obrera, la industria azucarera tucumana", en *Revista Latinoamericana de Sociología*, nº 1, Abril, Buenos Aires, 1969.

[116]Iñigo Carrera, Nicolás: "¿Reserva o excluidos? El caso de la población aborigen y criolla en una localidad del Impenetrable Chaqueño (1970-1998)", en *Anuario IHES*, nº 14, Tandil, 1999; Iñigo Carrera, Nicolás: *Indígenas y fronteras. Campañas militares y case obrera. Chaco, 1870-1930*, Buenos Aires, Ed. CEAL, 1984; Iñigo Carrera, Nicolás: *La violencia como potencia económica: Chaco 1870-1940. El papel del Estado en un proceso de creación de condiciones para la constitución de un sistema productivo rural*, Buenos Aires, Ed. CEAL, 1988.

[117]Iñigo Carrera, Valeria: "Sujetos productivos, sujetos políticos, sujetos indígenas: las formas de su objetivación mercantil entre los Tobas del este de Formosa", Tesis doctoral, 2008. (Inédita).

[118]Fuscaldo, Liliana: "El proceso de constitución del proletariado rural de origen indígena en el chaco", en Mirta Lischetti (Comp.): *Antropología*, Buenos Aires, Eudeba, 1987.

[119]Rau, Víctor: "Los cosecheros de yerba mate. Mercado de trabajo agrario y lucha social en Misiones", Tesis doctoral, Buenos Aires, 2005. (Inédita).

[120]Cortese, Carmelo y Lecaro, Patricia: "Reestructuración en la agroindustria: su impacto en el empleo y en las condiciones de vida", ponencia presentada en 6º *Congreso Nacional de Estudios del Trabajo*, ASET, Buenos Aires, 2003.

[121]Desalvo, Agustina: "Los obreros santiagueños en el desflore de maíz. Proceso y condiciones de trabajo", en *Anuario CEICS*, nº 3, Buenos Aires, 2009.

[122]Iñigo Carrera, Juan: *Trabajo infantil y capital*, Ediciones Cooperativas, Buenos Aires, 2004.

sector agrario, aunque no exclusiva del mismo. Se trata de la fuerza de trabajo que se encuentra disponible para ser movilizada geográficamente constituyéndose como infantería ligera del capital. Ejemplos de esto se encuentran en los estudios de Iñigo Carrera y Podestá.[123] Un análisis histórico de largo plazo sobre la infantería ligera del capital en la región pampeana puede verse en la tesis doctoral de Eduardo Sartelli.[124] En cambio, no hay una producción equivalente para el ámbito urbano. El programa de investigación CICSO/PIMSA ha abordado las formas de sobrepoblación latente en el empleo público y la existencia de capas de sobrepoblación entre obreros más calificados.[125]

Aún quedan pendientes estudios que contabilicen las diferentes formas que asume la sobrepoblación relativa en Argentina. No obstante, existen ciertas aproximaciones. Los estudios elaborados por PIMSA han intentado medir el volumen de la sobrepoblación a través de los censos.[126] En ellos se observa un mayor incremento en las últimas décadas respecto de los años '60. Se trata fundamentalmente de un aumento en los índices de "desocupación", "subocupación", de los "trabajadores por cuenta propia"[127] en trabajos precarios, del empleo estatal y de la población asistida por el Estado a través de diversas formas de subsidio. Otros estudios de PIMSA han intentado aproximarse a la evolución de la desocupación y su función reguladora sobre el salario.[128] Por su parte, los investigadores del CEICS señalan que el

---

[123]Iñigo Carrera, Nicolás y Podestá, Jorge.: "Población movilizada. La formación de una 'infantería ligera' para el capital. Argentina 1988-1990", en *Serie de Estudios*, nº 77, Buenos Aires, CICSO, 1991.

[124]Sartelli, *La sal...*, op. cit.

[125]Iñigo Carrera, Nicolás, Podestá, Jorge y Cotarelo, María Celia: "Las estructuras económico sociales concretas que constituyen la formación económica de la Argentina", en *Documentos y Comunicaciones PIMSA*, nº 18, Buenos Aires, 1999; Rofman, Alejandro, et. al.: "Políticas estatales y desarrollo regional. La experiencia del Gobierno militar en la región del NEA (1976-1982)", en *Centro de Estudios Urbanos y Regionales*, Buenos Aires, 1987; Iñigo Carrera, Nicolás y Podestá, Jorge.: "Población movilizada. La formación de una 'infantería ligera' para el capital. Argentina 1988-1990", en *Serie de Estudios*, nº 77, Buenos Aires, CICSO, 1991; Donaire, Ricardo: "Sobre la existencia de una masa de reserva para las funciones intelectuales en Argentina", en *Documentos y Comunicaciones PIMSA*, nº 57, Buenos Aires, 2006.

[126]Iñigo Carrera, Nicolás; Cavalleri, Stella y Marina Murruni: "La superpoblación relativa en Argentina actual: un ejercicio de medición", en *Documentos y Publicaciones PIMSA*, n° 77, Buenos Aires, 2010.

[127]Según los estudios de PIMSA, estas categorías utilizadas por el INDEC serían aquellas que dan cuenta al menos de una porción de las diferentes formas que asume la sobrepoblación relativa.

[128]Rosati, Germán: "Un ejercicio empírico sobre la función y las formas que asume la población excedente en la formación social argentina", en *Documentos y publica-*

incremento del empleo no registrado y precario con posterioridad a la crisis del 2001 sugiere el pasaje de la sobrepoblación relativa abierta (desocupación) a la estancada. Pese a dicho aumento, grandes fracciones de la clase obrera no pueden garantizar su reproducción a través del salario (sea porque no lo tienen o porque es escaso).

En este contexto, el incremento de la asistencia pública cumple un rol cada vez más importante. Solo entre 2005 y 2008 se calcula una cifra mayor a los 2 millones y medio de planes sociales. En su mayoría, estos planes fueron reemplazados por la Asignación Universal por Hijo en 2009 que llega a cerca de 2 millones de hogares. A su vez, la asistencia alimentaria a través de comedores comunitarios, cajas alimentarias y tickets llega a más de 19 millones de personas entre los años 2009 y 2010.

Además, investigadores del CEICS han examinado actividades propias de la sobrepoblación relativa como el trabajo a domicilio y en barrios específicos.[129] Mientras que otros estudios se limitan muchas veces a un análisis actual, estas últimas investigaciones intentan reconstruir la conformación histórica de estas capas de la sobrepoblación.

Una de las formas más masivas que asume la sobrepoblación relativa en el medio urbano, los cartoneros, no ha sido estudiada desde una perspectiva marxista. Este trabajo reconstruye históricamente a esa fracción de la población sobrante que reproduce su fuerza de trabajo a través del cartoneo. Consideramos que el empleo de las nociones marxistas de clase y sobrepoblación relativa nos permiten explicar la historia de los cartoneros y las transformaciones en la actividad. Las teorías alternativas que han proliferado en momentos de crecimiento de la sobrepoblación relativa tendieron a ocultar el carácter de clase de esta fracción. Desde nuestra perspectiva, el estudio de los procesos de trabajo y las condiciones laborales en términos históricos, tanto como el análisis de los empleadores de los cartoneros, nos permite demostrar la pertenencia de clase de los recuperadores de materiales reciclables. En tanto despojados de medios de producción y de vida, los cartoneros solo pueden vender su fuerza de trabajo a cambio de un salario a destajo.

Podemos ahora enunciar las hipótesis que vamos a defender en este trabajo:

Los cartoneros son una fuerza de trabajo explotada por dos empleadores, las empresas y el Estado: históricamente, los recuperadores

---

ciones PIMSA, n° 69, Buenos Aires, 2009.

[129]Kabat, Marina y Pascucci, Silvina: "El trabajo a domicilio como empleo precario. Alcances y límites de la legislación que intentó regularlo en la Argentina" en *VI Jornadas de sociología de la UNLP*, Depto. de Sociología, Facultad de Humanidades y Ciencias de la Educación, La Plata 9 y 10 de diciembre, 2010.

son explotados por las empresas que utilizan el material recolectado por ellos como insumo para la producción de otros bienes, como por ejemplo las papeleras. Esta relación de explotación no se encuentra formalizada en términos legales. Por el contrario, es invisibilizada a través del pago a destajo y la presencia de diferentes intermediarios. Pero esta situación no difiere de la de otros trabajadores como los obreros a domicilio. Por su parte, el Estado también actúa como un empleador en la medida en que el trabajo de reciclado realizado por los cartoneros garantiza un ahorro al disminuir la basura destinada a los rellenos sanitarios. El menor costo y la mayor productividad de los cartoneros frente a las empresas privadas que también realizaban tareas de reciclaje, condujo al Estado porteño a no renovar convenios con estas últimas y reasignar parte de los fondos a subsidiar el trabajo de los cartoneros.

Los cartoneros pertenecen a una fracción de la clase obrera, la sobrepoblación relativa en su modalidad estancada. La expansión del cartoneo se asocia al crecimiento de esta fracción de la clase obrera. Esta sobrepoblación relativa crece como consecuencia de los cambios técnicos y el desarrollo de la Gran Industria en Argentina. Su aparición comienza a manifestarse de manera más aguda a partir de la década de 1970. Las condiciones intensivas de trabajo y los bajos salarios percibidos por los cartoneros son características típicas de la sobrepoblación relativa estancada.

El momento en que la industria papelera invierte en equipos que le permiten emplear papel reciclado coincide con el desarrollo de una población sobrante dispuesta a recolectar y seleccionar dicho insumo en las calles por un mínimo ingreso. Múltiples lazos de dependencia vinculan a las grandes papeleras, los intermediarios y los cartoneros.

Los cartoneros luchan y se organizan como otras fracciones de la clase obrera. Los momentos de organización política, crecimiento organizativo y elaboración de consignas unificadoras se vinculan con los años previos e inmediatamente posteriores al 2001. Se trata de un momento más general de activación política de la clase obrera, fundamentalmente de los desocupados.

La presencia de los empleadores de los cartoneros tuvo su correlato en reclamos contra el Estado y la cámara que agrupa a las empresas papeleras. Las consignas fueron típicas de la clase obrera, como por ejemplo, el incremento salarial (aumento en el precio por kilo de cartón recolectado) y la mejora en las condiciones laborales.

Las manifestaciones de los cartoneros y la conformación de organizaciones muestran una tendencia a la lucha con independencia de clase. La radicalización coincide con la activación política de otras fracciones de la clase obrera, sobre todo los desocupados. En el momento más álgido de la lucha, los cartoneros establecieron una alianza con una fracción de la pequeña burguesía, aquella corporizada en las asambleas populares. No obstante, con posterioridad al 2002 el proceso de cooptación política tendió a fragmentar al movimiento.

Luego de 2003, se mantiene la lucha, pero el movimiento se ve fragmentado y combina luchas ofensivas y defensivas. Al tiempo que obtiene algunas victorias sustantivas, también sufre importantes derrotas que lo llevan a la subordinación al conjunto de las instituciones burguesas. Este proceso concuerda con el reflujo relativo del conjunto de la clase obrera argentina en el período.

El cooperativismo no ha logrado una mejora en las condiciones laborales del conjunto de los cartoneros. Su crecimiento se debe, por un lado, a la política de subsidios del Estado a partir de 2008 con el propósito de abaratar los costos del procesamiento de basura. Por otro lado, a la represión sistemática del Estado hacia el movimiento independiente de cartoneros, en un momento posterior a la clausura de los trenes blancos. El Estado ha montado una política de coerción y cooptación en el seno de los cartoneros. Esto explica la política de subsidios destinada a solo una porción de ellos asociados en cooperativas, política que ha procurado fragmentar al movimiento.

En lo que sigue trataremos de desarrollar estas hipótesis, abordando primero una perspectiva histórica del problema (capítulo II), para continuar con una descripción de los protagonistas (capítulo III), del proceso de trabajo y las condiciones de trabajo (capítulo IV), para cerrar con un análisis de la lucha de los cartoneros (capítulo V).

Ediciones ryr

Capítulo II

La evolución histórica de la recuperación de residuos

En la actualidad, la mayoría de los productos recolectados por los cartoneros son los derivados del papel y el cartón. Por esta razón, la industria papelera es la rama que más se beneficia por el trabajo de los cartoneros en la medida en que estos últimos proveen uno de los insumos utilizados para la producción de papel. Por su parte, el Estado también se beneficia con la labor cartonera. Al recolectar productos, los recuperadores evitan el entierro de basura en los rellenos sanitarios. De este modo, el Estado ahorra en costos destinados a la recolección y tratamiento de residuos. No obstante, el cirujeo estuvo prohibido históricamente, por lo menos hasta el año 2002. Solo en algunos períodos determinados, y por solicitudes de las cámaras empresarias para el reaprovechamiento de productos reciclables, la administración pública permitió el cirujeo en ciertos sitios.

La recolección, clasificación y venta de productos reciclables es una actividad que se remonta por lo menos hasta la segunda mitad del siglo XIX. El objetivo de este capítulo es reconstruir los antecedentes históricos de los cartoneros. Por un lado, analizaremos la historia del uso del reciclado en la industria papelera y las políticas ejecutadas por el Estado para el reaprovechamiento de estos insumos. Por otro lado, indagaremos los cambios en el proceso de trabajo y las condiciones laborales de los cirujas hasta la década de 1990. Finalmente, describimos las normativas que antecedieron a la legislación cartonera del período posterior al 2001. Para ello nos basamos en fuentes primarias y secundarias. Hemos relevado el período que va desde 1989 hasta el año 2000 en los diarios de tirada nacional para observar ciertos aspectos de la actividad ciruja. Esto se debe a que, a partir de ese momento, la rama papelera en su conjunto implementa una reconversión tecnológica. Además, los cirujas tienden a especializarse cada vez más en la recolección de papeles y cartones. A su vez, entrevistamos a cartoneros que recolectan actualmente y que se dedican a la actividad desde las décadas previas, como también, a intermediarios que ya en los años '80 ingresaban al centro porteño para comprar estos insumos. También relevamos fuentes estadísticas a los efectos de analizar la importancia del reciclado específicamente en la rama papelera, puesto que se trata de una de las industrias más beneficiadas por el uso de ese insumo. Por su parte, las normativas sobre el cirujeo fueron extractadas de fuentes legislativas consultadas en la biblioteca de la legislatura porteña. Toda esta información fue complementada con fuentes secundarias tales como tesis de licenciatura y doctorales sobre el cartoneo, las condiciones de vida y trabajo de los habitantes de las villas porteñas durante las décadas de 1940 y 1950 y bibliografía directa o indirectamente vinculada con el cirujeo.

El uso del reciclado en la industria papelera

Los productos reciclados como insumos en la producción de otros bienes se implementan desde los inicios de la industria papelera. Los primeros ensayos para crear una industria del papel remiten a la segunda mitad del siglo XIX y se vinculan con el desarrollo de la prensa y las editoriales. Hasta ese entonces, el papel de periódico se importaba en su totalidad. Incluso, los elevados costos de su importación habrían sido el motivo del cierre de algunos medios periodísticos.[1] Jorge Schvarzer registra el inicio de la industria papelera entre las décadas de 1860 y 1870.[2] Algunas de estas experiencias no habrían logrado perdurar en el tiempo. Un ejemplo de esto último sería la fábrica La Primitiva, ubicada en la provincia de Buenos Aires, la cual fue creada en 1876 y cerrada en 1883. Schvarzer menciona la variedad de productos de papel elaborados y la materia prima utilizada:

"La Primitiva llegó a contar con unos 40 trabajadores y sus directivos desarrollaron conocimientos técnicos que le permitían producir diversos papeles a partir de la materia prima local (en especial, la paja de espadaña,

---

[1]Un informe de la Asociación de Fabricantes de Celulosa y Papel (AFCP) menciona algunos periódicos que habrían dejado de existir entre las décadas de 1820 y 1850 debido a los elevados costos de la importación del papel de diario. Ejemplo de esto son los periódicos *El Patriota*, *La Ilustración Pública*, *El Imparcial* y *La Estrella del Sur*. Otro de los periódicos cerrados por la misma razón mencionada sería *El Industrial*. *Boletín de la Industria*, 22 de agosto de 1821, citado en Asociación de Fabricantes de Celulosa y Papel: *Diagnóstico y propuesta para la industria argentina de la celulosa y el papel*, Ministerio de Economía, 1991.

[2]Schvarzer, Jorge: "Evolución y perspectivas de la industria Argentina de la celulosa y el papel", *Documento de Trabajo del CISEA*, Buenos Aires, junio de 1993, p. 1.

que crece espontáneamente en el Delta del Paraná) así como de desechos de trapos".

Los primeros proyectos duraderos en la industria del papel habrían sido las empresas Andino y Cia., ubicada en Santa Fe y creada en 1877, y La Argentina, inaugurada en 1884 en la localidad de Zárate. Al parecer, el establecimiento santafesino producía 300 kilos diarios de papel. Estos productos eran enviados a Rosario en carretas que, a su regreso, volvían cargadas con trapos y recortes de papel reutilizados como insumos.[3] Por su parte, la papelera ubicada en Zárate fue puesta en marcha por fabricantes de cuadernos e importadores. La fábrica producía cartón utilizado por la Editorial Estrada, cuyo propietario era socio de la firma. En 1914, la empresa comenzó a elaborar papel de diario para los periódicos distribuidos en su zona de influencia, debido a las dificultades de su importación por la crisis del comercio internacional en el período de entreguerras. Luego de finalizar la contienda, la empresa La Argentina dejó de producir papel de diario.[4]

Cabe destacar que entre fines del siglo XIX y los primeros años del siglo XX, la industria papelera se asentó geográficamente en la zona del litoral y en las cercanías de los grandes centros urbanos por dos razones. En primer lugar, por la cercanía al puerto desde donde se importaba la materia prima para producir el papel, la pasta de celulosa. En segundo término, los centros urbanos eran abastecedores de insumos reciclados utilizados como complementos de la celulosa. Este segundo aspecto se muestra a través del abastecimiento de insumos reciclados por parte del cirujeo en la ciudad porteña. Uno de los productos recogidos por los cirujas en el basural de la ciudad de Buenos Aires era el trapo. En las calles también se recogía este producto, al menos en el año 1919. Incluso, un médico higienista estudioso del cirujeo en ese período, Atilio Roccatagliata, caracteriza a un tipo de ciruja especialista en la recogida de trapos, al que denomina "trapero", y otro más especializado en la recolección de papel, el "papelero".[5] El mismo estudio muestra la existencia de galpones acopiadores de reciclado, su ubicación y el destino al que los insumos reciclados eran derivados:

"Los locales donde actúan los revendedores son verdaderos focos de infección. Situados algunos en pleno centro (los terrenos en las calles Tucumán

---

[3]Di Fiore, Jorge: "Historia del papel en Argentina", (actualización a octubre de 2012). Disponible en http://www.papel-historia-arg.com.ar/home.php.

[4]El papel de diario, como dijimos, era importado en su totalidad. Este producto se introducía en el país libre de derechos debido a la presión de las empresas locales de periódicos. Schvarzer, op. cit., p. 2.

[5]Roccatagliata, Atilio: "Los Chiffonier (los traperos)", Tesis doctoral, Buenos Aires, Facultad de Medicina, Universidad de Buenos Aires, 1919.

al 400, Paseo de Julio al 500, Córdoba al 1500, Bartolomé Mitre al 1900, Victoria al 2300, Matheu al 100, etc.) funcionan impunemente atentando contra la salud pública. No son fiscalizados y hasta sospechamos que no pagan impuesto alguno. Por lo general, estos locales son pequeños, húmedos, sin luz ni ventilación, y casi siempre sus puertas permanecen cerradas. El ambiente no puede ser más propicio para la reproducción y difusión de bacterias. (...) De estos depósitos, los papeles son enfardados y remitidos casi en su totalidad a la fábrica de papel de Zárate donde le convierten en pasta y luego hacen cartón y el papel llamado de diarios".[6]

Recién a fines de la década de 1920, se crea la primera planta de elaboración de pasta celulósica en la Argentina, denominada Celulosa Argentina y ubicada en Capitán Bermúdez, provincia de Santa Fe. En el año 1931 la fábrica comienza a producir la materia prima a base de trigo para la producción de papel.[7] Por su parte, el principal competidor de la época de Celulosa Argentina era La Papelera Argentina, ubicada en Zárate. Esta fábrica utilizaba como materia prima la celulosa importada y los recortes de papel usado. Cabe destacar que aún hasta fines de la década de 1960, la mitad de la celulosa utilizada en el país provenía de las importaciones.[8]

Nuevamente, los problemas vinculados con la escasez de materia prima para la producción de papel reaparecieron en el contexto de la Segunda Guerra Mundial. La contienda tuvo como consecuencia limitaciones en el comercio internacional y en la importación de celulosa. Por esta razón, y como veremos más adelante, la Unión Industrial Argentina solicitó al Estado la ejecución de políticas de reciclado para el reaprovechamiento de productos utilizados como insumos para la producción de otros bienes, como por ejemplo, los papeles y cartones desechados.

Hacia fines de la década de 1940, comienzan los primeros intentos por implementar planes de forestación en Argentina y, de ese modo, abastecerse de la pasta de celulosa a base de madera producida a nivel nacional. Sin embargo, solo se podían efectivizar proyectos con especies exóticas y no autóctonas. A esta restricción se sumaba la prioridad del uso de la tierra en la explotación agrícola y ganadera. Un estudio de la CEPAL sintetiza las razones por las cuales los planes de forestación tenían limitaciones:

"Asimismo, la integración vertical [se refiere a la vinculación en una misma empresa entre producción de papel y su materia prima, la pasta de celulosa a base de madera] estaba limitada por el escaso desarrollo alcanzado por

[6] Ídem.

[7] Schvarzer, op. cit., p. 4.

[8] Ídem, p. 5.

la actividad forestal con fines comerciales. Hay que tener en cuenta, por un lado, la prioridad de la explotación agrícola-ganadera en el empleo de la tierra, y -por otra parte-, que hasta la década del sesenta no se consideraba posible el empleo de especies autóctonas para la producción de celulosa. De todos modos, es importante destacar que paralelamente a la promoción industrial comienzan a aplicarse políticas forestales, con la sanción en 1948 de la primera ley de defensa de los bosques naturales, que al mismo tiempo promueve la actividad forestal en base a especies exóticas de rápido crecimiento. Esta medida significó el inicio de la forestación comercial en el país y sus resultados se manifiestan una década después".[9]

Por las razones mencionadas en la cita anterior, la industria buscaba alternativas para la producción de celulosa. En 1947, Celulosa Argentina adquirió una planta productora de papel cuya materia prima utilizada era el bagazo de la caña de azúcar. La empresa, Papelera del Norte, se ubicaba en la provincia de Tucumán en los ingenios azucareros.[10] Otra empresa productora de papel a base de bagazo de caña es la firma Ledesma, también productora de azúcar, que inicia su fabricación en 1965. El establecimiento se ubica en la provincia de Jujuy.

El período de mayor desarrollo industrial de la rama transcurre entre las décadas de 1940 y 1970. La industria papelera mantuvo su predominio geográfico en la zona del litoral, específicamente en el conurbano bonaerense. Según Schvarzer, las exigencias tecnológicas no imponían limitaciones estrictas a la actividad papelera, situación que permitía la expansión de pequeños y medianos capitales. En cambio, la instalación de plantas productoras de celulosa requería de elevadas inversiones. Hacia fines de la década de 1960, la industria papelera habría logrado abastecer el 100% de la demanda nacional, con la excepción del papel de diario que era importado en su totalidad. Por su parte, la industria celulósica solo abastecía la mitad de la demanda, mientras que, el porcentaje restante era importado. Schvarzer señala las limitaciones para desarrollar una industria dedicada a la producción de pasta de celulosa, la cual era reemplazada parcialmente por su sustituto, el papel reciclado:

"el problema más mencionado, sin embargo, era la escasa producción de pasta; a las elevadas inversiones requeridas para dicha actividad (que es de tipo capital intensiva) se sumaba el problema de la escasez de materia prima en el país (bosques naturales aptos). El problema se veía solucionado, en parte, mediante el reciclaje de papel usado que permitía reemplazar una parte apreciable de la materia prima".

---

[9]Bercovich, Néstor: *Desarrollo y crisis de la producción de celulosa y papel en Argentina*, Buenos Aires, CEPAL, 1995.

[10]Schvarzer, op. cit., p. 6.

Dada la escasez del insumo celulósico, el Estado argentino decreta en 1961 la promoción de la rama celulósica y papelera como "de interés nacional" e impulsa proyectos de forestación e instalación de plantas eficientes. Para ello, otorga créditos blandos y desgravaciones de impuestos a los postulantes.

A partir de datos extractados de los censos económicos se puede observar la evolución de la cantidad de establecimientos fabriles dedicados a la producción de celulosa y papel desde la década de 1960 hasta el 2004:

Gráfico 1. Evolución de cantidad de establecimientos fabriles productores de celulosa y papel, según censos económicos. Total del país.

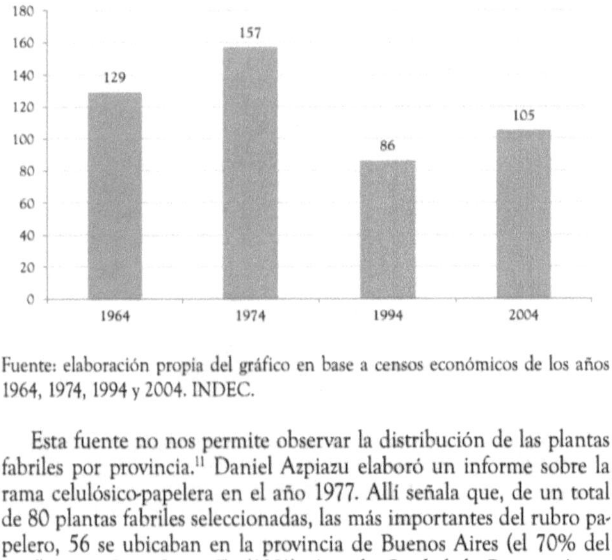

Fuente: elaboración propia del gráfico en base a censos económicos de los años 1964, 1974, 1994 y 2004. INDEC.

Esta fuente no nos permite observar la distribución de las plantas fabriles por provincia.[11] Daniel Azpiazu elaboró un informe sobre la rama celulósico-papelera en el año 1977. Allí señala que, de un total de 80 plantas fabriles seleccionadas, las más importantes del rubro papelero, 56 se ubicaban en la provincia de Buenos Aires (el 70% del total), otras 8 en Santa Fe (10%), 4 en la Ciudad de Buenos Aires, 3 en Córdoba y las 9 restantes en las provincias de Misiones, Jujuy,

[11]Los censos económicos muestran la evolución por provincias, pero no desagregan la categoría "Establecimientos productores de papel y pastas celulósicas" respecto de aquellos establecimientos que fabrican bienes finales con el papel, es decir, los denominados "convertidores". En este sentido, para el caso de la provincia de Buenos Aires aparece una sola categoría en la que incluyen los establecimientos de todas estas producciones, al menos en algunos censos. Por esta razón, no se puede observar la evolución.

Tucumán, Entre Ríos y Mendoza. Solo la provincia de Buenos Aires poseía una capacidad instalada de 812.900 toneladas para producir papel, cifra que representaba el 75,2% sobre el total de la rama y muy superior a la capacidad de la provincia de Santa Fe, la segunda en el orden de importancia, con 118.200 toneladas (10,8%). En cambio, la capacidad instalada para producir pastas celulósicas se distribuía en forma más pareja. Las plantas ubicadas en la provincia de Buenos Aires poseían el 47,2% de la capacidad instalada sobre el total, Santa Fe, el 22,8%, Misiones, el 14,1%, Jujuy, el 11,2%.[12]

En el año 1990, un informe de la Asociación de Fabricantes de Celulosa y Papel (AFCP), la cámara que agrupa las empresas del sector, registraba una capacidad instalada en la provincia de Buenos Aires que representaba el 61% respecto del total.[13] Cabe destacar que, dentro de la provincia, el desarrollo de la capacidad instalada del conurbano bonaerense representaba el 75% y, respecto del total del país, el 45,5%. Por su parte, Santa Fe poseía un 10,6%. En cuanto a la fabricación de pastas celulósicas, la provincia de Buenos Aires poseía una capacidad instalada que representaba el 27%, Misiones, el 33%, y, Santa Fe, el 17%.[14] El motivo del desarrollo industrial de la rama productora de celulosa en la región mesopotámica se debe a la cercanía del insumo principal utilizado, es decir, la madera. El porcentaje restante se dividía en otras provincias entre las cuales se ubicaba Jujuy y Tucumán, ambas productoras de azúcar a base de caña. Con el bagazo de esta última se producía la pasta para producir papel.[15]

En términos generales, los autores que han estudiado la industria papelera observan un momento de expansión de la actividad hasta el año 1975. Con posterioridad a este año, se señala un momento de crisis y estancamiento de la industria que llega hasta por lo menos la década de 1980.[16] Ciertos autores coinciden en señalar que la industria papelera ha sido históricamente destinada al mercado interno, sin posibilidades de obtener una competitividad internacional.[17]

Paralelamente al desarrollo industrial, el uso de reciclado como insumo para la producción de papel se mantuvo como complemento

---

[12]Azpiazu, Daniel: *La industria celulósica-papelera, su evolución histórica y perspectivas futuras*, Ministerio de economía, Buenos Aires, Secretaría de Estado de Programación y Coordinación Económica, 1977.

[13]Asociación de Fabricantes de Celulosa y Papel: *Diagnóstico*, op. cit.

[14]Ídem.

[15]Una de las mayores empresas productoras de papel de escritura es la fábrica Ledesma, también productora de azúcar. Con el bagazo de caña, la empresa comenzó a producir papel a partir del año 1965. Di Fiore, op. cit.

[16]Ver Schvarzer, op. cit.; Asociación de Fabricantes de Celulosa y Papel, op. cit.; Bercovich, op. cit.

[17]Bercovich, op. cit.

de la pasta celulósica a base de madera. Ya en la década de 1960, las empresas incorporaron tecnología para el reaprovechamiento de productos reciclados como complemento de la celulosa. No disponemos de información suficiente que indique cuál era el grado de maquinaria utilizada por la rama para el uso de reciclado. A partir de una entrevista realizada al gerente de la empresa productora de papel tissue, la Papelera del Plata, y a un ex trabajador de planta durante el período 1959 y 2002, obtuvimos información sobre el uso de reciclado en su fábrica durante las décadas de 1960 y 1980. Se trata de una empresa líder en la fabricación de papeles higiénicos y tissue.[18] De la entrevista también extractamos aspectos vinculados con la existencia de maquinaria para el uso de reciclado en el período mencionado:

"[La incorporación de maquinaria para el uso de reciclado fue un proceso] progresivo. En la década del '60 la diferencia de fabricar con uno y otro (pasta celulósica o papel reciclado) era una diferencia de costos que tenía que ver con la materia prima. Se utilizaba diario y revista para un determinado mercado. En esa época mucha gente usaba diario y papel de manzanas para limpiarse en el baño. (...) Para reemplazar el papel de diario o de manzanas en los baños, había que buscar algo que fuera económico para los niveles económicamente bajos, humildes. Entonces lo que se encontró fue que el papel de diarios y revistas que se desechaban en ese momento, porque al no ver una cultura del reciclado, el diario si no se usaba para esto se tiraba. Entonces, la recolección de diarios le generaba una solución a los diarios de devolución. Y esto prácticamente se conseguía gratis o a precios muy bajos".[19]

Los entrevistados también mencionan los estudios efectuados por las empresas papeleras productoras de papel tissue para incorporar maquinaria para el reaprovechamiento del reciclado, su menor costo respecto del uso de celulosa y su evolución en el tiempo:

"La celulosa tiene un circuito corto, prácticamente no tiene riesgos, no hay impurezas, o sea, es un proceso muy limpio y rápido lo que permitía generar volumen. Lo que pasa es que a medida que se va empezando a usar más masivamente el papel higiénico se empieza a ver que las empresas que producen para tener mayor rentabilidad buscan bajar costos. Entonces, como en todo proceso industrial se empieza a estudiar sobre las

---

[18]CLAVES: "Celulosa y Papel", informe elaborado por consultora, Buenos Aires, 2005.

[19]Entrevista del autor a Ignacio Cobas, gerente de COREPA (la planta recicladora de la empresa productora de papel Papelera del Plata), y a Roberto Ostrolencki, ex obrero de la planta entre los años 1959 y 2002, realizadas el 17/06/2009.

maquinarias para empezar a tener mayor productividad por un lado y bajar los costos por el otro. Y ahí empieza a haber estudios y avanzar sobre el tratamiento del material reciclado. Esto empieza en la década del '60. Lo que empieza en realidad son las empresas productoras de máquinas para uso del reciclado apoyadas por las empresas papeleras, para buscar mayor rentabilidad y bajar costos. El circuito fue mejorando durante la década del '70. Si hay que hacer una escala el comienzo fue en la década del '60, fue mejorando en el '70 y ya en la década del '80 había situaciones muy parecidas a las actuales, donde se empezó a retirar el consumo de celulosa y se empezó a implementar el tema del reciclado. Para que te des una idea, en la actualidad hay empresas europeas que están produciendo papel tissue con el 100% de papel reciclado y no usan celulosa. Esas empresas ya están al tope de lo que es el tratamiento del reciclado. Son procesos caros pero comparado con la celulosa tienen una rentabilidad mayor".[20]

Manteniéndose en el orden del 34 al 35%, el tipo de papel reciclado utilizado por el conjunto de la industria papelera durante el período 1978 a 1992 habría mostrado una tendencia a una mayor reutilización del cartón corrugado en detrimento del papel de diarios y de la mezcla de papel en general, según muestra el informe de la AFCP. El incremento del uso de papel corrugado como porcentaje del total de papel reciclado insumido en la producción de papel, puede verse en el siguiente gráfico:

Gráfico 2. Evolución del cartón corrugado y resto de papeles reciclados como porcentaje del total de insumos reciclados insumidos en la producción de papel: 1978-1992. Total del país.

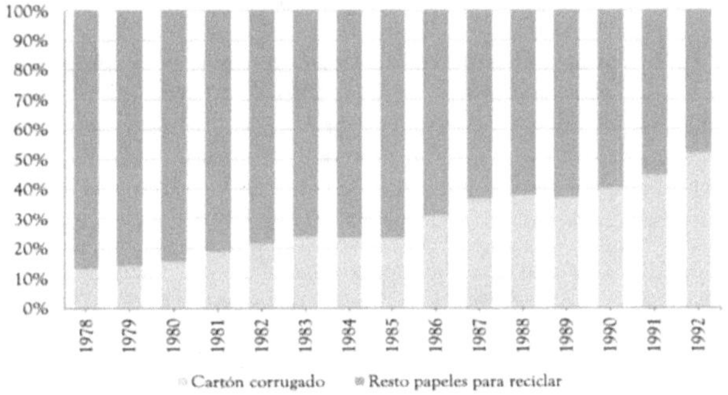

Fuente: elaboración propia del gráfico en base a Asociación de Fabricantes de

[20] Ídem.

Celulosa y Papel: Diagnóstico y propuesta para la industria argentina de la celulosa y el papel, Ministerio de Economía, 1991; "Información estadística del sector. Resumen de datos anuales del período 1985-1993", Ministerio de Economía, 1993; "Información estadística, año 1992", Ministerio de Economía, 1992.

Probablemente, el incremento en el uso del cartón corrugado en la elaboración del papel para fabricar cajas se deba, no solo a un aumento de su demanda en el período señalado, también por las facilidades presentadas como insumo.[21] En la entrevista realizada al gerente y al ex trabajador de la Papelera del Plata se explica las razones por las cuales el uso del corrugado presenta una menor dificultad en su reutilización:

"El corrugado tiene tres capas. Tiene liner, que son las dos capas externas y en el medio onda que es la que le da la resistencia. Para los extremos se usa reciclado como el anterior, con poco proceso encima, y para el onda se usa cualquier reciclado porque su única función es darle elasticidad a la caja. Para este último, se usa el cartón o incluso el peor papel que sale de la calle, del barrido, papel mojado, eso se usa mezclado con cartón para hacer el papel onda. Además, las fábricas de papel para corrugar no necesitan blanquear. El proceso de producción es muy parecido al circuito corto que nosotros usábamos antes, porque lo único que hacen es desfibrar nada más. No necesitan procesos de destintado, el color del cartón reciclado es el mismo que el de las cajas que producen. Lo que sí tienen muy desarrollado es la parte de depuración, porque el cartón puede llegar muy contaminado, llegan con pedazos de hilo, madera, plástico, porque el papel que viene de supermercado puede ir con cualquier cosa. Pero no tienen destintado, no tienen blanqueado, no tienen nada. Ahí si el 90 o 95 % de la fabricación se hace con papel reciclado".[22]

El desarrollo industrial en la producción de papel habría mostrado sus limitaciones a partir de la apertura comercial durante la década de 1990. Este proceso habría provocado un incremento abrupto en las importaciones, sobre todo del principal competidor, Brasil. Dicho aumento se debería al menor costo de los productos importados.[23] Advertida por esa pérdida de competitividad y crecimiento de

---

[21]En el acápite sobre las condiciones laborales de los cirujas, veremos que para el caso de la localidad de La Plata se observa un recolector cada vez más especializado en la recolección de papel y cartón, durante los años 1992 y 1993. Por su parte, a fines de la década de 1980 los cirujas que recogían productos en las zonas céntricas de la ciudad de Buenos Aires también habrían mostrado cierto grado de especialización en ese sentido. En ambos casos, las fuentes y estudios mencionan a estos recolectores como "cartoneros".

[22]Entrevista del autor a Ignacio Cobas, op. cit.

[23]Asociación de Fabricantes de Celulosa y Papel: *Diagnóstico*, op. cit.

las importaciones, la cámara que agrupa las empresas papeleras, la Asociación de Fabricantes de Celulosa y Papel, elabora un diagnóstico sobre la rama y una propuesta para revertir esa situación en el año 1991. Se analiza el grado de desarrollo de la capacidad instalada del sector, la maquinaria obsoleta, los insumos utilizados para la producción de papel y la posibilidad de reconvertir la industria.

El diagnóstico presentado por la AFCP observa que la utilización de la capacidad instalada para el año 1990 era menor respecto del total potencial. Para la producción de diario se utilizaba el 84,5% de la capacidad instalada, para el papel de impresión y escritura, el 58,2%, para elaborar el corrugado, el 66,9%, papel kraft, 63,6%, cartulina, 57,3%, cartón, 76,8%, y, tissue, 55%. Según el informe, el grado de obsolescencia tecnológica implicaba que, frente a una demanda de papeles, la industria podría abastecer el producto a partir de inversiones no necesariamente abultadas.[24]

Una de esas inversiones propuestas por la AFCP debía instrumentarse en un mayor uso de papel reciclado. El documento mencionaba que el incremento en la utilización de productos reciclables podría efectuarse con inversiones menores, las cuales, paralelamente, influirían en menores costos respecto de la puesta en marcha de plantas de producción de pastas y forestación. En este sentido, la AFCP indica esta posibilidad, aspecto que era desarrollado como una tendencia en el mundo.[25]

Sin embargo, las perspectivas de un mayor reaprovechamiento del reciclado en la Argentina no eran, desde la mirada de la AFCP, muy alentadoras. El informe critica las técnicas de recolección y tratamiento de residuos, las cuales enterraban los productos que podrían reutilizarse por la industria papelera. Se trata del sistema de tratamiento de residuos implementado a partir de la creación del CEAMSE en el año 1977. Por esta razón, la cámara empresaria exige un cambio de estos hábitos:

"En 1990 se importaron recortes por cuatro millones de dólares. Si se tiene en cuenta que la cantidad enterrada fue mayor, concluimos en que el monto señalado se gastó en comprar basura. De ahí la importancia de avanzar en un uso más efectivo de reciclado que, en cuanto a las plantas de procesamiento, se logra con inversiones menores. El esfuerzo hay que centrarlo en el problema de la recolección, para cuya mejora se necesitaría que los gobiernos municipales instrumenten, en acuerdo con el sector privado,

[24]Ibídem, p. 63.
[25]Ibídem, p. 108.

modernos mecanismos para la clasificación y selección de la basura cotidianamente recolectada en los centros urbanos".[26]

La reconversión de la rama papelera durante la década de 1990 tuvo como prioridad disminuir los costos e incrementar la productividad. Por esta razón, algunas empresas incorporaron maquinaria con el objetivo de aumentar el uso de papel reciclado y tecnología para comenzar a reutilizar papel como insumo. A su vez, el cierre de plantas fabriles y el incremento de productividad del trabajo tendieron a expulsar obreros de la rama papelera.[27] Un informe de CEPAL efectuado en el año 1995 señala la tendencia a la reducción de personal de la industria del papel en los primeros años de la década de 1990:

"Un elemento sobresaliente [de la reconversión] es la disminución operada en las dotaciones de personal (que ha caído en aproximadamente un 20% entre 1990-1993), mientras los niveles de producción permanecían estables a nivel agregado. (...) [Las empresas] disminuyeron las dotaciones de personal, manteniendo o aún aumentando los niveles de producción. El caso más llamativo es el de Celulosa Argentina, que disminuye sus efectivos en más de un 50% entre 1990 y 1993, al tiempo que su producción de papeles se eleva de un promedio de 9.750 ton/mes a 14.000 ton/mes (es decir, cerca de un 40%) durante el mismo período. Generalmente, la reducción de personal se ha acompañado de un aumento selectivo en las remuneraciones y de una reestructuración interna que, en ciertos casos, ha significado un verdadero cambio en el proceso de trabajo, con la introducción de conceptos de polivalencia funcional, calidad total, etc. La firma Ledesma, por ejemplo, al cabo de un duro conflicto sindical, se desprendió en 1992 de un 20% de su personal de planta, pero otorgó a una parte de los efectivos restantes mejoras salariales y participación en un plan de formación. En este marco, la racionalización de las actividades técnicas ha sido muy escasa. Sin embargo, reviste importancia el cierre del laboratorio técnico de la planta Capitán Bermúdez de Celulosa Argentina, que había constituido un núcleo tecnológico de referencia en el sector hasta los años 1980".[28]

Uno de los elementos determinantes para disminuir los costos y mantener el nivel de producción fue la instalación de maquinaria para

---

[26]Ibídem, p. 18.

[27]En el gráfico sobre los censos se observa la disminución de establecimientos en el año 1994 respecto de 1974.

[28]Bercovich, op. cit. El informe señala que las estimaciones de la Federación de Obreros y Empleados de la Industria del Papel, Cartón y Químicos estiman en más de 2.000 los despidos en el sector durante el período 1990-1992, cifra que representaba más del 10% de la mano de obra empleada en 1990.

incrementar el uso de reciclado. Según el informe de CEPAL, entre 1990 y 1993, el consumo de recortes aumentó en 27.000 toneladas (es decir un 7%), "y esto podría explicar aproximadamente, el 40% de la reducción registrada en el consumo de pastas".[29]

Algunas empresas líderes en la producción de papel corrugado, utilizado para la producción de cajas y envoltorios, incrementaron el uso de reciclado no solo por una cuestión de costos, sino también, por exigencias del mercado. Por ejemplo, la empresa CARTOCOR, creada por la empresa ARCOR y dedicada a la producción de envoltorios de los bienes elaborados por esta última, habría orientado una estrategia de mayor uso de reciclado por requerimientos del mercado europeo. Por su parte, la firma ZUCAMOR también habría incrementado el uso de reciclado a través de la instauración de nuevo equipamiento. Ambas empresas habrían destinado, aproximadamente, un 10% de su facturación en inversiones para adquirir una tecnología capaz de incrementar el uso de papel reciclado como materia prima.[30]

Otros ejemplos concretos de plantas líderes en su rubro que implementaron nueva tecnología para el mayor uso de papeles reciclados fueron Celulosa Jujuy, Valot S.A. y Celulosa Argentina. La empresa jujeña incorporó sistemas de automatización y de lavado de recortes y, en el año 1993, se hallaba realizando mejoras en su planta de pasta. A su vez, invirtió en equipos para purificar los recortes empleados para la producción de papel tissue. Esto último disminuiría las necesidades de químicos para unificar el color y permitiría lograr papeles claros

---

[29]Bercovich, op, cit. Otros autores que han estudiado la rama papelera y el reciclado de productos también señalan el mayor incremento en el uso de reciclado para disminuir los costos de producción del papel. Por ejemplo, Borello sostiene que, durante los primeros años de la década de 1990, "muchas firmas han cambiado la composición de sus empastes y han incorporado nuevos equipos de tratamiento de las fibras usadas para utilizar más recortes, cuyo precio (entre 100 y 200 pesos la tonelada) es menos de la mitad del de la celulosa virgen. Entre las empresas que han incorporado recientemente este tipo de equipos podemos mencionar a Zucamor, Celulosa Coronel Suárez, Celulosa Argentina, Massuh y Arcor". Borello, José Antonio: *La industria argentina de celulosa y papel. Reestructuración, reciclado, calidad y localización*, Universidad de Buenos Aires, Centro de Estudios Urbanos y Regionales, Centro de Estudios Avanzados (CEUR-CEA), 1997, p. 22. También puede verse sobre este punto y del mismo autor, "El reciclado de papel y cartón en la Argentina: obstáculos y posibilidades", *Documento de Trabajo*, n° 5, Universidad Nacional de General Sarmiento, 2000.

[30]Bercovich, op. cit. Cabe destacar que, en el año 2004, el 70% del papel producido en Argentina era papel corrugado. De ese total, la empresa CARTOCOR producía el 30% y ZUCAMOR el 13%. Estas dos empresas, junto a SMURFIT, producían el 56,2% del total del papel para corrugar. A su vez, del total de papel producido en Argentina, las tres firmas representaban el 21,2%. CLAVES, op. cit.

en base a reciclado.[31] Por su parte, Valot S.A. adquirió equipamiento y tecnología proveniente de Estados Unidos y Alemania para fabricar papeles tissue de alta calidad con fibras provenientes en un 100% de papeles usados de oficina y otros, durante el año 1991.[32] La empresa Celulosa Argentina también incrementó considerablemente su utilización de recortes para la producción de cartón e incorporó un equipo para su purificación previa. Otra de las medidas para ahorrar costos fue la reconversión de los equipos de la planta de Bernal a los efectos de utilizar mayor cantidad de recortes de papel como materia prima (en lugar de pasta celulósica). Según Schvarzer, esos recortes representaron un 43% del total de insumos utilizados en el año 1992, frente al 27% registrado durante el año anterior.[33]

En el período de reconversión de la rama papelera, el sistema de tratamiento de residuos consistía en el entierro de la basura en los rellenos, sobre todo en el conurbano bonaerense y la ciudad de Buenos Aires a partir de la creación del CEAMSE en 1977. Según Schvarzer, este sistema de tratamiento habría sido uno de los causantes de la pérdida de incentivos para la reutilización de recortes reciclables por la industria papelera, durante el período previo a la década de 1990. Por esta razón, el cirujeo habría sido un elemento determinante en la reconversión fabril. Así lo sintetiza Schvarzer en el año 1993:

"La utilización de recortes (muy conveniente por su menor precio relativo) había perdido sus incentivos durante la década del ochenta debido a los cambios aplicados en los sistemas de recolección de residuos en las grandes ciudades (coincidentes con la privatización de los mismos); el método aplicado de recolección urbana dificultaba la separación de diversos insumos (papel, vidrios y otros) reciclables en los respectivos procesos industriales. Aún así, a partir de la crisis de fines de esa década [se refiere a la década de 1980], la aparición de una masa de desocupados impulsó a numerosos individuos a encarar la selección de residuos para su venta como medio de vida. Esa oferta de residuos ya clasificados, basada en una mano de obra de muy bajo costo, permitió aquella reconversión fabril que no hubiera sido posible de otro modo".[34]

Sin embargo, la oferta del papel reciclado habría tenido algunas limitaciones. Esa escasez en la oferta nacional habría repercutido en un incremento de los precios locales e incentivado su importación. El informe de CEPAL menciona esas restricciones:

---

[31]Bercovich, op. cit.

[32]CLAVES, op. cit.

[33]Schvarzer, op. cit.

[34]Schvarzer, op. cit., p. 26.

"el avance observado en el uso de papel reciclado parece tener límites, que requerirían de políticas específicas para remediar la escasa flexibilidad de la oferta local del mismo, que ya se ha manifestado en un aumento de los precios de los recortes. Entre 1990 y 1993, paralelamente a un aumento del consumo global de papel (incluidas las conversiones) de 620.000 toneladas (es decir, un 67%), la recuperación de papel en el mercado local solo creció en 9.000 ton (un 2%), lo que aumentó las necesidades de importación de reciclado -que dado su carácter de residuo, está sujeta a algunas limitaciones-. De este modo, la tasa de recuperación descendió del 41% al 24%".[35]

Incluso, otro informe de investigadores del CENIT no solo menciona las solicitudes de la cámara empresaria papelera al CEAMSE para firmar convenios e incentivar el reaprovechamiento de productos reciclables, también propone la creación de plantas de clasificación de residuos:

"Lo que parece estar detrás de esto es la escasa organización del reciclado de papel usado. La AFCP está intentando aumentar la disponibilidad de recortes a través de un convenio con el CEAMSE (la empresa encargada de la recolección y disposición de residuos en la Capital Federal). Por otro lado, se considera que uno de los cambios fundamentales para aumentar la tasa de recuperación de papel es la separación de los distintos materiales en los residuos domiciliarios, ya que ello contribuiría a reducir el costo del papel reciclado en el mercado local y a aumentar su disponibilidad. Sin embargo, hasta el momento los esfuerzos cooperativos no han alcanzado soluciones a este nivel y más bien las firmas deben recurrir a acuerdos privados con supermercados o acopiadores de recortes y cajas. Asimismo, varios factores sistémicos resultan limitantes a considerar, que implican la necesidad de acciones públicas específicas. En primer lugar, la escasa organización de la recolección y separación de papel usado, ha derivado en iniciativas privadas en las empresas líderes para garantizar su provisión de recortes. La profundización del reaprovechamiento de papel necesitará de acciones institucionales para liberar papeles y cartones actualmente destinados al rellenado sanitario y para difundir el reciclado. También es necesaria una solución a la falta de plantas de tratamiento de residuos sólidos".[36]

---

[35]Bercovich, op. cit.

[36]Bercovich, Néstor y Chidiak, Martina: "Reestructuración industrial y gestión ambiental en el sector de celulosa y papel en la Argentina", *Documento de Trabajo*, n° 16, Buenos Aires, CENIT, Centro de Investigaciones para la Transformación, 1994.

Una vez más, ante la escasez de insumos para la elaboración de papel, la cámara papelera solicitó al Estado políticas de mayor reaprovechamiento de reciclado. Como veremos más adelante, el Estado hizo lugar al pedido de la AFCP y estableció políticas de reciclado en escuelas y domicilios ubicados en diferentes barrios porteños y del conurbano bonaerense. No obstante, los niveles de recolección bajo esta modalidad fueron escasos comparados con el total de reciclado utilizado por la industria en la provincia de Buenos Aires.

El uso del papel reciclado debido a la reconversión tecnológica en la rama papelera comenzó a mostrar un incremento constante a partir del año 1994. El gráfico 3 muestra la composición del uso de reciclado y la pasta celulósica sobre el total de la materia prima utilizada para la producción del papel, en el período 1961 hasta 2010.

En el gráfico se observa que a partir del año 1996 comienza a descender la utilización de celulosa y crece el uso de recortes de papel reciclado. En la primera década del siglo XXI, el uso de papel reciclado constituyó en promedio un 50% del total del insumo utilizado para la producción de papel. De este modo, sustituyó en promedio un 11% de pasta de celulosa utilizada durante la década de 1990 y un 15% de aquella usada en la década de los '80.

Cabe destacar que un porcentaje del insumo utilizado se pierde al momento de producir papel. Si analizamos la evolución porcentual de la materia prima usada sobre el total del papel producido (y no sobre el total del insumo), se observa que el uso de la pasta celulósica presenta oscilaciones de ascenso y descenso hasta el año 1996. Hasta ese entonces, el promedio porcentual de pasta celulósica utilizada en todo el período fue del 68%. A partir de ese año, el uso de celulosa en la composición de la materia prima para la producción de papel comienza a descender. Como contrapartida, el uso de papel reciclado se incrementa notablemente a partir del año 1994 hasta el año 2000, luego de una tendencia a la disminución progresiva de su utilización entre los años 1975 y 1992. La crisis del 2001 y la caída de la demanda de papeles tienen como consecuencia la disminución del insumo reciclado y luego retoma su crecimiento a partir del año 2003. El gráfico 4 muestra la evolución de ambos insumos como porcentaje del total de papel producido, incluyendo el diario.

Gráfico 3. Evolución de la composición porcentual en el uso de reciclado y pasta de celulosa, según el total de materia prima utilizada para la producción de papel: 1961-2010. Total del país.

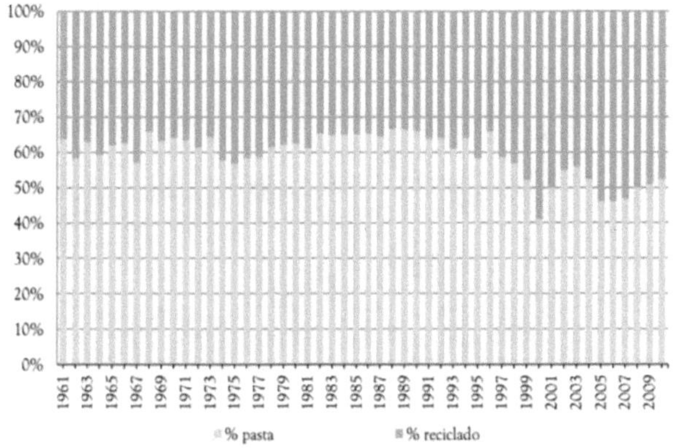

Fuente. Elaboración propia. La información sobre el consumo de pastas celulósicas en la producción de papel fue tomada de Asociación de Fabricantes de Celulosa y Papel: Diagnóstico y propuesta para la industria Argentina de la celulosa y el papel, Asociación de Fabricantes de Celulosa y Papel, mayo de 1991 (período 1961-1989); Consultora CLAVES: Celulosa y Papel, mayo de 2005 (período 1990-2004, información que fue extractada en base a datos del INDEC y AFCP); INDEC; Azpiazu, Daniel: La industria celulósica-papelera, su evolución histórica y perspectivas futuras, Ministerio de Economía, 1977 (el autor obtiene información suministrada por INDEC y AFCP). La utilización de papel reciclado en la producción de papel fue extractada de las revistas IFONA, Anuario de Estadística Forestal (años 1960 a 1987); AFCP, Anuario Estadístico (años 1988 a 1993); y, Revista Industrias Forestales (años 1994 a 2010). Tanto IFONA como Industrias Forestales son revistas publicadas por la Dirección de Forestación dependiente de la Secretaría de Agricultura, Ganadería, Pesca y Alimentación, del Ministerio de Agricultura de la Nación.

Gráfico 4. Evolución del uso de papel reciclado y pasta celulósica como porcentajes del total del papel producido en el país (incluyendo diarios): 1961-2010.

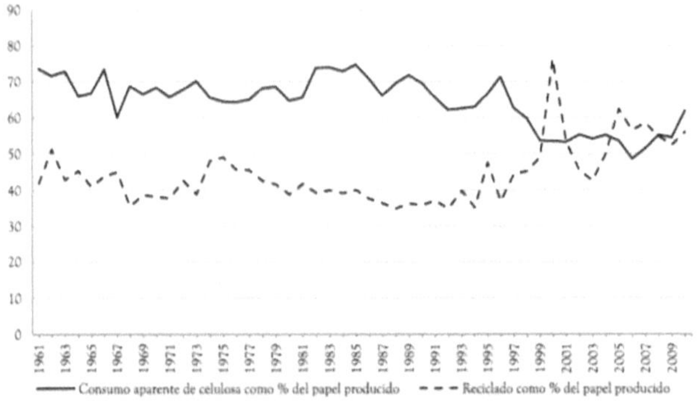

Fuente. Elaboración propia en base a fuentes citadas en gráfico anterior para la evolución del uso de papel reciclado y consumo de pasta celulósica. La evolución de la producción del papel entre los años 1960 a 1989 fue extractada de, AFCP: Diagnóstico y propuesta para la industria Argentina de la celulosa y el papel, Asociación de Fabricantes de Celulosa y Papel, mayo de 1991; desde 1990 hasta 2010, la producción de papel fue extractada de Ministerio de Industria de la Nación (en base a datos del INDEC, AFCP y SAGPyA). En este cuadro hemos incluido la producción de papel de diario, a pesar de que el uso de reciclado en su elaboración es muy escaso comparado con el resto de los papeles.

Ahora bien, si analizamos el uso del reciclado en términos absolutos se observa un lento pero sostenido crecimiento hasta el año 1994. Con posterioridad, y a excepción del período 2001-2003, el uso de reciclado crece sustantivamente hasta los años 2008 y 2009, momento en el cual disminuye la demanda. Si estimamos el promedio del uso de reciclado como porcentaje del total de papel producido en cada década, se observa un crecimiento abrupto en el período 2000-2010, respecto de las décadas previas. Probablemente, la optimización del uso de papel reciclado luego de la reconversión en la rama papelera haya mostrado su auge a partir del siglo XXI. El siguiente gráfico muestra lo dicho hasta aquí:[37]

[37]En los siguientes capítulos, veremos que el crecimiento de la cantidad de cartoneros y el incremento en el precio de los productos reciclables tuvo una influencia directa en el aumento del papel reciclado reutilizable por la industria papelera.

Gráfico 5. Evolución del uso de reciclado como promedio porcentual por década sobre el total de papel producido en el país: 1960-2010

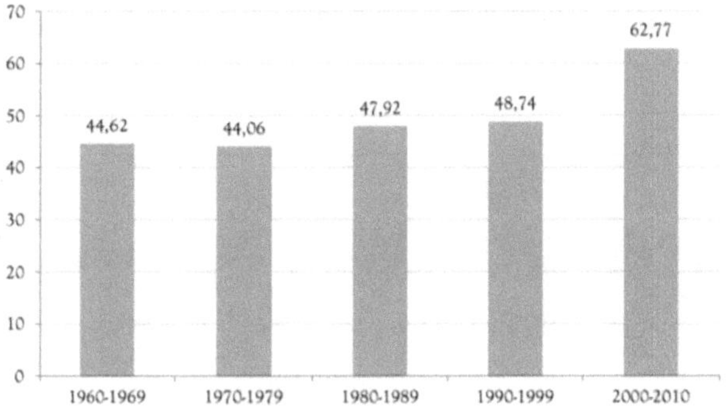

Fuente. Elaboración propia. La información sobre la producción de papel fue extractada de Asociación de Fabricantes de Celulosa y Papel: Diagnóstico y propuesta para la industria Argentina de la celulosa y el papel, Asociación de Fabricantes de Celulosa y Papel, mayo de 1991 (período 1961-1989); Consultora CLAVES: Celulosa y Papel, mayo de 2005 (período 1990-2004, información que fue extractada en base a datos del INDEC y AFCP); INDEC; Azpiazu, Daniel: La industria celulósica-papelera, su evolución histórica y perspectivas futuras, Ministerio de Economía, 1977 (el autor obtiene información suministrada por INDEC y AFCP). La utilización de papel reciclado en la producción de papel fue extractada de las revistas IFONA, Anuario de Estadística Forestal (años 1960 a 1987); AFCP, Anuario Estadístico (años 1988 a 1993); y, Revista Industrias Forestales (años 1994 a 2010). Tanto IFONA como Industrias Forestales son revistas publicadas por la Dirección de Forestación dependiente de la Secretaría de Agricultura, Ganadería, Pesca y Alimentación, del Ministerio de Agricultura de la Nación.

Como ya hemos mencionado, la industria papelera se concentra en la provincia de Buenos Aires y, más específicamente, en el conurbano bonaerense. Si estimamos el promedio de la producción del papel y la composición del uso de insumos para la elaboración de los productos en el período 1998-2010, se observa que el uso de papel reciclado es mayor aquí respecto del total del país, como lo muestra el siguiente cuadro:

Cuadro 1. Promedio porcentual de producción de papel y utilización de insumos en Buenos Aires y Total del país, período 1998-2010.

Promedio porcentual años 1998-2010	Buenos Aires	Resto del país
Producción de papel (incluye diario)	55	45
Uso de pasta celulósica	38	62
Uso de reciclado	76	24

Fuente: elaboración propia en base a Revista Industrias Forestales (años 1998 a 2010). Dirección de Forestación dependiente de la Secretaría de Agricultura, Ganadería, Pesca y Alimentación, del Ministerio de Agricultura de la Nación.

La evolución de la producción del papel en la provincia de Buenos Aires sigue un ritmo influido mayormente por la utilización de reciclado como insumo respecto de la pasta celulósica, al menos en el período posterior a la reconversión tecnológica. El siguiente gráfico muestra la evolución de la producción de papel y la utilización de insumos en el período 1998-2010:

Gráfico 6. Evolución de la producción papelera y la utilización de insumos según tipo en la provincia de Buenos Aires: 1998-2010.

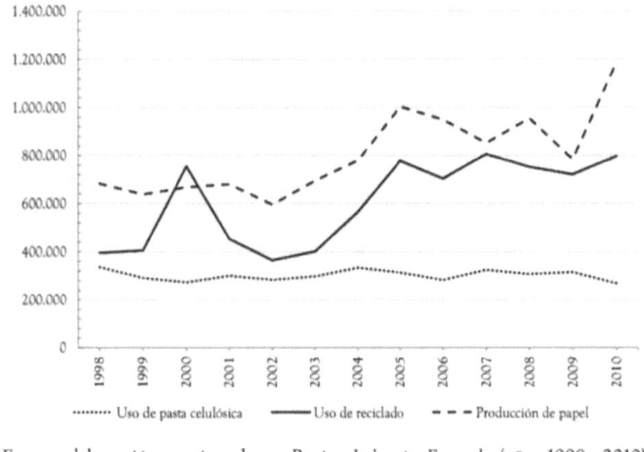

Fuente: elaboración propia en base a Revista *Industrias Forestales* (años 1998 a 2010). Dirección de Forestación dependiente de la Secretaría de Agricultura, Ganadería, Pesca y Alimentación, del Ministerio de Agricultura de la Nación.

El gráfico muestra un nivel de utilización de celulosa relativamente estancado en el período desde 1998 hasta 2010. Por su parte, el uso de reciclado tiende a crecer hacia el año 2000, luego decrece en el período de crisis entre los años 2001 y 2002. Su reactivación se inicia levemente a partir del año 2003 hasta el año 2005 y luego se mantiene con ascensos y descensos, que siempre superan las cantidades relevadas en los años de crisis.

Las fuentes de la materia prima

El papel reciclado usado por la industria papelera procede de diversos ámbitos. El mismo proceso de producción del papel genera un remanente o "rezago" que es reutilizado por la propia rama. Por su parte, los denominados "convertidores" de papel también generan un rezago. Se trata de aquellas empresas dedicadas a la fabricación de un producto final, como puede ser una caja de cartón, un rollo de papel higiénico o una resma de papel de impresión. En la elaboración de estos productos se realizan cortes o refiles que, posteriormente, son reutilizados como insumos por la industria productora de papel. A su vez, los diarios que no son vendidos por los kioscos y son devueltos a las empresas productoras de ese tipo de papel como materia prima se incorporan en el rubro pre-consumo. Los propietarios de *Clarín* y *La Nación*, que son accionistas de la fábrica de papel de periódico Papel Prensa, poseen un sistema de retiro de los diarios no vendidos los cuales son reutilizados como insumos. A su vez, la industria gráfica y las imprentas también son generadoras de recortes de papeles que son reutilizados como insumos en la producción de papel. Estos "restos" de diversos tipos de papeles son denominados "pre-consumo", debido a que no ingresan en el mercado, o bien, no son comercializados para esos fines.

Por otra parte, existe otro tipo de reciclado utilizado en el proceso de producción de papel denominado "post-consumo". Este tipo de insumo, a diferencia del anterior, sí fue comercializado como bien final en el mercado y, posteriormente, es reutilizado. Por ejemplo, los envoltorios de productos ubicados en las góndolas de los supermercados, como las cajas de cartón, pueden ser reutilizados como insumos en la producción de cartón. Los diarios comprados y luego descartados también son parte de este tipo de insumo si se los reutiliza. Finalmente, todo el papel reciclado recogido en las calles conforma este tipo de insumo reutilizado por la industria papelera. Los generadores de los productos recogidos en la calle pueden ser particulares, comercios, bancos y todo aquel que deposite estos residuos en las calles. Cabe destacar que un porcentaje de reciclado se importa desde otros países, aunque dicha cifra, al menos en el período 1994-2011, resulta exigua.

No existen estadísticas desagregadas que contemplen la procedencia del papel reciclado según lo mencionado en los párrafos anteriores. Los organismos dedicados al registro de la utilización de reciclado por la industria papelera solo discriminan entre papeles pre y post-consumo. Incluso, esta división recién se establece en la década de 1980. En el período 1960-1979, el registro de las entidades oficiales sobre la utilización del papel reciclado dividía en "rezago" y "recortes". Este último, no discriminaba entre pre y post-consumo. El gráfico 7 muestra la evolución del uso de reciclado según esos criterios.

A partir del año 1980, las estadísticas oficiales dividen el uso de reciclado entre papel pre-consumo y post-consumo. No obstante, en el período 1988-1993, la Dirección de Forestación, dependiente de la Secretaría de Agricultura, Ganadería, Pesca y Alimentación, no registró esa discriminación en el tipo de papel reciclado usado por la industria. Solo contempló el total de papel reciclado usado. El gráfico 8 muestra esa evolución donde se observan dos períodos de mayor utilización de reciclado post-consumo respecto del pre-consumo. En primer lugar, entre los años 1995 y 1999; y, en segundo término, entre los años 2005 y 2007. En los años 2008 y 2009 disminuye la demanda de insumos post-consumo y, en el año 2010, tiende a retomar los niveles de los años previos.

Gráfico 7. Cantidad de uso de reciclado por la industria papelera en toneladas, según rezago o recortes: 1960-1979. Total del país.

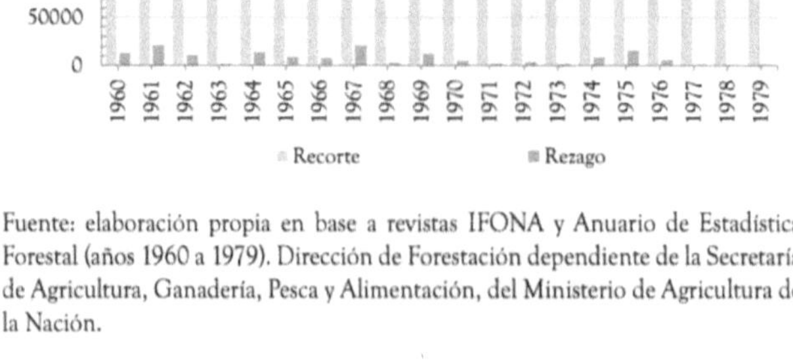

Fuente: elaboración propia en base a revistas IFONA y Anuario de Estadística Forestal (años 1960 a 1979). Dirección de Forestación dependiente de la Secretaría de Agricultura, Ganadería, Pesca y Alimentación, del Ministerio de Agricultura de la Nación.

Gráfico 8. Evolución del uso de reciclado en la industria papelera, en toneladas, según sea pre o post-consumo. Total del país.

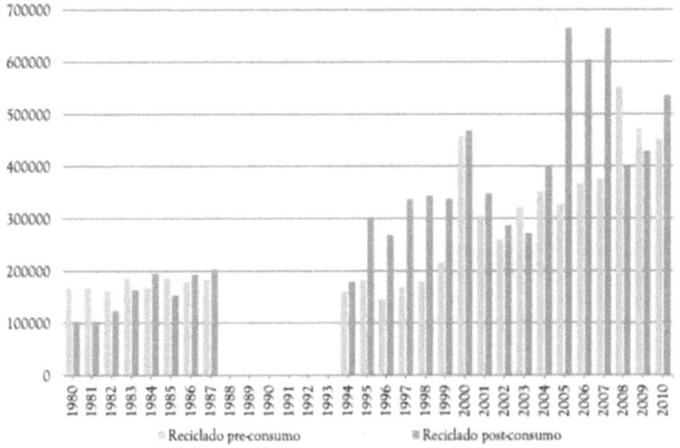

Fuente: elaboración propia en base a revistas *IFONA* y *Anuario de Estadística Forestal* (años 1979 a 1987); y, Revista Industrias Forestales (años 1994 a 2010). Dirección de Forestación dependiente de la Secretaría de Agricultura, Ganadería, Pesca y Alimentación, del Ministerio de Agricultura de la Nación.

Como ya mencionamos, un porcentaje del papel reciclado utilizado proviene de la importación, aunque se trata de una cifra exigua comparado en el producido a nivel nacional, por lo menos entre los años 1994 y 2010. El siguiente gráfico muestra la evolución del uso de papel reciclado pre y post consumo y el importado:

Gráfico 9. Evolución del uso de papel reciclado pre y post-consumo e importado, en toneladas: 1994-2010. Total del país.

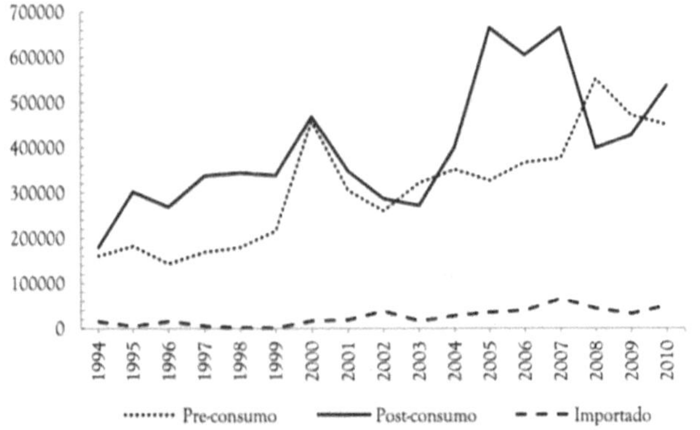

Fuente: elaboración propia en base a revista Industrias Forestales (años 1994 a 2010), Dirección de Forestación dependiente de la Secretaría de Agricultura, Ganadería, Pesca y Alimentación, del Ministerio de Agricultura de la Nación; UN COMTRADE, serie de papeles reciclados importados en Argentina (http://comtrade.un.org/).

Dentro de la importación de reciclado intervienen, no solo papel y cartón, sino también, la pasta producida a base de cartón y papel reciclado y la pasta producida a base de algodón y otros géneros. Sin embargo, papel y cartón constituyen el mayor porcentaje de importación. El promedio en el período 1998 y 2011 fue del 87%. Entre los años 2000 y 2011, el 94%. El siguiente cuadro muestra la cantidad de toneladas de reciclado importado y los montos desembolsados para su compra:

Cuadro 2. Cantidad de papel y cartón reciclado importado en toneladas y dólares pagos, total del país: 1998-2011.

Año	Toneladas de papel y cartón importado para reciclar	
	Dólares	Toneladas
1998	146.712	1.271
1999	49.205	650
2000	3.036.367	16.209
2001	2.422.829	18.259
2002	5.022.657	37.750
2003	2.368.008	16.059
2004	5.669.025	27.917
2005	6.704.369	34.940
2006	6.746.911	39.012
2007	15.016.765	65.040
2008	10.717.705	43.437
2009	6.451.922	31.922
2010	15.077.838	49.306
2011	13.920.186	41.361

Fuente: elaboración propia en base a Secretaría de Medio Ambiente de la Nación. Serie de cartón y papel reciclado importado por Argentina, en dólares y toneladas: 1998-2011.

Los intermediarios

Entre los generadores de papel reciclado y la industria papelera que utiliza estos insumos existe una diversidad de intermediarios. Históricamente, en los alrededores de los basurales y en las zonas céntricas se montaron galpones de acopio que compraban los productos reciclables. Paralelamente al desarrollo de la industria papelera, también se creó una rama proveedora específicamente de papel reciclado dedicada a su compra-venta. Se trata de las denominadas "recorteras". Son establecimientos formales, donde las condiciones de trabajo de sus operarios se encuentran reguladas por convenios colectivos específicos.

Los establecimientos recorteros son proveedores de recortes recolectados, seleccionados, clasificados y enfardados. No disponemos de información estadística que especifique la cantidad de recorteros en el país. Los censos económicos registran a los establecimientos "recicladores" de desperdicios y desechos.[38] Se trata de las empresas que poseen maquinaria para elaborar productos con los insumos reciclables, ya sean metálicos o no metálicos. De este modo, una empresa papelera que produce en base a reciclado bien puede encontrarse en esta categoría como "recicladora". Por su parte, un informe elaborado por la consultora CLAVES en el año 2005 menciona la existencia de algunas de estas empresas y la forma según la cual los recortes son provistos a las papeleras:

"Existen numerosas empresas recorteras dedicadas a la recuperación del papel, algunas de ellas de mediana envergadura como Muiña (ex-Recortera Argentina), Depósito Juárez, EAP, Corpa, Papelera Lozano, Recupack, Corepa, Depósito República y Lafita, entre otras. El abastecimiento puede ser sin clasificar, clasificado, enfardado o no".[39]

Algunas recorteras fueron creadas en la década de 1940, en un momento de expansión de la industria papelera. La empresa Recortera Argentina comenzó a dedicarse a la compra-venta de papeles para reciclar en el año 1956. Según las fuentes consultadas, esta empresa fue la mayor proveedora de insumos reciclables de la industria papelera hasta la década de 1980. Incluso, en el año 1977, la recortera incorporó maquinaria y compró un predio de 13 hectáreas para instaurar una fábrica de producción de bobinas de papel. En el año 1985, esta fábrica, denominada Celulosa Campana y con plantas en las localidades de Zárate y Valentín Alsina, lanzó al mercado la producción de papel higiénico bajo el sello de "Campanita".[40]

Ciertas empresas productoras de papel, sobre todo las más importantes, poseen sus propias recorteras. Ejemplos de esto son Grupo Zupan, Zucamor, Smurfit, Cartocor, Protisa y Papelera del Plata. Esta última posee tres galpones recorteros que dependen directamente de la empresa. Uno de ellos se ubica en la localidad de Wilde, otro en Córdoba y un tercer establecimiento en Rosario. A su vez, la Papelera del Plata se abastece de reciclado proveniente de la compra a entre 20 y 25 recorteros que no dependen directamente de la empresa. Estos proveedores se ubican fundamentalmente en la Ciudad de Buenos Aires y el Gran Buenos Aires. La empresa papelera también recibe reciclado

[38]El censo económico de 2004 es el único que ha registrado los establecimientos "recicladores" como una unidad específica. En el capítulo III veremos que la AFIP ha realizado algunos informes en base a estos establecimientos recicladores que de ningún modo registran la totalidad de los existentes si los comparamos con la cantidad de inscriptos en el Registro de Comercializadores de Materiales a Reciclar, a partir de las resoluciones fiscales sancionadas en el año 2010.

[39]CLAVES, op. cit.

[40]Ídem.

de galpones ubicados en Rosario, Córdoba, Mendoza, Tucumán, Salta, Chaco, Mar del Plata y Bahía Blanca.[41]

El informe de la consultora CLAVES señala la procedencia del reciclado por el cual se abastecen los recorteros:

"Otra forma de abastecimiento es comprando los recortes a los convertidores, o bien negociando el retiro de desperdicios de los supermercados, que son los mayores generadores de recorte, a cambio del enfardado y de la limpieza del sector, así como de las reparticiones públicas. (...) Se abastecen principalmente de los hipermercados, donde poseen enfardadoras para compactar el papel, de los sobrantes de diarios y de los cada vez más numerosos 'cartoneros'. Estas empresas procesan un promedio de 60 mil toneladas de papel por año. (...) Asimismo, las empresas pueden recurrir a la importación de recortes, si fuera necesario. En los últimos años, frente a la creciente demanda de papel que no puede ser abastecida en su totalidad por el mercado local, se ha producido una mayor demanda de recupero, lo que ha provocado un aumento en sus precios".[42]

Un porcentaje del reciclado obtenido por las recorteras es abastecido por los cartoneros, o bien, por otros intermediarios que compran directamente a los recuperadores. En términos generales, los cartoneros no transportan los productos a las empresas que los utilizan como insumos. La estructura de los intermediarios y su relación con los cartoneros será analizada en el capítulo III. Aquí nos interesa aproximarnos al porcentaje de reciclado que obtiene la industria por el trabajo cartonero. Si bien no existen fuentes estadísticas que permitan conocer esas cifras, podemos presentar información obtenida en base a estimaciones de otros autores y propias sobre la base de estudios sobre el fenómeno cartonero.

El estudio efectuado por Borello, en 1993, presenta una estimación de la cantidad de productos recogidos provistos por los cirujas a la industria papelera. En este sentido, al indagar sobre el descarte de los insumos reciclables por los comercios minoristas, el autor menciona:

"Los pequeños talleres gráficos y las imprentas, así como la mayoría de los negocios, depositan los cartones y papeles que descartan en la vereda. Por lo general, el material no está contaminado por otros desechos y es de fácil cirujeo. Naturalmente, las zonas de la ciudad con gran movimiento comercial son el objetivo principal de los pequeños recolectores y de los

---

[41]Toda la información sobre el abastecimiento de reciclado de la Papelera del Plata fue extractado en base a entrevista del autor a Ignacio Cobas, gerente de COREPA, op. cit.

[42]CLAVES, op. cit.

cirujas. Si bien hay aquí una porción importante de papeles y cartones que se pierden o que se mezclan con desechos de otros orígenes que hace muy difícil su recuperación, una parte significativa es recogida (estimada entre el 25% y el 30%, según la AFCP)".[43]

En otro pasaje, Borello menciona el tipo de papel mayormente recogido en las calles, el cartón corrugado, el cual representaba en el año 1992 poco más de la mitad del insumo reciclado utilizado por la industria:

"Nadie sabe a ciencia cierta cuánto del total de recortes que son consumidos en un año se origina en la basura domiciliaria, y por ende a partir del cirujeo callejero, y cuánto va directamente de los convertidores o de los usuarios a los recorteros. Se sabe en la industria que la mayoría de los recortes que se recogen en la calle son cartón corrugado y que, además, por datos que recopila la Asociación de Fabricantes de Celulosa y Papel (AFCP), el cartón corrugado representa casi la mitad de los recortes consumidos en un año. Puede estimarse, entonces, que la recolección callejera genera quizás entre el 25% y el 30% de los recortes consumidos por la industria en un año".[44]

A partir de estudios propios, hemos obtenido la cantidad de reciclado proveniente del trabajo cartonero para dos empresas productoras de papel, en un momento de expansión del fenómeno. Una de ellas, dedicada a la producción de papel tissue, la Papelera del Plata, es una empresa líder en su rubro. En el año 2009, la Papelera del Plata producía 100 mil toneladas de papel tissue elaboradas a partir de un 81% de productos reciclados. De este total, el 35% era provisto por los cartoneros (38 mil toneladas).[45] Cabe destacar que la producción de este tipo de papel requiere un insumo limpio. Por este motivo, la empresa compra fundamentalmente rezago de papel blanco a las editoriales y gráficas. Así todo, los cartoneros garantizan una cantidad considerable.

Cabe destacar que la procedencia del reciclado como insumo para la Papelera del Plata se habría modificado a lo largo de la historia de la fábrica. Entre las décadas de 1960 y 1980, como mencionamos anteriormente, la materia prima reciclada usada estaba compuesta por papeles de diarios de devolución. En el año 2009, un porcentaje de ese papel reciclado provendría del trabajo de los cartoneros. En la

---

[43]Borello, "El reciclado...", op. cit.

[44]Ídem.

[45]Entrevista del autor a Ignacio Cobas, gerente de COREPA, op. cit. La empresa es líder en la fabricación de papel *tissue*, representa más del 50% de la producción nacional.

entrevista realizada a miembros de la empresa, se mencionó las diferentes procedencias del reciclado:

"Lo que nosotros utilizamos son planillas blancas, que tiene que ver con todo lo que es papel de oficina, revistas, generación de lo que es la industria gráfica por ejemplo el troquel de cartulina. Todo eso lo usamos. Es decir, todo lo que es papel de imprenta o de oficina. Y esos, en el único lugar donde hay una recolección callejera masiva [se refiere al cartoneo] de eso es en gráficas. Eso ya está armado desde hace mucho tiempo y de noche hacen una clasificación en los mismos centros, digamos, financieros de las ciudades. Ahí generan la mayoría de lo que es recolección de lo que viene de oficina. Y eso viene vía la cadena de intermediarios. Y después lo que sí tenemos es una fuerte relación con empresas que buscan el material en oficinas y en Buenos Aires tenemos una directa relación con la Fundación Garrahan, donde compramos todo el material blanco digamos, no cartón, el cartón lo canalizan por otro lado, pero todo el resto de papel que ellos reciben por donaciones nosotros hacemos el retiro".[46]

El cuadro que sigue muestra cada uno de los insumos utilizados en la producción de papel por parte de la empresa Papelera del Plata durante el año 2009:

Cuadro 3. Cantidad y tipo de insumo por procedencia utilizado por la empresa Papelera del Plata, productora de papel tissue, año 2009.

Insumo para fabricación de papel tissue	Toneladas	Porcentaje
Celulosa (a base de madera)	25.000	18,8%
Rezagos por fabricación propia	13.000	9,8%
Compra a recorteros (proveniente de imprentas y gráficas)	57.000	42,9%
Compra a recorteros (procedente de cartoneros)	38.000	28,5%
Total	133.000	100%

Fuente. Elaboración propia en base a entrevista del autor a Ignacio Cobas, gerente de COREPA (la planta recicladora de la empresa productora de papel Papelera del Plata), y a Roberto Ostrolencki, ex obrero de la planta entre los años 1959 y 2002, realizadas el 17/06/2009.

Otras empresas no dedicadas al rubro y de menor escala elaboran cajas como envoltorio para sus productos. Por ejemplo, la fábrica Fana

[46] Ídem.

Química, ubicada en Entre Ríos, productora de adhesivos y disolventes. La firma obtuvo un 81% de insumos de la compra directa a cartoneros para la confección de sus embalajes entre los años 2002 y 2010, como muestra el siguiente cuadro:[47]

Cuadro 4. Cantidad de insumos por tipo utilizados por la fábrica Fana Química en la elaboración de papel y porcentaje de reciclado abastecido directamente por cartoneros, por año: 2002-2010.

Año	Toneladas			Porcentaje
	Papel reciclado		Celulosa (nacional e importada)	Reciclado abastecido por cartoneros como % de total de insumos
	Comprado directamente a cartoneros	Generado en proceso productivo		
2002	464	29	2	94%
2003	1053	56	31	92%
2004	676	69	368	61%
2005	1119	65	116,5	86%
2006	851	92	108,8	81%
2007	1131	193	77	81%
2008	645	161	27	77%
2009	696	108	27	84%
2010	896	154	55	81%
Promedio	837	103	90	82%

Fuente: elaboración propia en base a información suministrada por el Ingeniero Felipe Mussi, gerente de planta de la empresa Fana Química S.A.

Cabe destacar que, los casos presentados constituyen solo dos ejemplos. Lamentablemente, no existen fuentes estadísticas que proporcionen información sobre la cantidad de reciclado provisto por el trabajo cartonero. No obstante, en el capítulo III nos aproximaremos con mayor precisión a la cantidad de insumos reciclables que recogen los cartoneros, cuyo destino es la industria papelera.

[47]Entrevista del autor al Ingeniero Felipe Mussi, gerente de planta de la empresa Fana Química S.A., productora de papel, realizada el 09/08/2011. La planta produce, estimativamente, un promedio anual de 800 a 900 toneladas de papel.

Como se puede observar, el insumo reciclado siempre estuvo presente en la elaboración de papeles y cartones por la industria. Hasta la década de 1960, momento en el cual se desarrolla en mayor medida la producción de celulosa a nivel nacional, el insumo reciclado era utilizado frente a la escasez de pasta celulósica. Los elevados costos de su importación y los períodos de entreguerras que dificultaban el comercio internacional habrían sido factores determinantes para la reutilización del reciclado.

Por otra parte, el crecimiento de las importaciones durante la década de 1990 habría influido en la reconversión tecnológica del conjunto de la industria papelera. En este sentido, las empresas incorporaron maquinaria específica para utilizar una mayor cantidad de reciclado en la producción de papel. El objetivo fue abaratar costos y enfrentar la competencia extranjera. Al parecer, se trataría de un momento de crecimiento del cirujeo que habría influido en la posibilidad de reconvertir la industria al proveer el insumo reciclado. A partir de esta reconversión tecnológica se incrementa el uso de reciclado, cuyo mayor grado de optimización se observa entre los años 2000 y 2010, momento en el cual el cartoneo comienza a masificarse.

La historia del reciclado

Los primeros registros del cirujeo en la Ciudad de Buenos Aires remiten al período entre mediados del siglo XIX y principios del XX. La actividad se realizaba en los basurales y en la calle. Uno de los ámbitos donde se desarrollaba esta labor se ubicaba en los alrededores del llamado "Pueblo de las Ranas" (o "Barrio de Las Latas"), situado a orillas del Riachuelo, sobre la calle Zabaleta.[48] Allí funcionaba un predio donde se quemaba y eliminaba la basura proveniente de la ciudad porteña. El basural comenzó a funcionar en 1860 y se inauguró oficialmente como lugar de tratamiento de los residuos en 1873. Por su parte, un tren transportaba la basura hasta la quema, recorriendo las actuales calles Sánchez de Bustamante, Sánchez de Loria, Oruro, Deán Funes y Zabaleta. Dado el incremento de la cantidad de desechos, hacia mediados de la década de 1860 se construyó un sitio de almacenamiento temporal de residuos para su posterior traslado hasta

---

[48]Cortese, Luis O.: "Un tren entre las basuras y el vaciadero", en *Historias de la Ciudad. Una Revista de Buenos Aires*, n° 9, Ed. Federación Junta Central de Estudios Históricos de la Ciudad de Buenos Aires, 2001. El autor señala que el mencionado sitio "es uno de los primeros ejemplos de 'villa miseria' con que contara la ciudad de Buenos Aires, pues en él se aglomeraban quienes se dedicaban a buscar, entre las basuras que se descargaban en ese espacio, los materiales aprovechables para la reventa".

la quema conocido como el "vaciadero" y ubicado entre las actuales calles Rivadavia, Sánchez de Loria, Hipólito Yrigoyen y Esparza.

En este período, la recolección, clasificación y comercialización de los materiales reciclables comenzó a sistematizarse. Debido al incremento en el volumen de residuos entre los años 1856 y 1889, la Municipalidad empezó a firmar convenios con diferentes empresarios para el tratamiento de la basura. Estos últimos se comprometían a recolectar los residuos de la calle y a pagar una suma fija de dinero al Municipio. A cambio, los empresarios obtenían el derecho de comercializar los materiales reciclables, tales como muebles, botellas, metales, vidrios, huesos, trapos, papel, etc. El resto de la basura se incineraba. Los concesionarios fueron cambiando hasta que en el año 1877 se firmó un convenio por una suma exigua. El motivo del insignificante monto percibido se debía a la disminución de la cantidad de materiales recolectados. El incremento del cirujeo en las calles habría influido en la merma de las cantidades de basura recolectada por el servicio de limpieza de la ciudad de Buenos Aires. Las personas dedicadas al cirujeo eran conocidas como rebuscadores de residuos y comenzaron a ser perseguidas por las autoridades públicas. Sin embargo, como la basura era propiedad del que la generaba hasta que era levantada por el carro recolector, los cirujas pudieron seguir recogiendo los materiales siempre y cuando los vecinos no se opusieran.[49] Finalmente, la posibilidad de obtener una concesión para la recolección y venta de los materiales reciclables quedó eliminada en el año 1908.[50]

En 1891, se creó oficialmente un sitio de quema de basuras en el Barrio de Flores, lugar que comenzó a poblarse de cirujas en búsqueda de alimentos y materiales para vender. Unos años más tarde, en 1913, se fue incrementando la cantidad de recolectores en el basural, puesto que los habitantes residentes del Pueblo de Las Ranas habían sido desalojados y trasladados hasta aquel sitio. Las razones del desalojo habrían sido, por un lado, el cambio del sistema de quema a cielo abierto por otro de incineración a través de hornos; y, por otro lado, el intento de eliminar el foco de infección y enfermedades que se había producido en aquel barrio. No obstante, luego del fracasado sistema de incineración por hornos, durante el año 1920, el sitio cercano al Barrio de Las Ranas se mantuvo como un ámbito de recolección de los cirujas.[51]

Todos los productos reciclables eran vendidos en los galpones acopiadores o directamente comprados por los intermediarios en las

---

[49]Prignano, Ángel: *Crónica de la basura porteña. Del fogón indígena al cinturón ecológico*, Buenos Aires, Junta de Estudios Históricos de San José de Flores, 1998.

[50]Dimarco, Sabina: "Entre el trabajo y la basura...", op. cit.

[51]Cuello, Goyo: "La quema de basuras", en *Revista Caras y Caretas*, n°1.112, Buenos Aires, 1920.

cercanías de los basurales. Como ya hemos mencionado en el acápite anterior, algunos galpones acopiadores se ubicaban en las zonas céntricas de la ciudad de Buenos Aires en el año 1919, los cuales se dedicaban a comprar los insumos recogidos por los cirujas y venderlos a empresas papeleras ubicadas en la localidad de Zárate.[52]

Entre las décadas de 1930 y 1940, el Estado porteño comenzó a contratar cirujas para seleccionar productos desechados y reutilizables como insumos en las usinas incineradoras, luego de solicitudes efectuadas por la industria papelera y la Unión Industrial Argentina.[53] En el mes de marzo de 1936, el gobierno contrató a 70 cirujas para realizar tareas de clasificación en la usina ubicada en el barrio de Nueva Pompeya.[54] Unos años después, en abril de 1942, el Ente Autónomo de Industria Municipal nuevamente contrató a cirujas con el mismo fin que en la década anterior, a quienes se les pagaría un jornal por seleccionar y clasificar productos. Dicho servicio sería solventado a través de los ingresos obtenidos por la venta del material reutilizable, tarea que sería efectuada por el Estado.[55]

Sabina Dimarco señala que en junio del año 1942 se habría creado un registro para la inscripción de comerciantes particulares que quisieran participar en la obtención de los residuos previamente clasificados en las usinas por los cirujas. También menciona que, paralelamente, la Unión Industrial Argentina habría solicitado la adopción de medidas tendientes al reaprovechamiento de recortes de papel y cartón como forma de contrarrestar la escasez de materia prima en la industria papelera.[56]

Probablemente, estas iniciativas del Estado y la industria se deban a un momento de crisis económica y cierre del comercio mundial en el período de entreguerras. En este sentido, la escasez de materia prima

---

[52]Roccatagliata, op. cit.

[53]Las usinas fueron creadas durante las décadas previas como alternativa a los hornos incineradores en los basurales. A su vez, en el año 1908, el Estado decretó por intermedio de una ordenanza la creación de incineradores domiciliarios. Estos últimos sumaban entre 16.400 y 17.400 en la década de 1970 que servían a unos 1,4 millones de habitantes. Estas usinas se construyeron para efectuar el tratamiento de residuos y perduraron hasta la inauguración del actual sistema de tratamiento de residuos, el relleno sanitario, en el año 1977. Prignano, Ángel O.: "Una guerra de cuatro siglos: La lucha de Buenos Aires por deshacerse de sus basuras", en *Primer Ciclo de Conferencias sobre Residuos Sólidos Urbanos*, Secretaría de Ambiente y Desarrollo Sustentable de la Nación. Disponible en http://goo.gl/J7FXj.

[54]Decreto del 21 de abril de 1942. Biblioteca de la legislatura.

[55]Ídem.

[56]Boletín Municipal de la Ciudad de Buenos Aires, 1942, p. 1118. Citado en, Dimarco, Sabina: "Entre el trabajo y la basura...", op. cit.

proveniente de las importaciones habría influido en un incremento de la demanda de reciclado producido a nivel nacional.

En paralelo a las propuestas del Estado, el cirujeo se mantuvo en los basurales, sobre todo aquellos ubicados en las villas. En estos casos, los cirujas también efectuaban una tarea beneficiosa para el Estado y la industria en la medida en que recogían productos reutilizables que no derivaban en su eliminación a través del sistema de incineración. La emergencia de algunas villas se relaciona con la preexistencia de ciertos basurales. Hacia fines de la década de 1940 y comienzos de la de 1950, alrededor de los vaciaderos y de los galpones de clasificación se instalaron "villas de emergencia", donde las familias subsistían de la venta de los materiales recuperados. De todos modos, esa relación con la recolección de basura no se aplica a todos los casos: los habitantes de las villas más densamente pobladas se dedicaban al trabajo de la construcción y al mantenimiento en ferrocarriles.[57] En los asentamientos donde predominaba el cirujeo, los intermediarios se acercaban en camiones y compraban a los recolectores, o bien, directamente a los galpones de acopio que se instalaban en esos sitios.

Entre los años 1946 y 1948 comenzó a poblarse la Villa n° 6, ubicada entre las calles Echeandía, Mozart, Dellepiane y Escalada. Allí se podían observar algunas casillas cercanas al Arroyo Cildáñez en terrenos de propiedad particular que luego fueron expropiados por la Municipalidad. Estas casillas eran galpones de cirujeo que generaron, posteriormente, la instalación de otras casas más precarias aún, donde residían los cirujas que allí recolectaban. Por su parte, en 1948 se fundó por decreto el Barrio Lacarra o Villa n° 2, delimitado por las avenidas Lacarra, Escalada, Barros Pazos, Martiniano Chilavert y Coronel Roca. En el barrio existía un basural donde se quemaban los desechos. Allí también sus habitantes se dedicaban al cirujeo. Unos años después, en 1967, la Ley 17.605 dictaminó la erradicación del barrio.[58]

En el mismo período, surgieron las primeras casas de la villa n° 20 en el barrio de Lugano las cuales limitaban con el Riachuelo. Unos años después de 1948, y como resultado de la utilización de un sector del Bañado de Flores como vaciadero de residuos, se instalaron más familias quienes esperaban la llegada de los camiones recolectores de basura para luego buscar productos vendibles. Al parecer, en el basural del barrio de Flores se habría mantenido el reciclado como una instancia de la política del reciclado instaurada por el Estado, por lo menos hasta fines de la década de 1950. Un artículo publicado por el diario

---

[57]De La Torre, Lidia: "La ciudad residual", en Romero, José Luis y Romero, Luis Alberto (Comp.): *Buenos Aires: historia de cuatro siglos*, Tomo II, Buenos Aires, Ed. Abril S.A, 1983.
[58]Ídem.

La Nación en el año 1957 señala la presencia de cirujas en el basural, su incremento en momentos en que la industria requiere del uso de reciclado (sobre todo en períodos de entreguerras y dificultades del comercio internacional) y la presencia de intermediarios que eran personas vinculadas con la Dirección de Limpieza de basura dependiente del Estado:

"Insuficientes los hornos de incineración de Chacarita, Pompeya y Flores, se fueron volcando los residuos de toda la ciudad en terrenos próximos al cementerio de Flores, donde empezó a instalarse la industria del 'ciruja'. Trátese de hombres, mujeres y niños que expurgan los residuos de la gran ciudad y separan los trapos, vidrios, restos o rezagos de plomo, de bronce, huesos, cartones, papel, latas, etc., para venderlos a las fábricas de papel, vidrio y otras, que reconstruyen o aprovechan esos materiales. Las épocas de guerra, que nos aíslan de los proveedores de papel, hojalata y demás, elevan los precios de los 'rezagos' y, por otra parte, las crisis subsiguientes a esas grandes guerras -y ya hemos tenido dos en los cuarenta años de vida que tiene la Quema del Sur- y la escasez de trabajo -especialmente en la primera posguerra- han dado inusitado impulso a esa anormal actividad, creando un agudo problema social. Existe una Cámara de Rezagos con los decanos y capitalistas de la actividad, y de ellos desciende una complicada red de empresarios y subempresarios, capataces de primera y de segunda, hasta los ínfimos agentes que se revuelcan en las 'ollas' entre nubes de mosquitos y malolientes emanaciones, requisando la basura y estableciendo sobre ella misma los montones de trapo 'limpio', de segunda, tercera, y subcategorías inferiores... Pero ¿cómo funcionan los basurales?, ¿de quién son? En teoría, se trata de recintos delimitados por la Municipalidad, en los que la Dirección de Limpieza crea zonas a cargo de sus capataces y empleados. Con ellos tratan los 'cirujas' de las distintas categorías su comercio..."[59]

Por su parte, hacia 1955, surgieron otras villas en el marco de la actividad del cirujeo, como la Villa Piolín (o n° 12), cuyo asentamiento se produjo a raíz de la instalación de galpones de almacenamiento y clasificación de materiales en terrenos lindantes con la Av. Cruz y las vías del Ferrocarril General Belgrano.[60] Un caso semejante es el del Albergue Warnes (o villa N° 25), en cuya zona (calles Warnes, Chorroarín, vías del Ferrocarril General Urquiza y Av. De los Constituyentes) se instalaron basurales y almacenes de acopio de materiales recuperables.[61] El albergue padeció desalojos y ocupaciones permanentes. En 1960, en

[59] *La Nación*, 25/09/1957, citado en, Schamber, *De los desechos...*, op. cit., p. 52.
[60] De La Torre, op. cit.
[61] Suárez, "Que los recojan...", op. cit.

el marco del proceso general de erradicación de villas, el albergue fue desalojado. Posteriormente, fue ocupado nuevamente hasta que, en diciembre de 1990, el intendente de la ciudad de Buenos Aires, Carlos Grosso, decretó que se lo dinamitara. Los 2.436 habitantes fueron trasladados al Barrio Ramón Carrillo, de Villa Soldati.

En el año 1977 se creó el Cinturón Ecológico Sociedad del Estado. Se trata del sitio donde actualmente se establece un tratamiento específico de la basura generada por la población porteña, del conurbano bonaerense y por la industria ubicada en el área metropolitana. Dicha empresa es una sociedad entre los estados porteño y provincial. Una de las razones por las cuales se creó el relleno fue clausurar los basurales a cielo abierto y las usinas incineradoras de la Ciudad de Buenos Aires y concentrar en un solo predio todo el tratamiento de residuos. En las consideraciones del convenio firmado y ratificado por la ordenanza n° 33.691, sancionada en 1977, las autoridades dictatoriales dejaban claramente establecido uno de los objetivos del proyecto en cuestión:

"con la aplicación ordenada del relleno sanitario, procedimiento de difundido uso internacional, probada eficacia, gran economía y óptimas condiciones sanitarias, se habrá de desterrar el problema social del 'cirujeo', natural consecuencia de los basurales a cielo abierto y el abandono de la técnica de la incineración de residuos, que implica a la par que un importante consumo de combustibles, el inevitable gasto de oxígeno y producción de dióxido de carbono y de partículas contaminantes del ambiente".[62]

Por su parte, Guillermo Domingo Laura, uno de los ideólogos del plan para la creación del relleno sanitario, explicaba en un texto publicado en el año 1975 quiénes podrían oponerse a semejante obra de ingeniería y cuáles eran las razones. En este sentido, Laura destaca las ganancias obtenidas por los intermediarios que compraban en los basurales a cielo abierto (que lógicamente serían cercenadas con la clausura de los mismos) y la extensión del cirujeo en esos sitios:

"existe un único obstáculo que puede oponerse: los formidables intereses que rodean a los que lucran con el negocio de la basura. Los vaciaderos a cielo abierto constituyen un viejo problema sanitario aún no resuelto, probablemente por la influencia de los intereses espurios que mueven a quienes especula con la explotación del cirujeo. Los cirujas trabajan bajo dependencia de los concesionarios (que han obtenido el contrato para la recuperación de los elementos de la basura) percibiendo un mísero pago

[62]Convenio firmado entre el gobierno de la Ciudad Autónoma de Buenos Aires y de la Provincia de Buenos Aires, ratificado por ordenanza n° 33.691 en 1977. Biblioteca de la Legislatura.

por las tareas que realizan. Los concesionarios, por su parte, obtienen cifras millonarias con la venta de estos productos. Podemos afirmar que los intereses que se mueven en relación con la basura son fabulosos. Posiblemente sea esta la causa por la cual todavía no ha sido posible desterrar esta práctica que atenta contra la salud pública. El estado tiene una enorme responsabilidad en el tema porque es quien crea las condiciones para que se genere este submundo a través de los vaciaderos a cielo abierto. Todos los días se arrojan dos mil setecientas cuarenta y siete toneladas de basura al aire libre que contienen valiosos elementos: papel, metales plásticos etc. ello representa una cantidad anual de un millón de toneladas. ¿Cómo no se va a producir cirujeo con esa inmensa riqueza arrojada a cielo abierto, con más de doscientas mil toneladas de celulosa, hierro, bronce, plásticos, que se venden a un promedio de cinco pesos el kilo? Representan una vez clasificada y limpia más de un millón de dólares por año".[63]

No obstante, algunos basurales a cielo abierto continuaron existiendo durante la década de 1980 hasta la actualidad en toda el área metropolitana de Buenos Aires.[64] Por otra parte, el convenio firmado por las autoridades gubernamentales no mencionaba entre los objetivos la posibilidad de reciclar productos.

Recién hacia fines de la década de 1980 y principios de 1990, el CEAMSE efectuó algunas medidas tendientes a reciclar materiales por pedidos expresos de las industrias beneficiadas con los insumos reciclables. Por ejemplo, en el año 1989, el CEAMSE firmó un convenio con la Secretaría de Energía y la Cámara de Fabricantes de Vidrio para llevar adelante un plan de recolección diferenciada del producto. Paralelamente, en el año 1992 se firmó un acuerdo con la Asociación de Fabricantes de Celulosa y Papel con el mismo objetivo que lo mencionado anteriormente. Los operativos de reciclado se implementaron en algunos barrios y colegios ubicados en 30 municipios del conurbano bonaerense y en 3 barrios de la ciudad de Buenos Aires. Para ello se colocaron contenedores diferenciados según el producto que debía desecharse. Una vez recolectados por las empresas privadas recolectoras

[63]Laura, Guillermo Domingo: *El Cinturón Ecológico*, Buenos Aires, Ed. CEAMSE, 1978. Citado en Schamber, *De los desechos...*, op. cit.

[64]Entre los años 1989 y 2004, el promedio de basurales a cielo abierto en toda el área metropolitana de Buenos Aires fue de 100. En todo ese período, hubo 124 basurales saneados. En el año 2004, se registraron actividades de cirujeo en el 50% de los basurales. CEAMSE: *Basurales detectados y saneados por CEAMSE en el Área Metropolitana*, Buenos Aires, Ceamse, 2004. En el año 2000, solo en la ciudad de Buenos Aires se registraron 10 basurales clandestinos. *Clarín*, 12/10/2000.

de residuos, los materiales reciclables eran comprados por las cámaras de la industria que utilizarían esos insumos.[65]

Los productos mayormente recolectados a través de esta política de reciclado fueron los derivados del papel. No obstante, comparados con la utilización de insumos reciclados por el conjunto de la industria papelera, las cantidades obtenidas por la política del CEAMSE resultaron exiguas.[66] Por otra parte, un informe elaborado por el CEAMSE en el año 1997 menciona las limitaciones de las políticas de reciclado y sus elevados costos económicos:

"En esta compleja cadena hay por lo menos dos aspectos que atentan contra el reciclaje: las posibilidades económicas y las condiciones operativas para poner en marcha el proceso. 'La gente cree que si se recicla, ahorra dinero. Y desde algún punto de vista puede ser cierto. Pero si vamos al proceso puntual, no. El reciclaje no da ganancias globales', dice el ingeniero de CEAMSE, Carlos Fontán, responsable de uno de los programas de reciclaje del organismo. Y ejemplifica: 'una tonelada de vidrio se compra por 45 pesos o 50 pesos, depende del momento. Pero para que llegue a destino hay que pagar un camión con todos sus gastos, el sueldo del chofer, del ayudante y del supervisor que se encarga de controlar que los vidrios que se recolectan sirvan para el proceso posterior de reciclaje'".[67]

Cabe destacar que, paralelamente a las políticas de reciclado efectuadas por el CEAMSE en la ciudad de Buenos Aires, en otras localidades del interior del país y la provincia de Buenos Aires también

---

[65]Bonacchi, Verónica: "Reciclaje. La alternativa de recuperar materiales de la basura: mitos y verdades; ventajas y costos", Buenos Aires, 1997. Disponible en www.ceamse.gov.ar.

[66]Hemos obtenido los datos para el caso de la recolección diferenciada de la Ciudad de Buenos Aires entre los años 1993 y 1997. El promedio anual de papeles recogidos fue de 98 toneladas. Solo para el año 2001, obtuvimos la cantidad de papel reciclado por intermedio de esta política para el caso de la ciudad porteña y el conurbano bonaerense. Se recogieron un total de 496 toneladas. Esta cifra representa un 0,1% del total de insumos reciclados por la industria papelera ubicada en la provincia de Buenos Aires (se trata del reciclado pre y post consumo); un 0,14% del total de insumos post-consumo utilizados por la industria papelera en el conjunto del país. Para obtener estos porcentajes multiplicamos por 100 la cantidad de toneladas recogidas por la política de reciclado implementada por el CEAMSE y la dividimos por el total de insumos reciclados utilizados por la provincia de Buenos Aires (454.372 toneladas) y por el total de insumos post-consumo reutilizados por la industria en el total del país (347.838 toneladas).

[67]Bonacchi, op. cit. En el capítulo III analizaremos los presupuestos ejecutados en torno a la recolección diferenciada con posterioridad al año 2001 y cómo el Estado, a partir del año 2008, reasignó esos recursos a los cartoneros con el objetivo de abaratar costos e incrementar la eficiencia del reciclado.

comienzan a ejecutarse medidas tendientes al reaprovechamiento de productos. En estos casos, las razones esgrimidas se deben a un intento por reducir los costos del tratamiento de residuos y su enterramiento. Para ello, algunos municipios crearon centros de selección y clasificación de residuos con el propósito de vender los productos reciclables a la industria. La creación de estas plantas puede considerarse como un antecedente de los centros de clasificación gestionados por cooperativas cartoneras en la ciudad de Buenos Aires, construidos a partir del año 2006.

De acuerdo con un relevamiento realizado por la Secretaría de Medio Ambiente dependiente del gobierno nacional durante los años 1998 y 1999, la antigüedad de las primeras plantas de clasificación remite al año 1994. El estudio se efectuó en base a una muestra de 13 plantas ubicadas en 7 provincias.[68] En aquellas plantas gestionadas por el Municipio, el personal es generalmente contratado. Solo en algunos casos el informe relevó la presencia de trabajadores del plantel municipal, es decir, obreros efectivizados. Según el informe: "es relativamente común que todos o parte de los operarios destinados a la selección [de productos] sean ex cirujas contratados por la municipalidad para esa tarea".[69] Este dato no es menor si tenemos en cuenta que las tareas de separación de productos, ya sea a través de una cinta transportadora o una rampa, requieren de una mayor cantidad de operarios respecto de otros puestos de trabajo como pueden ser el enfardado o el manejo de tractores o palas mecánicas. A su vez, la mayor cantidad de centros de reciclado poseía una o más cintas transportadoras. De las 13 plantas relevadas, 7 poseían cintas mecánicas (de las cuales 2 centros disponían de 2 cintas, otras dos plantas poseían 4 cintas y otros 3 establecimientos tenían una sola), 5 no disponían de ninguna cinta y de una planta se desconocía la existencia de la misma. En estos dos últimos casos, la separación se efectuaba en el piso.[70]

---

[68]Se trata de centros de reciclado ubicados en la ciudad de Amstrong y Las Rosas (Santa Fe), Intendente Alvear (La Pampa), Oberá y Puerto Rico (Misiones), Trenque Lauquen (Buenos Aires), ciudad de Córdoba, Villa Giardino, Villa General Belgrano y Oncativo (Córdoba), Maipú (Mendoza), y, Plottier (Neuquén).

[69]Presidencia de la Nación: "Plan nacional de valorización de residuos. Evaluación de plantas de separación de residuos sólidos", Dirección de calidad ambiental, Secretaría de Recursos Naturales y Desarrollo Sustentable, Subsecretaría de Ordenamiento Ambiental, 1999. Disponible en http://www.ambiente.gob.ar/observatoriorsu/infoteca/archivos_para_bajar/PLANVAL_PL_SEP.pdf.

[70]El informe elaborado por la Secretaría de Medio Ambiente del gobierno nacional fue parcialmente actualizado por la Asociación Argentina de Ingeniería Sanitaria y Ciencias del Ambiente (AIDIS), quien publicó un nuevo informe durante el año 2002. Se trata de una organización no gubernamental dedicada al estudio de la gestión de residuos sólidos, la cual efectuó un relevamiento sobre la situación de

Los cambios en la modalidad del cirujeo

El cirujeo en la calle y los basurales entre 1860 y 1980

Entre fines del siglo XIX y principios del XX, el cirujeo era habitual tanto en los basurales como en la calle. Como ya mencionamos, en los alrededores del Riachuelo se asentó un conjunto de personas que dio lugar al llamado Pueblo de las Ranas. Allí existía un basural del cual los habitantes del asentamiento juntaban productos reutilizables. Según Celia Guevara, el origen étnico de quienes habitaban el Pueblo de Las Ranas se componía de criollos negros[71] y veteranos de la Guerra del Paraguay –no todos inválidos–, viejos guerreros de la Independencia e indígenas. Esta autora señala que eran frecuentes los delitos, "desde la prostitución y el robo a los 'otarios' traídos por las mujeres, hasta el robo organizado, el punguismo y otras formas de delincuencia". También observa que se trataba de una población refractaria "a la asistencia pública".

Por su parte, el censo de 1895 señala que sobre un total de 3.000 habitantes de las cercanías de la quema, más de 600 personas se dedicaban a la recolección de materiales.[72] En cambio, un artículo de *Caras y Caretas* publicado en el año 1899 menciona la presencia de más de 3.000 personas que recogían productos en la quema. Se trataba de hombres, mujeres y niños dedicados a la selección y venta de materiales, así como también, a la recolección de ropa y alimentos para su consumo. Además, utilizaban latas de kerosene rellenas con tierra

---

otras plantas de reciclado. Las plantas relevadas se ubican en San Nicolás (creada en 1999), Capital Federal, Entre Ríos (2001), Tigre (2001), Tapalqué (1997), CEAMSE (2001) y en la Ciudad de Buenos Aires (1999). Todas ellas se encontraban en funcionamiento al momento de la realización del informe, con la excepción de la planta ubicada en la ciudad porteña la cual, por restricciones del Código de Planeamiento Urbano, nunca fue inaugurada. AIDIS: "Diagnóstico de la Situación de los Residuos Sólidos en Argentina", 2002. Disponible en http://www.ambiente.gov.ar/archivos/web/salud_ambiente/File/Residuos%20Solidos%20en%20Argentina.pdf.

[71]Sobre el origen étnico, Celia Guevara supone que serían criollos basándose en el Censo de 1895 y su caracterización de los habitantes de las zonas aledañas al Pueblo de Las Ranas. Guevara, Celia et. al.: "Metrópolis y márgenes", en Gutman, Margarita y Thomas Reese (Comp.): *Buenos Aires 1910. El imaginario para una gran capital*, Buenos Aires, Editorial EUDEBA, 1999. Enrique García Velloso también menciona ciertas rasgos de los residentes del barrio. García Velloso, Enrique: *En el barrio de las ranas*, Instituto de Literatura Argentina Ricardo Rojas, Facultad de Filosofía y Letras, UBA, 1985.

[72]Datos extractados del censo de 1895 en la ciudad de Buenos Aires, citado en, Guevara, "Metrópolis y márgenes...", op. cit.

que rescataban del basural para la construcción de sus viviendas. De allí el nombre alternativo de Barrio de las Latas. El mismo artículo sintetiza no solo la variedad de materiales que podían recuperarse, sino también, los diferentes roles que existían en el proceso de selección, clasificación y los instrumentos utilizados:

"valiéndose de garfios y rastrillos con los cuales enganchan los trapos de mil orígenes, formas, colores que van en la basura y los echan a un lado, apartando asimismo los huesos, vidrios, rotos y enteros, tarros de lata o barro, vasijas y cacharros de todas clases y procedencias, pedazos de bronce, hierro, zinc, estaño, papeles, cajas, cartones, calzados deshermanados, que van ayuntando como vienen, metiendo dentro de una bota de soldado un chapincito de beba o mimoso zapato de novia en una mugrienta alpargata de changador. Ese primer aparte es hecho a la gruesa y sin demora, porque la montaña arde por dentro y caldea los pies de los cateadores... Los mil objetos diversos que salen de aquel rápido cateo, son inmediatamente clasificados por otro personal, apartándose los trapos de hilos, los de algodón, los de seda, los paños de grana, las franjas de ropa militar, cada clase en su montón respectivo. [...] Los vidrios rotos, que vienen a pagarlos las fábricas del ramo, se separan en vidrio blanco, verde y azul, formando en pocos días verdaderos Himalayas erizados de aristas agresivas, que relucen al sol".

Caras y Caretas de ese mismo año resume el diálogo entre el periodista y un ciruja, que sintetiza los riesgos en cuanto a la alimentación: los habitantes recogían animales muertos para consumo propio.[73]

Como se puede observar, en el basural existía una división en las tareas de recuperación: la primera selección y separación general era realizada por los llamados "cateadores", que usaban rastrillos, y la clasificación más específica por otro personal. Además, otros habitantes se dedicaban a custodiar las parvas de materiales separados. Dadas las condiciones de trabajo, hábitat y alimentación, la población del Barrio de Las Latas estuvo expuesta a numerosas enfermedades. En 1899 se registraron 48 menores muertos por tétano. El tifus y la difteria también eran enfermedades corrientes.[74]

Por su parte, Sabina Dimarco señala la presencia de personas dedicadas a la recolección de productos reciclables las cuales eran contratadas por las empresas concesionarias para el tratamiento de residuos en la quema del Riachuelo. La autora menciona que en el año 1895

---

[73]Bernárdez, M.: "La quema de las basuras", en *Revista Caras y Caretas*, n° 16, Buenos Aires, 1899.

[74]Martin, Luis: "El pueblo de las Ranas y el Barrio", *Ateneo de Estudios Históricos*, n° 15, Buenos Aires, 1973.

un total de sesenta y cinco hombres entre parveros y peones trabajaban en el basural. Los peones debían descargar los carros recolectores de residuos y clasificar los productos reutilizables. La basura restante era quemada y eliminada. Al parecer, era dificultoso emplear personas dispuestas a realizar tales labores debido a las condiciones en las cuales se trabajaba en la quema y el escaso salario obtenido.[75] Dimarco indica la dificultad de distinguir a los clasificadores contratados de los cirujas. Según sostiene la autora, las personas que trabajaban en ciertos momentos por un jornal en la quema eran, en ocasiones, las mismas que alternaban con el cirujeo independiente. En ciertos casos, los peones clasificadores recuperaban productos para el concesionario o la Municipalidad a cambio de un jornal y, por la tarde, recolectaban para la venta por su cuenta, sin mediar una relación de hecho con sus empleadores. En 1908, los contratos de concesión para el usufructo de la basura por parte de las empresas privadas cesaron, así como también, el empleo de peones para las tareas de selección y clasificación de productos reutilizables.

Durante la década de 1880, el cirujeo también era frecuente en el vaciadero, lugar utilizado para almacenar los residuos antes de enviarlos a su sitio de tratamiento. Aunque había vigilancia, los cirujas ingresaban para apropiarse de materiales útiles para comercializar. Allí frecuentaban personas que vivían de la recuperación de residuos pero que no necesariamente residían en el barrio, como por ejemplo los "tacheros", quienes recogían ollas, pavas, lecheras, sartenes y las reparaban para luego revenderlas. Esta situación se mantuvo hasta 1888, momento en que el vaciadero fue clausurado.

Otro de los basurales utilizados para cirujear a fines del siglo XIX se ubicaba en el barrio de Flores. En los alrededores del relleno, cerca del cementerio, "el suelo más firme fue asentamiento de precarios cobijos construidos con ramas, cartones y chapas por estos postreros merodeadores del antiguo bañado".[76] Los cirujas juntaban papeles, trapos, latas, huesos y vidrios, que luego acumulaban alrededor de sus viviendas construidas con elementos del basural. Periódicamente, se acercaba algún acopiador con su carro que les compraba lo recolectado. El basural también era visitado frecuentemente por tacheros quienes, luego de recolectar ollas y sartenes, las arreglaban y las vendían a los vecinos de la zona.[77]

---

[75] *Revista Municipal de la Ciudad de Buenos Aires*, año 1895, citado en Dimarco, Sabina: "Entre el trabajo y la basura...", op. cit.

[76] Prignano, Ángel Oscar: *El Bajo Flores. Un barrio de Buenos Aires*, Buenos Aires, Junta de Estudios Históricos de San José de Flores, 1991.

[77] Ídem. El autor señala la existencia de dos armenios que se dedicaron a esta actividad. Cabe destacar que hasta 1922 la presencia de armenios en el país era ilegal por

La recolección de materiales reciclables también fue una actividad desarrollada en sitios cercanos al centro de la ciudad, entre fines del siglo XIX y principios del XX. El cirujeo se habría difundido en las alcantarillas de la zona urbana, durante la década de 1870. Según Prignano los cirujas buscaban elementos de oro, relojes, monedas y todo tipo de objeto de valor. Con una bolsa cruzada sobre su torso y un rastrillo buscaban la mercadería. Trabajaban entre seis y ocho horas por día, siempre de noche, y caminaban unas 40 cuadras con el agua hasta las rodillas. Todos los productos recogidos eran vendidos en negocios ubicados en la calle Libertad.[78]

Atilio Roccatagliata menciona la presencia de cirujas en las calles céntricas de la ciudad. En su tesis elaborada en 1919, el autor observa cómo los recuperadores efectuaban su tarea y qué herramientas utilizaban:

"si a la madrugada recorremos las calles de nuestra ciudad, especialmente las centrales, podremos observar la cantidad de individuos que se detienen en las cajas de basura, que sin preocupación alguna vuelven y revuelven los desperdicios, los desparraman por el suelo y los observan: los que pueden ser de alguna utilidad los introducen en una bolsa que llevan al efecto. (...) Armado de su gancho, se acerca a todas las cajas que en las puertas esperan el servicio municipal, vuelve y revuelve los residuos y los examina en todo sentido, tantea todos los objetos que pueden tener todavía alguna utilidad, recoge los papeles viejos y los echa en su bolsa".[79]

Según Roccatagliata, el origen étnico era variado, aunque prevalecían las personas provenientes de Rusia y España en los barrios céntricos y los italianos y argentinos en los suburbanos. La mayoría de los recolectores tenía entre 40 y 50 años; eran pocos los que superaban esta edad y también había jóvenes de entre 25 y 40 años. La mayor parte de los cirujas realizaban esta actividad por estar enfermos y por no poder encontrar otros trabajos. Se trataba de ex peones y jornaleros. Otros, por su parte, cirujeaban desde toda la vida sin haber conocido otros empleos.

Al parecer, existía una división entre los cirujas según el producto específico que recogieran. Se encontraban los papeleros, los traperos, los hueseros y, por último, los que buscaban cualquier tipo de material para vender –como trozos de madera, corchos, vidrios, botellas, etc. El

---

su origen asiático. Por este motivo, debían vivir de manera clandestina y buscarse trabajos alternativos a sus oficios.

[78]Prignano, Ángel Oscar: "Cloacas y cirujas de Buenos Aires", en *Todo es Historia*, nº 491, Buenos Aires, 2008.

[79]Roccatagliata, op. cit.

papelero era el más activo debido a que el papel era el elemento más abundante y el que aparecía a primera vista: "lo hace a prisa y siempre apurado va llenando sus bolsas para ganar el tacho más próximo por la rivalidad existente con sus competidores".[80] En 1919, el precio del papel era de 0,03 centavos el kilo y el promedio recolectado diariamente por persona oscilaba entre 10 y 20 kilos. El cirujeo se efectuaba todos los días de la semana y la jornada comenzaba a las 6 de la mañana.

Roccatagliata menciona que un porcentaje de los ingresos obtenidos por el cirujeo era utilizado para pagar el alquiler de algún sitio para dormir. Pero no todos los recuperadores usaban estos ámbitos. Algunos pernoctaban en las zonas suburbanas, terrenos o vagones ubicados en el puerto. El autor menciona aquellos lugares utilizados por los cirujas para dormir:

"Otro punto interesante es el estudio del medio en que viven y la habitación; es curioso notar que el 'Chiffonier'[81] que trabaja en el centro de la ciudad es el vagabundo por excelencia, el prototipo del atorrante. No tienen habitación y sus domicilios son los vagones del puerto, los terrenos baldíos y el Gran Paseo de Julio, Avenida Alvear de los atorrantes. Algunos, muy pocos, tienen pieza en el mismo Paseo de Julio, en conventillos donde en una habitación pasan la noche 10 o 12 con sus respectivos útiles de trabajo. En una fonda de los alrededores conocida por la del 'Italiano' se alquilan habitaciones para pasar la noche en común, a precios modestísimos ocasión que es aprovechada por algunos 'Chiffonier' (...) Otro lugar de retiro son los asilos del Ejército de Salvación donde por 0,10 centavos pueden pasar la noche recostados sobre tarimas y por 0,20 centavos sobre blandos colchones."

Por su parte, las mujeres también cirujeaban aunque, según Roccatagliata, no recolectaban en la zona céntrica sino en los alrededores del basural.

En las décadas de 1940 y 1950, el cirujeo se mantuvo en los basurales y la calle. Martínez Estrada menciona la existencia de personas dedicadas a la recolección de productos reciclables y alimentos para consumo propio en el centro porteño. En ese entonces, aún no se utilizaban los carros manuales ni tirados por caballos. La carga recolectada se transportaba sobre las espaldas de los cirujas, "como escarabajos".[82]

Algunas villas porteñas se crearon en torno a la existencia previa de un basural, como mencionamos en el acápite anterior. Allí, sus

---

[80]Ídem.

[81]Esta palabra de origen francés remite a la actividad de recoger basura en rellenos.

[82]Martínez Estrada, Ezequiel: *La cabeza de Goliat. Microscopía de Buenos Aires*, 2° edición aumentada, Buenos Aires, Emecé editores, S.A., 1947, p. 310.

habitantes se dedicaban al cirujeo. La villa del Bajo Flores tiene una relación directa con el basural existente a principios del siglo XX. El cirujeo se mantuvo a lo largo de todo ese período. En la década de 1940, un juez que atendía una causa sobre la situación de los menores de edad en el vaciadero registró la existencia de una "infinidad de hombres, mujeres y niños de ambos sexos dedicados a la recolección de diversos elementos para ser vendidos y así hacer de esto su modo de vida. También advirtió que muchos niños se alimentaban con los desperdicios de comestibles que llegaban entremezclados con las basuras".[83]

En la quema del Bajo Flores durante la década de 1960, al parecer, algunos cirujas tendrían una relación directa con los revendedores de productos reciclables. Estos últimos, a su vez, eran proveedores de la industria que utilizaba esos materiales como insumos para la producción de otros bienes:

"La quema es, en principio, un gran negocio. (...) ¡Si lo sabrán los intermediarios que mercan vidrio, el cartón, los trapos y los metales! Una serie de fábricas -algunas ocupan más de cien obreros- se surten diariamente del basural, abriendo sus galpones para recibir caravanas de camiones y carros con la mercadería cuidadosamente especificada: aquí trapos que serán procesados y sometidos a un proceso de limpieza. Allá, los metales que ingresan a la fundición (y si son de cobre, contra lo que diga el refrán, mejor cotizados). Los tentáculos de esta industria pujante son esos desarrapados seres que pululan en la quema. Están divididos en clanes, y estos, a su vez, en grupos familiares y asociaciones no protocolizadas en dos o tres individuos que trabajan para un solo intermediario. El 'canario', por ejemplo, abastecía a un tal 'Tincho' con latas y tarros de conserva. 'Tincho' comenzó hace dos años con un destartalado Ford y ahora es dueño de tres unidades último modelo".[84]

En otras villas, como por ejemplo el barrio Lacarra, también proliferó el cirujeo en los alrededores de un basural, durante la década de 1940. En esa zona se construyó un albergue que tuvo como finalidad alojar a familias cuyas casas fueron afectadas por el ensanchamiento de la calle Belgrano en la zona céntrica. Un elevado porcentaje de la población masculina se dedicaba a tareas vinculadas con el empleo en la construcción, en talleres mecánicos y eléctricos, en fábricas; había también peones de taxis y lustradores de botas. Por su parte, la mayoría de los adolescentes varones no trabajaban en relación de dependencia,

---

[83]Prignano, *El Bajo Flores...*, op. cit.

[84]Petcoff, Emilio: "El mundo prohibido de los cirujas" en *revista Atlántida*, Año 48, N° 1184, Buenos Aires, octubre de 1965. Citado en Paiva y Perelman, "Aproximación histórica...", op. cit.

motivo por el cual se los encontraba frecuentemente y a distintas horas del día deambulando por la zona. La mayoría de las mujeres tampoco tenía un empleo estable -solo una minoría se dedicaba a realizar tareas como personal de servicio doméstico y operarias en fábricas-. Por este motivo, junto a los niños, las mujeres se dedicaban a recolectar de la quema todo tipo de elemento que consideraran vendible. Esta tarea era la más trabajosa y pesada. Luego, los hombres de la casa, obreros asalariados, participaban en el proceso de clasificación del material para su posterior venta. A fines de la década de 1960, los pobladores del barrio fueron erradicados.[85]

Durante las décadas de 1970 y 1980, el cirujeo se mantuvo como una tarea realizada por las mujeres y sus hijos menores, aunque el jefe de hogar comienza a tener una mayor participación en la actividad, tanto en tareas de clasificación como de recolección. Verónica Paiva señala que algunos cirujas, junto a sus madres y abuelas, accedían a la zona céntrica porteña en busca de comida que les entregaban los comerciantes, ropa que guardaban los vecinos y diarios que les reservaban los porteros de edificios.[86] Al parecer, no se recolectaba de las bolsas de basura, sino que se apelaba a la solidaridad de la comunidad. En estos casos, el cirujeo era una forma de complementar el ingreso del jefe de hogar asalariado.

Paralelamente, existen registros del cirujeo en las calles porteñas realizado hombres de edades avanzadas, durante la década de 1980. Algunos pobladores del Albergue Warnes, antes de su desalojo en el año 1990, se dedicaban a la recolección y venta de materiales reciclables.[87] Incluso, existía una cooperativa que dirigía la actividad de manera ordenada. Sus miembros salían a recoger por diferentes zonas de la ciudad. Fundamentalmente juntaban cartón, papel, botellas y todo tipo de material reciclable y vendible. En el interior de la cooperativa existía una división de tareas: por un lado, los recolectores de materiales; por otro lado, el delegado, quien se encargaba de vender los productos y, posteriormente, de dividir entre los miembros el monto recibido. Luego del desalojo del albergue, los habitantes fueron trasladados al barrio de Soldati y el cirujeo continuó siendo su actividad principal para obtener ingresos.

A partir de una entrevista realizada a una de las hijas de un antiguo encargado de un depósito ubicado en el Albergue Warnes, obtuvimos

---

[85]De La Torre, "La ciudad residual...", op. cit.

[86]Paiva Verónica: *Cartoneros y cooperativas de recuperadores. Una mirada sobre la recolección informal de residuos. Área Metropolitana de Buenos Aires, 1999-2007*, Buenos Aires, Ediciones Prometeo Libros, 2008.

[87]Giráldez, Nélida: *El Ciruja*, Buenos Aires, Ed. Braga, 1993. La autora menciona en su novela que el cirujeo era una actividad habitual en los pobladores del albergue Warnes.

información acerca de cómo se realizaba la actividad. El intermediario abrió el galpón en el año 1986 hasta que, en 1990, tuvo que trasladarse debido al cierre del albergue. Según la entrevistada, muchas personas residentes del albergue, algunas de ellas ex maestros y ex policías desocupados, habían sido trasladadas desde otras provincias del interior del país, como consecuencia de las inundaciones y la pérdida de sus viviendas. Esta población comenzó a dedicarse a la recolección y clasificación de productos reciclables. En ese entonces, los cartoneros utilizaban carros manuales, al menos los residentes del albergue. Diariamente, unas 100 personas se acercaban al galpón a vender los productos derivados del papel recolectados. Los recorridos se efectuaban por la zona del albergue, no se trasladaban hasta las calles del centro de la ciudad porteña. Por su parte, el encargado del galpón había construido unos 50 carros que prestaba a los cartoneros a cambio de la venta exclusiva.[88]

Por su parte, un artículo del diario Clarín señala la existencia de un galpón acopiador en el Albergue Warnes, durante el año 1989. La fuente menciona que el encargado del galpón no solo compraba los productos recogidos por los cartoneros, también alquilaba los carros para trasladar los materiales.[89] Al parecer, la forma de pago por el alquiler del carro era la entrega de la mitad de los productos recolectados. La otra mitad se pagaba en dinero según el peso de los materiales.

Uno de los encargados de un depósito comercializador de productos reciclables que entrevistamos se dedica a la actividad desde el año 1978. En ese entonces, su galpón se ubicaba en la localidad de Laferrere. El intermediario no solo compraba a cirujas, también retiraba productos de grandes generadores de materiales reciclables en su camioneta. Hasta los primeros años de la década de 1990, el encargado del galpón tenía 10 carros tirados por caballos, los cuales los prestaba a los cirujas para que estos recolectaran productos y se los vendiera de manera exclusiva, o bien, se los alquilaba. A partir de los años 1993 y 1994 compró unos 70 carros manuales para prestar a los cirujas. Según la apreciación del entrevistado, en ese entonces había una menor cantidad de cartoneros respecto de la actualidad y una mayor abundancia de productos reciclables.[90] Por otra parte, el actual encargado de un establecimiento recortero, la empresa RECICOR, comenzó a dedicarse a la comercialización de productos reciclables desde la década de 1980. En ese período, realizaba la actividad por su cuenta. Hasta los primeros años de la década de 1990, el intermediario retiraba productos de

---

[88]Entrevista por el autor a Marcela, actual encargada de un depósito intermediario, hija de un ex acopiador, realizada el día 22/05/2013.

[89]*Clarín*, 18/11/1989.

[90]Entrevista del autor a Miguel, encargado de un depósito ubicado en Lomas del Mirador, realizada el día 30/05/2013.

los grandes generadores de materiales reciclables. Con posterioridad, comenzó a comprar a otros intermediarios y depósitos los cuales, paralelamente, comercializaban insumos recolectados por cartoneros.[91]

Hacia fines de la década de 1980, los camiones compradores de productos reciclables a los cirujas recorrían las calles porteñas. En nuestro relevamiento en periódicos, hemos registrado la existencia de estos intermediarios en las zonas céntricas de la ciudad de Buenos Aires. En efecto, durante el mes de diciembre de 1989, el personal de la Municipalidad de Buenos Aires, en conjunto con efectivos de la policía Federal, realizó una serie de operativos para controlar los transportes que ingresaban en la ciudad porteña, dedicados a la comercialización de productos reciclables. Los operativos, coordinados por el subsecretario de Inspección General, Carlos Montero, y el director general del área metropolitana, Juan Pablo Schiavi, se efectuaron en 12 puntos de ingreso a la ciudad porteña desde las localidades del Gran Buenos Aires. La fuente menciona el procedimiento realizado, contra quiénes se efectuó el control y el destino de los productos secuestrados:

"los inspectores municipales levantaron actas de infracción a los camiones que cargaban cartones y papeles (se calcula que hay aproximadamente 300 de estos vehículos circulando por la ciudad), y dispusieron, en algunos casos el traslado de los mismos al CEAMSE para su vaciamiento y posterior secuestro en las playas de estacionamiento frente al Mercado del Plata".[92]

La prensa también señala que, durante las semanas siguientes, los operativos continuarían con el objetivo de establecer un control en las "papeleras clandestinas que compran el cartón a los distribuidores". Por otra parte, unos años después de estos operativos, en enero de 1994, la misma fuente mencionó que la Municipalidad de Buenos Aires había detectado la existencia de unos 250 camiones intermediarios que comercializaban productos reciclables. Estos vehículos transitaban las calles porteñas, antes de que la empresa de recolección de residuos Manliba retirase la basura.[93]

El cirujeo a caballo y la extensión de la actividad a las zonas del centro porteño

Entre las décadas de 1980 y 1990 encontramos algunos registros del cirujeo a caballo, tanto en localidades del gran Buenos Aires como en

---

[91] Entrevista del autor a Alejandro, encargado de la recortera RECICOR, realizada el día 21/05/2013.

[92] *Clarín*, 15/12/1989.

[93] *Clarín*, 23/01/1994.

la ciudad porteña. Un estudio efectuado en 1989 muestra las características del cirujeo en una villa ubicada en la localidad de Quilmes. Si bien su objeto de estudio es el trabajo infantil, la autora indaga sobre las condiciones de vida y trabajo de los cartoneros.[94] En general, los habitantes se alimentaban de productos que recogían del cirujeo. En caso de encontrar comida en mal estado, esta era utilizada para alimentar a los animales que criaban.

Durante el año 1989, la mayoría de los miembros de las familias entrevistadas por la autora se dedicaban al cirujeo. Para algunos, el cirujeo era su única actividad, mientras que, para otros, era un complemento del salario principal. De un total de 15 hombres entrevistados, 3 no cirujeaban y solo se dedicaban a trabajos de albañilería o se empleaban en talleres mecánicos, 5 recolectaban como actividad complementaria de otros empleos y 7 obtenían ingresos exclusivamente por el cirujeo. Por su parte, de un total de 16 mujeres entrevistadas, 5 no cirujeaban y se ocupaban en empleos domésticos o eran amas de casa, 7 solo se dedicaban a cirujear y 4 recolectaban como complemento de otros trabajos (generalmente, vinculados al empleo doméstico y gastronómico en hospitales).

En general, los habitantes de la villa dedicados al cirujeo recolectaban en carros tirados por caballos. Incluso, en el interior del asentamiento se ubicaba un galpón acopiador de productos reciclables que facilitaba el alquiler de carros con caballos. En caso de alquilarlo, el ciruja debía vender los materiales recogidos con exclusividad al galponero y garantizar el mantenimiento del animal. No obstante, de las familias entrevistadas por la autora, 12 eran propietarias del caballo y del carro. De las 4 restantes, los miembros de 2 familias alquilaban y de las otras dos se turnaban y acompañaban a otros cirujas propietarios de caballos durante el recorrido.

Los cirujas utilizaban los caballos para efectuar sus recorridos por la calle, sobre todo por la puerta de supermercados donde hallaban cartones. Algunos recolectaban exclusivamente un tipo de material: estaban quienes recogían cartones, quienes solo buscaban papel o botellas. Otros juntaban una variedad de productos (bolsitas, papel, botellas, aluminio, ropa, etc.). También era frecuente que pidieran alimentos en verdulerías y panaderías o ropa y materiales a los vecinos. La jornada de recolección rondaba entre las 6 y 8 horas. Se cirujeaba dos veces por día, de lunes a sábado. Los sábados se vendía el material. Los domingos se recogía una sola vez. Los niños recolectaban a la par de los adultos. A

[94] Toda la información sobre el cirujeo en Quilmes fue extractada de: Martino, Mónica L.: "El cirujeo", tesina presentada en Facultad de Ciencias Sociales, UBA, en septiembre de 1989 (mimeo). La autora realizó entrevistas a 16 familias residentes de la villa y una encuesta a los niños de la escuela.

partir de una encuesta, la autora señala que el trabajo infantil era elevado. De un total de 338 alumnos, deduce que 67 eran cirujas (21%). De los cuales 54 eran varones y 13 mujeres. El dinero recaudado por los niños era entregado a sus padres (en 14 de 16 casos).

La clasificación de los materiales se realizaba en la casa. En general, los cirujas tenían un lugar disponible para la selección y clasificación, así como también, un cuarto específico para almacenar los productos. Toda la unidad familiar participaba de este proceso. No obstante, las mujeres y sus hijos tenían un rol predominante en esas labores. El material que no servía se trasladaba al basural. Por último, la venta se efectuaba los días sábados.

Otro estudio efectuado en La Plata durante el año 1992 señala la presencia de cirujas provenientes de las villas aledañas que recolectaban en la zona urbana platense.[95] Gonzalo Saraví menciona que, a pesar de la existencia de los "botelleros", personas que recorrían las calles en búsqueda de productos para comprar chatarra, la figura del "ciruja" habría acaparado las zonas de recolección al momento de efectuar su estudio.[96] Entre las causas de la "desaparición" del botellero, el autor menciona que en ese período ya no se compraba porque las personas regalaban los materiales. Por lo tanto, las zonas de recolección habrían sido acaparadas por un ciruja cada vez más especializado en la recolección de cartón y papel.[97]

---

[95]Toda la información utilizada para describir el cirujeo en La Plata fue extractada de, Saraví, Gonzalo Andrés: "Detrás de la basura: cirujas", tesis de licenciatura presentada en marzo de 1993, Buenos Aires, Facultad de Filosofía y Letras, Departamento de Antropología, Universidad de Buenos Aires (mimeo). El autor se contactó con 25 cirujas y 10 familias, de las cuales nueve tenían como fuente principal de ingresos el cirujeo. En total habría entrevistado, aproximadamente, a 67 personas. Su unidad de análisis fueron los cirujas que recogían materiales en la zona urbana de La Plata.

[96]La posición objetiva del botellero difería de la del ciruja recolector. El primero poseía un capital inicial para poder comprar los productos y luego revenderlos. En general, compraban muebles, electrodomésticos y otros elementos que podían reparar. En cambio, el ciruja solo recolectaba productos desechadas para clasificarlos y luego venderlos.

[97]Entre las décadas de 1970 y 1980, la recolección de latas puede haber sido más frecuente. Hemos relevado un artículo periodístico donde se menciona la existencia de cirujas recolectores de latas en la localidad bonaerense de Boulogne. El artículo relata un accidente ocurrido el 30 de diciembre de 1981 por la inhalación de un humo tóxico proveniente del contenido de unas latas recolectadas por un grupo de niños quienes, posteriormente, las habían vendido a un galpón comprador. La consecuencia fue la muerte de un niño de tres años y la hospitalización inmediata del comprador y de 34 recolectores más. AAVV: "Camino al Apocalipsis", en *Cuadernos de Ambientalismo*, año I, nº 5, Buenos Aires, Ambientalismo Editora SRL, 1984.

Las condiciones de vida de los cirujas eran precarias. La mayoría de los entrevistados vivía sobre terrenos fiscales ocupados en la periferia de la ciudad. Las viviendas eran de chapas, maderas y cartones, con piso de tierra y sin ningún servicio, a excepción de luz y agua (a los que accedían con conexiones ilícitas). La mayoría de las familias entrevistadas se dedicaba exclusivamente al cirujeo como única forma de ingreso, actividad que realizaban desde por lo menos los cinco años previos a 1992.

La recolección se efectuaba con carros manuales y con carretas tiradas por caballos. Esta última modalidad parece haber sido la más extendida en el período de estudio. Incluso, el autor señala que en 1989 se habría fundado en la ciudad platense una organización denominada "Unión de carreros", que nucleaba, como su nombre lo indica, a personas que cirujeaban con carros a caballo. Por otra parte, Saraví menciona la existencia de dos estrategias de desplazamiento en la recolección. Por un lado, la "zona", según la cual el ciruja se desplazaba en la periferia de la ciudad sin mantener un camino predeterminado. Esas zonas de cartoneo estaban habitadas por casas unifamiliares donde no abundaban los comercios. Por ello, la cantidad de materiales que se obtenía era escasa y se recogían variedad de productos (plásticos, fierros, metales y en menor medida papel y cartón). Por otro lado, el "recorrido", que consistía en realizar un trayecto fijo y predeterminado. Quienes seguían esta estrategia recolectaban en la zona urbana, allí donde se concentraban los comercios. En este sentido, obtenían una mayor cantidad de materiales y abundancia de papel y cartón.

La unidad familiar aportaba su fuerza de trabajo en las tareas de recolección. La mayor cantidad de los entrevistados recorría zonas de a dos personas: mientras que el adulto empujaba el carro, los niños recogían productos. Por su parte, las mujeres cirujeaban ocasionalmente. Frente a problemas económicos profundos, abandonaban las tareas del hogar y salían a recolectar, ya fuera por enfermedad de su marido, por la disminución de ingresos debido a la baja de precios de los materiales vendibles o por exceso de competencia de cirujas. Saraví menciona que durante el año 1992 existía una significativa presencia de mujeres en el cirujeo.

La clasificación comenzaba a realizarse en los mismos carros durante el momento de recolección para mantener el orden y aprovechar los espacios. En la casa se clasificaba de manera más específica. Como la venta no era diaria sino semanal, el material se acopiaba en las viviendas. Por este motivo, los cirujas construían habitaciones de chapa y madera con espacios para almacenarlos por separado. Los productos clasificados se colocaban en bolsones separados. El plástico y el nylon se separaban en "sucios" y "limpios". Las botellas de vidrio se clasificaban según fueran de ¾, de 1 litro, y según sus colores. Los papeles se clasificaban en "limpios", "sucios", "papelitos" y, luego, según su color. Por último, la venta era semanal, o bien se esperaba hasta almacenar una cantidad sustantiva. La elección del galpón dependía de diferentes criterios. Si el carro era del depósito y por lo tanto el ciruja lo alquilaba, no había opción: el cartonero debía venderle a ese mismo galpón. Si este no era el caso, elegía el intermediario según la forma de pago, los precios, la cercanía y la honestidad de los galponeros.

En la ciudad de Buenos Aires encontramos algunos registros del cirujeo a caballo, sobre todo hacia fines de la década de 1980. Al parecer, los cirujas habitantes de las villas de la zona sur de la ciudad porteña, como por ejemplo, Barracas, Bajo Flores, Soldati y Ciudad Oculta, recolectaban productos con carros con tracción a sangre. Solo en Ciudad Oculta, una delegada cartonera estimó la presencia de más de mil personas dedicadas a la actividad, durante el año 1995.[98]

Aunque se trata de casos muy aislados, algunas fuentes periodísticas mencionan la existencia de cirujas con caballos hacia fines de la década de 1990. Por ejemplo, el diario *La Nación* señala que cerca de los terrenos linderos a la cancha del Club Sacachispas, ubicada en el barrio de Villa Soldati, se encontraban los dos mayores depósitos de caballos. Allí podían alquilarse animales para cirujear por entre 3 y 5 pesos, aunque con ese monto solo se podía aspirar a un caballo viejo y mal alimentado.[99] Por su parte, las paradas habituales de los cirujas con caballo observadas por el periodista serían las avenidas Rivadavia, La Plata, Corrientes, Scalabrini Ortiz, Sáenz y Centenera. Un ciruja entrevistado hizo mención a que recorría la avenida Rivadavia entre las 20 y las 22 horas. Según el diario *La Nación*: "Dos horas le toma llegar desde la plaza Miserere hasta la calle Viel, en Flores, para hacerse de unos 50 kilos de cartones, latas, papeles o electrodomésticos en desuso, que le reportarán entre 5 y 15 pesos, según las fluctuaciones del mercado negro de los desechos reciclables".[100] El mismo ciruja entrevistado señala la presencia en paralelo de otros cartoneros con recorridos a pie con carros y la existencia de camiones intermediarios durante el año 1999:

"Hace dos años yo era uno de los pocos que andaban [por su zona de recolección] y les podía hacer competencia a los [cartoneros] que recogían a pie. Pero ahora vino un montón de carros de golpe y la cosa se puso

---

[98]*Página/12*, 25/11/1995. Frente a las multas y persecución del personal policial, entre los años 1991 y 1995 los cirujas de las cuatro villas mencionadas efectuaron manifestaciones para exigir el permiso para circular con sus caballos por el centro porteño. Analizaremos este punto con más detalle en el capítulo V sobre la lucha y organización de los cartoneros.
[99]*La Nación*, 23/05/1999.
[100]Ídem.

jorobada. Además, es difícil ganarles a las organizaciones de cartoneros con camiones".

No todos los cartoneros recolectores en el centro porteño se transportaban en caballos. Algunos lo hacían en trenes y camiones, sobre todo aquellos cirujas provenientes de las localidades más alejadas del conurbano bonaerense. Los primeros registros de los cartoneros que ingresaban a la ciudad de Buenos Aires en los trenes de pasajeros comunes remiten a fines de la segunda mitad de la década de 1980 y principios de 1990. En una entrevista realizada a uno de los cartoneros provenientes del ramal Mitre con destino a José León Suárez, el usuario señaló que se dedicaba a la recolección de materiales reciclables desde el año 1987. En ese entonces, ya existía un grupo de cirujas que se trasladaba con sus carros manuales en los furgones de los trenes. Su zona de recolección era la misma que efectuaba al momento de la entrevista en el año 2011. El cartonero llegaba a la estación de Villa Urquiza y desde allí recorría unas 60 cuadras en busca de productos reciclables en la zona comercial del barrio y las avenidas principales.[101] Por su parte, otra cartonera entrevistada menciona que viajaba en el mismo ramal desde los años 1990 y 1991. Según su testimonio, la cantidad de cartoneros no era sustantiva durante los primeros años de la década de 1990.[102] Ambos entrevistados mencionaron que utilizaban carros manuales donde almacenaban y clasificaban los productos durante su recorrido a pie.

De los asentamientos relevados durante el año 2009, varios de sus miembros se instalaron a mediados de la década de 1990. En la mayoría de los casos, los cartoneros proceden de las localidades del conurbano bonaerense. Los primeros habitantes del asentamiento cartonero ubicado en Yerbal 1400 arribaron en el año 1994 en búsqueda de trabajo. El delegado del predio ocupado mencionó que se dedicaba al cirujeo y, alternativamente, se empleaba en ocupaciones como parrillero y personal de limpieza de hoteles.[103] Con el mismo fin, los residentes del asentamiento ubicado detrás de la cancha del Club Ferrocarril Oeste se apostaron en el año 1996. Según mencionó el delegado del predio, el ingreso al terreno se efectuó a través del permiso de trabajadores de los galpones lindantes del ferrocarril Sarmiento.[104] A diferencia de la

---

[101] Entrevista del autor (anónima) a cartonero que para en la estación Villa Urquiza, proveniente de José León Suárez, realizada el 16/09/2011.

[102] Entrevista del autor a Lidia Quinteros, ex delegada del Tren Blanco con destino a José León Suárez, realizada el 15/10/2011.

[103] Entrevista del autor a Jorge Martínez, delegado del asentamiento cartonero ubicado en Yerbal 1400, realizada el 17/03/2009.

[104] Entrevista del autor a Fabián y Alberto, delegados del asentamiento cartonero ubicado detrás de la cancha de Ferro, realizadas el 09/04/2009.

situación en otras villas relevadas en años anteriores, los cartoneros de los asentamientos porteños no cirujeaban en carros tirados por caballos, sino en carretas manuales con recorridos a pie.

Según nuestro relevamiento a través de las prensas y entrevistas, los primeros registros obtenidos del cirujeo en las zonas más comerciales y céntricas de la ciudad de Buenos Aires, como por ejemplo Once y Microcentro, muestran una actividad efectuada ya desde la década de 1980. En una entrevista realizada a uno de los camioneros que compraba en la zona de Microcentro, en 2010, el intermediario señaló que se trasladaba hasta ese ámbito desde el año 1982. Según su testimonio, hasta el año 2001 se dedicaba a recorrer los comercios y edificios de la zona y recogía los productos reciclables sin intermediación con los cartoneros. Es decir, no era un intermediario, sino un recolector. Según su testimonio, hasta mediados de la década de 1990 solo se acercaban a la zona de Microcentro unas 3 camionetas, las cuales recogían directamente de los encargados de edificios y comercios. Esto último era utilizado como argumento contra el accionar policial que intentaba secuestrar la mercadería recolectada y multar al camionero, a partir de la instauración de la democracia en el año 1983. En ese entonces, el cirujeo estaba prohibido. No obstante, en las diversas oportunidades en que la policía quiso secuestrar los productos recolectados por el camionero, este argumentó en su defensa el hecho de recoger los materiales directamente de los edificios y no de la calle, como prohibía la ley. Por su parte, los encargados lo autorizaban a ingresar a los inmuebles para retirar los bienes reciclables. El entrevistado mencionó que durante la década de 1980 llegaba a las 20 horas a la zona de recolección y se retiraba a las 22. Con eso bastaba para llenar su camión.[105] La vinculación con los cartoneros habría comenzado en el año 2001 en un momento de masificación del fenómeno en la zona. Al comenzar a comprarles a los recuperadores, el camionero creó un vínculo con ellos ofreciéndoles bolsones, lienzos y carros para acopiar y transportar los materiales hasta su vehículo.

De nuestro relevamiento efectuado en los periódicos, hemos registrado la existencia de cirujas en las calles porteñas ya desde el año 1989. En ese entonces, un artículo del diario *Clarín* señala la existencia de "por lo menos 3.000 cirujas" en la ciudad de Buenos Aires, cifra que, según la fuente, se duplicaba en el conurbano bonaerense.[106]

Según la prensa citada, el cirujeo se efectuaba a partir de las 18 horas hasta, aproximadamente, las 23, hora en la cual pasaba el camión de recolección de residuos de la empresa Manliba. La fuente menciona

---

[105]Entrevista del autor (anónima) a camionero intermediario que estaciona su transporte en la zona de Microcentro, realizada el 14/10/2010.

[106]*Clarín*, 18/11/1989.

que, a diferencia de los antiguos cirujas, en el año 1989 tanto las mujeres como los niños se dedicaban a la actividad de recolección y clasificación de productos reciclables. Es decir, la unidad familiar en su conjunto. El mismo artículo indica la presencia de una estructura piramidal en la actividad:

"Todos los cirujas trabajan para alguien. La cadena empieza en el que recoge, a mano o en carrito, pasa por el acopiador y va a parar a un mayorista. Ciruja, cirujano y patrón, para decirlo como se usa. (...) Una organización piramidal (...): varios cirujas juntan para un cirujano -el camión- que a su vez va a depositar en un centro de acopio clandestino. Desde allí se comercializa la basura: papeles y cartones a las papeleras, vidrios a las cristalerías, metales a las fundiciones".

Las zonas de recolección preferenciales de los cartoneros eran aquellas que concentraban comercios, o bien, aquellos barrios donde se generaba una elevada cantidad de productos reciclables. La fuente menciona las zonas del micro y macro-centro porteño, Once, Congreso, Palermo, Belgrano, Recoleta y Barrio Norte. Dentro de las localidades del conurbano bonaerense mayormente recorridas por los cartoneros, la prensa señala San Isidro y Adrogué.

Los registros periodísticos señalan, a su vez, la presencia de cirujas en las zonas comerciales antes indicadas en la década de 1990. Según un artículo publicado en el diario *La Nación*, en el año 1996:

"en el Microcentro, como en el barrio de Once, puede verse una gran cantidad de cirujas que continuamente abren bolsas de residuos en busca de cartones, vidrios, papeles o trapos. (...) Los cirujas no son los únicos que venden los desechos que recolectan. Más organizados, algunos empleados de mantenimiento de edificios de oficinas hacen acopio de papeles y cartones para entregárselos a los camiones que se encargarán de la reventa".[107]

La fuente señala la presencia de dos situaciones diferentes en la zona comercial de Once. Por un lado, la existencia de una persona en una zona de recolección específica a la cual acudía diariamente, ubicada en la esquina de las calles Lavalle y Pasteur. El cartonero recolectaba aproximadamente 400 kilos de cartón por día. A su vez, recogía en conjunto con su hijo y dos personas más. Entre los cuatro, recolectaban entre 1.400 y 1.500 kilos de cartón diariamente. Todos ellos residían en Villa Fiorito. El hijo del ciruja entrevistado poseía una camioneta en la cual transportaban los productos hasta su vivienda para clasificarlo y, posteriormente, venderlo en una papelera ubicada en Avellaneda.

[107] *La Nación*, 15/09/1996.

El entrevistado se dedicaba a la actividad en Once desde el año 1985, luego de haber sido despedido de una empresa gráfica. Por los extractos de la entrevista realizada por el diario *La Nación*, la persona se encontraba en una situación precaria:

"Hacemos entre 20 y 30 pesos por día como máximo. Alcanza nada más que para comer. Meta guiso y sopa, no hay fruta ni vino. Para ver carne hay que dibujar una vaca. (...) ¿A vos te parece tanto esfuerzo por 5 centavos el kilo de cartón? Eso es lo que nos pagan en la papelera de Avellaneda donde descargamos".

Por otro lado, a unas cuadras de Lavalle y Pasteur, en Larrea 500, se encontraba otra persona en su zona de recolección. Al parecer, este cartonero vendía sus productos en un galpón. Según su testimonio, "en el bajo Flores y en Pompeya hay papeleras que compran el cartón al contado, aunque a veces nos dan un cheque al día". La misma fuente indica ciertos aspectos del proceso de trabajo del cirujeo en la zona de Once. Señala la frecuencia con que algunos comerciantes entregaban los productos reciclables a los recuperadores conocidos. Entre cirujas se respetaban la mercadería y el puesto de recolección. En general, se recogía de lunes a viernes.

La zona de Microcentro también habría sido trabajada por cirujas ya desde mediados de la década de 1990. Las fuentes periodísticas señalan la existencia de "hombres con carros de mano" y "mujeres con changos y una comitiva de criaturas que les sirven de auxiliares" en las calles Leandro N. Alem, 25 de Mayo, Reconquista, San Martín, Florida y Maipú. Según el diario *La Nación*, el cirujeo se realizaba antes de que pasara el camión recolector de la empresa Manliba. También se menciona la presencia de camiones a donde iba a "parar el producto del cirujeo". Finalmente, la fuente indica el carácter organizado de los grupos de cartoneros: "Si se observa con alguna atención se verá que todos esos movimientos están perfectamente sincronizados: no es extraño pues los grupos tienen jefes que es fácil reconocer algunos de los cuales van provistos de teléfonos celulares".[108]

Ceferino Reato, en un libro editado en 1996 en el que critica al gobierno porteño debido a la falta de controles en el espacio público, señala que, debido a ello, se crearían las condiciones para el cirujeo en la calle. Desde esta perspectiva, Reato menciona:

"Las ordenanzas también prohíben una actividad que en estos tiempos de crisis está en alza: el cirujeo moderno. (...) También hay un contexto de falta de control y vista gorda de los funcionarios municipales y policiales

[108] *La Nación*, 05/03/1996.

que permite, por ejemplo, que los cirujas revuelvan la basura con toda comodidad en el Once y en el Microcentro. Los cirujas también se han adaptado a los nuevos tiempos. Algunos siguen manejando sus clásicos carritos, pero al Once y al Microcentro entran en camiones y camionetas. Otras zonas de la ciudad muy visitadas por estos profesionales de la basura son las avenidas con mucho movimiento comercial como Cabildo, Santa Fe y Sáenz".[109]

El extracto de la cita bibliográfica señala, no solo la presencia de cirujas en las zonas más comerciales de la ciudad, sino también el ingreso de cartoneros en camiones a las zonas de Once y Microcentro. A su vez, el autor menciona la existencia de zonas específicas de recolección en el barrio de Once, la presencia de carros, de camiones y el horario de llegada de los cartoneros:

"El Once es uno de sus territorios preferidos. La Unión Vecinal de ese barrio estudió la rutina de los cirujas: 'a las 19 o 19:30 llegan con sus carritos. Vienen por Perón y por Sarmiento; desarman y examinan las bolsas de basura y van juntando lo que necesitan. Recogen y también desparraman y ensucian ya que dejan en el suelo todo aquello que no les sirve. Su método consiste en armar parvas en las esquinas, cada dos cuadras, y a eso de las 23 aparecen camiones inmensos que cargan los residuos seleccionados'".[110]

Como podemos observar, los registros del cirujeo en las zonas céntricas porteña remiten a la década de 1980.

El ingreso de cartoneros en los trenes de pasajeros comunes tiene sus antecedentes entre fines de los '80 y principios de los '90. En estos casos, los cirujas establecían recorridos a pie con carros en las zonas aledañas a las estaciones ferroviarias donde descendían. En el mismo período, los cirujas habrían acaparado las zonas más comerciales del centro porteño, como por ejemplo, Once y Microcentro. En estos sitios, los cirujas se instalaban en una esquina o cuadra específica y allí amontonaban sus parvas de materiales reciclables. Algunos cartoneros se dirigían a su zona de recolección en sus carros manuales, mientras que, otros se trasladaban en camiones.

Uno de los casos relevados en la actualidad muestra un pasaje del cartonero al intermediario. Durante la década de 1980 y 1990, la persona en cuestión se dirigía en su camión y recolectaba de los comercios y edificios el material reciclable. Luego, lo clasificaba y vendía a las papeleras. Con la masificación del fenómeno cartonero, sobre todo

---

[109]Reato, Ceferino: *El gran botín. El negocio de gobernar la Capital*, Buenos Aires, Editorial Sudamericana, 1996.

[110]Ídem.

a partir del año 2001, el camionero abandonó su tarea como recolector y devino en un intermediario. Es decir, comenzó a comprar a los cartoneros para luego revender a las papeleras. Este cambio implica un pasaje, esto es, de un sujeto recolector a otro dedicado a la compraventa de productos. Este segundo aspecto presupone la tenencia de un capital inicial para poder comprar los materiales. Otro caso relevado por las prensas consultadas muestra una situación semejante, al menos por la posesión de un camión por parte de un cartonero. Se trata de un cartonero que se instalaba durante el día en la zona de Once, junto a su hijo y dos personas más, quienes recolectaban productos provenientes de los comercios y edificios. Luego, los cargaban en su vehículo y los trasladaban hasta su vivienda donde los materiales eran clasificados y posteriormente vendidos a la papelera. Esta labor era efectuada desde la década de 1980. Actualmente, los poseedores de camiones que estacionan en las zonas céntricas dedican su tiempo a acopiar los productos en el interior del acoplado y transportarlos hasta los galpones o papeleras para venderlos. Es decir, no realizan labores de recolección de reciclado. Esa actividad, es efectuada por los cartoneros. Probablemente, el pasaje del camionero recolector al intermediario muestre una mayor división del trabajo en el cartoneo.

El predominio del carro manual

Con la masificación del cartoneo se incrementa el uso del carro manual en detrimento de aquellos tirados por caballos. Este pasaje no implica necesariamente la desaparición del uso de animales, aunque sin duda la tracción a sangre pasa a ser minoritaria (el registro de cartoneros realizado en el año 2003 en la Ciudad de Buenos Aires muestra que de un total de 8.105 personas empadronadas, solo el 2% recorría los barrios en carros tirados por caballos, mientras que el 87% lo hacía con carros manuales).

El predominio del uso del carro manual se debe, en primer lugar, a la posibilidad de su construcción por parte del mismo cartonero y, en segundo término, a que el gasto para su mantenimiento es menor respecto del carro tirado a caballo. A su vez, la ausencia de espacios específicos para el mantenimiento de animales y su pastoreo en ciertas zonas del conurbano bonaerense y la ciudad porteña también puede haber influido en la utilización de carros manuales como alternativa a la tracción a sangre.[111] Estas ventajas son contrapesadas por la mayor

[111]En otras ciudades del interior del país, como por ejemplo Rosario, el uso del carro tirado por caballo aún se mantiene. De un relevamiento a 576 cirujas efectuado por el Municipio de la localidad de Rosario durante el año 2004, el 41% de los cartoneros poseían carros tirados por caballos. AAVV: "Relevamiento sobre Hábitos

capacidad de carga y velocidad de desplazamiento ofrecida por el carro a caballo: en trayectos de dos horas, un ciruja con caballo recogía cerca de 50 kilos de productos, casi tanto como lo que uno con carro manual conseguía en un día entero de labor. Otros cálculos, de la ciudad de La Plata, donde el cirujeo con carros tirados por caballo también parece haber sido una modalidad frecuente, al menos durante el año 1992, nos brindan un panorama similar: con un carro manual, el cartonero recorría unos 12 kilómetros, en 8 horas y recolectaba aproximadamente 65 kilos de cartón y 40 botellas de vidrio. Su ingreso mensual estimado era de 95 pesos. En cambio, quienes poseían un caballo recorrían 15 kilómetros y, en 4 horas y 20 minutos, recogían 150 kilos de cartón y 34 botellas de vidrio. Su ingreso mensual era de 181 pesos.[112]

La disminución de la tracción a sangre nos está hablando, entonces, de un proceso de pauperización entre los cirujas. En efecto, la masificación del cartoneo coincide con el ingreso a la actividad de una población para la cual la compra del carro con caballo es imposible, incluso a cuotas.

En general, los cirujas preferían la tracción a sangre. Como hemos mencionado, el estudio sobre el cirujeo en la villa ubicada en la localidad de Quilmes durante el año 1989 muestra que la totalidad de los cartoneros entrevistados poseían un carro tirado por caballo, o bien, lo obtenían prestado.[113] Si bien el caballo tenía un costo permanente por su alimentación, las personas residentes de la villa obtenían esos alimentos en el basural ubicado en el interior del predio. También requería del cambio de herraduras, a razón de 1.000 australes, el 5% del salario mensual promedio obtenido. Dada la prohibición de la tracción a sangre, las multas eran habituales y oscilaban entre los 500 y 600 australes, convirtiéndose en un "costo" asumido. Si bien el carro manual eliminaba estos gastos, la mayor rentabilidad de la tracción a sangre la hacía preferible.

Sin embargo, no todo ciruja estaba en condiciones de poseer un carro con caballo. Una variante era el alquiler. La opción de alquilar el caballo por semana implicaba un 44% del ingreso obtenido en el mismo tiempo. Por este motivo, los galponeros ofrecían otras alternativas tanto para la compra como para el alquiler de carros, ya sean manuales o con caballos. En este sentido, el pago por la compra de un carro podía efectuarse con un porcentaje en efectivo y otro en materiales reciclables, muebles, animales u otros bienes. También se podía

de 'Cirujeo' en la Ciudad de Rosario", Secretaría de Servicios Públicos - Dirección General de Política Ambiental, Programa de Emprendimientos Ambientales Solidarios, Rosario, 2004.

[112]Saraví, "Detrás de la basura: cirujas", op. cit.

[113]Martino, "El cirujeo", op. cit.

pagar en cuotas semanales las cuales coincidían con el momento de la venta de los productos recogidos. El alquiler del carro podía efectuarse en efectivo, o bien, a cambio de la mitad de los materiales recogidos. Una alternativa ofrecida por los galponeros consistía en el préstamo del carro a cambio de la venta exclusiva. Dado que los acopiadores conocían la capacidad de almacenaje de cada carro, exigían a los cirujas una determinada cantidad de productos medida en kilos. La expansión del sistema de alquiler de carros por los intermediarios está mostrando ese proceso de pauperización que se completa con el dominio del carro manual.

En efecto. Si estimamos el monto de la compra y alquiler de carros tirados por caballos y la compra de los carros manuales al valor del peso en el año 2008, esto es, deflactado según el Índice de Precios al Consumidor, entenderemos por qué la ecuación se inclina rápidamente a favor de la tracción humana para los cartoneros más pobres.[114] Comprar un carro con caballo en La Plata durante el año 1992 requería 851 pesos de 2008; el alquiler por mes, 227. En cambio, la compra de un carro manual en 2009 tenía un costo de 90 pesos al valor de la moneda en el año 2008. El carro con tracción humana se constituye en la forma más accesible de ingreso a la actividad por parte de las masas pauperizadas que irrumpen en las calles en los años más críticos.

Los antecedentes históricos de la legislación cartonera

A principios del año 2003, la legislatura porteña sancionó la ley 992 que permitió el cirujeo, luego de haber estado prohibido durante décadas. La masificación del fenómeno y la lucha de los cartoneros fueron dos elementos que influyeron en dicha sanción. En términos generales, los antecedentes normativos previos a la sanción de la ley 992 tuvieron un carácter prohibitorio de la actividad. No obstante, hubo períodos en los cuales la recolección y venta de materiales reciclables fue permitida, aunque de manera acotada en el tiempo y con ciertas particularidades.

Los primeros registros de la legislación sobre el cirujeo se remontan a la década de 1920. En el año 1925, el concejo deliberante municipal sancionó la resolución n° 1.157 con el objetivo de reglamentar el entierro de basura en rellenos cuyos terrenos eran bajos e inundables. Según las versiones taquigráficas previas a la votación, las zonas donde se encontraban los basurales, específicamente en los barrios de

[114]Hemos utilizado el Índice de Precios al Consumidor (IPC) de la provincia de San Luis puesto que el IPC del gran Buenos Aires no es confiable a partir de la intervención del gobierno en el INDEC durante el año 2007. Se trata de valores equivalentes al peso del año 2008.

Nueva Pompeya y Belgrano, se encontraban repletas de residuos. Al parecer, "centenares de carros" arrojaban los residuos que "fermentan al poco tiempo y [perjudican] con los olores y las moscas que necesariamente pululan y [favorecen] así lo que los franceses llaman el *chiffonage* que está perseguido y penado".[115] La normativa indicaba, entre otros asuntos, que en aquellos sitios destinados al depósito de basura, la Municipalidad establecería vigilancia con el objetivo de impedir de manera absoluta la tarea de selección y recolección de residuos para su futura venta.

Como mencionamos al principio de este capítulo, ya en 1908 se había eliminado la posibilidad de otorgar la concesión del tratamiento de residuos a las empresas privadas. La década de 1920 marca un cambio en el tratamiento de residuos. Del sistema de quema de basuras a cielo abierto se pasa a otro de usinas incineradoras en diferentes ámbitos de la ciudad porteña y en domicilios particulares, el cual duraría hasta la creación del CEAMSE en el año 1977. La legislación prohibitoria del cirujeo se enmarca en una política del Municipio con el objetivo de controlar el tratamiento de residuos.

La situación de los cirujas en materia legislativa fue sustancialmente modificada durante las décadas de 1930 y 1940. Aunque la tarea se mantuvo prohibida en las calles y los basurales, los recolectores de materiales reciclables fueron contratados para ejercer su trabajo en las usinas a cambio de un jornal. Durante el mes de marzo de 1936, se sancionaron dos decretos por los cuales se autorizó a 70 cirujas a seleccionar y clasificar productos en la usina ubicada en el barrio de Nueva Pompeya. Esta autorización habría quedado sin efecto durante el mes de julio de 1941.[116] Un tiempo después, el 21 de abril de 1942, se sancionó otro decreto que, probablemente, haya sido uno de las más favorables para los cirujas. Esta normativa fue la única que contempló el problema de la desocupación durante la etapa previa al año 2003.

En términos generales, el decreto de 1942 intentaba reorganizar la actividad de recolección y venta de residuos como un servicio público. Al mismo tiempo, el decreto fue el correlato normativo de las solicitudes efectuadas por la Unión Industrial Argentina y la cámara que agrupa las empresas productoras de papel. Su objetivo era reaprovechar los insumos reciclables en un contexto de cierre del comercio mundial en el período de entreguerras. Para ello, el Ente Autónomo de Industria Municipal se comprometía a proporcionar "ocupación a los actuales seleccionadores de residuos -'cirujas'-, incorporándolos como jornaleros encargados de tales tareas en las usinas" y "beneficiándolos con las

---

[115]Resolución n° 1125, del año 1925 y su correspondiente versión taquigráfica. Biblioteca de la Legislatura porteña.

[116]Decreto del 21 de abril de 1942. Biblioteca de la legislatura.

condiciones de trabajo y protección que la Comuna por igual otorga a todos sus servidores". De este modo, se contemplaba la "situación de las numerosas personas que hoy se ocupan de seleccionar y vender residuos (...), quienes tienen en tal actividad su medio común de vida y podrían agravar el problema de la desocupación al quedar sin trabajo".

En su artículo 5°, el decreto señalaba que la Dirección de Rentas se haría cargo de la realización de las ventas del material reciclable y, con la suma recaudada, se solventaría el servicio brindado por los cirujas. Pero, por otra parte, la misma norma dictaba que para organizar ese servicio sería viable adoptar medidas tendientes a evitar la selección de residuos en las calles. En este sentido, quedaba prohibida la recolección y/o transporte de basuras domiciliarias a toda persona que no justificase estar debidamente autorizada para ello. La infracción a esta disposición sería penalizada con el comiso del producto. El pago del jornal a cirujas sancionado por el decreto de 1942 puede caracterizarse como un antecedente de lo que sucederá, a partir del año 2009, en la ciudad porteña y, a partir del 2012, en las plantas de clasificación ubicadas en el interior del relleno del CEAMSE. En este sentido, el Estado porteño otorga un salario a los cartoneros por efectuar un servicio de recolección de productos reciclables en la calle. Por su parte, el Estado provincial paga un monto de dinero por tonelada de basura reciclada a los cartoneros operarios de las plantas de clasificación de José León Suárez.

Durante las décadas de 1960 y 1970 se sancionaron normativas que reprodujeron la prohibición del cirujeo y establecieron multas para quienes se dedicaran a la actividad. De este modo, el 14 de julio de 1964 se sancionó la ordenanza n° 19.321 según la cual quedaba prohibida en todo el ámbito de la ciudad porteña la remoción de los residuos depositados en la vía pública. La basura solo podría ser retirada por el personal de la Dirección de Limpieza.[117] Las infracciones serían penalizadas según lo dispuesto por el decreto-ordenanza n° 16.450 dictado durante el año 1963. Por su parte, en 1969 se dictó la ordenanza n° 24.423 que aprobó el nuevo régimen de penalidades para las faltas municipales. En lo que refiere a la actividad del cirujeo, el artículo 27 señalaba que la "selección de residuos domiciliarios, su recolección, adquisición, venta, transporte, almacenaje o manipulación en contravención a las normas reglamentarias pertinentes" se multaría con una suma de entre 30 y 100 mil pesos y/o arresto hasta 30 días.[118] Por su parte, en el año 1970 la ordenanza n° 25.040 amplió este

[117]Ordenanza municipal, n° 19.321, sancionada en julio de 1964. Biblioteca de la Legislatura porteña.

[118]Ordenanza municipal, n° 24.423, sancionada en 1969. Biblioteca de la Legislatura porteña.

régimen de penalidades y dictaminó el establecimiento de una multa por la recolección de materiales reciclables en los basurales, desde 300 a mil pesos, manteniéndose la misma cantidad de días de arresto por recoger de la calle.[119]

Durante la década de 1960, el gobierno de la ciudad de Buenos Aires también prohibió la circulación con caballos por las calles. El decreto-ordenanza n° 12.867, dictado en el año 1966, prohibía paulatinamente la circulación con tracción a sangre en las avenidas y calles más importantes del centro porteño, hasta evitarlo definitivamente en el año 1968.[120] Cabe destacar que durante los primeros años de la década de 1990, grupos de cirujas provenientes de las villas ubicadas en la zona sur de la ciudad porteña se manifestaron en contra de la prohibición de la tracción a sangre y del cirujeo. No obstante, no lograron satisfacer su demanda por el permiso para circular con animales.

El 17 de febrero de 1972 se sancionó la ordenanza n° 26.455 con el objetivo de reorganizar en un solo texto legal una serie de normativas vinculadas con la limpieza y el aseo de la ciudad, así como también, efectuar algunas modificaciones. En relación al cirujeo, la norma reafirmaba su prohibición en el artículo 3° y, al mismo tiempo, modificaba el régimen de penalidades dictado por las ordenanzas n° 24.423 y 25.040: la recolección de residuos domiciliarios depositados en la vía pública sería multado con sumas de 300 a 1.000 pesos, mientras que, la selección de desechos en los basurales sería penalizado con una suma de 400 a 1.000 pesos. Los días de arresto se mantuvieron en 30.

Con la creación del actual sistema de tratamiento de residuos, el relleno sanitario del CEAMSE, el intendente de la última dictadura militar sancionó la ordenanza municipal n° 33.581 según la cual se establecieron disposiciones para el cuidado y aseo de la ciudad de Buenos Aires en junio de 1977. La normativa mantuvo el criterio por el cual se había sancionado la ordenanza del año 1972, es decir, el hecho de reunir en un mismo texto legal todas las disposiciones vinculadas con la limpieza de la ciudad. Es significativo que, en lo que al cirujeo respecta, la normativa del año 1977 reafirmó la prohibición de la actividad en su artículo 6° utilizando textualmente las mismas palabras que las redactadas en la ordenanza de 1972.[121] Por último, a partir de

---

[119] Ordenanza municipal, n° 25.040, sancionada en el año 1970. Biblioteca de la Legislatura porteña. En la norma se consideraba que "esa actividad conocida vulgarmente como 'cirujeo', contraría las normas más elementales de la higiene pública y privada, por lo cual debe tratarse de erradicarla mediante la imposición de penalidades adecuadas a la índole del daño social que comporta su ejercicio".

[120] Decreto-ordenanza, n° 12.867, sancionado en el año 1967. Biblioteca de la legislatura porteña.

[121] El párrafo transcripto es exactamente igual al redactado en el artículo 9° de la ordenanza n° 26.455 (1972) el cual, a su vez, modificaba las penalidades y multas que

la reapertura del régimen democrático en el año 1983, se actualizó el monto de la penalización de la actividad del cirujeo y los días de arresto. Por intermedio de la ordenanza n° 39.874, sancionada en 1984, las multas por el cirujeo serían de 600 a 6.000 pesos argentinos y/o la prisión por 10 días.

Como podemos observar, el análisis de la legislación previa a la masificación del fenómeno del cartoneo nos permite argüir que la actividad estuvo predominantemente prohibida y multada. La única excepción se establece entre las décadas de 1930 y 1940, período en el cual, si bien la actividad fue prohibida, la normativa instaura el pago de un jornal a los cirujas. Sin embargo, unos años después, los informes emitidos por personal del Municipio no consideraron pertinente dicho trabajo por las condiciones precarias en las cuales se efectuaba.

Conclusiones

Como hemos observado, el uso del reciclado tiene una historia que remite a los orígenes de algunas industrias. En el período desde 1860 hasta 1908, el Estado otorgaba la concesión del tratamiento de residuos a través de convenios con el sector privado quien, a su vez, revendía los productos reutilizables. Por su parte, el origen de la industria papelera se vincula con el uso de productos reciclables, como por ejemplo, trapos y papeles. En este caso, la materia prima primordial para la producción de papel era la celulosa la cual se importaba en su totalidad.

A su vez, en momentos de conflictos mundiales, como fueron la Primera y Segunda guerra mundial, el comercio internacional dificultaba la importación de esos insumos. Por este motivo, la industria papelera exigía el reaprovechamiento de una mayor cantidad de papeles reciclables. Lo mismo sucede durante la década de 1990, aunque esta vez, el motivo fue el incremento de las importaciones de papeles y la pérdida de competitividad de la industria argentina. Para contrarrestar la tendencia importadora, la rama papelera incorpora tecnología con el objetivo de reutilizar el papel reciclado como insumo y, de ese modo, abaratar costos. Probablemente, la presencia cada vez mayor de cirujas, es decir, la expansión de la población sobrante, haya influido en ese proceso de reconversión.

La necesidad de la industria y el Estado de reutilizar los insumos reciclables provenientes de la basura creó, paralelamente, la rama de los intermediarios y galponeros los cuales se dedican a la compra de los materiales a los cirujas y luego los revenden a las empresas. Un ejemplo

---

habían sido sancionadas en las normativas de los años 1969 y 1970 mencionadas anteriormente (ordenanzas n° 24.423 y 25.040).

de esto último lo muestra la presencia de acopiadores ubicados en el centro porteño durante el año 1919. A su vez, durante la década de 1940 se habría creado un registro para aquellos intermediarios interesados en abastecer a las empresas de insumos reciclables.

Sin embargo, las iniciativas estatales para incrementar el uso del reciclado no perduraron en el tiempo. Incluso, podemos afirmar que el cirujeo, en tanto actividad por la cual se reaprovecha un conjunto de productos destinados a su eliminación, estuvo sistemáticamente prohibida a lo largo de todo el período abordado.

Los términos "ciruja" y "cartonero" son categorías históricas que remiten a una misma actividad. Se trata de sujetos dedicados a la selección y recolección de productos reciclables para su posterior venta. Entre fines del siglo XIX y principios del XX, el cirujeo no parece haber sido una actividad realizada por obreros con condiciones de vida "normales" para la época. Era efectuado por personas enfermas, inválidas, o bien, por ex combatientes. Al parecer, la actividad era realizada tanto por hombres como mujeres, aunque estas últimas no recogían en las calles céntricas, sino en basurales o rellenos ubicados en las zonas suburbanas.

El cirujeo comienza a mostrar algunos cambios entre las décadas de 1940 y 1960. En este período, la recolección de productos solía ser una actividad más habitual en los basurales, alrededor de los cuales se asentaron galponeros y cirujas. Algunos estudios relevados indican un mayor protagonismo de las mujeres y sus hijos en las tareas de recolección. Por su parte, el jefe de hogar era un asalariado que solo participaba en el proceso de clasificación. En este sentido, los ingresos por el cirujeo eran un complemento del salario del obrero ocupado. El cirujeo como complemento del salario del trabajador en activo podría estar mostrando una tendencia a la pauperización de esta fracción de la clase obrera, en el período desde 1940 a 1960.

Entre las décadas de 1970 y 1990, la actividad muestra nuevos cambios. En primer lugar, el cirujeo comienza a extenderse hacia las zonas más céntricas. Probablemente, la modificación en el ámbito de recolección se vincule con la instauración del relleno sanitario y una tendencia a clausurar basurales sobre todo en la ciudad de Buenos Aires. En segundo término, la recolección en las calles impulsó la utilización de carros manuales y tirados por caballos. Si antes se recogía en los basurales a los cuales se acercaban los intermediarios, el cirujeo en las calles supone un recorrido y la necesidad de un carro para almacenar los productos. O bien, la posesión de un camión para transportar los materiales. En tercer lugar, los jefes de hogar comienzan a tener una mayor participación en las tareas de recolección en la medida en que son expulsados de sus antiguos empleos. No es casual que, en la mayoría de los casos relevados, los cirujas habían sido empleados bajo relación de dependencia. Bajo el gobierno de Raúl Alfonsín, el mercado de trabajo argentino comienza a mostrar un incremento en los niveles de desocupación.

En algunas localidades como Quilmes o La Plata, el cirujeo a caballo aparece como una forma de recolección más extendida respecto del carro manual. Por su parte, en la ciudad de Buenos Aires el cirujeo con carros manuales, camiones y caballos aparecen en simultáneo. En los dos primeros casos, la recolección se efectuaba fundamentalmente en las zonas céntricas como por ejemplo Once y Microcentro. A su vez, los primeros registros del ingreso de cartoneros provenientes del conurbano bonaerense en trenes de pasajeros comunes remiten a las décadas de 1980 y 1990. En este período, también se observa una tendencia a recoger mayormente productos derivados del papel, como se destaca en el cirujeo en la localidad de La Plata y en las zonas de Once y Microcentro donde mayormente se recogen estos materiales. Por otra parte, hemos observado dos casos en los cuales los cirujas se aproximaban a la zona de recolección en camiones. En un momento de masificación de la actividad, como fueron los años 2000 y 2001, uno de ellos modificó su antigua posición: de ser un ciruja con posesión de un vehículo, luego devino en un intermediario. Esto implica, no solo una transformación del ciruja en tanto sujeto social, sino también una mayor división del trabajo en la actividad.

Finalmente, la masificación de la actividad en los años inmediatamente previos al 2002 y la proliferación de cartoneros con carros manuales, en detrimento del cirujeo a caballo, podría estar mostrando una tendencia al empeoramiento de las condiciones de vida y trabajo de los recolectores. La posibilidad de un ciruja de construir su propio carro o comprarlo a un precio menor respecto del valor de un caballo a costa de un mayor desgaste físico y una jornada laboral más extensa implica la realización de una actividad de manera más intensiva. En definitiva, la historia del cartonero refleja la historia de la clase obrera argentina, en particular, de la capa que denominamos población sobrante.

Ediciones ryr

Capítulo III

Empleados y empleadores

En el capítulo anterior, describimos los antecedentes históricos del fenómeno cartonero. El objetivo de este capítulo es analizar la estructura de relaciones que constituyen a los cartoneros, es decir, de dónde viene esta población, cuál es su magnitud y con quién se relaciona a la hora de reproducir su vida. Empezaremos hablando de los "empleados" para hablar luego de los "empleadores".

Los empleados

La cantidad de cartoneros y su evolución

El cálculo de la cantidad de personas que se incluyen en la actividad de recolección en la ciudad de Buenos Aires es particularmente difícil. Cabe destacar que los organismos oficiales de estadísticas y censos registran a los cartoneros. Tanto los censos como la Encuesta Permanente de Hogares (EPH) realizados por el INDEC contabilizan a esta fracción de la clase obrera. El problema metodológico radica en que no se los desagrega como categoría específica. Los cartoneros se registran en la categoría "vendedores ambulantes sin calificación", un conjunto de trabajadores que supera ampliamente a nuestro objeto de estudio. Por esta razón, nos basamos en otras fuentes que si bien no son censales, es decir, no contabilizan a la totalidad de los recuperadores, muestran indicios de un momento de masificación con posterioridad al 2001. Las fuentes empleadas son registros de cartoneros implementados por el gobierno porteño, informes de UNICEF sobre todo para el trabajo infantil en el rubro, relevamientos realizados por el gobierno porteño sobre el trabajo efectuado por niños en situación de calle y relevamientos de los asentamientos en la ciudad porteña.

También hemos registrado todas aquellas menciones de los periódicos de tirada nacional sobre la cantidad de cirujas en momentos previos a su masificación. Empecemos por aquí.

Las cifras mencionadas en los periódicos en el período anterior a la masificación del fenómeno cartonero son, no podía ser de otra manera, de lo más disímiles. En este sentido, un artículo del diario *Clarín*, publicado en el mes de noviembre de 1989, señala la presencia de "por lo menos 3.000 cirujas que revuelven las inmundicias de la Capital Federal" y aclara que esa cifra "se duplica en el conurbano".[1] Un mes después, en diciembre, esta cantidad fue confirmada por el secretario de Obras y Servicios Públicos de la Municipalidad de Buenos Aires de aquel entonces, Raúl Kalinsky. Sus declaraciones se efectuaron en el marco de un operativo de control y secuestro de los camiones intermediarios que circulaban por la ciudad porteña. Dichos controles se realizaron en el puente Uriburu. Se calculaba la presencia de 300 camiones que circulaban por los diferentes barrios porteños, durante el año 1989. La cantidad estimada de cartoneros alcanza a las tres mil personas.[2]

Por otra parte, una tesis sobre el reciclaje de papel en la ciudad de Buenos Aires presentada en el año 2000 señala que

"Según las cifras aportadas por la Primera Jornada sobre Residuos Urbanos y Medio Ambiente realizada en La Plata, en 1990 diariamente salían a la calle, en Capital Federal y en el Conurbano, unas 25 mil personas que vivían recogiendo cartones para iniciar el reciclaje de entre el 25 y el 35% de los residuos domiciliarios".[3]

En el mes de enero de 1994, nuevamente el diario *Clarín* publicó otro artículo en el que afirma que

"La Municipalidad de Buenos Aires -acosada por las empresas contratistas que se encargan de la recolección- detectó unos 250 camiones clandestinos que pasaban cada tarde antes que llegaran los de Manliba. También se estimó que cada noche la Capital Federal es recorrida por unas 2.000 personas (entre 'buscadores' y transportistas) que recolectan unas 4.000 toneladas mensuales de residuos clasificados. No se trata solo de quien revuelve la basura buscando qué comer (postal que se ve más de una vez a

---

[1] *Clarín*, 18/11/1989.

[2] *Clarín*, 15/12/1989.

[3] Camerino, Cosme Miguel: *El reciclaje de papel en la ciudad de Buenos Aires*, Tesis de licenciatura, Filosofía y Letras, Universidad de Buenos Aires, 2000.

la salida de los restaurantes y que históricamente se asoció al cirujeo). Se trata, como se ve, de un negocio lucrativo y muy organizado".[4]

Finalmente, en el contexto de una manifestación de cartoneros realizada en el mes de noviembre de 1995, el diario *Página/12* sostenía que, según una de las dirigentes de los cartoneros de Ciudad Oculta, solo en esa villa, alrededor de 1.000 personas se dedicaban al cirujeo.[5]

En cuanto a las estadísticas oficiales, el punto de partida lo dio la ley 992, mediante la cual el gobierno porteño registró la cantidad de cartoneros recolectores en la ciudad de Buenos Aires, entre fines del año 2002 y principios del 2003. Al momento del empadronamiento, el personal del gobierno efectuó una encuesta a cada inscripto con el objetivo de mensurar algunas características de la estructura del fenómeno. Fue el único padrón del cual se obtuvo información cuantitativa sobre algunas características vinculadas con la actividad, como por ejemplo, los días de recolección, el porcentaje de productos juntados, la cantidad de cuadras caminadas, los medios de transporte utilizados por los recuperadores hasta su zona de trabajo y el año de ingreso al cartoneo. A su vez, la encuesta indagó sobre aspectos generales, como por ejemplo, el lugar de residencia, el trabajo previo a la inserción en el cartoneo, el sexo y la edad. El empadronamiento no fue una instancia obligatoria, sino optativa. Para ello, el personal de la Dirección General de Estadísticas y Censos de la Ciudad Autónoma de Buenos Aires, con la ayuda de beneficiarios del Plan Jefes y Jefas de Hogar Desocupados, realizó 71 operativos en diferentes puntos de la ciudad porteña. Por ejemplo, se registraron cartoneros en las estaciones y terminales de trenes, en la puerta de depósitos acopiadores, villas, plazas y esquinas donde aquéllos se concentraban. A su vez, el personal de los Centros de Gestión y Participación de cada distrito de la ciudad porteña también empadronó a cartoneros. El resultado de ambas modalidades de registro contabilizó un total de 8.153 cartoneros.[6]

Una de las preguntas en la encuesta realizada a los cartoneros indaga sobre el año de inserción en la actividad. En este sentido, se observa la evolución del ingreso al cartoneo de los recuperadores registrados durante los años 2002 y 2003. El Registro Único de Recuperadores (RUR) presenta 4 cuadros sobre el momento de ingreso en el cartoneo, según la fecha del relevamiento (entre los meses de octubre y diciembre de 2002, por un lado, y en el primer y segundo semestre de 2003,

[4]*Clarín*, 23/01/1994.

[5]*Página/12*, 25/11/1995.

[6]Dirección General de Estadística y Censos: "Registro de Recuperadores Urbanos", Programa de Recuperadores Urbanos, Subsecretaría de Medio Ambiente, Gobierno de la Ciudad Autónoma de Buenos Aires, 2003.

por otro). Al presentar los cuadros, el RUR establece categorías sobre la antigüedad en el cartoneo tales como "hace un mes", "más de un mes a tres meses", "más de seis meses a un año" y, luego continúa con categorías por año. A los efectos de presentar esta información en un solo cuadro, hemos agrupado aquellas categorías sobre el ingreso a la actividad que, con certeza, remiten al período posterior a la devaluación del año 2002. A su vez, la información para el período previo al 2002 se obtuvo de los relevamientos efectuados solo en el año 2003. Del relevamiento efectuado entre los meses de octubre y diciembre de 2002, hemos agrupado aquella información sobre el ingreso al cartoneo en el período posterior a la devaluación, puesto que, los años declarados sobre la inserción en la actividad durante la etapa previa, no pueden ser agrupados en las categorías según el relevamiento de cartoneros efectuado en el año 2003. Esto se debe a que no coinciden con las franjas anuales estipuladas según la fecha del relevamiento. Por su parte, la fuente no contempla 28 casos de los cuales no se obtuvo información de los 8.153 empadronados. A partir de nuestro agrupamiento de datos, un conjunto de 369 casos quedan sin poder ubicarse en una categoría específica. La única información que poseemos es que se trata de cartoneros que ingresaron en el período previo a la devaluación, sin poder definir con mayor precisión el año o período de ingreso. El cuadro que sigue muestra la frecuencia de ingreso al cartoneo según el período y el porcentaje correspondiente:

Cuadro 5. Período de ingreso al cartoneo de recuperadores registrados entre 2002 y 2003, en la Ciudad de Buenos Aires.

Evolución de cartoneros registrados en RUR en 2003	Frecuencia	Porcentaje
Hasta antes de 1993	291	4%
Desde 1993 hasta 1997	415	5%
Desde 1998 hasta 2001	1.692	22%
Inicios de 2002 hasta segundo semestre 2003	5.358	69%

n = 7.756

Fuente: elaboración propia en base a Dirección General de Estadística y Censos: "Registro de Recuperadores Urbanos", Programa de Recuperadores Urbanos, Subsecretaría de Medio Ambiente, Gobierno de la Ciudad Autónoma de Buenos Aires, 2003.

El cuadro demuestra que el momento de mayor inserción en la actividad de los cartoneros registrados fue entre 2002 y 2003 (69%).

Con posterioridad al año 2003, el registro de cartoneros se mantuvo. Por su parte, el gobierno porteño entregaba una credencial a cada recuperador registrado. Cada una de estas credenciales tenía una vigencia de dos años. Una vez vencida, el cartonero debía renovarla, según la reglamentación de la ley 992. Pero, no todos los cartoneros renovaron sus credenciales.[7] Con el paso de los años, el registro comenzó a discriminar en cartoneros con credenciales "vigentes" y "no vigentes". A partir del año 2008, el registro solo publica la cantidad de cartoneros con credenciales vigentes. Teniendo en cuenta estas consideraciones, se observa que la cantidad de cartoneros empadronados pasa de 8.153 en 2003, 9.104 en 2004 y 16.579 en 2008.

Los cartoneros inscriptos contabilizados en los años 2003 y 2004 se corresponden con aquellos con credenciales vigentes. Pero, en el año 2008, la cantidad de cartoneros vigentes era, según la Dirección General de Políticas de Reciclado Urbano, de 5.559. Es decir, un conjunto de 11.020 cartoneros no habría renovado la credencial y por ello no aparece en el padrón como "vigente" o activo. Con posterioridad al 2008, la cantidad de cartoneros inscriptos vigentes se fue incrementando, como muestra el siguiente gráfico:

---

[7]Los criterios para efectuar este registro fueron modificados en reiteradas oportunidades, situación que podría explicar una merma en la cantidad de cartoneros registrados e inscriptos con credenciales vigentes. En el año 2004, por intermedio de la resolución n° 106, se encomendó al Programa de Recuperadores Urbanos la entrega de nuevas credenciales de acuerdo a las zonas establecidas y adjudicadas a los cartoneros. En el año 2007, se sancionó la resolución n° 753 según la cual se establecía la entrega de nuevas credenciales para todos los recuperadores urbanos. La resolución señalaba la necesidad de agilizar el trámite de obtención de credenciales por intermedio de la centralización en una única sede para su elaboración. Ya no serían tramitadas en los diferentes CGP's, como indicaba la reglamentación de la ley 992, sino en un único ámbito, situación que podría haber perjudicado a los cartoneros que recolectaran en las zonas alejadas. Con el cambio en la jefatura de gobierno de la ciudad porteña, durante el año 2008, se modificó nuevamente el registro. La Dirección General de Reciclado se propuso reempadronar a los recuperadores de materiales reciclables, por intermedio de la resolución n° 1.532. No obstante, durante ese mismo año, la Defensoría del Pueblo de la Ciudad de Buenos Aires emitió la resolución n° 2.932, luego de una denuncia realizada por cartoneros. La acusación procedía de recuperadores quienes habrían manifestado a la Defensoría que "al intentar inscribirse en el Programa de Recuperadores Urbanos, no han podido realizarlo ya que el mismo se encuentra momentáneamente cerrado". La resolución presentada señalaba que, en ese entonces, el registro se encontraba cerrado por "cuestiones operativas inherentes las mismas a la organización de la Dirección General de Limpieza y se desconoce momentáneamente su reapertura". resoluciones del Ministerio de Medio Ambiente y Espacio Público, n° 106/04, 753/07, 1.532/08, y resolución n° 2.932/08 de la Defensoría del Pueblo de la Ciudad Autónoma de Buenos Aires.

Gráfico 10. Evolución de la cantidad de cartoneros empadronados en el Registro Único de Recuperadores Urbanos, con credenciales vigentes, Ciudad de Buenos Aires: 2003-2011.

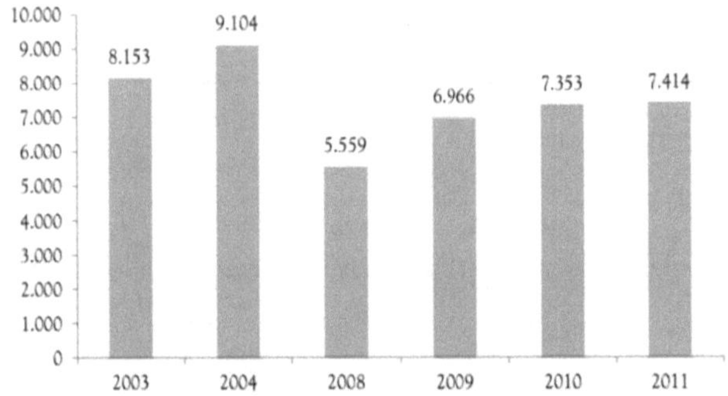

Fuente: elaboración propia en base a Dirección General de Estadística y Censos: "Registro Único de Recuperadores Urbanos", Dirección General de Reciclado, Ministerio de Medio Ambiente y Espacio Público, Gobierno de la Ciudad Autónoma de Buenos Aires (años 2003 y 2004); y, Dirección General de Reciclado: "Registro de Recuperadores Urbanos", Ministerio de Medio Ambiente y Espacio Público, Gobierno de la Ciudad Autónoma de Buenos Aires, años 2008, 2009, 2010 y 2011.

Evidentemente, el registro está sub-representando la cifra real de cartoneros, ya que no se cuenta a los que no tienen credenciales vigentes. Si se tiene en cuenta que, como señalamos más arriba, la Dirección General de Políticas de Reciclado Urbano sostenía que la cifra de los no registrados duplicaba la de los registrados (5.559 contra 11.020) el promedio de los años 2003-2011, es decir, 7.425 personas, podría tranquilamente triplicarse hasta alcanzar unas 22.000. Se trata de una cantidad para nada despreciable, sobre todo si se recuerda que hablamos solo de la ciudad de Buenos Aires. Desde nuestro punto de vista, entonces, y con las limitaciones que hemos señalado, la cifra de cartoneros en la ciudad de Buenos Aires en la última década oscila entre las 10.000 y 20.000 personas.[8] Algunas organizaciones de cartoneros que

[8] La cifra que calculamos es coincidente con la que defiende la ONG AVINA y las cooperativas que participan del proyecto "Argentina: Inclusión socioeconómica de los recolectores de materiales reciclables". Los organismos y empresas que promocionan el proyecto son, además de AVINA, el BID, la Fundación para el Trabajo y Desarrollo Humano y la empresa PEPSICO. Ver: http://www.reciclajeinclusion.org.ar/proyectos.

se han vinculado con agrupamientos del interior del país, como por ejemplo el Movimiento de Trabajadores Excluidos (MTE), señalan que la cantidad total de cartoneros en todo el país se acercaría a las 100.000 personas.[9]

La población cartonera: género y composición etaria

I. Generalidades

Como ya mencionamos, el registro efectuado en el año 2003 es el único que ofrece información más o menos amplia sobre los cartoneros. Según esta fuente, la mayoría de los cartoneros reside en las localidades del conurbano bonaerense (77%), mientras que, el porcentaje restante tiene su vivienda en la ciudad de Buenos Aires (23%).[10] Predominantemente, los cartoneros son nacidos en Argentina (94%). En cuanto a sexo, predomina el masculino (71%). La misma proporción se mantiene según la información provista por el registro actualizado en el año 2004, en base a 9.104 cartoneros empadronados. Por otra parte, la franja etaria de la mayor cantidad de recuperadores empadronados es entre los 19 y 29 años (33%). Le siguen los cartoneros con 30 a 39 años (23%). Un 17% constituye el porcentaje de recuperadores con 14 hasta 18 años de edad. La edad mínima para responder a la encuesta efectuada por el gobierno porteño era de 14 años. Como veremos más adelante, esta población se encuentra sub-representada por el registro, debido a la existencia de cartoneros de edades aún menores. Por su parte, los recuperadores de 40 a 49 años constituían un 16% y, aquellos con más de 50 años de edad, un 10%.[11] Como se puede observar, los cartoneros registrados en el año 2003 constituían una población de edad joven. Si se agrupa la cantidad de cartoneros con hasta 18 años, con las franjas etarias hasta los 39 años, el porcentaje total constituye un 73%.

El registro indaga sobre la actividad laboral previa de los cartoneros. Fundamentalmente, las actividades mayormente realizadas por los

---

[9]Entrevista por el autor a Juan Martín Carpenco, dirigente del MTE, realizada el 13/04/2013.

[10]La información sobre el lugar de residencia de los cartoneros registrados durante el año 2004 también fue publicada. Se trata de 9.104 recuperadores. El porcentaje según el lugar de residencia es el mismo, esto es, el 77% reside en el conurbano bonaerense y el 23% en la ciudad de Buenos Aires. Fuente: Dirección General de Estadística y Censos: "Registro de Recuperadores Urbanos", Programa de Recuperadores Urbanos, Subsecretaría de Medio Ambiente, Gobierno de la Ciudad Autónoma de Buenos Aires, 2004. (Mimeo).

[11]Dirección General de Estadística y Censos: "Registro de Recuperadores Urbanos", 2003, op. cit.

recuperadores antes de dedicarse a la actividad son las tareas vinculadas con el empleo en la construcción (25,9%), servicios personales y doméstico (24,1%), industria y manufactura (15,4%) y comercio (14%). Estas cuatro actividades constituyen el empleo previo al ingreso al cartoneo para el 79% de los cartoneros registrados. El siguiente cuadro muestra la distribución porcentual de cada una de las actividades mencionadas:

Cuadro 6. Porcentaje de actividad previa al ingreso al cartoneo por los recuperadores registrados en la Ciudad de Buenos Aires, 2003.

Sector económico	Porcentaje
Construcción	25,9%
Serv.Personales-Serv.Doméstico	24,1%
Industria/Manufactura	15,4%
Comercio	14,0%
Transporte-Carga-Almacenamiento	6,4%
Gastronomía	4,2%
Amas de Casa	2,8%
Servicios Básicos	2,1%
Estudiantes	1,5%
Changas	1,5%
Agricultura-Ganadería	0,8%
Comunicaciones	0,6%
Estatales-Municipales	0,4%
No Identificables	0,3%

Fuente: Dirección General de Estadística y Censos: "Registro de Recuperadores Urbanos", Secretaría de Hacienda y Finanzas, Gobierno de la Ciudad Autónoma de Buenos Aires, 2003. El cuadro incluye una población de 6.349 casos (78%).

De los 8.153 cartoneros registrados, un 18% manifestó que, en paralelo al cartoneo, desarrollaba tareas en otras ocupaciones. Se trata, fundamentalmente, de oficios vinculados con la venta ambulante, empleo doméstico y empleo en la construcción, sobre todo, en las tareas de albañilería, carpintería y pintura. Por otra parte, un 22% de los recuperadores poseía algún tipo de plan social o asistencial por parte del Estado, mientras que, el 78% no era beneficiario.[12]

En cuanto al tiempo o jornada de recolección, la fuente presenta dos categorías que no permiten observar con exactitud los días destinados al cartoneo. Según el registro, un 21% de los cartoneros recolectaba todos los días y un 77% lo hacía "varios días a la semana". Esto implicaba que los recuperadores se tomaban, por lo menos, un día de descanso. El 2% restante manifestó que no tenía días fijos de cartoneo. Por otra parte, el registro menciona que el 69% de los cartoneros recolectaba en una jornada de "más de 5 horas", un 26%, lo hacía en "más de 3 horas hasta 5 horas" y, el 5% restante, recolectaba en un plazo de "hasta 3 horas". Nuevamente, aquí la fuente carece de cierto grado de rigurosidad al establecer categorías demasiado amplias en cuanto al tiempo de trabajo destinado a la recolección.[13]

De acuerdo a la cantidad de cuadras caminadas por los cartoneros, un 20% manifestó que recorría hasta 20; un 24%, entre 21 y 40; un 23%, entre 41 y 60; un 8%, entre 61 y 80; un 15%, entre 81 y 100; y, un 11% manifestó que recorría más de 100 cuadras.[14]

El registro contabilizó las diferentes formas de traslado de los materiales recolectados. El 87% de los cartoneros recogía con carros manuales. Esto muestra que, en el cartoneo, prevalece la modalidad de los recorridos a pie con carros. El porcentaje restante se distribuye en carros tirados por bicicletas (6%), tirados a caballo (2%), en auto o camioneta (0,3%) y a hombro (5%).[15] A su vez, el registro indaga el lugar donde los cartoneros preparan o clasifican los productos en el momento previo a su venta, en base a 8.136 casos relevados: el 70% de los cartoneros manifestó que preparaba el material en su propio hogar, el 23%, en la vía pública, el 6%, en la puerta del depósito comprador y el 1%, al pie del camión intermediario. Estos camiones se dedican a comprar los productos en zonas que concentran una elevada cantidad de comercios, como analizaremos más adelante. Por otra parte, el registro muestra el lugar donde se entregan o venden los productos recogidos, en base a 8.150 casos relevados. De esta manera, un 53% de los cartoneros venden sus materiales en depósitos ubicados en la provincia

[12]El informe sobre el registro señala que esta cifra podría estar sub-representada por el temor de los cartoneros beneficiarios de planes sociales a perder este beneficio en caso de empadronarse como cartonero.

[13]A partir de una encuesta propia hemos relevado con mayor precisión la cantidad de horas destinadas al cartoneo en diferentes modalidades. Analizaremos este punto en el capítulo IV.

[14]Dirección General de Estadística y Censos: "Registro de Recuperadores Urbanos", 2003, op. cit. Estos porcentajes fueron calculados sobre un total de 7.687 casos.

[15]Ídem. La población de la cual se obtuvo información sobre la forma de traslado suma un total de 8.105 cartoneros.

de Buenos Aires, un 35% vende en galpones situados en la ciudad porteña, un 11%, en camiones intermediarios en la vía pública, y, solo un 1%, en cooperativas de recuperadores urbanos. Cabe destacar que, el mayor porcentaje que se observa en la venta de productos directamente a los camiones respecto de la cantidad de materiales que se preparan o clasifican al pie de esos vehículos no es contradictorio. Algunos cartoneros clasifican en la calle, en una cuadra específica, y luego venden sus productos a un camión que recorre la zona. De este modo, no clasifica al pie del camión, pero sí le vende a esos intermediarios.

Finalmente, el registro no releva la cantidad de productos recogidos por cada cartonero. Lo que sí indaga es el tipo de materiales que recogen los recuperadores. En este sentido, la fuente señala que más de un 97% de los cartoneros recolectaban papeles y cartones. Por su parte, el 71% recolectaba, además de papeles, aluminio, un 59%, 50% y 52% también recolectaba elementos de cobre, plomo y bronce, respectivamente.[16] Cabe destacar que, una de las preguntas del cuestionario realizado refería a los ingresos diarios y semanales percibidos por los cartoneros, pero esa información no fue publicada.[17]

Para sintetizar, el primer acercamiento a la estructura de los cartoneros registrados durante el año 2003 nos permite caracterizar a esta población como: mayoritariamente joven, de sexo masculino (aunque con presencia tanto de mujeres como de niños), fundamentalmente residente en el conurbano bonaerense y de origen argentino. A su vez, se trata de una población que, en la mayoría de los casos, tuvo un trabajo previo al ingreso en el cartoneo. Muchos cartoneros se empleaban en la construcción. Además, un porcentaje de los recuperadores no solo se dedicaba a la recolección y clasificación de productos. Paralelamente, se empleaba en otras ocupaciones. Por su parte, otro porcentaje de la población cartonera era beneficiario de algún plan social o asistencial otorgado por el Estado. Dentro de las características propias del cartoneo, el registro señala la prevalencia de los recorridos a pie con carro manual y que la mayoría de los cartoneros efectuaba una jornada laboral de más de 5 horas. Finalmente, casi todos los recuperadores recogían productos derivados de papeles y cartones. Por su parte, más de la mitad de la población encuestada transportaba los productos recolectados a su lugar de residencia, el conurbano bonaerense, y los vendía en galpones allí instalados.

---

[16] En base a los 8.153 casos relevados.

[17] Hemos obtenido esta información al observar el cuestionario efectuado por la Dirección General de Estadística y Censos del gobierno porteño.

II. El trabajo infantil y femenino

Como hemos visto, el registro de cartoneros contabiliza a personas menores de edad y mujeres que se dedican a la actividad. Un informe efectuado por el personal del Programa de Recuperadores Urbanos, dependiente del Ministerio de Medio Ambiente del gobierno porteño, muestra la situación del trabajo femenino a partir de información suministrada por el registro de cartoneros hasta el año 2004.[18] Del total de recuperadores registrados durante este último año, el 29% eran mujeres (2.626 casos). El informe establece una hipótesis para explicar la menor proporción de mujeres y niños respecto de los hombres. En este sentido, señala que ese menor porcentaje podría explicarse por la ausencia de información sobre el conjunto del proceso de trabajo. Esto se debe, según el informe, a que el Registro Único de Recuperadores solo contabiliza el trabajo del cartonero en la vía pública. Dado que la preparación y clasificación de productos se establece en los hogares, sería probable que una parte de estas actividades fuera realizada por mujeres y niños en sus viviendas, sin registrarse.[19]

Al igual que la población cartonera masculina, las mujeres dedicadas a la actividad son predominantemente jóvenes. La mayor frecuencia se concentra en la población de 20 a 29 años (23%) y de 30 a 39 años (27%). Tomada en conjunto, el porcentaje de mujeres cartoneras entre 14 y 39 años constituye un 69%. Por otra parte, el 78% de las mujeres que recolectan productos residen en localidades del conurbano bonaerense, mientras que, el 22% restante, tiene su vivienda en la ciudad porteña.

Las mujeres trabajan a la par de los hombres. El registro menciona que un 16% de las mujeres recogen todos los días de la semana, mientras que, un 80%, lo hace durante varios días por semana. Por otra parte, la cantidad de cuadras caminadas por las recuperadoras se efectúa en una proporción semejante a los recorridos de los hombres. En este sentido, un 79% recorre hasta 50 cuadras por día, un 14% camina entre 51 y 75 cuadras y un 7% manifestó que caminaba más

---

[18]Toda la información sobre el trabajo femenino en el cartoneo fue extractada de, Martín, Guillermina y Belistri, Cecilia Laura: "Algunas aproximaciones a la conceptualización del trabajo de las mujeres cartoneras que trabajan en Ciudad de Buenos Aires", Programa de Recuperadores Urbanos, Subsecretaría de Medio Ambiente del Gobierno de la Ciudad de Buenos Aires, 2004.

[19]A partir de relevamientos propios, hemos observado esta división del trabajo sexual y etario, caracterizado en estos términos por el mismo informe citado. Analizaremos la existencia de esta división de tareas en el capítulo IV, según las diversas formas de cartoneo.

de 75 cuadras.[20] A estos largos trayectos recorridos se suma el peso del carro manual y su carga. En su abrumadora mayoría, las mujeres cartoneras recolectan con carros manuales (97%). Durante los recorridos, las mujeres no se encuentran solas. El 61% manifestó que recolectaban con la compañía de algún familiar y solo el 9% señaló que no era acompañada por otras personas.[21]

Los ingresos obtenidos por la venta de los productos reciclables era, para el 73% de las mujeres registradas, menos de 50 pesos por semana. Por su parte, un 16% percibía entre 51 y 100 pesos semanales y, solo un 2%, obtenía más de 100 pesos. Esto muestra que, la mayor cantidad de mujeres percibía, estimativamente, un ingreso de hasta 200 pesos mensuales.[22] Como veremos más adelante, esta suma de dinero coincide con un estudio sobre el fenómeno cartonero efectuado por la Organización Internacional para las Migraciones (OIM) y el Fondo de las Naciones Unidas para la Infancia (UNICEF), durante el año 2004.[23] Estimativamente, este ingreso constituía el 52% del salario mínimo, vital y móvil del mismo año.[24]

Del total de mujeres cartoneras empadronadas, un 47% (1.226 personas) manifestó que, previo al ingreso en la actividad de recolección y clasificación de productos reciclables, se dedicaba a otras labores. A su vez, de esta población con ocupaciones previas, un 40% se había dedicado al empleo doméstico, un 18% a tareas vinculadas con la limpieza y mantenimiento, un 11% se había ocupado en la rama del comercio y un 9% se habría dedicado al cuidado de personas. El siguiente cuadro muestra la distribución porcentual de las ocupaciones previas al ingreso en el cartoneo:

[20]Estos porcentajes fueron extractados en base a una población de 1.459 mujeres cartoneras. Martín, y Belistri, "Algunas aproximaciones...", op. cit.

[21]Cabe destacar que, esta pregunta no fue respondida por un total de 787 mujeres, cifra que constituía el 30%. Desconocemos las razones por las cuales un porcentaje significativo no respondió el cuestionario.

[22]La cifra surge de multiplicar 50 pesos obtenidos durante una semana por cuatro semanas que tiene un mes.

[23]Este informe se efectuó en base a 608 encuestas realizadas a familias cartoneras residentes en las localidades de Moreno (Buenos Aires), Posadas (Misiones) y la Ciudad Autónoma de Buenos Aires. UNICEF-OIM: "Informe sobre trabajo infantil en la recuperación y reciclaje de residuos", Buenos Aires, 2005.

[24]Esta cifra surge de multiplicar por 100 el ingreso cartonero y dividirlo por 383,33 pesos, que fue el promedio anual del salario mínimo, vital y móvil en el año 2004.

Cuadro 7. Cantidad de mujeres cartoneras registradas, según empleo previo al ingreso en el cartoneo. Ciudad de Buenos Aires, 2004.

Trabajo realizado	Frecuencia	Porcentaje
Empleadas domésticas	492	40,13%
Limpieza y mantenimiento	220	17,94%
Comercios	129	10,52%
Cuidado de personas	112	9,14%
Actividades industriales	68	5,55%
Gastronomía/panadería	62	5,06%
Textiles	47	3,83%
Salud	21	1,71%
Servicios/changas	15	1,22%
Administración	14	1,14%
Marroquinería/zapatería	10	0,82%
Otras actividades	36	2,94%
Total	**1.226**	**100%**

Fuente: Martín, Guillermina y Belistri, Cecilia Laura: "Algunas aproximaciones a la conceptualización del trabajo de las mujeres cartoneras que trabajan en Ciudad de Buenos Aires", Programa de Recuperadores Urbanos, Subsecretaría de Medio Ambiente del Gobierno de la Ciudad de Buenos Aires, 2004.

Por otra parte, un 7% (189), de las mujeres cartoneras se dedicaba a otras actividades complementarias al cartoneo. De esta población con doble ocupación, un 43% se dedicaba a tareas vinculadas con el empleo doméstico, un 17%, a la realización de artesanías y manualidades, y, un 8%, a la venta ambulante. El siguiente cuadro muestra el conjunto de las actividades realizadas en paralelo al cartoneo:

Cuadro 8. Cantidad de mujeres cartoneras registradas según empleo realizado en paralelo a la actividad del cartoneo. Ciudad de Buenos Aires, 2004.

Labor realizada	Frecuencia	Porcentaje
Empleo doméstico	82	43,39%
Artesanías y manualidades	33	17,46%
Venta ambulante	15	7,94%
Comercio	14	7,40%
Textil	11	5,82%
Limpieza y mantenimiento	8	4,23%
Gastronomía/panadería	8	4,23%
Servicios/changas	5	2,65%
Peluquería/pedicuría	4	2,12%
Cuidado de personas	3	1,59%
Otras actividades	6	3,17%
Total	**189**	**100%**

Fuente: Martín y Belistri, "Algunas aproximaciones...", op. cit.

Además de las mujeres, los niños menores de edad también se dedican a las tareas de cartoneo. Como hemos mencionado, el Registro Único de Recuperadores efectuado en el año 2003 había inscripto a 1.378 cartoneros menores de 18 años que recolectaban en la ciudad de Buenos Aires. Esa cantidad constituía el 17% del total de recuperadores empadronados. Sin embargo, el límite de edad para registrarse era de 14 años. En este sentido, parte de una población quedaba por fuera del registro. Un año después, en 2004, el registro contabilizó un total de 660 cartoneros menores de 18 años, de los cuales, el 63% tenía hasta 14 años (419) y un 37%, entre 15 y 17 años (241).[25] Por su parte, los registros de los años 2008 a 2011 señalan una cifra de un 5% de

[25] Dirección General de Políticas de Reciclado Urbano: "Registro de Recuperadores Urbanos", 2004, op. cit. Esta merma en la cantidad de cartoneros menores de edad puede explicarse a partir de algunas medidas impulsadas por el gobierno porteño, luego de una denuncia efectuada por la diputada Patricia Bullrich al estado porteño por haber empadronado a cartoneros menores de 14 años. A partir de la denuncia, el Registro dejó de inscribir a niños cartoneros menores de edad. Analizaremos esta denuncia y las medidas impulsadas por el gobierno porteño en el capítulo V.

niños cartoneros menores de 18 años.[26] Si bien estos registros de recuperadores contabilizan a los cartoneros menores de edad y mayores de 14 años, el Programa de Recuperadores Urbanos no ha efectuado informes que indaguen sobre las características del trabajo infantil en el cartoneo. En cambio, otros organismos, como por ejemplo UNICEF, se han aproximado a esta problemática.

En el año 2004, la Organización Internacional para las Migraciones (OIM) y el Fondo de las Naciones Unidas para la Infancia (UNICEF) elaboraron un informe sobre el trabajo infantil en la actividad cartonera. El objetivo del estudio era contabilizar el porcentaje de niños menores de edad que recolectaban y clasificaban productos reciclables. Al mismo tiempo, su propósito era conocer aspectos de las condiciones de vida y trabajo de los niños cartoneros. Para ello, los organismos realizaron, por un lado, un conteo por observación de niños que recogían productos en la calle, y, por otro lado, una encuesta a 608 familias cartoneras que recolectaban en la ciudad de Buenos Aires, en Moreno, provincia de Buenos Aires, y en Posadas, la capital de la provincia de Misiones. El conteo por observación puede discriminarse según la localidad. Por su parte, los resultados del cuestionario son, en algunos casos, indistintos para las tres localidades y, en otros, se encuentran desagregados por localidad.[27]

El conteo por observación efectuado por los organismos tuvo como resultado un total de 8.762 cartoneros recolectores en la ciudad de Buenos Aires. De este total, un conjunto de 4.223 recuperadores eran menores de 18 años, es decir, el 48%.[28] El informe se aproxima a la distribución etaria de esta población infantil. Del total de niños

[26]Dirección General de Reciclado: "Registro de Recuperadores Urbanos", Ministerio de Medio Ambiente y Espacio Público, Gobierno de la Ciudad Autónoma de Buenos Aires, años 2008, 2009, 2010 y 2011. Entre los años 2008 y 2011, el registro solo empadronó a cartoneros de 16 a 18 años, con autorización previa de sus padres. Solo en los años 2008 y 2009 hubo un cartonero empadronado menor de 15 años. La merma en el registro también se encuentra influenciada por la política de subsidios implementada por el gobierno porteño a partir del año 2008, según la cual, para percibir un incentivo mensual, los cartoneros no debían llevar a niños menores de edad hasta su ámbito de recolección.

[27]UNICEF-OIM: "Informe sobre trabajo infantil...", op. cit. La fuente aclara que el conteo por observación constituye una estimación mínima, es decir, se trata de los casos que realmente pudieron ser contabilizados. A su vez, menciona que por el tipo de relevamiento efectuado, la cifra podría estar sub-representada y, al mismo tiempo, las edades serían aproximadas.

[28]La fuente menciona que el relevamiento en la localidad de Moreno arrojó un resultado de 950 cartoneros observados de los cuales 412 (43%) eran menores de 18 años. Cabe destacar que, de esos 950 cartoneros contabilizados, un grupo de 582 personas cartoneaban en la ciudad porteña. De este modo, la cantidad total de cartoneros recolectores en la ciudad de Buenos Aires sería mayor. Por su parte,

cartoneros, un 12% tenía menos de 5 años, un 23%, entre 5 y 9, un 32%, entre 10 y 14, y, un 33% tenía de 15 a 17 años de edad.[29]

El informe destaca que el cartoneo es una actividad predominantemente familiar. Es decir, el conjunto de los miembros familiares participan de las diversas tareas: la recolección, clasificación y acopio de productos. Por otra parte, de los 608 hogares encuestados donde hay niños cartoneros, el 83% de los jefes de hogar participa en las tareas de recolección de materiales reciclables. Por su parte, en el conjunto de las unidades familiares se registró un promedio de casi dos niños por hogar que se dedican a recoger productos. Dado que es una labor familiar, el informe indaga sobre los ingresos obtenidos por el conjunto de los miembros de cada hogar, donde los niños aportan un porcentaje del salario. El promedio de ingresos semanales por familia era, en el año 2004, de 58,4 pesos. De este modo, el informe infiere que, mensualmente, la familia cartonera obtenía un ingreso entre 200 y 250 pesos. A su vez, menciona que el 51% de los hogares encuestados recibía el Plan Jefes y Jefas de Hogar Desocupados. Para ese porcentaje de hogares beneficiarios, los ingresos mensuales estimados entre el salario por el trabajo cartonero y el plan asistencial eran de 350 a 400 pesos.

De la encuesta realizada, el informe señala las diversas actividades efectuadas por los niños menores de edad en el proceso de trabajo del cartoneo. Cabe destacar que, los niños realizan más de una labor en el cartoneo, de modo que, la suma total es superior a la cantidad total de encuestas realizadas a los hogares. En este sentido, de un total de 1.582 respuestas, los niños mencionaron que efectúan las siguientes labores: conducción del carro (13%), recolección de productos (25%), apertura de bolsas de residuos (19%) y clasificación en el hogar (19%). A su vez, los niños cartoneros piden alimentos, dinero o productos (12%). El porcentaje restante solo acompaña a quien recolecta los productos (8%). Según el informe de UNICEF, dentro de esta última población que solo acompaña se encuentran niños con edades menores a los 5 años. Cabe destacar que, una de las razones esgrimidas por las cuales los cartoneros adultos llevan a sus hijos menores de edad a trabajar sería la preocupación que genera dejar a los niños en los barrios donde residen.

Por otra parte, en el 12% de los hogares encuestados los niños realizan otra actividad laboral además de la recolección de productos

en Posadas, de un total de 1.570 cartoneros observados, una suma de 1.061 (68%) eran menores de edad.

[29]El informe señala que los cartoneros observados en la ciudad de Buenos Aires no son necesariamente residentes de esa localidad. Por el contrario, el mayor porcentaje corresponde a cartoneros que tienen su vivienda en el conurbano bonaerense. No obstante, uno de los sitios elegidos para contabilizar los recuperadores fue la Villa n° 31, ubicada en la ciudad porteña.

reciclables. Las actividades mayormente mencionadas son la venta ambulante (de chipas, estampitas, detergentes y plantas), o bien, las changas (cuidado de coches, volanteo, corte de pasto, ayudante de albañil).

En más del 90% de los hogares encuestados, los niños cartonean más de una vez por semana. De algún modo, esta disciplina laboral tiene sus consecuencias en la asistencia escolar. En este sentido, el informe señala que la encuesta arroja una tasa de asistencia escolar de 63%. Como contrapartida, UNICEF infiere que más de un tercio de los niños en edad escolar se encontraba, al momento de la encuesta, por fuera del sistema educativo. Finalmente, el mayor porcentaje de los niños carece de cobertura médica u obra social. Del total de los hogares encuestados en la ciudad de Buenos Aires (406), en un 94% la familia cartonera no disponía de una obra o servicio médico.[30]

El trabajo infantil en el cartoneo también ha sido observado en los relevamientos efectuados por el gobierno porteño sobre los niños en "situación de calle". Bajo esta concepción, se define a "todos aquellos niños, niñas y adolescentes hasta 18 años que se hallaran pernoctando, transitando y/o realizando actividades de subsistencia tanto en la calle como en lugares públicos".[31] Durante el mes de diciembre de 2007, el gobierno porteño efectuó un relevamiento de esta población.[32] Los

[30]La información correspondiente a los hogares cartoneros encuestados en las ciudades de Moreno y Posadas es semejante: en los hogares encuestados ubicados en Moreno (102), el 95% carecía de servicios o cobertura médica; en Posadas (100), el 94% no disponía de esa cobertura.

[31]Gobierno de la Ciudad Autónoma de Buenos Aires: "CENSO. Niñas y adolescentes en las calles de la ciudad de Buenos Aires. Informe técnico, diciembre de 2007", Dirección General de Gestión de Políticas y Programas, Ministerio de Desarrollo Social, 2007.

[32]Cabe destacar que, en los meses de enero y julio de 2008, el gobierno porteño también efectuó operativos de relevamiento de niños en situación de calle. No obstante, hemos utilizado solo el informe de diciembre de 2007 debido a que, a diferencia de los otros dos, los operativos fueron efectuados en diferentes puntos de la calle y la zona urbana. Por su parte, el relevamiento de enero de 2008 tuvo como población observable a niños que asistían a paradores diurnos, o bien, niños que fueron atendidos por operadores del gobierno de la ciudad de Buenos Aires en situación de vulnerabilidad. A su vez, el relevamiento del mes de julio de 2008 incluyó a una población observada en las calles céntricas y otro porcentaje fue observada en las villas. En este último caso, lógicamente el cartoneo no aparece como una ocupación significativa, debido a que en las villas el material susceptible de ser reutilizado es escaso. Por las razones señaladas, en los dos relevamientos el cartoneo no constituye una actividad predominante. Además, a los efectos de registrar las actividades laborales efectuadas en la calle, estos dos relevamientos tienden a sesgar la población infantil trabajadora. Gobierno de la Ciudad Autónoma de Buenos Aires: "CENSO. Niñas y adolescentes en las calles de la ciudad de Buenos Aires. Informe técnico, enero de 2008", Dirección General de Gestión

operativos fueron realizados durante los días 17 y 18 de diciembre, entre las 21 y las 5 horas de la madrugada. De este modo, se relevaron 44 zonas que estuvieron a cargo de 121 encuestadores. Para caracterizar la población, se efectuaron dos modalidades de recolección de datos: por un lado, se observó la actividad desarrollada por los niños; y, por otro lado, se efectuó una entrevista. En este sentido, se observaron 798 niños y se entrevistó a 573.[33] De este relevamiento, nos interesa describir la situación de los niños que efectuaban el cartoneo como parte de su subsistencia.

Del total de niños que se observaron, 426 (53%) se dedicaba a las tareas de recolección y clasificación de productos reciclables. La segunda actividad mayormente observada fue el pedido de limosnas (14%). El resto de las tareas observadas constituían malabarismo, venta ambulante y otras actividades sin identificar claramente. Por su parte, de los 573 niños entrevistados, el 79% residía en el conurbano bonaerense (452). A su vez, de toda esta población procedente del Gran Buenos Aires, el 65% se dedicaba al cartoneo como actividad principal. Por otra parte, el informe obtuvo las características de los niños cartoneros según se encontraran en situación de calle, alternaran entre la calle y la residencia en su vivienda, o bien, si dormían en sus casas. Los resultados del relevamiento señalan que, a diferencia de los niños dedicados a otras labores, el 84% de los cartoneros dormían en sus casas con su familia. En cambio, de todos los niños dedicados a pedir limosna, el 46% se encontraba en situación de calle, solo un 26% dormía en su casa y el 28% restante alternaba entre una y otra modalidad. Esto podría estar indicando un menor grado de ruptura en sus relaciones familiares por parte de los niños cartoneros, respecto de aquellos dedicados a otras labores.

Como se puede observar, la actividad cartonera ha dado lugar al empleo de mujeres y niños. En el proceso de trabajo, el conjunto de la unidad familiar participa en las diferentes labores. Fundamentalmente, las mujeres trabajan a la par de los hombres. Los niños también dedican un tiempo de trabajo en algunas labores de recolección y clasificación. En ciertos casos, prevalece una división sexual y etaria del trabajo donde los hombres se dedican a la recolección de productos y las mujeres y los niños a su clasificación y acopio. No obstante, estas dos últimas labores son efectuadas, en ciertos casos, en la vivienda. De este

de Políticas y Programas, Ministerio de Desarrollo Social, 2008; Gobierno de la Ciudad Autónoma de Buenos Aires: "CENSO. Niñas y adolescentes en las calles de la ciudad de Buenos Aires. Informe técnico, julio de 2008", Dirección General de Gestión de Políticas y Programas, Ministerio de Desarrollo Social, 2008.

[33]La diferencia entre los entrevistados y los observados radica en la imposibilidad de establecer un contacto por parte de los entrevistadores con un porcentaje de la población (225 personas).

modo, los registros cuantitativos no suelen relevar tales actividades. Como veremos en el capítulo IV, en algunos asentamientos cartoneros las mujeres aportan su fuerza de trabajo en las tareas de clasificación en sus casas. Pero, no se dedican a la recolección puesto que deben cuidar de sus hijos. Probablemente, la forma de pago que asume la actividad, el destajo, sea uno de los motivos que tienda a crear una división de tareas en el seno de la familia cartonera.

Procedencia y medios de transporte

I. Los cartoneros del conurbano bonaerense

La mayor cantidad de cartoneros que recolectan productos en la ciudad de Buenos Aires proviene del conurbano bonaerense. En términos generales, los cartoneros de las localidades ubicadas en las cercanías de algún ferrocarril comenzaron a viajar en los furgones de los trenes de pasajeros comunes, durante la década de 1990. A partir del año 1999, los recuperadores provenientes de José León Suárez obtuvieron un tren propio. Es decir, lograron que la empresa Trenes de Buenos Aires cediera un ferrocarril exclusivamente para el traslado de cartoneros con sus carros. Fue una conquista del movimiento cartonero luego de efectuar manifestaciones contra la empresa por la mejora en los servicios. Con posterioridad al 2001, el conjunto de los cartoneros obtuvo un tren propio.[34] Estos ferrocarriles fueron denominados "trenes blancos" por sus usuarios de José León Suárez, por tratarse de formaciones con ese color.

A partir del año 2002, se otorgaron varios ramales con servicio especial para cartoneros y los ya existentes se incrementaron. Según el Ministerio de Transporte de la Nación, la empresa TBA cedió 2 servicios de ida y 2 de vuelta de lunes a viernes y 1 de ida y 2 de vuelta los días domingo en el ramal de Retiro a José León Suárez. En total se destinaban 6 coches por cada formación. En el ramal Retiro-Tigre, la misma concesionaria otorgó 4 servicios de ida y 4 de vuelta de lunes a viernes, mientras que, los domingos funcionaban 2 servicios de ida y 4 de vuelta. De estos últimos, uno de ellos solo llegaba hasta la estación Victoria. Estas formaciones estaban constituidas por 5 coches cada una.[35] Cabe destacar que, la información suministrada por

[34] Analizaremos la lucha que dio lugar a la obtención de los trenes cartoneros en el capítulo V.

[35] Ministerio de Transporte de la Nación y Comisión Nacional de Regulación del Transporte: "Informe sobre trenes cartoneros", carta enviada por el autor por pedido de información de acceso público según Decreto n° 1.172/2003, Expte. N° 0503643/2011.

el Ministerio no contempla las formaciones en las cuales se transbordaba para dirigirse a otras localidades de la provincia de Buenos Aires, como por ejemplo, los ramales de Villa Ballester a Zárate y de la estación Victoria hasta Capilla del Señor. Hasta el año 2002, este último recorrido era efectuado por los cartoneros en los trenes de pasajeros comunes, toda vez que los mismos tuvieran furgones disponibles para subir los carros. Posteriormente, la empresa TBA dispuso tres servicios que salían desde la estación Maquinista Savio a las 8:15, 13:00 y 16:30, con destino a Victoria. Allí, los cartoneros empalmaban con el tren procedente de la estación de Tigre.[36]

La empresa TBA también cedió un tren exclusivo de cartoneros en el ramal Moreno-Once. Se otorgaron 2 servicios de ida y 2 de vuelta, de lunes a viernes. Los días sábados y domingos no circulaba.[37] Todos estos servicios exclusivos de cartoneros de la empresa TBA fueron clausurados en los meses de junio y diciembre del año 2007.[38] Por su parte, la actual Unidad de Gestión Operaria Ferroviaria de Emergencia (UGOFE) otorgó servicios exclusivos para cartoneros en sus ex líneas Roca (Bosques-Constitución) y San Martín (Pilar-Retiro).[39] En el primer caso cedió 2 servicios que salían desde Constitución de lunes a sábado, cuya cantidad de coches por formación sumaba un total de 5; mientras que, en el segundo ramal otorgó 1 servicio de ida y 1 de vuelta de domingos a viernes.[40] Este último estaba compuesto por 6 coches

---

[36]Sánchez, Martín Gastón y Daniela Ubal: "Acción de amparo. Solicita medida cautelar. Recurso presentado contra Trenes de Buenos Aires S.A. (TBA)", Provincia de Buenos Aires, 2007.

[37]La CNRT y el Ministerio de Transporte de la Nación desconocen la cantidad de coches por cada formación de este ramal. Por su parte, Pablo Schamber señala que el tren estaba conformado por 5 vagones. Schamber, *De los desechos...*, op. cit., p. 112.

[38]La CNRT y el Ministerio de Transporte de la Nación desconocen la fecha de inicio en que se cedieron los servicios de trenes exclusivos para cartoneros otorgados por la empresa Trenes de Buenos Aires.

[39]La UGOFE fue creada por el Decreto 798/2004 del Poder Ejecutivo Nacional y la Resolución 408/2004 de la Secretaría de Transporte, con el objetivo de operar a cuenta y orden del Estado los servicios ferroviarios urbanos de la Línea San Martín a partir de enero de 2005. A la empresa, que se encuentra conformada por Ferrovías, Metrovías y Trenes de Buenos Aires, el Poder Ejecutivo le ha confiado el manejo, desde julio de 2007, de las Líneas General Roca y Belgrano Sur (Decretos 591/2007 y 592/2007). Fuente: http://www.ugofe.com.ar.

[40]Verónica Paiva menciona que hasta el año en que se dispuso el tren cartonero del ramal Retiro-Pilar, los recuperadores viajaban en los furgones de los trenes comunes. En este caso ningún cartonero pagaba pasaje debido a que existía un acuerdo tácito con el personal de seguridad. No obstante, y al igual que el caso del ramal Mitre, dependía de la buena voluntad de los guardas. A partir de la existencia del tren cartonero, los usuarios debieron comenzar a pagar un abono mensual que,

por formación. Los servicios otorgados por la UGOFE comenzaron a prestarse a partir del mes de diciembre de 2002 y hasta el año 2012 continuaban vigentes.

En otros ramales no se implementó un servicio exclusivo para cartoneros, pero la concesionaria cedió algunos furgones y vagones para que los recuperadores pudieran transportar sus carros. Ejemplos de este último caso son los ramales de la ex línea Roca con destino a Florencio Varela y Korn en los cuales se llegó a destinar entre 2 y 4 vagones exclusivamente para los cartoneros.[41] Por último, las concesionarias de los ferrocarriles Urquiza, Belgrano Sur y Belgrano Norte no efectuaron servicios exclusivos destinados al transporte de cartoneros con sus carros.

La cantidad de cartoneros que viajaban en los trenes blancos, o los que aún se trasladan en la actualidad, es desconocida por las autoridades de la Comisión Nacional de Regulación del Transporte. Tampoco existen datos estadísticos tanto oficiales como no oficiales que muestren una evolución del conjunto de los usuarios cartoneros. Según el Registro Único de Recuperadores realizado en el año 2003, la cantidad de cartoneros residentes del Gran Buenos Aires que se trasladaban en los trenes sumaba un total de 4.784. Esta cifra representaba el 76,5% de esa población (de un total de 6.253 cartoneros registrados procedentes del conurbano bonaerense).[42]

Por su parte, un informe realizado por el Gobierno de la Ciudad Autónoma de Buenos Aires estimó la cantidad de carros promedio que se trasladaban diariamente desde el conurbano bonaerense hacia la ciudad porteña en los trenes blancos.[43] El informe contabilizó, en el año 2006, un total de 1.310 carros de los cuales el 61% (800) eran trasladados en los trenes blancos de los ferrocarriles Sarmiento y Mitre

---

en el año 2006, era de 13 pesos. Ver, Paiva, Verónica: *Cartoneros y cooperativas de recuperadores. Una mirada sobre la recolección informal de residuos. Área Metropolitana de Buenos Aires, 1999-2007*, Prometeo Libros, Buenos Aires, 2008, p. 111.

[41]Un informe realizado por el Gobierno de la Ciudad Autónoma de Buenos Aires en 2006 confirma esta situación, a pesar de que la Comisión Nacional de Regulación del Transporte haya negado este hecho, luego de haber iniciado un pedido de información por el autor. Programa de Recuperadores Urbanos: "El circuito de recuperación de materiales reciclables en la Ciudad de Buenos Aires: actores, volúmenes y perspectivas", Subsecretaría de Medio Ambiente, Gobierno de la Ciudad Autónoma de Buenos Aires, 2006.

[42]Dirección General de Estadística y Censos: "Registro de Recuperadores Urbanos", 2003, op. cit.

[43]La estimación de la cantidad de carros fue realizada durante los meses de agosto y septiembre de 2006 con el objetivo de contabilizar la cantidad de material reciclable que se recolectaba bajo la modalidad "informal", es decir, la suma de lo que se trasladaba en tren más el total vendido en camiones y galpones. Programa de Recuperadores Urbanos: "El circuito de recuperación de materiales...", op. cit.

(concesionados por la empresa TBA) y el 39% (510) eran transportados en los ramales San Martín y Roca (con destino a Korn y F. Varela). No obstante, estos registros no contemplaron el ramal del Tren Blanco del ferrocarril Roca con destino a Bosques. A su vez, la fuente no permite obtener la cifra de la cantidad real de cartoneros puesto que, por cada carro, puede haber más de un recolector. En este sentido, algunas familias cartoneras de 3 y 4 miembros se trasladaban en los trenes blancos con un solo carro.[44]

En un contexto por clausurar los servicios de trenes cartoneros por parte de la empresa TBA, entre los años 2006 y 2007, se dieron a conocer algunas cifras sobre la cantidad de usuarios de los trenes blancos de los ramales del ferrocarril Sarmiento y ambos del Mitre. En el mes de diciembre de 2006, la legislatura porteña mencionó, sobre la base de una estimación realizada por la empresa TBA, que la cantidad de cartoneros que se trasladaba en esos ramales sumaba un total de 2.400.[45] A su vez, en un artículo publicado por el diario *Clarín* en el mes de mayo de 2007, la concesionaria TBA señaló que se trasladaban 1.300 cartoneros, mientras que, uno de los delegados del Tren Blanco manifestó que la cantidad de usuarios sumaba 1.800 en solo uno de los ramales.[46] Unos meses después, en diciembre de 2007, la misma concesionaria señaló que los servicios del ramal del ferrocarril Sarmiento trasladaban a 160 recuperadores y los trenes cartoneros del ferrocarril Mitre (Retiro-Tigre y Retiro-Suárez) transportaban a 630 recuperadores.[47] Es decir, un total de 790 personas. Esta cifra difiere en una cantidad de 510 usuarios respecto de los pasajeros declarados por la misma empresa durante los meses previos. Probablemente, las autoridades de TBA hayan subestimado la cantidad real de cartoneros que viajaban en los trenes blancos con el objetivo de minimizar las consecuencias del cierre de los ramales.

Finalmente, la empresa TBA clausuró los ramales de trenes cartoneros de los ferrocarriles Sarmiento y Mitre, como también, los transbordos con destino a Zárate y Capilla del Señor, durante el año 2007. Con posterioridad al cierre de estos ramales, la concesionaria y el gobierno porteño cedieron camiones para el transporte de los carros. Por su parte, los recuperadores comenzaron a trasladarse en los trenes de

---

[44]En el año 2003 se filmó una película titulada "El Tren Blanco", dirigida por Nahuel García, Sheila Pérez Giménez y Ramiro García, donde se puede observar a familias de 2 a 4 miembros que viajaban en los trenes con un solo carro.

[45]Acta de la 5a Sesión Especial: "Informes sobre los recuperadores urbanos que viajan en los denominados Trenes Blancos. Se trata sobre tablas. Resolución 658/2006. (Exp. 3506-D-2006)", Versión Taquigráfica, n° 43, Legislatura de la Ciudad Autónoma de Buenos Aires, 5 de diciembre de 2006.

[46]*Clarín*, 30/05/2007.

[47]*Clarín*, 28/12/2008.

pasajeros comunes. Como veremos en el capítulo V, el reemplazo de trenes por camiones fue rechazado por los cartoneros. A pesar de su resistencia, los recuperadores no pudieron revertir la medida impuesta por la empresa.

El otro medio de transporte mayormente utilizado por los cartoneros provenientes del conurbano bonaerense es el camión. Los recuperadores se suben, junto a sus carros, en los acoplados de los vehículos. Esta modalidad aún existe, pero no predomina. A partir de los años 2008 y 2009, el gobierno porteño cedió camiones en comodato para el transporte de carros, y micros para el traslado de cartoneros.

En la mayoría de los casos, los cartoneros que utilizaban esta forma de ingreso a la ciudad porteña eran los provenientes de las localidades ubicadas en la zona sur del conurbano bonaerense. Fundamentalmente, Villa Fiorito y Caraza. Los habitantes de todos esos barrios no tenían la posibilidad de trasladarse en trenes. El ramal más cercano a las zonas mencionadas tiene un recorrido entre Puente Alsina y Aldo Bonzi (trenes de la ex línea Belgrano Sur). Este ramal no ingresa a la zona comercial porteña, a diferencia de los demás ferrocarriles provenientes de otras regiones del Gran Buenos Aires.

Los propietarios de estos camiones son personas que residen en los mismos barrios donde viven los cartoneros. En algunos casos, los vehículos fueron obtenidos a partir del pago de indemnizaciones a trabajadores que fueron despedidos de sus antiguas ocupaciones.[48] Durante los años inmediatamente posteriores al 2001, los choferes cobraban entre 3 y 5 pesos diarios (entre 15 y 25 pesos semanales) por cartonero trasladado, monto que fue incrementándose con la inflación. A principios del año 2009, los recuperadores pagaban 50 pesos por semana. Estos camioneros actuaban como fleteros de carros y cartoneros.[49]

El Registro de Recuperadores Urbanos del 2003 contabilizó un total de 1.019 cartoneros que ingresaban a la ciudad porteña en camiones. Por su parte, un informe del gobierno porteño efectuado en el año 2006 registró un total de 37 camiones grandes y 31 vehículos más pequeños que transportaban recuperadores. En los primeros ingresaban 16 cartoneros en promedio, mientras que, en los camiones más chicos subían, aproximadamente, un total de 9 personas.[50] En este sentido, la fuente estimó una cantidad de 871 cartoneros que ingresaban subidos en camiones. Cabe destacar que, el mismo informe señala las dificultades para registrar esta modalidad. Por este motivo, no se

---

[48]Entrevista a Carpenco, op. cit.

[49]Entrevista a camionero de los cartoneros provenientes de la zona sur, miembro del Movimiento de Trabajadores Excluidos, realizada el 27/02/2009.

[50]Programa de Recuperadores Urbanos: "El circuito de recuperación de materiales reciclables...", op. cit.

trata de un censo, sino de una muestra de los camiones que recorrían el centro porteño.

Por otra parte, uno de los grupos de cartoneros organizados proveniente de la zona sur del conurbano bonaerense es aquel vinculado con el Movimiento de Trabajadores Excluidos (MTE). Esta organización fue una de las beneficiadas por la política de cesión de camiones y colectivos en comodato por parte del gobierno porteño. A mediados del año 2008, los cartoneros del MTE viajaban en 83 camiones y camionetas desde sus lugares de residencia hasta la ciudad porteña. Cabe destacar que, actualmente, esta organización nuclea a cerca de 2.000 cartoneros. En su mayoría, estos recuperadores son todos aquellos que antiguamente se trasladaban en los acoplados de los camiones.

II. Los asentamientos cartoneros en la ciudad de Buenos Aires

Como hemos visto, el mayor porcentaje de cartoneros procede del conurbano bonaerense. Ello no niega que un conjunto de recolectores reside en la ciudad de Buenos Aires. Según el empadronamiento efectuado en el año 2003 y actualizado durante el 2004, el porcentaje de cartoneros residente en la ciudad porteña constituía un 23%.[51] Por otra parte, los censos y relevamientos realizados por el Instituto Nacional de Estadística y Censos (INDEC) no permiten conocer la actividad efectuada por los residentes de las villas y asentamientos de la ciudad porteña. La información publicada solo permite conocer la condición de actividad (ocupado, desocupado o inactivo) y la categoría ocupacional (obrero, patrón o trabajador por cuenta propia). En cambio, algunos organismos oficiales se han aproximado a la situación ocupacional de la población residente, sobre todo, de los asentamientos. Aunque no se establecen registros por encuesta sino por observación, se trata de los únicos informes que ponen en evidencia ciertos aspectos de la estructura de los asentamientos. Por su parte, los informes sobre las villas porteñas carecen de información sobre la actividad realizada por los habitantes. En términos generales, estos informes tienen como propósito analizar la situación de la vivienda de los pobladores y su problemática habitacional.[52]

---

[51]Dirección General de Estadística y Censos: "Registro de Recuperadores Urbanos", 2003 y 2004, op. cit. Las cifras absolutas fueron, en el año 2003, un grupo de 1.903 cartoneros sobre un total de 8.133 casos; en el año 2004, una suma de 2.112 sobre un total de 9.104.

[52]En el capítulo II hemos mencionado que algunas villas comenzaron a poblarse de cirujas, sobre todo en aquellas donde había un basural, durante las décadas de 1940 y 1950. De modo que, el cirujeo tiene una historia en los alrededores de las villas. A su vez, entre los años 1990 y 1995, un grupo de residentes de 4 villas ubicadas en la ciudad porteña se manifestaron contra la prohibición del cirujeo a

Los asentamientos en la ciudad de Buenos Aires proliferaron en las últimas décadas. El origen de la ocupación de algunos predios se remonta hasta principios y mediados de la década de 1990. Pero, en la mayoría de los casos, los asentamientos se extendieron entre los años previos y posteriores a la crisis del 2001. Finalmente, a partir de la clausura de los trenes blancos, algunos grupos de cartoneros se asentaron en zonas ubicadas en la ciudad porteña. Con posterioridad, muchos de ellos fueron desalojados por el personal del gobierno porteño.

Según un informe de la Defensoría del Pueblo de la Ciudad Autónoma de Buenos Aires elaborado en el año 2006, la mayoría de los asentamientos se emplazan en terrenos considerados inadecuados para su urbanización, a diferencia de las villas tradicionales.[53] El documento señala que estos asentamientos se constituyen a partir de "ocupaciones" de predios o inmuebles tanto públicos como privados por parte de familias de escasos recursos. En términos generales, las construcciones de las viviendas son precarias y carecen de infraestructura y de servicios elementales (agua potable, electricidad, gas o disposición de excretas). Predominan las casillas o ranchos elaborados con chapa y cartón, los techos son de bolsas, plásticos y cartones y los pisos, de tierra o cascotes. El peligro de derrumbes o desmoronamientos como los incendios debido al deficitario tendido eléctrico es una constante. Además, en esos sitios prevalece el hacinamiento debido a familias numerosas que residen en pequeñas casillas.

Los habitantes de los predios ocupados se encuentran en una situación en extremo precaria. El mismo informe de la Defensoría del Pueblo describe, a su vez, ciertos aspectos de las condiciones de salud de los pobladores de algunos de los asentamientos. Por ejemplo, en el predio ubicado en Lacarra 2049 se habrían detectado varias enfermedades en los niños: 2 casos de hidrocefalia, 4 con convulsiones, 7 de bajo peso, 3 niños sufrían bronco-espasmos y 1 tuberculosis. También se habrían manifestado patologías respiratorias, enfermedades en la piel, parásitos, infecciones y mordeduras de ratas. Por su parte, el asentamiento Los Pinos (ubicado en el Bajo Flores) se encontraba constituido por 250 grupos familiares (cerca de 1.000 personas). De ese total, un 20% recibían asistencia alimentaria del Gobierno de la Ciudad de Buenos Aires debido a que muchos niños presentaban problemas de desnutrición.

---

caballo y contra el impedimento del cirujeo. Específicamente, se trata de las villas ubicadas en Ciudad Oculta, Soldati, Bajo Flores y Barracas. Analizaremos estos reclamos en el capítulo V.

[53]Defensoría del Pueblo de la Ciudad Autónoma de Buenos Aires: "Informe de Situación. Desalojos de 'Nuevos Asentamientos Urbanos'", Buenos Aires, 2006.

Por otra parte, el gobierno porteño, a través de la Sindicatura General de la Ciudad Autónoma de Buenos Aires, relevó la situación de varios asentamientos entre los años 2007 y 2009. El informe de la Sindicatura de la Ciudad de Buenos Aires elaborado en el año 2007 señala que, aproximadamente, 12.102 personas residían en 62 asentamientos ubicados en la ciudad porteña.[54] El relevamiento menciona que cerca de un 45% de los predios ocupados se encontraban en las proximidades de las vías férreas. Esa localización estaba relacionada, entre otras razones, por la actividad predominante de los habitantes, a saber, el cartoneo. Por este motivo, los predios también se encontraban en las cercanías de galpones acopiadores de productos reciclables. Un ejemplo de esto último es el asentamiento lindante a la estación Paternal del ramal del ferrocarril San Martín, ubicado en las cercanías del depósito comprador situado en la calle Trelles 2727.

Por su parte, el relevamiento efectuado por la Sindicatura en el año 2009 tuvo como propósito actualizar la información obtenida dos años antes. A su vez, el documento permite conocer con mayor detalle aspectos vinculados con el origen de cada asentamiento relevado y la composición de personas y familias en cada uno de ellos. A diferencia del primero, el relevamiento del año 2009 no contempló los grupos de personas asentadas en la zona urbana de la ciudad porteña, en situación de calle.[55] Por esta razón, la cantidad de predios ocupados relevados disminuyó considerablemente a un total de 26.

Cabe destacar que, el informe de la Sindicatura establece una tipología de tres niveles de asentamientos, según la regularidad de residencia de la población asentada. Por un lado, la población en situación de calle conformaba el nivel 2. Por otro lado, los ocupantes asentados definitivamente conformaban el nivel 3. Finalmente, los asentamientos de nivel 1 estaban compuestos por personas asentadas temporalmente. Los asentamientos de nivel 1 tendrían como características el hecho de que las ocupaciones de los predios,

"son de tipo temporario, en ciertos sitios, con presencia de personas de forma más o menos regular, con población que se dedica a la recolección de material reciclable (cartoneo). Son asentamientos con personas y grupos familiares itinerantes, rotantes, que mayormente poseen vivienda en

---

[54]Sindicatura de la Ciudad de Buenos Aires: "Diagnóstico Institucional 'Asentamientos Precarios, Villas, NHT, Inmuebles Intrusados, Barrios Municipales y Complejos Habitacionales'. Informe especial UPE N° 3", Gobierno de la Ciudad Autónoma de Buenos Aires, 2007.

[55]Sindicatura de la Ciudad de Buenos Aires: "Intervención estatal destinada al abordaje del Déficit Habitacional en la Ciudad de Buenos Aires. Diagnóstico especial N°8-UPE-SGCBA/09", Gobierno de la Ciudad Autónoma de Buenos Aires, 2009.

el Gran Buenos Aires y suelen quedarse en esta ciudad algunos días para llevar a cabo su tarea de recolección, acopio y venta de los elementos mencionados, regresando luego a sus casas".[56]

En este sentido, de un total de 20 asentamientos, el documento señala que 3 predios tenían las características mencionadas en el nivel 1. Es decir, esos ámbitos estaban compuestos por grupos de cartoneros cuyas viviendas se encontraban en el conurbano bonaerense, pero que se asentaban algunos días en la ciudad porteña. A partir de estudios propios, hemos relevado tres asentamientos cartoneros durante el año 2009, que no han sido contabilizados por el informe citado. Dos de ellos se encontraban en el barrio de Caballito y un tercero a metros del Hospital Garrahan. En dos de esos predios ocupados, hemos constatado que un porcentaje de la población residía durante unos días en el asentamiento y, los fines de semana, regresaba a su vivienda ubicada en el Gran Buenos Aires. Uno de los motivos señalados de esta doble residencia era el interés por no trasladar a sus hijos y esposa al predio ocupado, debido a la precariedad en la cual se encontraban los asentamientos.[57]

Siguiendo con el informe de la Sindicatura, las familias pobladoras de los asentamientos relevados sumaban, aproximadamente, unas 1.715 y, en cantidad de personas, esta cifra representaba a un total de 6.602. Cabe destacar que, en 4 predios no se obtuvo la cantidad de familias habitantes, mientras que, en 8 asentamientos no aparece la cantidad de personas residentes.[58] Por su parte, de los 26 asentamientos relevados en el año 2009, la Sindicatura menciona que en 12 de ellos la mayoría de los habitantes se dedicaban a tareas de recolección y clasificación de productos reciclables.[59] Estos 12 predios se encontraban

---

[56]Ídem.

[57]Entrevistas por el autor a tres personas residentes del asentamiento ubicado en Av. Juan de Garay y Rincón, a una cuadra del Hospital Garrahan, realizada el 23/03/2009 (anónimas); a Fabián y Alberto Di Marco, residente del asentamiento ubicado detrás de la cancha del Club Ferrocarril Oeste, realizada el 09/04/2009; a Jorge Hugo Fernández, presidente de la Cooperativa de vivienda y comercio "La Amistad", y delegado del asentamiento cartonero ubicado en la calle Yerbal 1400, realizada el 17/03/2009.

[58]Estas cifras son el resultado de sumar, para cada asentamiento relevado, la cantidad de familias y personas en los casos donde aparece la información. Sindicatura de la Ciudad de Buenos Aires: "Intervención estatal destinada al abordaje...", 2009, op, cit.

[59]Los 12 asentamientos en los cuales sus habitantes se dedicaban fundamentalmente al cartoneo se ubican en Barrio Obrero (Piedrabuena 4.200); Salguero 3500; Elcano 4.208; vías del Ferrocarril Sarmiento entre Lope de Vega y Víctor Hugo; Chonino (entre vías del ferrocarril ex Belgrano y el ferrocarril Mitre); Asentamiento Vélez Sarfield; Los Pinos (Av. Riestra, Portela, Ana María Janer y Mariano Acosta);

habitados por 955 familias y más de 3.851 personas.[60] De los 14 asentamientos restantes, el informe no menciona la actividad laboral a la que se dedicaban los pobladores.

Resumiendo

En este acápite describimos algunas características generales de los cartoneros. Como dijimos, lamentablemente, no existen datos censales que puedan mostrar la evolución de la cantidad de cartoneros en las últimas décadas. Los primeros registros de cartoneros efectuados por el gobierno porteño remiten al período 2002-2003 y luego continúan en los años posteriores. No obstante, se trata de un empadronamiento optativo. En este sentido, las cifras pueden estar sub-representando a un porcentaje importante de recuperadores. A su vez, con la asunción de cada gobierno, las metodologías de registro fueron modificándose. Teniendo en cuenta estas consideraciones, el promedio estimado de cartoneros que recogen en la ciudad porteña y que se encuentra registrado entre los años 2003 y 2011 es de, aproximadamente, 7.425. La cifra real, incluyendo los no registrados, puede oscilar entre 10.000 y 20.000 personas.

La población cartonera es una fracción de la clase obrera que ha sido expulsada de otras ocupaciones. Estas últimas constituyen empleos donde predomina la precariedad, como por ejemplo, la construcción y el servicio doméstico. Además, un porcentaje considerable de los cartoneros ha sido expulsado de la rama de la industria manufacturera y el comercio. A su vez, en el cartoneo predomina una población joven. Esto podría estar mostrando que se trata de una porción de la población con dificultades de ser reabsorbida por la industria, que se emplea en el cartoneo para reproducir sus condiciones de existencia. Por otra parte, el registro de recuperadores efectuado en el año 2003 muestra el momento de ingreso en el cartoneo. Allí se observa que los

---

terrenos linderos a la estación Chacarita del Ferrocarril San Martín; bajo Autopista 25 de Mayo; terrenos linderos a la estación Paternal del ferrocarril San Martín; Asentamiento Luján (Pedro de Luján 2364, Barracas); Playón Urquiza (Chacarita). Por su parte, los 14 predios de donde no se obtuvo información sobre la actividad laboral de los pobladores se ubican en Bermejo (villa Lugano); Lamadrid (Suárez y Pedro de Mendoza); Barrio San Pablo (Soldati); Casillas Ferroviarias (Ex Paredón, Lacroze 4.169); Terrenos linderos al ferrocarril San Martín (Warnes y Newbery); El Pueblito (Puente Alsina y Riachuelo); Agustín Magaldi (Barracas); Scapino (Scapino y Echeandía); Estación Hipólito Irigoyen, Tren Roca (Barracas); Mendoza 4200; Chascomús 4400; Brasil 175 (Boca); Varela y la vía del tren Belgrano Sur; Casillas aledañas a la Lechería (Arregui y Gavilán). Fuente: Ídem.

[60] En dos asentamientos no aparece la cantidad de personas. En cambio, en los 12 predios relevados por la Sindicatura aparece la cantidad de familias residentes.

períodos de mayor inserción en la actividad de recolección y clasificación de productos reciclables fueron entre los años 1998 y 2001 y, sobre todo, a partir del año 2002. Este momento de mayor inserción en el cartoneo coincide con la devaluación de la moneda y el incremento de los precios de los materiales reciclables. Esto también podría haber influido en el crecimiento de la actividad.

En otro orden, un conjunto minoritario de recuperadores mantiene una ocupación paralela al cartoneo. Por su parte, otro porcentaje de cartoneros recibe una asistencia del Estado bajo la forma de planes sociales. La necesidad de emplearse en dos ocupaciones y de ser asistido por subsidios del Estado muestra una tendencia al empeoramiento de las condiciones de vida de esta fracción de la clase obrera.

El empleo de mujeres y niños en la actividad cartonera también muestra que nos encontramos frente a una capa entera de la clase que incluye a toda la familia, síntoma de la existencia de un ingreso que solo cubre la reproducción individual. Efectivamente, la familia cartonera en su conjunto aporta su fuerza de trabajo en las tareas de recolección y clasificación de productos reciclables. En ciertos casos, prevalece una división de tareas sexual y etaria. Es decir, los hombres adultos se dedican a la tarea más trabajosa, la recolección, mientras que, las mujeres y los niños clasifican y acopian. Al igual que los hombres, las mujeres provienen de empleos caracterizados por la precariedad, de los cuales han sido expulsadas. Fundamentalmente, el empleo doméstico, las tareas de limpieza y mantenimiento y el comercio. También se observa en las cartoneras el empleo en ocupaciones paralelas a la actividad de recolección y clasificación de productos reciclables. Es probable que, el empleo femenino e infantil en la rama del cartoneo se explique por la caída del valor de la fuerza de trabajo y la necesidad de obtener mayores ingresos por parte de la familia cartonera. Además, la forma de pago que asume el cartoneo, el destajo, podría estar influyendo en el empleo femenino e infantil. El pago a destajo imprime la necesidad de incrementar los ritmos de trabajo y la productividad para obtener mayores ingresos. De este modo, crea las condiciones para efectuar una división del trabajo con el objetivo de obtener una mayor cantidad de productos reciclables y, consecuentemente, un ingreso monetario mayor.

La actividad cartonera constituye un trabajo con un grado elevado de intensidad. La modalidad de recolección más extendida es el recorrido a pie con carro manual. A su vez, la cantidad de cuadras caminadas resulta elevada. Los cartoneros recorren un trayecto con carros cargados de materiales durante una jornada de trabajo que supera las 5 horas diarias. A este trayecto se debe sumar el tiempo de recorrido en los medios de transporte, puesto que la mayoría de los cartoneros proviene del conurbano bonaerense, como también, la jornada dedicada a la clasificación y acopio en las viviendas.

Finalmente, la mayoría de los cartoneros recolectores de la ciudad porteña residen en el conurbano bonaerense. Por este motivo, utilizan los trenes, camiones y colectivos para trasladarse hasta su lugar de trabajo. Esta situación ha dado lugar a la existencia de un ramal de ferrocarril exclusivo para el traslado de cartoneros. El primer tren cartonero fue inaugurado en el año 1999, momento en el cual, la actividad muestra los primeros síntomas de masificación. Con posterioridad a la crisis del 2001, los trenes cartoneros proliferaron en la mayoría de los ramales, aunque un conjunto de recuperadores también ingresaba a la ciudad porteña subido en los acoplados de los camiones. Por otra parte, un porcentaje de cartoneros reside en la ciudad de Buenos Aires. No solo en las villas, sino también, en asentamientos urbanos. Estos últimos proliferaron luego de la crisis del 2001. En varios de ellos, los habitantes se dedican a las tareas de recolección y clasificación de productos reciclables como actividad principal.

Como conclusión parcial, esta primera aproximación a características generales de la población bajo estudio confirma nuestra hipótesis de que estamos en presencia de sobrepoblación relativa. Para acercarnos aún más a la confirmación de esa hipótesis, durante el resto del capítulo estudiaremos ya no las características propias de nuestro objeto, sino las relaciones que traza con el capital.

Los empleadores

Resumiendo lo visto en el capítulo II, podemos observar una tendencia al mayor uso de reciclado por la industria papelera, sobre todo en el período 2000-2010, posible por la reconversión tecnológica de la rama, en detrimento del uso de pasta celulósica a base de madera. Por otra parte, ya en la década de 1990 comienza a perfilarse un ciruja cada vez más especializado en la recolección de cartón. Actualmente, este producto, junto al papel blanco y el diario, constituye la mayor cantidad de material juntado por los cartoneros. A su vez, la labor de los cartoneros garantiza un ahorro para el Estado en los presupuestos emitidos para la recolección y tratamiento de residuos. Al recolectar productos, clasificarlos y venderlos como insumos para la producción de otros bienes, los recuperadores garantizan una disminución de residuos enviados a los rellenos sanitarios. Por su parte, el Estado porteño comenzó a reconocer esta tarea de los cartoneros en materia de reciclado con posterioridad a la crisis del 2001.

En este acápite analizaremos quiénes son los empleadores de los cartoneros y quiénes se benefician con la venta de la fuerza de trabajo de los recuperadores. Vamos a seguir un camino de menor a mayor que va desde los cartoneros hasta el Estado. En efecto, si bien los grandes empleadores del cartonero son las empresas papeleras y el Estado, entre ambos polos se mueve el mundo de los intermediarios, una vasta y compleja red de acopiadores, galponeros, camioneros, etc. Vamos a empezar por estos para luego acercarnos a las papeleras y el Estado. Por otro lado, indagaremos cómo el Estado porteño, a través de su política para incrementar el reciclado de productos desechados, comenzó a reconocer el trabajo de los cartoneros y a formalizar una relación de explotación. Este reconocimiento se efectuó por etapas. Todas ellas están condicionadas por la lucha de los cartoneros, aspecto que analizaremos en el capítulo V. En primer lugar, el Estado permitió la actividad del cartoneo, luego de haber estado prohibida durante décadas. Un segundo momento se caracteriza por la creación de centros de reciclado gestionados por cooperativas cartoneras, aunque la recolección de productos en los grandes generadores de materiales reciclables recae en las empresas privadas. El tercer momento, que arranca en el año 2008, se caracteriza por la reasignación de los recursos antiguamente otorgados a las empresas privadas a los cartoneros y el reconocimiento efectivo de su labor por parte del Estado.

Las fuentes utilizadas corresponden a informes efectuados por el gobierno porteño, resoluciones fiscales de la AFIP, normativas, versiones taquigráficas relevadas en la Biblioteca de la Legislatura porteña y resoluciones sancionadas por el Ministerio de Ambiente y Espacio Público del gobierno. También hemos relevado las Cuentas Anuales de Inversión y los presupuestos ejecutados por el gobierno de la ciudad de Buenos Aires, publicaciones de la Asociación de Fabricantes de Celulosa y Papel y diarios de tirada nacional. Finalmente, realizamos entrevistas a intermediarios en la zona de Microcentro, específicamente dos camioneros, a encargados de depósitos comercializadores de reciclado, a un recortero y a dirigentes de cooperativas que gestionan centros de reciclado.

La industria papelera y la red de intermediación con los cartoneros

1. Una red compleja

En términos generales, los cartoneros no venden el material reciclable directamente a las empresas. Entre ambos, se encuentran los intermediarios quienes compran a los recuperadores y, posteriormente, venden a las empresas, o bien, a los establecimientos recorteros. La rama de los intermediarios es auxiliar de toda la industria que utiliza los insumos reciclables como materia prima para la producción de otros bienes. De este modo, los cartoneros son los encargados de recolectar y clasificar los productos, que luego son vendidos a los intermediarios y, estos, una vez acopiada una cantidad de materiales, se los entregan a las empresas. Las únicas que han logrado vender de manera centralizada y directa a los grandes acopiadores o directamente a las empresas papeleras son algunas cooperativas que poseen un centro de reciclado o galpón de acopio. Sin embargo, esta situación aún no prevalece, aunque ha mostrado ciertos avances.[61]

Entre los recolectores y las empresas no existe una relación formalizada. En todo caso, la vinculación es indirecta a través de la forma que asume el pago a los cartoneros, esto es, el destajo. Las empresas pagan a los intermediarios un monto de dinero por la compra de una cantidad de productos medida en kilogramos. Por su parte, estos intermediarios pagan a los cartoneros una suma de dinero por la compra de estos materiales. Es decir, compran los productos a un precio menor del que las empresas le pagan por ellos. De esta manera, un porcentaje del valor del producto es apropiado por los intermediarios.

En la actualidad, la mayor cantidad de productos recolectados por los cartoneros son los derivados del papel, es decir, cartón, diarios y papel blanco. No hay registros que mencionen la evolución anual de estos insumos recogidos por los recuperadores. Un informe realizado por el gobierno porteño en el año 2006 intentó cuantificar la cantidad de productos recogidos por los cartoneros según el tipo de insumo. Para ello se efectuaron relevamientos por encuesta a los cartoneros que viajaban en los diferentes ramales de los trenes blancos y los cartoneros que se trasladaban en los acoplados de los camiones.[62] Por su parte, otro informe del gobierno efectuado en el año 2004 relevó la cantidad de productos vendidos por los cartoneros en los galpones acopiadores ubicados en la ciudad porteña.[63] Se trata de 26 galpones relevados

---

[61]En el capítulo IV analizaremos con mayor detalle el proceso y condiciones de trabajo de los cartoneros en los centros de reciclado gestionados por cooperativas.

[62]El personal del gobierno porteño relevó los ramales de los trenes blancos correspondientes a las ex líneas Sarmiento, Mitre (con destino a José León Suárez y Tigre), Roca (con destino a Varela) y San Martín. Del ramal Roca con destino a Korn no se obtuvieron datos suficientes y no se publicaron. En total, los datos relevados corresponden a 1.210 carros de cartoneros. A su vez, se contabilizó la cantidad de productos trasladados por cartoneros subidos en 68 camiones, 4 autos con tráiler, 26 carros a caballo y 27 carros tirados por bicicletas. Programa de Recuperadores Urbanos (PRU): "El circuito de recuperación de materiales reciclables en la Ciudad de Buenos Aires: actores, volúmenes y perspectivas", Gobierno de la Ciudad Autónoma de Buenos Aires, 2006; Programa de Recuperadores Urbanos (PRU): "Circuito de reciclado en la Ciudad Autónoma de Buenos Aires. Informe 2006", Buenos Aires, 2006.

[63]Programa de Recuperadores Urbanos (PRU): "Una mirada sobre los depósitos que comercializan reciclables en la CABA", Dirección General de Políticas de Reciclado Urbano, Gobierno de la Ciudad de Buenos Aires, 2004. El informe de 2006 señala una estimación sobre el total de productos vendidos a galpones sin

sobre un total de 62 registrados durante ese año, de los cuales se obtuvo información para un total de 31 establecimientos. Los 5 acopiadores restantes no compraban mercadería a cartoneros. El resultado del total de productos recolectados por los cartoneros y los porcentajes según el tipo de material se muestra en el siguiente cuadro:

Cuadro 9. Cantidad de productos recolectados por los cartoneros, transportados en los ex trenes blancos, en camiones y vendidos a galpones ubicados en la Ciudad de Buenos Aires.

Tipo de material recolectado (en toneladas y porcentaje)		Trenes blancos (2006) - tn diarias	Camiones (2006) - tn diarias	Galpones (2004) - tn semanales
Papel y cartón	Tn	84	59	252
	%	78	70	81
Vidrio	Tn	6	13	
	%	5	15	
Plástico	Tn	7	12	4
	%	7	14	1
Metales	Tn	9	1	54
	%	9	1	17
Trapo	Tn	1		
	%	1		
Toneladas Total		**107**	**84**	**309**

Fuente: elaboración propia en base a Programa de Recuperadores Urbanos: "El circuito de recuperación de materiales reciclables en la Ciudad de Buenos Aires: actores, volúmenes y perspectivas", Gobierno de la Ciudad Autónoma de Buenos Aires, 2006; Programa de Recupèradores Urbanos: "Circuito de reciclado en la Ciudad Autónoma de Buenos Aires. Informe 2006", Buenos Aires, 2006; y, Programa de Recuperadores Urbanos: "Una mirada sobre los depósitos que comercializan reciclables en la CABA", Dirección General de Políticas de Reciclado Urbano, Gobierno de la Ciudad de Buenos Aires, 2004. Todos los informes fueron consultados en la Dirección General de Políticas de Reciclado, dependiente

---

especificar el tipo del material y, además, contabiliza los productos vendidos por los cartoneros y los que los galpones compran a las imprentas y gráficas. De este modo, se suman dos procedencias diferentes. Cabe destacar que, el informe del 2006 registra un total de 114 galpones acopiadores. En este sentido, la cantidad de establecimientos de las cual se obtienen datos para el año 2004 se encuentra sub-representada.

del gobierno porteño, y la información que allí aparece fue constatada por el personal del gobierno en una consulta efectuada en el año 2008, puesto que una cifra contiene un error en el informe final del relevamiento.

El cuadro muestra una cantidad sustantivamente mayor de papeles y cartones recolectados en relación al resto de los productos, cifra que ronda entre en 70 y un 81% sobre el total, en cada rubro. En este sentido, la industria papelera es la más beneficiada por el trabajo cartonero, al menos en los últimos años.[64]

Como ya hemos mencionado al principio de este capítulo, el único registro de cartoneros del cual se obtuvo información sobre la estructura de la actividad fue el padrón realizado durante el año 2003. El relevamiento señala en qué establecimientos los cartoneros entregaban y vendían los productos recogidos. En este sentido, según el Registro Único de Recuperadores Urbanos, un 34,6% de los cartoneros vendía sus productos a depósitos intermediarios ubicados en la ciudad porteña. Se trataba de 3.692 recolectores sobre un total de 8.150 registrados. Por su parte, un 11,3% de esa cifra (921 casos) entregaba sus materiales a camiones intermediarios, mientras que, un 53,4% (4.352 cartoneros) trasladaba los insumos y los vendía en galpones ubicados en el conurbano bonaerense. En ese entonces, solo 57 recuperadores empadronados vendían sus productos a las cooperativas.[65]

Sobre la estructura de los intermediarios que compran a los cartoneros en la ciudad de Buenos Aires no existen registros censales. Entre los años 2004 y 2006, el gobierno porteño, por intermedio de la Dirección General de Políticas de Reciclado Urbano, efectuó algunos relevamientos que permiten observar las características de la rama.[66] En el relevamiento del año 2006, el gobierno porteño contabilizó un total de 114 galpones intermediarios ubicados en la ciudad de Buenos Aires. La mayoría de los galpones se ubican en la zona sur de la ciudad, sobre todo en los barrios de Villa Soldati y Nueva Pompeya. El registro establece una tipología de los galpones. Para ello, se tuvo en cuenta el volumen de productos comprados, los proveedores, los clientes, el equipamiento y el grado de formalidad.[67] En este sentido, los galpones

[64]Ya hemos visto en el capítulo II cómo en el período entre el año 2000 y 2010, el uso de reciclado en la industria papelera creció notablemente respecto de las décadas previas.

[65]Dirección General de Estadística y Censo: "Registro de Recuperadores Urbanos", 2003, op. cit.

[66]Nos referimos a los informes ya citados efectuados por el Programa de Recuperadores Urbanos.

[67]Se entiende por "formalidad" la habilitación del galpón y la mediación de un contrato con los empleados del galpón. El informe menciona en su cita al pie n° 10: "En este caso, por 'formalidad/informalidad' nos referimos a los aspectos tribu-

"tipo 1" tenían como característica la compra directa a cartoneros, la ausencia de equipamiento, el manejo de una menor cantidad de volumen de productos reciclables, la venta a otros galpones (y no directamente a las empresas) y cierto grado de informalidad. Estos establecimientos eran mayoritarios y sumaban un total de 96 (84%). Por su parte, los galpones "tipo 2" comercializan una mayor cantidad de productos comparado con los otros establecimientos antes mencionados, disponen de maquinaria para procesar los productos, esto es, enfardadoras y auto-elevadores para movilizar los fardos. Sus proveedores son los galpones más chicos. Los establecimientos de mayor tamaño son proveedores directos de las empresas papeleras y la comercialización de los productos se encuentra formalizada.[68] El informe del gobierno porteño contabilizó un total de 18 establecimientos con estas características (16%).

A su vez, el informe menciona que en el rubro de los establecimientos caracterizados como "tipo 2", algunos de ellos se dedicaban exclusivamente a la compra-venta de papeles y cartones. Estos acopiadores, denominados "recorteros", históricamente se dedicaban a comprar rezagos de papel directamente a las imprentas, gráficas y encuadernadoras. Según el informe del gobierno porteño, con posterioridad al año 2001, los recorteros ampliaron sus proveedores de insumos comprándoles a galpones más chicos quienes, a su vez, obtenían los productos reciclables a través de la compra a cartoneros.[69]

El relevamiento del año 2006 señala el total de productos comprados por día, de manera aproximada. Los insumos derivados de papeles y cartones constituían la mayoría (250 toneladas diarias), mientras que, el resto de los materiales comprados diariamente sumaba un total de 150 toneladas (se trata de plásticos, metales, chatarra, etc.). La mayoría de estos productos tenía como destino a empresas ubicadas en el conurbano bonaerense. Por su parte, un registro efectuado por el gobierno

---

tarios, de contratación de empleados 'en blanco', de habilitación de instalaciones y otros parámetros regulatorios". Programa de Recuperadores Urbanos: "El circuito de recuperación de materiales reciclables...", 2006, op. cit.

[68] Más adelante veremos que a partir de una iniciativa de la Asociación de Fabricantes de Celulosa y Papel, se creó en el año 2010 el registro de comercializadores de materiales reciclables. Hasta ese entonces, este tipo de galpones, los proveedores directos a las empresas, eran los encargados de "blanquear" los insumos provenientes del mercado negro, esto es, del cartoneo.

[69] Programa de Recuperadores Urbanos (PRU): "El circuito de recuperación de materiales reciclables en la Ciudad de Buenos Aires: actores, volúmenes y perspectivas", Gobierno de la Ciudad Autónoma de Buenos Aires, 2006. El informe señala que la existencia de los establecimientos recorteros remite a las décadas de 1950 y 1960. Ya hemos mencionado algunas características de estos acopiadores en el capítulo II.

porteño en el año 2004 contabilizó la cantidad de productos comprados semanalmente por 31 galpones de acopio ubicados en la ciudad de Buenos Aires.[70] De esos establecimientos, 9 compraban la totalidad de los productos a cartoneros, 17 obtenían más del 80% de los insumos provistos por los recuperadores y los 5 restantes no compraban a cartoneros sino a galpones más chicos. El siguiente cuadro muestra la cantidad de productos comprados según el tipo de material y el proveedor:

Cuadro 10. Cantidad y tipo de productos comprados por galpones según sea o no obtenido por el cartoneo (en toneladas por semana). Ciudad de Buenos Aires: 2004.

Depósitos que compran directamente a cartoneros o a otros proveedores, según tipo de producto	En toneladas por semana					
	Cartones	Diarios y revistas	Papel blanco	Metales	Chatarra	Plástico
9 depósitos compradores 100% a cartoneros	34	22,4	11,3	2	11,5	0,2
17 depósitos que compran más del 80% a cartoneros	102,1	54,1	28,1	3,8	36,5	3,4
4 galpones que no compran a cartoneros	34	40	21	no compra	no compra	no compra
1 galpón que no compra a cartoneros (sin especificar tipo de papel)	1000			no compra	no compra	no compra

*El relevamiento registra un sexto galpón que no compra directamente a cartoneros del cual no se obtuvieron datos.

Fuente: elaboración propia en base a Programa de Recuperadores Urbanos: "Una mirada sobre los depósitos que comercializan reciclables en la CABA", Dirección

[70] El informe observó 62 galpones ubicados en la Ciudad de Buenos Aires, de los cuales solo 31 respondieron a una encuesta realizada por personal del gobierno y especificaron la cantidad de productos comprados semanalmente. Esto quedó registrado en un artículo publicado por uno de los encargados de efectuar el relevamiento. Jäger, Mariano: "Depósitos que comercializan reciclables en la CABA. Adónde venden los cartoneros", en *Revista UBA Encrucijadas*, n°30, Universidad de Buenos Aires, marzo de 2005, en base a: PRU: "Una mirada sobre los depósitos que comercializan reciclables en la CABA", Dirección General de Políticas de Reciclado Urbano, Gobierno de la Ciudad de Buenos Aires, 2004.

General de Políticas de Reciclado Urbano, Gobierno de la Ciudad de Buenos Aires, 2004. El relevamiento registra un sexto galpón que no compra directamente a cartoneros del cual no se obtuvieron datos sobre la cantidad y tipo de productos comercializados.

El cuadro muestra que, de los galpones compradores directamente a cartoneros, el 81% de los productos obtenidos semanalmente constituyen insumos derivados de los papeles, mientras que, el 19% restante, son otros tipos de materiales. Esto muestra una vez más la especialización de los recolectores en la selección de los productos derivados del papel. Por otra parte, la mayoría de los galpones acopiadores que compran a los cartoneros pagan por kilogramo de material vendido, esto es, a destajo.

Esta red de intermediarios compleja que hemos tratado de describir en general, tiene tres figuras claramente identificables: los camiones intermediarios, los galponeros y los recorteros. Como veremos, constituyen una escala que va subiendo desde una especie de asalariado en función de capataz (el camionero), una pequeña burguesía más o menos rica (el galponero) y una burguesía relativamente desarrollada (el recortero).

II. Las figuras centrales de la red de intermediarios

a. El camión capataz

Los camiones que compran a los cartoneros y luego venden a depósitos o a las empresas también se constituyen como intermediarios, al igual que los depósitos.[71] Algunos transportes son independientes. Otros, en cambio, dependen de un depósito y se trasladan a un sitio específico en busca del insumo recolectado por los cartoneros.[72] El

[71]Existe un tipo de camión que habitualmente es contabilizado junto a los transportes intermediarios, pero que no actúa como tal. Se trata de los camiones denominados "fletes" que solo se dedican a transportar cartoneros con sus carros en los acoplados, a cambio del pago de una especie de boleto. Estos camioneros se asociaron a la cooperativa del Movimiento de Trabajadores Excluidos. A partir de la política de subsidios implementada por el gobierno de Macri, estos transportes dejaron de circular y, en su lugar, el gobierno otorgó camiones para transportar los carros y micros para los cartoneros. Profundizaremos el análisis sobre la reconversión de camiones en los capítulos IV y V. Aquí solo analizamos los transportes que actúan específicamente como intermediarios.

[72]En dos de los tres asentamientos cartoneros que relevamos durante el año 2009, un camión perteneciente a un galpón acopiador se acercaba hasta los predios para comprar los productos clasificados por los recuperadores. Se trata de los asentamientos ubicados en el barrio de Caballito. Entrevistas a Fabián y Alberto Di Marco, delegados y residentes del asentamiento ubicado detrás del Club Ferrocarril

reducido nivel de sus ingresos y el hecho de que participen en la producción manejando y transportando, valiéndose de la propiedad de un instrumento de producción (el camión, por lo general, muy deteriorado) los coloca más como un asalariado a destajo, similar al jefe del "gang system", que a un verdadero burgués o incluso pequeño burgués. Como veremos más adelante, los cartoneros tendieron a verlos como parte de la clase obrera y no de la patronal. Por su función y jerarquía, entonces, aparecen como el representante asalariado del capital, encargado del control del proceso de trabajo.

Generalmente, los camioneros estacionan en los ámbitos que concentran una elevada cantidad de comercios, situación que ha dado lugar a una forma de cartoneo específica, a saber, el puesto fijo.[73] Los intermediarios proveen los bolsones, carros y lienzos para que los cartoneros acopien y trasladen el material. Estas herramientas son de propiedad de los camioneros. Allí, esperan hasta que los cartoneros recolectan y clasifican los productos y luego se los compran. El pago puede ser de dos maneras. Si bien predomina el pago por kilo de material recuperado, algunos camioneros pagan un sueldo, es decir, por la jornada de trabajo. El pago por kilogramo recolectado presupone la existencia de una balanza para pesar los productos. Por esta razón, se ha denominado a este tipo de intermediario como *camión-balanza*. Según observaciones propias realizadas en las zonas de Microcentro y Once, los transportes más chicos están en relación con entre 5 y 8 cartoneros, mientras que uno grande puede llegar a tener hasta 30 recolectores a su disposición.

Otra de las modalidades donde se paga por jornal, aunque no es predominante, es aquella denominada *camión-empresa*. Se trata de transportes que trasladan a cartoneros para recoger productos a cambio de un sueldo fijo diario. Generalmente, los camiones recorren las zonas donde se concentran comercios que depositan una elevada cantidad de productos reciclables en la calle, restaurantes y demás negocios generadores de insumos reutilizables. Una encuesta realizada en el año 2004 por el Programa de Recuperadores Urbanos, dependiente del gobierno de la Ciudad de Buenos Aires, muestra que de 31 camiones relevados

---

Oeste, el 09/04/2009; Jorge Hugo Fernández, presidente de la Cooperativa de vivienda y comercio "La Amistad", y delegado del asentamiento ubicado en la calle Yerbal 1400, realizada el 17/03/2009.

[73]El puesto fijo es una de las formas de cartoneo que prevalece en las zonas que concentran una elevada cantidad de comercios, como por ejemplo, las zonas de Once y Microcentro. Un cartonero acomoda su bolsón en una cuadra y recorre los comercios de la zona para proveerse de productos. Dada la concentración de comercios, el cartonero recorre pocas cuadras y obtiene una cantidad sustantiva de productos que, en muchos casos, supera a la que obtienen los cartoneros bajo otras modalidades. Analizaremos esta forma en el capítulo IV.

en diferentes zonas de la ciudad, 2 de ellos pagaban un jornal fijo a 3 y 5 cartoneros respectivamente, otros 9 solo compraban productos reciclables según el peso de los mismos y 4 se dedicaban a la compra de insumos por peso y, al mismo tiempo, transportaba a cartoneros.[74] Por su parte, los depósitos acopiadores también llevan a cabo esta modalidad otorgándoles a los cartoneros un sueldo fijo. Otro informe del PRU señala que de una encuesta realizada a 35 galpones ubicados en la ciudad porteña, 6 de ellos retiraban productos directamente de los grandes generadores, ya sea de supermercados, zonas comerciales o de la puerta de edificios.[75] En este último caso se trata de un camión conducido por un chofer que traslada a dos operarios. Estos últimos se colocan en la parte trasera del transporte, recogen los productos y los ubican en la caja del vehículo.[76]

A partir de observaciones propias, hemos constatado el predominio del denominado *camión-balanza* en las zonas de Microcentro y Once.[77] En Microcentro, entrevistamos a dos camioneros durante el año 2010 para conocer cómo iniciaron su actividad y qué ingresos obtenían de la misma. Ambos estacionaban sus vehículos en la calle Tucumán entre las avenidas 9 de Julio y Alem. Uno de los intermediarios entrevistados nació en 1959 y se dedica a la compra-venta de materiales reciclables

---

[74]Programa de Recuperadores Urbanos: "Informe sobre las encuestas realizadas a los responsables de camiones", Dirección General de Políticas de Reciclado Urbano, Ciudad Autónoma de Buenos Aires, 2004. De los 31 camiones encuestados, 15 solo se dedicaban a transportar cartoneros a cambio del pago por el flete, es decir, no eran intermediarios, y un caso se trataba de una familia cartonera que se transportaba hasta una zona para recolectar en una camioneta.

[75]Programa de Recuperadores Urbanos: "Informe sobre las encuestas a los depósitos que comercializan en la CABA", Dirección General de Políticas de Reciclado Urbano, Gobierno de la Ciudad de Buenos Aires, 2004.

[76]Hemos observado esta modalidad en las zonas de Microcentro y Once. Los dos operarios recogen productos de la calle, mientras que, otra persona conduce el camión. Resulta particularmente difícil realizar una entrevista debido a que se encuentran sistemáticamente en movimiento. Frente a los intentos por entrevistarlos hemos recibido negativas de su parte.

[77]En la zona de Microcentro, hemos observado 8 camiones estacionados a la espera de la compra del material reciclable a los cartoneros, durante los meses de septiembre y noviembre de 2010. El relevamiento abarcó 61 manzanas comprendidas entre las avenidas Carlos Pellegrini hasta Leandro N. Alem y desde Córdoba hasta la Av. De Mayo. En la zona de Once, observamos 3 camiones estacionados, en observaciones realizadas durante los meses de septiembre y octubre de 2009. La zona relevada comprende 13 manzanas entre la avenida Corrientes hasta Bartolomé Mitre y desde la calle Castelli hasta Pasteur. No obstante, con posterioridad a las 21 horas, otros transportes recorren la zona para comprar a cartoneros. Estos camiones no estacionan, solo recogen cartoneros.

desde el año 1982.[78] Su familia se compone de su esposa, ama de casa, y 2 hijos de 18 y 3 años de edad. Siempre compró insumos reciclables en la zona de Microcentro. Antes de dedicarse a esta actividad, era empleado en una panadería en la que dejó de trabajar porque percibía un bajo salario. La actividad la heredó de su padre quien se dedicaba a la comercialización de reciclado desde el año 1977. El camionero tiene un empleado desde el año 2000. Su labor consiste en acomodar y controlar la calidad del material comprado. Por esta ocupación, el empleado recibe un salario semanal de 350 pesos, es decir, un total estimado de 1.575 pesos mensuales.[79] Ambas personas son residentes de Villa Fiorito y vecinos. Por su parte, el segundo camionero entrevistado nació en 1981 y también reside en Villa Fiorito.[80] Antes de dedicarse a la actividad del reciclado era empleado del Supermercado COTO y se encontraba registrado, hasta que fue despedido en el año 2000. Durante el mismo año, comenzó a dedicarse a la compra-venta de productos reciclables en la zona de Microcentro. Su padre es el propietario del camión, quien se dedica a la misma actividad desde que tiene 17 años. En ese entonces, recorría las calles en un carro tirado por caballo.

Ambos intermediarios llegan a Microcentro a las 17:30 horas y se retiran a las 23:00, aproximadamente, de lunes a viernes. Una vez estacionados, entregan los carros, bolsones y lienzos a los cartoneros con quienes trabajan. Todas estas herramientas son de su propiedad. Ambos camioneros poseen, aproximadamente, 30 bolsones y 30 lienzos cada uno. Uno de ellos es propietario de 6 carros, mientras que, el otro intermediario posee solo 3. Durante el año 2010, el precio de esos carros oscilaba entre los 100 y 150 pesos, el de los bolsones era de 10 pesos y el de los lienzos, de 5 pesos. En los primeros años de actividad, los camioneros compraban los bolsones y lienzos a la empresa a quien le venden el material reciclado, pero, con el tiempo, lograron que se los regalasen.

Diariamente, los intermediarios compran entre 700 y 800 kilos de cartón y papel blanco. Desde el año 2001, el camionero de Tucumán 400 compra a los mismos 8 cartoneros de manera exclusiva, mientras que, el intermediario de Tucumán 700, trabaja con 4 recuperadores.[81] Aunque no es significativo, un porcentaje del material proviene de la entrega que hacen los encargados de los edificios, particularmente, de

[78]Entrevista al camionero, realizada el día 14/10/2010.

[79]Hasta el año 2000, el empleado del camionero se dedicaba a realizar trabajos vinculados con la construcción de tinglados. Cambió de trabajo porque percibía un salario bajo.

[80]Entrevista al camionero, realizada los días 7 y 14 de octubre de 2010.

[81]Hasta el año 2007, tenía 7 recuperadores que le vendían exclusivamente. Los 3 que dejaron de venderle obtuvieron un empleo en una empresa de limpieza. Eran primos del camionero.

aquellos que se encuentran en la cuadra donde estacionan los intermediarios. Ambos camioneros obtenían durante el año 2010 una ganancia aproximada entre 2.500 y 2.800 pesos mensuales netos. Este monto superaba en más del doble el ingreso promedio obtenido por los cartoneros recolectores en la zona de Microcentro y proveedores de los intermediarios camioneros (1.078 pesos). Si bien los ingresos por la compra-venta del material reciclable superan este monto, los camioneros deben efectuar una serie de gastos: combustible, patente, verificación vehicular, etc. Además, uno de ellos nos indicó que debe pagar coimas a la policía para obtener el permiso de estacionamiento en esa zona. El otro intermediario, por su parte, debe pagar un salario a su ayudante. Los siguientes cuadros muestran los kilogramos de material recolectado, su precio, una estimación de los ingresos diarios y mensuales y los gastos realizados:

Cuadro 11. Gastos mensuales estimados de 2 intermediarios con camión en Microcentro: 2010.

Egresos	Tucumán 400		Tucumán 700	
	Monto declarado	Estimación mensual*	Monto declarado	Estimación mensual*
Combustible (diario)	50,00	1.000,00	40,00	800,00
Salario ayudante (semanal)	350,00	1.400,00	No tiene	x
Seguro automóvil (mensual)	280,00	280,00	No paga	x
Verificación vehicular (anual)	300,00	25,00	260,00	21,67
Cubiertas (cambio cada 4 meses)	N/C	x	800,00	200,00
Patente (anual)	No paga	x	120,00	10,00
Coima a policía (semanal)	Dice que no paga	x	100,00	400,00
Egreso Total	2.705,00		1.431,67	

Cuadro 12. Ingresos mensuales estimados de dos intermediarios con camión en Microcentro, según compra diaria de productos: 2010.

Subtotal Ingresos	Tucumán 400		Tucumán 700	
	Cartón	Papel blanco	Cartón	Papel blanco
Kg comprados	240	440	250	500
Precio de compra	0,30	0,90	0,50	1,00
Precio de venta	0,70	1,30	0,70	1,30
Ingreso diario	96,00	176,00	50,00	150,00
Ingreso mensual*	1.920,00	3.520,00	1.000,00	3.000,00
Ingreso total	**5.440,00**		**4.000,00**	

* Para estimar el ingreso mensual se multiplicó el ingreso diario por 20 días hábiles aproximados que tiene el mes (de lunes a viernes).

Cuadro 13. Ganancia estimada de 2 intermediarios con camiones en Microcentro, en 2010.

Ingresos por compra venta	Tucumán 400	Tucumán 700
Ingresos por compra venta	5.440,00	4.000,00
Egresos por gastos	2.705,00	1.431,67
Total Ingreso Mensual	**2.735,00**	**2.568,33**

Fuente de los gráficos 11, 12 y 13: elaboración propia en base a entrevistas a dos intermediarios camioneros que estacionan en la zona de Microcentro, realizadas los días 7 y 14 de octubre de 2010.

Una vez realizada la compra en Microcentro, los camioneros vuelven a sus casas. Durante la mañana del día siguiente, se dedican a clasificar el material, limpiarlo y mojarlo para incrementar su peso. De este modo, incrementan el kilaje final y obtienen un mayor ingreso al momento de la venta.[82] Luego, transportan los productos a la empresa compradora. Los dos camioneros venden a la Papelera Sud, cuyo depósito se ubica en la localidad de Lanús. Esta empresa, por su parte, ha creado una relación con cierto grado de dependencia por parte de los dos intermediarios entrevistados. Ambos camioneros manifestaron que la papelera les adelantó plata en más de una oportunidad,

[82] El hecho de mojar los cartones y papeles no es algo exclusivo de los intermediarios. Hemos observado que algunos cartoneros, antes de vender el producto, hacen lo mismo con el mismo objetivo que los intermediarios.

en momentos de necesidad. Incluso, el camionero que estacionaba su vehículo en Tucumán al 700 señaló que, al momento de comenzar con la actividad de compra-venta de insumos, en el año 2000, la empresa le otorgó un capital inicial de 500 pesos. A cambio, le exigía una devolución del préstamo en cuotas y la venta de los insumos reciclados en forma exclusiva. Sin dudas, se trata de una suma para nada despreciable. Durante el año 2000, los 500 pesos eran el equivalente a 500 dólares. Además, el precio de compra del kilo de cartón era de 10 centavos. Sin contar los gastos, el capital inicial equivalía a la compra de 5.000 kilos de cartón.

b. Los galponeros

Resulta difícil conseguir datos sobre los intermediarios, en particular sobre los "galponeros", probablemente porque muchos de ellos operan en la clandestinidad y no figuran en ningún registro (véase Apéndice III). Presentamos a continuación los datos resultantes de las entrevistas a dos galponeros que en realidad encubre una historia de acumulación de capital exitosa, que proyectó a la familia desde el proletariado a la pequeña burguesía rica. Los dos galpones entrevistados son operados por mujeres, hijas de una persona vinculada con la actividad de comercialización desde la década de 1980. Esa persona tenía un galpón en el Albergue Warnes que, una vez desalojado, se trasladó a un local de su propiedad ubicado en el barrio de la Paternal.

Cabe destacar que la zona aledaña a la estación de La Paternal concentra cuatro depósitos comercializadores de productos reciclables. Esta concentración se debe, probablemente, a la cercanía de un asentamiento cartonero ubicado frente a uno de esos galpones. Además, en el ramal San Martín, del cual La Paternal constituye una de sus estaciones de parada, aún continúa en funcionamiento un tren de traslado exclusivo para cartoneros, cuyo recorrido abarca la localidad de Pilar y la terminal de Retiro. Así como existe una concentración de depósitos, también funciona, en un predio perteneciente a la Agencia de Administración de Bienes del Estado, una guardería y un galpón de alquiler de carros cartoneros.[83]

Galpón de acopio 1 (cercano a la estación La Paternal)

Abrió sus puertas en el año 2008. Se dedica a la compra de productos reciclables, el enfardado y la venta a otros intermediarios o directamente a las fábricas papeleras. La venta a otros intermediarios surge

[83]Entrevista a Marcela, encargada de uno de los depósitos ubicado en el barrio de La Paternal, realizada el 22/05/2013.

de la dificultad de soportar los retrasos de los pagos de las papeleras. Fundamentalmente, compran cartón a los cartoneros. No obstante, reciben botellas plásticas, papel blanco, hierro y otros productos, que constituyen un escaso porcentaje. Tanto los intermediarios como las papeleras se acercan al galpón para retirar el producto.

La maquinaria que posee el galpón se compone de 1 camión, 2 auto-elevadores Clark y 2 enfardadoras. El galpón también dispone de una balanza. El cartonero coloca allí su carro cargado de materiales, cuando se trata de un solo tipo de producto. Se pesa. Luego, el cartonero extrae los productos y vuelve a pesar el carro vacío. La diferencia entre el primer y segundo peso, es el resultado del peso del producto. Se hace de este modo para evitar extraer el producto del carro, pesarlo, y luego juntar y trasladar el material. Es más productivo porque una parte del proceso de trabajo corre por cuenta del cartonero.

La cantidad de trabajadores del galpón son 4, a quienes se les paga por día de trabajo un total de 150 pesos aproximadamente. La jornada es de 8:00 a 20:00 hs de lunes a viernes y los sábados de 8:00 a 14:00 hs. (66 horas semanales). El galpón se ubica sobre terrenos de ferrocarriles que corresponden a la ONABE. De todas maneras, los dueños de la empresa pagan un alquiler mensual de 15.000 pesos.

Además de la compra directa a cartoneros, los encargados del galpón retiran productos en otros sitios. Como menciona la entrevistada: "Nosotros recibimos y también retiramos. Mi marido se encarga de eso, con el camión. Vamos a retirar a otros depósitos más chicos, ministerios, asentamientos cartoneros".

Diariamente, los encargados del galpón compran un total de 10 toneladas de papel a entre 80 y 100 cartoneros que se acercan diariamente, todos ellos residentes del Gran Buenos Aires. El kilogramo de cartón se compraba, al momento de la entrevista, a 50 centavos y se vendía a 70.

El galpón, además de comercializar el producto, también guarda a algunos cartoneros el carro de trabajo. A cambio, los cartoneros deben venderle exclusivamente. La entrevistada menciona las razones por las cuales el galpón funciona como guardería:

> "lo que hacemos es guardarle los carros a los cartoneros. Porque si no les cobran para guardarlos. Entonces, nosotros lo que hacemos es guardarles el carro y a cambio ellos nos tienen que venir a vender. En vez de pagar por la guardería de carros, ellos los dejan acá y nos venden a nosotros. Guardamos cerca de 50 carros".

Consultada por la evolución de la cantidad de cartoneros, la respuesta de la encargada del galpón fue la siguiente: "No, ahora hay más. Con el problema del dólar [se refiere al aumento del precio del dólar] hay más cartoneros. Volvieron a trabajar en el cartoneo los que se dedicaban a la construcción, pintura". Es probable que la disminución en el empleo en la construcción haya generado que algunos obreros de la rama se hayan volcado al cartoneo. Tiene sentido, porque según los datos que expusimos más arriba, el trabajo previo de los cartoneros más mencionado era la construcción.

A los efectos de conocer la estructura de costos del galpón, hemos construido un cuadro según la información declarada por su encargada:

Cuadro 14. Estimación de ingresos y egresos mensuales de galpón intermediario, Ciudad de Buenos Aires: 2013.

Estructura de costos	Ingresos mensuales	Egresos mensuales	Diferencia
Venta de cartón	168.000,00		
Compra de cartón		120.000,00	
Alquiler de galpón		15.000,00	
Salario empleados		14.400,00	
Servicio de electricidad		5.000,00	
Subtotal	**168.000,00**	**154.400,00**	**13.600,00**

Fuente: elaboración propia en base a entrevista del autor a Marcela, encargada de galpón acopiador, realizada el 22/05/2013.

Galpón 2 (cercano a Av. San Martín)

El galpón ubicado en las cercanías de la Av. San Martín se compró y comenzó a funcionar en el año 1990. Según la encargada del depósito, el auge de la actividad cartonera comenzó a manifestarse en el año 2001. En sus términos,

"El crecimiento abrupto fue en el año 2001, con el corralito. Ahí creció mucho la actividad. Es como que yo te dijera que antes de eso nosotros estábamos acá lo más tranquilos tomando mate, pero, de un día para el otro, los cartoneros proliferaron. La fila de cartoneros llegaba hasta la vuelta de la esquina. Es más, en determinado momento tuvimos que abrir las 24 horas, porque la gente se asentaba. Y entre que la gente no los quiere, la mugre y todo, tuvimos un montón de problemas."[84]

[84]Entrevista a Giselle, encargada del depósito ubicado en las cercanías de la Av. San Martín, realizada el día 15/05/2013.

El galpón compra cartón corrugado, fundamentalmente a cartoneros. Un pequeño porcentaje proviene de vecinos y camionetas que se acercan y venden. Luego, los productos se venden a fábricas papeleras. Un exiguo porcentaje del material que reciben es hierro o metales que venden a metalúrgicas. La cantidad de trabajadores del galpón depende de la época y el trabajo que tengan: "Hay épocas que tenés 10 y otras que tenés 5. La gente rota mucho porque son muchas horas de trabajo, entonces no aguantan. Hoy, fijos, hay tres personas. Esos tres no te fallan, vienen siempre, están desde toda la vida".[85]

La tarea de los trabajadores consiste en atender a los cartoneros que se acercan al depósito a vender productos, recibir el cartón, descargar los camiones del propio galpón que retira productos de otros lugares, acopiar y ordenar el material. La jornada laboral es de lunes a viernes de 8 a 20 hs y los sábados de 8 a 14 hs (66 horas semanales).

Al galpón no solo se acercan cartoneros a vender. Con los camiones, el galpón ofrece un servicio de retiro de cartones en algunos asentamientos cartoneros. Según la encargada del depósito, "Vamos a algunos asentamientos de cartoneros. Ellos juntan una cantidad y nosotros lo retiramos en los camiones. Hay asentamientos a los cuales vamos entre 2 y 3 veces por semana. Lo juntan en bolsones y lo retiramos. También retiramos directamente de fábricas, aunque en menor medida".

El depósito recibe, diariamente, entre 70 y 80 cartoneros, en promedio. Antiguamente, el galpón prestaba a los recuperadores algunos carros, a cambio de la venta en forma exclusiva. Los cartoneros, según la entrevistada, se robaron los carros o no los devolvieron, por lo cual, en la actualidad el galpón solo presta bolsones.

El depósito comercializa productos a otros intermediarios o directamente a papeleras. A veces, traslada el material hasta el establecimiento de sus clientes y, en otros casos, los compradores se acercan al galpón. Algunos intermediarios que compran al galpón llevan un container para que el depósito lo vaya cargando y, una vez lleno, lo retiran y dejan otro. La maquinaria que posee son 2 auto-elevadores Clark y 4 camiones. Antes de obtener los auto-elevadores, "los trabajadores hombreaban los bolsones y los productos. Los bolsones pesan entre 60 y 100 kilogramos. Con el Clark no hacen fuerza".[86] El galpón no posee máquina enfardadora. Diariamente, compra entre 7.000 y 9.000 kilogramos de cartón.

Si bien no tenemos datos suficientes sobre el costo de sostenimiento del galpón, podemos aproximarnos a ellos a través del siguiente cuadro:

[85] Ídem.
[86] Ídem.

Cuadro 15. Estimación de ingresos y egresos mensuales de galpón intermediario, Ciudad de Buenos Aires, 2013.

Estructura de costos	Ingresos mensuales	Egresos mensuales	Diferencia
Venta de cartón	151.200,00		
Compra de cartón		108.000,00	
Salario empleados		9.000,00	
Servicio de electricidad		5.000,00	
Subtotal	**151.200,00**	**122.000,00**	**29.200,00**

Fuente: elaboración propia en base a entrevista a Giselle, op. cit.

Buena parte de la diferencia entre este galpón y el anterior es que no paga alquiler. De todos modos, teniendo en cuenta que en cada uno de ellos trabaja una estructura familiar y que las ganancias deben dividirse por lo menos en dos (el matrimonio), resulta muy sospechoso que los ingresos de un propietario de galpón que recibe 10 toneladas de papel por día, tiene un capital respetable de varios camiones y auto-elevadores, con un personal asalariado a destajo de 100 personas, tenga un ingreso promedio de poco más de 6.000 pesos (en el primer caso) o de 14.000 pesos (en el segundo). Parte de la explicación se encuentra en que no está claro si el cómputo de las 10 toneladas por día incluye el material que los galpones recolectan directamente de los asentamientos y las fábricas. También está el hecho de que aquí no se contabilizan los ingresos por otros materiales reciclables (metal, plástico, etc.). Otra parte sustantiva de la explicación, por lo menos para el primer caso, es que suena extraño que paguen 15.000 pesos por el alquiler de un predio de la ONABE, que en general controla los inmuebles del Estado ocupados por terceros. Por otro lado, es muy probable que la fuente subestime notablemente la magnitud de papel y cartón que reciben diariamente. De hecho, en el primer caso, al comienzo de la entrevista la propietaria declaró que se recibían 5 toneladas por día, cantidad que subió rápidamente a 10 en cuanto se apagó el grabador ante los temores de que el entrevistador perteneciera a la AFIP. De hecho, una simple constatación visual podía comprobar ingresos probablemente mucho más importantes toda vez que los dueños se desplazaban en una camioneta "4x4" y que en el galpón estaban estacionados por lo menos dos vehículos de alta gama, aunque en este caso no pudimos comprobar si pertenecían a los operadores del galpón. Es probable que detrás de ambos galpones (que, recordemos, son operados por dos hermanas que heredan la actividad del padre) se encuentre una historia de acumulación de capital "cartonera".

En efecto, el padre de ambas había empezado con la actividad en el Albergue Warnes en el año 1986. Según una de las entrevistadas, en ese entonces, los cartoneros del Albergue cartoneaban con carros al igual que ahora y no en caballos. El galpón disponía de carros que había construido el encargado del galpón. Según una de las hijas del acopiador del Albergue, su padre "tenía, más o menos, 30 carros. Él los prestaba a los cartoneros y ellos llevaban la mercadería al galpón"[87] en forma exclusiva. Los cartoneros del Albergue recogían productos por la zona y no en las calles del centro porteño. Esto se debe a que la zona de Paternal es lindante con barrios como Belgrano y avenidas como Cabildo o Elcano, donde se concentra una elevada cantidad de depósitos. En ese entonces, según la entrevistada, había cerca de 100 cartoneros que le vendían al galpón:

"Había un montón que le vendían, como 100 cartoneros. Por día ingresaban más o menos 100 carritos. Había mucha gente por esa época. Por las inundaciones habían perdido un montón de cosas. Después, hubo otra gente que se fue instalando en el Albergue".

Una vez que el gobierno dinamitó el Albergue y lo desalojó, el galponero abrió un galpón en las cercanías de la Av. San Martín (barrio de Paternal), durante el año 1990.

Una historia común y corriente

No todos los galponeros tienen la misma suerte. En el caso que sigue, podemos ver a un pequeño burgués medio, con apenas dos empleados y escasa capitalización. Efectivamente, otro de los galpones relevados se ubica en la localidad de Lomas del Mirador, a unas pocas cuadras de la avenida General Paz. Su encargado comenzó con la actividad de compra y venta de productos reciclables en el año 1978. Desde el año 1991, alquila un depósito en la localidad mencionada. El intermediario vende varios tipos de productos: cartón, fierro, cajones de plástico, vidrio, latas. Pero, el cartón es el material más vendido. Como mencionó el entrevistado,

"Se vende de todo, pero muy poquito. Igualmente, lo que más se vende es el cartón. Por ejemplo, para vender fierro, tengo que juntar una semana

[87]Entrevista a Marcela, op. cit.

entera. Para el vidrio, tengo que juntar un mes o un mes y medio. En cambio, el cartón entrego todos los días. Y gracias a eso subsistís".[88]

A su vez, el entrevistado señaló que los precios de los productos estaban bajos y no eran muy buscados por los cartoneros:

"Lo que pasa es que [los cartoneros] salen y no traen nada. Además, hace dos años el cartón costaba 1,20 pesos. Y ahora cuesta 70 u 80 centavos. El vidrio, para los carritos, vale 20 centavos... ¡por eso no lo levantan! El fierro cuesta 20 centavos. Vos fijate la diferencia: el fierro de uso cuesta 10 pesos. Y el de la chatarra vale 20 centavos. No tiene lógica. El hierro tendría que valer un peso y medio. Y ahí estaría bien. Pero no, no lo levantan".

El galpón no posee ningún tipo de maquinaria, con excepción de una balanza para poder pesar los productos. El encargado del depósito mencionó que si bien el producto enfardado tenía un precio de venta más elevado, el gasto por el servicio de electricidad por el uso de la enfardadora, el alambre para armar los fardos y el control de la tarea era un costo que no estaba en condiciones de afrontar. Por otra parte, el costo mensual del depósito era de 10.000 pesos. Este monto se destinaba al pago del alquiler del depósito, al servicio de luz y a los dos empleados del galpón. La jornada laboral era de lunes a viernes de 8 a 20 horas.

Además de la balanza, el depósito dispone de unos 30 carros que son prestados a los cartoneros para que estos recolecten productos y los vendan de manera exclusiva en el galpón.[89] Todos los recuperadores tienen recorridos en las calles porteñas. Según el encargado del galpón, la mercadería recolectada en la ciudad de Buenos Aires sería de mejor calidad respecto de aquella que se recoge en algunas localidades del conurbano bonaerense:

"Los cartoneros a quienes les compro recolectan todos en la Capital. No es lo mismo la mercadería que yo trabajo, que viene de la Capital, que la que tiene un depósito en Laferrere. La mercadería mía es de primera calidad y la de ellos no. El diario, por ejemplo, es del día. Que lo leen y lo tiran. Las botellas, que son de reparto, son limpias. Vos comprás en Laferrere y están embarradas".[90]

[88]Entrevista a Miguel, encargado del depósito ubicado en Lomas del Mirador, realizada el día 30/05/2013.

[89]El encargado del depósito manifestó que llegó a tener hasta 70 carros disponibles para prestar a los cartoneros y que estos recolectaran productos reciclables. Todos estos carros fueron comprados.

[90]Entrevista a Miguel, op. cit.

Como en la mayoría de los depósitos, el pago se establece por cantidad de kilos de productos recogidos. El encargado del galpón manifestó que el pago a los cartoneros era por día y señaló las dificultades de pagar semanalmente:

"Los cartoneros entregan el producto, yo lo peso en la balanza y en función de los kilos les pago. Les pago en el día a día. Si vos querés hacer eso de pagarle por semana, se complica. Porque no la juntás la plata. Supongamos que vos querés pagar por semana, aunque es imposible porque los cartoneros viven al día, si un día no hacés buena plata después se complica mucho el pago. Además, algunos intermediarios cuando cae la actividad te pagan con cheques. Y eso no lo cobrás en el momento".

A partir de la información suministrada por el entrevistado, hemos estimado la ganancia mensual sobre la base de la venta del cartón. Diariamente, el encargado del depósito compra entre 7.000 y 8.000 kilogramos del producto. Dado que su precio de compra era, en mayo de 2013, de 60 centavos, el encargado desembolsa por día un total aproximado de 4.200 a 4.800 pesos. Estimativamente, compra por mes un total de cartón que oscila entre las 140 y 160 toneladas. Dado su precio de venta (80 centavos), el ingreso mensual estimado (entre 28.000 y 32.000 pesos) y el costo mensual (10.000 pesos), la ganancia mensual oscila entre los 18.000 y 22.000 pesos.

c. La burguesía recortera

RECICOR es un establecimiento recortero. Es decir, se dedica a la compra de insumos reciclables, los enfarda y los vende a empresas papeleras. Se trata de un establecimiento grande comparado con los galponeros compradores a cartoneros. Esta recortera compra fundamentalmente a otros depósitos más chicos, a camiones intermediarios que se acercan al establecimiento y a algunas cooperativas cartoneras de la Ciudad de Buenos Aires. La única compra exclusiva a cartoneros que realiza el recortero es a las cooperativas, cuya cantidad de insumos constituye una pequeña proporción en relación al total comercializado. El encargado del establecimiento antes se dedicaba a la actividad por su cuenta, desde la década de 1980. En ese entonces, solo retiraba de grandes generadores. A los intermediarios y depósitos comenzó a comprarles desde la década de 1990.

La empresa RECICOR comenzó a funcionar en el año 2000. Según el entrevistado, "hay muchas vías para recibir el cartón. Nosotros tenemos equipos roll-off que dejamos en las plantas industriales y en depósitos". Fundamentalmente, compra cartón, pero también recibe papel, diario, papel color, papel blanco. La tarea en el establecimiento consiste en enfardar y acopiar el producto para luego venderlo. Según el encargado entrevistado,

"Por lo general, por el costo que tiene la mano de obra y el bajo valor del rezago, enfardamos sin clasificar. Generalmente, lo que viene de planta es todo cartón de packaging, es todo cartón corrugado. [Los proveedores fundamentalmente son] depósitos que compran todo tipo de material y nosotros le compramos el cartón. Son depósitos que compran a cirujas. Ese tipo de depósitos compran trapo, diario, hierro. Nosotros le proveemos un contenedor y a nosotros nos venden el cartón".[91]

También se acercan otros intermediarios en camiones y camionetas. Por su parte, RECICOR compra a las cooperativas el cartón ya enfardado. El entrevistado menciona cómo en el momento de conformación de algunas cooperativas, la empresa le proveyó máquinas enfardadoras:

"A cooperativas de cartoneros le compramos el cartón. Hay cooperativas que nos entregan ya enfardado el cartón. Cooperativas que en sus inicios nosotros les dimos una mano. Le proveímos una enfardadora y a algunas le conseguimos para que compren. Otras no. Por presentación nos venden a nosotros el cartón enfardado. Son cooperativas de la ciudad de Buenos Aires con las que nosotros trabajamos. Son las que están al lado de la Cancha de San Lorenzo. Son varias, una se llama 30 de noviembre. Otras son las cooperativas El Álamo y Del Oeste. Hay algunas cooperativas que nos entregan y otras a las cuales le retiramos el producto en los camiones".

Frente a la pregunta acerca de si el recortero compraba en los asentamientos cartoneros, el entrevistado manifestó su interés en efectuar una comercialización con este tipo de clientes, pero negó que lo hiciera hasta el momento. Incluso, señaló la escasa rentabilidad en el rubro de la comercialización de productos reciclables:

"Esa posibilidad existe, pero nosotros no tenemos esos clientes. A nosotros nos interesaría muchísimo, lo que pasa es que lo vas ganando de a poco. Incluso hay un par de proyectos con cooperativas a las cuales les vamos a proveer enfardadoras. En estos casos a veces se dificulta un poco. Porque ellos son una cooperativa, y si no tienen un interlocutor, es difícil. Mi idea es ir ganando cooperativas. Hay un tema que yo vengo viendo hace un tiempo. El precio del rezago del cartón es muy bajo. La rentabilidad en este tipo de empresas bajó mucho. Desde mi punto de vista porque el dólar está muy atrasado, desde el 2001 a esta parte fueron incrementándose los

[91] Entrevista a Alejandro, encargado de la recortera RECICOR, establecimiento ubicado en Lomas del Mirador, realizada el día 21/05/2013.

sueldos a un 20% o 25% anual. Y eso hace que la brecha de utilidades se haya puesto más compleja. A eso sumale el combustible. Nuestro principal insumo para trabajar es la mano de obra y el combustible. Y el combustible también aumentó del 2001 a esta parte. Y hay una tablita significativa. Si vos analizás el precio del rezago, no aumentó prácticamente nada. Se mantuvo estable. Y eso hace que la utilidad baje muchísimo. Y si la empresa es honrada como nosotros, tenés un problema. Porque en este negocio está el que te trae 1.000 y le pagás 800. Cuando la empresa es honrada, como en nuestro caso, que es de origen familiar, la brecha se achicó tanto que la utilidad nuestra bajó muchísimo. Eso hizo que ahora tengamos 2 camiones parados, porque no es rentable ir a buscar a una planta industrial un cartón a 50 centavos y venderlo a un peso. No es rentable porque el costo de traslado tenés 40 centavos por viaje. Ese costo está dado por el peaje, el sueldo del chofer y el combustible que gastás. Sin tener en cuenta la amortización del camión. Así que la situación está difícil".

La empresa RECICOR posee auto-elevadores, una enfardadora continua de alta producción y 5 camiones. La enfardadora posee una cinta transportadora que dirige los productos hacia una tolva. Allí ingresan los papeles. Del otro lado, tiene una especie de caja por donde sale el fardo de productos de manera automática, con los alambres ya incorporados. De este modo, el operario traslada con auto-elevadores los productos a granel en la tolva y luego extrae el fardo para almacenarlo. Esto difiere de las enfardadoras que poseen las cooperativas, que son más chicas y que se colocan los productos sueltos en una caja. Se cierra la puerta, previo a colocar los hilos que posteriormente sostendrán el fardo y se ejecuta la acción (mecánica) de enfardar. Luego se extrae el fardo y se atan los hilos manualmente. La enfardadora automática traslada y anuda automáticamente los fardos, proceso que en los centros de reciclado gestionados por cooperativas cartoneras deben hacerlo los mismos operarios de manera manual.

El establecimiento vende a papeleras. De todas maneras, también se dedica a la fabricación de cajas de cartón (rama que se denomina "convertidor", es decir, convierte la hoja de papel producida por la industria papelera en un bien de uso, una caja en este caso). Según el entrevistado,

"Nosotros, por otro lado, fabricamos cajas de cartón. Entonces, tenemos un convenio con una fábrica que nos entrega la plancha para terminar la caja. O bien, nos entrega papel para mandarlo a corrugar. Y por otro lado, como es grande el volumen de cartón reciclado que movemos, también le vendemos a fábricas de papel. La fábrica con la que más trabajo yo es CARTOCOR (la productora de cajas de cartón de ARCOR). En el rubro, tenés tres fábricas líderes para trabajar: CARTOCOR, SMURFIT y

ZUCAMOR. Y las demás vienen atrás. Con estas últimas hay que estar con los ojos en la nuca porque por venderle a fábricas de segunda línea retrocedimos, porque no nos pagaron. Por ejemplo, la papelera MASSUH entró en quiebra. Te agarra una de esas quiebras, te hacen una quita y cobrás el 10% de lo que vendiste. Trabajo con CARTOCOR desde hace un tiempo. No es el mejor precio, pero es un precio seguro".[92]

El galpón del establecimiento, de una superficie de 2.000 metros cuadrados, es alquilado. Es su único depósito. Allí trabajan 12 empleados. Según el entrevistado:

"Otra cosa es la deslealtad con el tema de los trabajadores. Los depósitos de la zona no tienen ni una persona en blanco. Nosotros tenemos toda la gente en blanco. Cada tanto viene gente del Sindicato de La Plata a hacer alguna inspección, para verificar cuántas horas trabajan. O si tenemos las cargas al día. Hay una serie de cosas que hace más complejo el problema".[93]

El pago del salario ronda entre los 3.500 a 4.000 pesos. Según el entrevistado:

"En realidad es vergonzoso que ganen ese dinero. Yo soy consciente de que con esa plata no se puede mantener una familia. Antes nosotros ni mirábamos los saldos en el banco para pagar los sueldos. Y ahora tenemos que mirar el saldo, las cargas sociales. Hoy, por ejemplo, estamos pagando de quincena entre 30 mil y 40 mil pesos, y de cargas sociales, unos 30 o 40 mil pesos por mes. Son números exponenciales a lo que pagábamos antes. Y el precio, como te digo, de facturación nuestra aumentó un 20% porque el cartón aumentó en vez de 1 a 1,20."[94]

Sin querer hacer un ejercicio de contabilidad real para una empresa bastante más compleja de las que vimos hasta ahora, trataremos de reproducir superficialmente las cuentas básicas para mostrar la diferente escala en la que opera respecto de los otros depósitos intermediarios analizados. La empresa compra 1.000 toneladas de cartón corrugado por mes, con un precio de compra de 0,80 pesos y un precio de venta de 1,20. El resultado se observa en el cuadro siguiente:

[92] Ídem.
[93] Ídem.
[94] Ídem.

Cuadro 16. Estimación de ingresos y egresos mensuales de establecimiento recortero RECICOR, ubicado en Lomas del Mirador: 2013.

Estructura de costos	Ingresos mensuales	Egresos mensuales	Diferencia
Venta de cartón	1.200.000,00		
Compra de cartón		800.000,00	
Salario y cargas sociales de empleados		83.000,00	
Subtotal	**1.200.000,00**	**883.000,00**	**317.000,00**

Fuente: elaboración propia en base a entrevista a Alejandro, op. cit.

d. Un intento de "blanqueo" de la actividad

Como mencionamos en los párrafos anteriores, la instancia del "blanqueo" de los productos recolectados por los cartoneros se efectuaba en los grandes acopiadores o a través de los galpones recorteros dependientes de las empresas papeleras. Esto se debe a que el proceso de comercialización de los materiales vendidos por los recuperadores carecía de algún tipo de registro fiscal o tributario, sobre todo en sus instancias iniciales en relación con los intermediarios y depósitos más chicos. Sin embargo, esta situación comenzó a modificarse a partir de normativas fiscales. Todo este circuito recorrido por los productos recogidos por los cartoneros tuvo que blanquearse para que las empresas pudieran justificar sus egresos ante la Administración Federal de Ingresos Públicos (AFIP). Para ello, la AFIP creó el registro de comercializadores de materiales a reciclar, durante el año 2010.

Los impulsores del registro fueron las cámaras que agrupan las empresas que utilizan los insumos reciclables como materia prima para la producción de otros bienes. Fundamentalmente, la Asociación de Fabricantes de Celulosa y Papel (AFCP) y la Cámara de Recicladores del Plástico, con el apoyo de la Unión Industrial Argentina (UIA), a partir de un informe elaborado en el año 2007. Unos años después, en octubre de 2009, el titular de la AFIP, Ricardo Echegaray, reconoció la iniciativa de las cámaras, el diagnóstico sobre el sector y la utilidad del registro:

"Esta es una medida que era solicitada en parte por la Cámara de Recicladores y por la Unión Industrial Argentina (UIA). Actualmente, hay unos 15.000 recolectores de materiales reciclables, 300 acopiadores y unos 485 millones de pesos en comercio de este tipo de material. Al tratarse de una actividad informal, no hay forma de llevarlo al mercado. Este registro servirá además para la intervención de otras áreas del Estado, como por ejemplo, Acción Social o el Ministerio de Salud, que podrán establecer políticas acordes a este sector en base a los datos obtenidos por la AFIP".[95]

Por su parte, en una entrevista efectuada por la cámara papelera y publicada en su revista digital, el presidente del Instituto Argentino de Análisis Fiscal, Nadin Argañaraz, señala algunas de las razones por las cuales se efectuó el registro de comercializadores de materiales a reciclar:

"Esta decisión [sobre la resolución fiscal] es fruto de un trabajo iniciado por la AFCP [Asociación de Fabricantes de Celulosa y Papel] en octubre del 2007, mediante la elaboración de un informe sobre el mercado de rezagos papeleros y sus implicancias tributarias, a cargo de IERAL [área de investigación de la Fundación Mediterránea]. (...) La resolución avanza en disminuir la distorsión en materia de impuesto a las Ganancias para los intermediarios y le da a las industrias la seguridad jurídica para comprar el material a reciclar. Además, evita una caída de la recaudación y la competencia desleal".[96]

En agosto de 2010, a través de las resoluciones 2.849 y 2.887 de la AFIP, se crea el registro de comercializadores de materiales a reciclar. Este padrón establece un mecanismo de retenciones del Impuesto a las Ganancias y del Impuesto al Valor Agregado (IVA), tanto para los intermediarios, acopiadores y galponeros, como para las empresas recicladoras. A su vez, permite que, por la sola declaración de los intermediarios, se computen los egresos provenientes del pago a los cartoneros. Al mismo tiempo, se "exime" a los recuperadores de emitir factura por la venta de los materiales. En su lugar, cada comprador de productos provenientes de los recuperadores debe entregar un comprobante de pago donde se detalle la cantidad de materiales comprados medida en kilogramos, el tipo de insumos, el precio de cada uno de ellos y el monto final de dinero.

Los comercializadores de materiales reciclables sujetos de ser empadronados son todos los compradores y vendedores de productos provenientes de residuos de post-consumo o post-industriales. Se trata de insumos como el cartón, papel, plástico, vidrio, metales ferrosos

---

[95]AFIP: "Gacetilla de Prensa", n° 2498, 2 de octubre de 2009; citado en Spina, Carlos, Giménez, Enrique y Scaletta, Rubén: *Compraventa de materiales a reciclar. Tratamiento impositivo. Nuevo registro. RG (AFIP) 2849 / 2887*; Buenos Aires, Ed. Osmar D. Buyatti, 2010, p. 7. Las cifras vertidas por el titular de la AFIP sobre la cantidad de cartoneros y acopiadores en el país parece ser conservadora.

[96]Revista Digital de la Asociación de Fabricantes de Celulosa y Papel (AFCP), 8 de septiembre de 2010. Disponible en http://www.afcparg.org.ar/news/?nro=20100908.htm#LAASOCIACION.

y no ferrosos y productos textiles. Las resoluciones fiscales definen a los comercializadores en: a). Recicladores (son los establecimientos industriales que transforman los insumos en materia prima o un nuevo producto, por ejemplo, las empresas que elaboran papel con insumos reciclados); b). Acopiadores (quienes adquieren productos provenientes de los cartoneros y establecen una clasificación, acondicionamiento y compactado, intermediando entre los galponeros o los cartoneros y los recicladores); c). Galponeros (son los establecimientos que reciben productos provenientes de los cartoneros y efectúan su clasificación, intermediando entre recolectores y los recicladores o acopiadores); d). Generadores de scrap (establecimientos industriales o comerciales que venden productos reciclables como consecuencia de su propia actividad); y, e). Intermediarios (quienes efectúan la comercialización e intermedian con otros adquirientes mencionados anteriormente (recicladores, galponeros, acopiadores y generadores de scrap) que no encuadran específicamente en las definiciones precedentes.

Un año después de la creación del registro, en 2011, los comercializadores de materiales reciclables empadronados sumaban 3.201 en todo el país. El siguiente cuadro muestra la cantidad de sujetos registrados, según la actividad realizada:

Cuadro 17. Cantidad de comercializadores de materiales a reciclar en el total del país, según instancia en el circuito del reciclado:

Instancia en el proceso de comercialización	**Frecuencia**	**Porcentaje**
Reciclador	518	16%
Acopiador	536	17%
Intermediario	633	20%
Galponero	442	14%
Generador de scrap	1.072	33%
Total	**3.201**	**100%**

Fuente: elaboración propia en base a Registro de comercializadores de compraventa de materiales a reciclar. Disponible en: www.afip.gob.ar/genericos/rg2849/rg_Listado_Completo.asp.

Los requisitos fundamentales para registrarse eran, por un lado, ser comercializador de los insumos reciclables señalados anteriormente y, por otro lado, responsable inscripto del Impuesto al Valor Agregado. Aunque el empadronamiento era optativo, todos aquellos establecimientos que no se inscribieran estarían sujetos a retenciones impositivas mayores. El régimen de retención del IVA era el siguiente: para los comercializadores generadores de scrap inscriptos en el registro, se retendría un 5,25%, y para los acopiadores, intermediarios y galponeros empadronados, un 10,5%. Para todos aquellos que no estuvieran registrados, el monto a retener sobre las ventas era de un 21%. Por su parte, los sujetos obligados al régimen de retención del impuesto a las ganancias serían los galponeros, acopiadores e intermediarios inscriptos en el padrón, y los recicladores registrados o no. A quienes estuvieran registrados en el padrón de comercializadores e inscriptos en las retenciones al Impuesto a las Ganancias, se les retendría un 4%. A quienes estuvieran inscriptos como tributantes del Impuesto a las Ganancias, pero no registrados como comercializadores, se les retendría el 20%. Finalmente, aquellos comercializadores que no estuvieran inscriptos en ninguno de los dos casos antes señalados deberían tributar el 30%. Por otra parte, toda la recaudación impositiva se establece sobre la base de la compra de los productos en efectivo. Las normativas fiscales advierten que, en caso de establecerse total o parcialmente un pago en especias, ese porcentaje no sería retenido.

Estas medidas fiscales y el registro de comercializadores de productos a reciclar muestran la importancia tanto del uso de reciclado por parte de la industria y la necesidad de su blanqueo, como también, el peso del trabajo cartonero en la obtención de esos insumos. A su vez, tiende a formalizarse una relación de hecho entre los intermediarios y las empresas que utilizan los materiales reciclables como insumos para la producción de otros bienes. Finalmente, el Estado, por intermedio de la AFIP, establece un subsidio encubierto para todas aquellas empresas e intermediarios. Al registrarse y blanquear la compra de insumos proveniente de los cartoneros, las empresas pagan menos impuestos.

El Estado como patrón de los cartoneros

El Estado como representante del capital

En términos marxistas, el Estado no es un ente neutral. El Estado representa una clase, la dominante, en cada tipo de sociedad. El Estado se constituye históricamente según las relaciones sociales de producción imperantes. En la sociedad capitalista, el Estado representa los intereses principales de la burguesía, es decir, la propiedad privada de los medios de producción. No obstante, también garantiza la propiedad privada en general que, en el caso de la clase obrera, es su fuerza de trabajo. Sin embargo, el precio de la venta de la fuerza de trabajo, es decir, aquello por lo cual los obreros obtienen los elementos que reproducen su vida material, no es el interés principal de la clase obrera. Su interés principal, en términos históricos y como clase, es la abolición de la explotación. En este sentido, el Estado garantiza una combinación de los intereses de la burguesía y el proletariado. Por un lado, perpetúa la dominación de la burguesía y garantiza la propiedad privada de los medios de producción y, por otro, expresa los intereses secundarios de la clase obrera. A su vez, los avances y retrocesos en el precio de venta de la fuerza de trabajo se encuentran condicionados por el grado de desarrollo de la lucha de clases.[97]

El Estado interviene en la economía en beneficio del capital. Por un lado, es el responsable de otorgar los salarios a toda la maquinaria estatal creada a los efectos de perpetuar el sistema capitalista. La policía, la justicia, la educación y la salud son ejemplos en este sentido. De este modo, el Estado emplea un personal cuya función es, en el caso de la policía, la gendarmería y el ejército, preservar la propiedad privada y controlar la lucha de otras fracciones de la clase obrera cuando estas se rebelan contra el régimen burgués. A través de la educación, el Estado (burgués) "enseña" los fundamentos necesarios para sostener el régimen. Para ello, brinda una enseñanza con los preceptos de "igualdad" ante la ley y la idea de que todos somos "ciudadanos", en contraposición con la existencia de clases enfrentadas entre sí, con intereses históricos disímiles y entre las que impera una desigualdad real. También debe garantizar la salud de los obreros para que el capital pueda explotarlos en condiciones normales.

Por otra parte, otro de los gastos del Estado se constituye de subsidios directos e indirectos a la burguesía. Estos mecanismos subsidiarios asumen diferentes formas. Pueden ser desgravaciones impositivas, pagos directos, pagos de servicios con precios sobrevaluados, subsidios por tarifas de electricidad. A su vez, los subsidios pueden asumir la forma de un pago directo a los trabajadores, como por ejemplo los planes otorgados a través del Programa de Recuperación Productiva, pero que, objetivamente, el beneficiario es el empresario.[98] En este caso, el Estado subsidia una parte del salario que, en condiciones normales, debiera ser pagado por los empleadores.

Una de las formas por las cuales el Estado interviene en la economía y subsidia a las empresas es a través de la recaudación de impuestos. Tanto la burguesía como la clase obrera pagan impuestos. Ahora

---

[97] Sartelli, Eduardo: *La Cajita Infeliz. Un viaje marxista a través del capitalismo*, Ediciones ryr, Buenos Aires, 2007.

[98] Este programa (RePRo) se creó en el año 2002 y se mantuvo vigente hasta el año 2012. El programa brinda a los trabajadores de las empresas adheridas una suma fija no remunerativa hasta un plazo de 12 meses, "destinada a completar el sueldo de su categoría laboral, mediante el pago directo por ANSES. Para acceder a este beneficio las empresas deben acreditar la situación de crisis por la que atraviesan, estipulando las acciones que piensan desarrollar para su recuperación y comprometerse a no despedir personal". Ministerio de Trabajo y Seguridad Social de la Nación. Disponible en http://www.trabajo.gov.ar/prp/.

bien, si asumimos que las ganancias de los capitalistas se componen de plusvalía que se extrae del trabajo de los obreros, entonces, todo impuesto brota de los trabajadores. De este modo, cuando el Estado subsidia parte del salario de una fracción de la clase obrera, o bien, cuando asiste a una porción de la sobrepoblación relativa a través de la Asignación Universal por Hijo, el Plan Argentina Trabaja o los planes de alimentación, lo que hace es extraer plusvalía de una fracción de la clase obrera y trasladarla a otra.[99]

Finalmente, el Estado también asume como propias tareas que la burguesía no quiere o puede realizar, ya sea porque no se obtienen ganancias o porque se requiere de un capital necesario fuera de su alcance. Por ejemplo, ciertos servicios de salud o educación son de gestión privada, aunque el Estado subsidia un porcentaje de los costos. Esto mismo ocurre con el servicio de retiro y tratamiento de residuos sólidos. La recolección de la basura en la ciudad de Buenos Aires se efectúa, en la mayor parte del ámbito urbano, por empresas privadas. Solo en una de las zonas concesionadas, el Estado establece el servicio de recolección. Lo mismo ocurre con el tratamiento de residuos en el relleno sanitario del CEAMSE, una empresa en la cual participan los estados porteño y de la provincia de Buenos Aires. Pero en su interior, las empresas privadas son las que gestionan dicho tratamiento y procesan la basura. Tanto la recolección como el tratamiento de residuos son servicios cuyos costos recaen en el Estado. Como veremos más adelante, hasta el año 2008 el servicio de recolección de residuos secos, esto es, productos reutilizables (cartón, plástico, papel blanco), era efectuado por las empresas privadas de retiro de basura. A partir de ese año, el Estado comenzó a modificar esa estructura al incorporar al servicio a los cartoneros. De este modo, el Estado, por intermedio de las cooperativas, se constituyó en un empleador directo de los cartoneros. Por otra parte, el reciclado de productos se realiza sobre la base

---

[99]Desde esta perspectiva, el personal del gobierno porteño, bajo el mandato del ex jefe de gobierno, Aníbal Ibarra, utilizaba este argumento para no subsidiar a los hijos de los cartoneros provenientes del Gran Buenos Aires. Dicho subsidio fue otorgado a partir de una denuncia contra el Estado porteño por haber empadronado en el Registro Único de Recuperadores efectuado en el año 2003 a cartoneros menores de edad. A pesar de la intervención judicial, el gobierno porteño solo intentaba subsidiar a los cartoneros residentes de la ciudad porteña, que eran una minoría respecto del conjunto de los recolectores. Frente a los reclamos de los cartoneros, el gobierno señaló que de ningún modo los vecinos porteños tenían la obligación de subsidiar a "personas carentes de recursos en general, ya que -según la primera medida cautelar de Gallardo- el beneficio debía alcanzar a todos los inscriptos en el Registro Único Obligatorio Permanente de recuperadores urbanos, pese a que 'la mayoría tiene domicilio en la provincia' de Buenos Aires". *La Nación*, 06/09/2005. Analizaremos este punto en el capítulo V.

de la existencia de una industria capaz de reutilizar ese material como insumo para la producción de otros bienes. Ya hemos visto en el capítulo II el incremento en el empleo de papeles reciclables por parte de la industria papelera.

El Estado porteño y los cartoneros

Luego de la crisis del 2001, el Estado implementó un conjunto de medidas tendientes a incrementar el reciclado de residuos. La presencia cada vez mayor de cartoneros y la crisis económica fueron las bases por las cuales el Estado porteño sancionó leyes con el objetivo de disminuir la cantidad de basura destinada a su entierro e incrementar el reciclado de productos. Hacia fines del año 2002, la legislatura porteña debatió un proyecto de ley la cual fue sancionada en enero de 2003. Fue la ley 992 o más conocida como "ley de los cartoneros". Unos años después, en 2005, la legislatura sancionó la ley 1854 o también denominada de "Basura Cero". Finalmente, la asunción del macrismo en la jefatura del gobierno porteño modificó las bases de la política de reciclado e incrementó la participación de los cartoneros en dicha tarea. Todo este proceso tuvo como consecuencia el reconocimiento del trabajo de los cartoneros por parte del Estado. Cabe destacar que la lucha de los cartoneros tuvo un rol protagónico en la obtención de subsidios otorgados por el gobierno porteño. Este aspecto será analizado en el capítulo V. Aquí analizaremos la base económica de la política implementada por el gobierno porteño en materia de reciclado.

I. Del permiso para cirujear a la construcción de centros de reciclado

Previo a la sanción de la ley 992, el Estado porteño implementó el decreto 1.258 según el cual se debía recolectar de manera diferenciada los residuos sólidos urbanos, durante el mes de octubre de 2002. Para ello, el personal de todos los edificios públicos pertenecientes al gobierno de la Ciudad Autónoma de Buenos Aires tenía la obligación de separar las fracciones de residuos de papel y cartón que se desecharan. En un tacho iría el producto reciclado y en otro, el desechable. Por su parte, los administradores de cada edificio debían garantizar la gestión interna de la separación de residuos en cada oficina. No obstante, el decreto no dejaba claramente establecido a dónde irían a parar los residuos reciclables.[100]

Por su parte, la ley 992 fue discutida en la legislatura en el mes de diciembre de 2002 y sancionada en enero de 2003. La norma incorporó

---

[100]Decreto n° 1.258, sancionado por el Poder Ejecutivo del gobierno porteño. Legislatura de la Ciudad Autónoma de Buenos Aires.

a los cartoneros al servicio de recolección diferenciada. Esto implicaba que los cartoneros podían hacerse cargo del retiro de esos productos en los generadores de materiales reciclables. Sin embargo, aún no existía una infraestructura por la cual los cartoneros pudieran recolectar esos productos, más que el manejo de sus carros con recorridos por la calle. A su vez, la normativa permitió la actividad del cirujeo, luego de haber estado prohibida por décadas. Los temas fundamentales tratados en la discusión general del proyecto previo a su sanción fueron, por un lado, el reconocimiento y legalización de la actividad cartonera y, por otro lado, los beneficios económicos y ambientales que generaría dicha tarea. Si bien existieron diferencias en el debate, los legisladores acordaron en cuanto a los beneficios económicos de la normativa y del trabajo de los cartoneros. En primer lugar, se acordó sobre el ahorro de dinero que implicaría el reciclado para el Estado porteño debido a los elevados presupuestos destinados al entierro de residuos en los rellenos sanitarios. Los diputados señalaron que, debido al sobrepeso de los residuos en las irregularidades al momento de su peso, el Estado destinaba casi 9 millones de pesos anuales de más por el entierro de basura.[101] En segundo término, los legisladores acordaron sobre el ahorro que implicaría el reciclado por parte de los cartoneros respecto de la compra de materiales reciclables para su utilización como materia prima por parte de la industria papelera. Desde esta perspectiva, uno de los impulsores de la ley 992, el diputado del bloque justicialista, Eduardo Valdés, mencionó los gastos efectuados en la importación de insumos reciclados y, paralelamente, la contradicción de haber enviado a los rellenos sanitarios materiales reutilizables. En este sentido, el diputado sostuvo que, durante el año 2001,

> "la Argentina se dio el lujo de comprar solo a Brasil –que es lo que pudimos investigar– 100 millones de dólares de papel reciclado y 85 millones de dólares de vidrio reciclado. Mientras compramos eso afuera, enterramos el papel, el plástico, el metal. Es decir, todos los elementos reciclables los enterramos en los famosos rellenos sanitarios".

Uno de los objetivos generales de la ley 992 era ordenar la actividad cartonera. Para ello, se propuso la asignación por parte del Estado de

---

[101] Acta de la 32ª Sesión Ordinaria: "Despacho 2600: Declaración de emergencia en materia de higiene urbana en la Ciudad. Se trata sobre tablas", Versión Taquigráfica, n°53, Legislatura de la Ciudad Autónoma de Buenos Aires, 5 de diciembre de 2002; Acta de la 33ª Sesión Ordinaria: "Despacho 2600: Declaración de emergencia en materia de higiene urbana en la ciudad (Continuación). Texto definitivo. Ley 992. (Exp. 353-D-02. Obras y Servicios Públicos y de Ecología)", Versión Taquigráfica, n°55, Legislatura de la Ciudad Autónoma de Buenos Aires, 12 de diciembre de 2002.

zonas de trabajo para los cartoneros, respetando la preexistencia de cooperativas, PyMES y cartoneros. Por otra parte, los artículos 5° y 6° sancionados en la normativa establecían la creación de un registro de cartoneros y de cooperativas y PyMES vinculadas con la actividad, respectivamente. Una vez empadronados, los cartoneros serían provistos de una credencial para ser utilizada durante el desarrollo de la actividad. También se promovía la utilización de la vestimenta de trabajo y guantes.

Respecto del registro de cooperativas y PyMES, uno de los impulsores de la ley argumentó que el objetivo era facilitar información tanto a cartoneros como a aquéllos que quisieran vincularse con el circuito del reciclado, con fines comerciales. La finalidad de ese registro era evitar la intermediación de los depósitos y de los acopiadores que, en términos del diputado Valdés, "explotaban" a los cartoneros. De este modo, lo que se buscaba con el registro era que,

"el cartonero vea el registro para detectar qué pequeña empresa requiere el plástico, el papel o el metal que juntó para que se lo pueda vender directamente. (...) Hoy, un cartonero vende en 0,35 pesos -antes era de 0,40 pesos el kilo, pero últimamente bajó el precio- el kilo de papel y la papelera que recicla en el depósito lo vende a 0,80 pesos. Si nosotros logramos que los que requieren del insumo se acerquen al trabajador informal, creo que vamos a lograr optimizar el recurso del trabajador y posibilitar que se termine la intermediación parasitaria que, en muchos casos, está vinculada con los camiones llenos de gente en estado desesperante -como dije en la sesión anterior- que vemos ingresar al micro o macrocentro".[102]

La ley 992 fue reglamentada por intermedio del decreto n° 622, en el mes de mayo de 2003. Allí se dictaminó que el registro de cartoneros como de cooperativas y PyMES sería gratuito. Se especificaba que los recuperadores inscriptos se encontraban habilitados para recolectar el material descartado y depositado en la vía pública. A su vez, los cartoneros podrían establecer acuerdos con los llamados "generadores" de materiales reciclables para el retiro en forma directa de dichos productos, es decir, los grandes supermercados y edificios de la ciudad. Los trámites de inscripción y registro debían realizarse en los Centros de Gestión y Participación (CGP) correspondiente a la zona

[102]Acta de la 33ª Sesión Ordinaria, op. cit. Algunas cooperativas de cartoneros y cirujas con carros tirados por caballos que intentaron formalizarse durante la década de 1990 tenían como objetivo evitar la venta a los intermediarios y establecer una transacción directamente con la empresa que utilizaba esos insumos para la elaboración de otros bienes. El propósito era vender el producto a un mejor precio.

de recolección de cada cartonero, presentando cualquier documento que acredite identidad, fotocopias del mismo y 4 fotos color de 4 x 4 que, en caso de no poder solventar su gasto, serían suministradas en forma gratuita por el registro central. Al momento de retirar la credencial, se entregaría a cada cartonero una pechera, un par de guantes y cinta autoadhesiva reflectante. Las credenciales tendrían una vigencia de 2 años y, previo a su vencimiento, el cartonero debía gestionar su renovación.

También se otorgaba prioridad de trabajo en determinadas áreas a las personas físicas, cooperativas y mutuales que ya estuvieran trabajando. En este sentido, la información de las áreas cubiertas por cartoneros se encontraba disponible para ser consultada en los registros zonales y en el central. Por su parte, los recuperadores debían informar el recorrido o zona de recolección. De este modo, cada CGP elevaría un mapa de distribución de la actividad a la coordinación del programa que estaría monitoreado por una Mesa de Diálogo compuesta por cartoneros, cooperativas y funcionarios del gobierno porteño. Por otra parte, a partir del decreto 622 se creó un organismo que centralizó toda la problemática vinculada a los cartoneros: el Programa de Recuperadores Urbanos y Reciclado de Residuos Sólidos Urbanos (PRU).

La reglamentación de la ley dejaba establecidos los deberes de los cartoneros. En este sentido, los recuperadores debían portar durante el desarrollo de su actividad en la vía pública la credencial emitida por el gobierno. A su vez, si un cartonero obtenía una sentencia condenatoria firme por cualquier delito cometido en el momento en el que se encotraban ejerciendo su labor, perdería "automáticamente la habilitación para el ejercicio de su oficio, sin perjuicio de las eventuales responsabilidades civiles y/o penales que le correspondieren".[103] Algo semejante sucedería si se incurría en faltas y/o contravenciones reiteradas. Sin embargo, no todos los artículos sancionados en la ley 992 fueron reglamentados por intermedio de este decreto. Paradójicamente, el artículo referido al registro de cooperativas y pequeñas y medianas empresas fue reglamentado recién en el 2006, luego de la sanción de la ley 1.854.

La construcción de los centros de reciclado de residuos sólidos urbanos comenzó a efectuarse a partir de los años 2006 y 2007. Previamente a la creación de estas plantas, una serie de normativas brindaron el amparo legal. En este sentido, en el mes de octubre de 2003, el gobierno porteño aprobó el llamado a licitación pública para otorgar la concesión del servicio de higiene urbana a las empresas privadas de recolección de residuos en las 5 zonas de la ciudad, por intermedio del decreto n° 1.838. Entre otros propósitos, la norma señalaba la conveniencia

[103]Decreto n° 622, sancionado en el mes de mayo de 2003. Biblioteca de la legislatura porteña.

de incorporar 5 centros de reciclado, uno por cada zona a licitar.[104] Si bien la normativa no dictaminaba cómo se concretaría esta infraestructura, en los pliegos de licitación se obligaba a cada empresa prestataria del servicio de recolección a construir una planta para el tratamiento de materiales reciclables.[105] La gestión de las plantas de reciclado estaría a cargo de las cooperativas de recuperadores urbanos, o bien, pequeñas empresas que se hubieran registrado como comercializadoras en el registro implementado a partir de la ley 992.

La licitación fue aprobada el 4 de agosto de 2004 por intermedio del decreto 1.390. Allí, se adjudicaba cada una de las cinco zonas de la Ciudad Autónoma de Buenos Aires a las diferentes empresas privadas de retiro de basura que habían obtenido la concesión. También se establecía el monto presupuestario destinado para cada empresa durante el período de su gestión y la cantidad de dinero consignada para la construcción de centros de selección, clasificación y acopio de materiales reciclables (también denominados centros verdes). Cabe destacar que, si bien la gestión de recolección de residuos lo establece la empresa privada, el presupuesto para cubrir el costo del servicio es ejecutado por el Estado. El decreto adjudicó a la empresa CLIBA Ingeniería Ambiental S.A. la zona n° 1 y una inversión en infraestructura para centro verde por 1.419.741,25 pesos. La empresa AESA Aseo y Ecología S.A. fue la adjudicataria de la zona n° 2 y debía destinar un monto para construir el centro de $1.519.970. La zona n° 3 quedaba a cargo de la empresa Transportes Olivos SACIyF - Ashira S.A. (URBASUR), cuyo presupuesto destinado a infraestructura para reciclado era de $1.457.179. El servicio de retiro de basura de la zona n° 4 fue concedido a la empresa Ecohabitat S.A. (NITTIDA) la cual debía invertir en infraestructura de centro de reciclado un monto de $1.450.000. Por último, la concesión de la zona n° 6 quedaba a cargo de la empresa Industrias Metalúrgicas Pescarmona SAICyF (INTEGRA). La suma a invertir en la construcción del centro de reciclado era de 1.403.000 de pesos. Es decir que, el monto total propuesto para que las empresas privadas construyeran los centros verdes sumaba 7.249.890,25 de pesos. Este presupuesto para centros verdes representó el 0,73% respecto del total destinado al conjunto de las empresas.[106]

Finalmente, la ley 1.854 fue sancionada el 25 de noviembre de 2005 para dar lugar a toda esta política de reciclado y la incorporación

---

[104]Cabe destacar que la recolección de basura se establecía en 6 zonas de la CABA, de las cuales solo en la zona 6 se hacía cargo el Estado.

[105]Entrevista a Alicia Montoya, presidenta de la Cooperativa El Álamo, realizada el 05/04/2008.

[106]En el decreto solo figuran los presupuestos para el servicio ejecutado por las empresas privadas, pero no el destinado para el servicio realizado por el Estado.

de cartoneros en los centros de reciclado. El eje central de la normativa fue la creación de plantas de clasificación. En la norma se esgrimió que el propósito de la instalación de los centros era disminuir la basura destinada a los rellenos sanitarios debido a que estos se encontraban a punto de colapsar. El reciclado de productos debía tener por finalidad reducir la cantidad de residuos para evitar su entierro, debido a que, según estimaciones de los años 2000-2001, la ciudad de Buenos Aires generaba anualmente cerca de 1,5 millones de toneladas. De este total, el 17,9% eran materiales plásticos, el 13,6% papel, el 5% vidrio y el 1,8% metales, es decir, productos reutilizables. En este sentido, se buscaba una solución que no fuera la construcción de nuevos rellenos, sino la disminución progresiva del entierro de basura a partir del reciclaje. La normativa, según sus impulsores, permitiría a los cartoneros ser incorporados a las actividades productivas "asegurándoles los beneficios de los que gozan todos los trabajadores, especialmente los referidos a seguro de riesgo y obra social".[107] Estas plantas de clasificación serían gestionadas por las cooperativas cartoneras. A su vez, debían estar habilitadas para recibir, acumular, manipular, clasificar, seleccionar y almacenar temporariamente productos reciclables para luego venderlos al mercado como insumo para "nuevos procesos productivos".

La ley estableció la obligación de separar en origen en los grandes generadores de residuos reciclables, es decir, instituciones, comercios e industrias.[108] A su vez, proponía la incorporación de contenedores en la vía pública con el objetivo de separar la basura reciclable de la no reutilizable previo a su desecho. Todos los productos reciclables serían recolectados por transportes destinados para tal fin. La normativa priorizaba la inclusión de cartoneros en el proceso de recolección y transporte del reciclado. Sin embargo, los requisitos de cada vehículo estaban por fuera del alcance de los cartoneros. La ley indicaba que aquellos prestadores o quienes aspirasen a participar de dicho servicio

---

[107] Acta de la 34ª Sesión Ordinaria: "Despacho 2145: Sistema de gestión de residuos sólidos urbanos. Texto Definitivo. Ley 1854. (Exp. 2021-D-2004, 2070-D-2004, 2106-D-2004 y agreg. Comisiones de Ecología; de Obras y Servicios Públicos y de Presupuesto, Hacienda, Administración Financiera y Política Tributaria)", Versión Taquigráfica, n°51, Legislatura de la Ciudad Autónoma de Buenos Aires, 24 de noviembre de 2005. Inserción del legislador Busaca.

[108] La obligación de separar los productos reciclables en los grandes generadores se estipuló con la sanción de la resolución n° 50, en febrero de 2005. La norma establecía la obligación de separar en forma diferenciada los residuos domiciliarios en "los generadores denominados 'Hoteles', de cuatro y cinco estrellas, edificios públicos del Gobierno de la Ciudad Autónoma de Buenos Aires, Corporación Puerto Madero y edificios de propiedad horizontal que tengan una altura superior a 19 pisos radicados en el ejido de la ciudad". Esta obligación fue retomada por la ley 1.854.

de transporte debían presentar, entre otras obligaciones, una póliza de seguros que cubriera daños, poseer vehículos con sistemas de comunicación, garantizar el tratamiento correspondiente de los efluentes generados por la actividad; garantizar la limpieza de contenedores y recipientes de residuos sólidos urbanos en forma periódica para evitar el escape de polvos, desperdicios y/o generación de microbios y bacterias y capacitar al personal afectado al transporte y recolección diferenciada.[109] Dada la imposibilidad por parte de los cartoneros de efectuar esta tarea, la recolección quedó a cargo de las empresas privadas de recolección de residuos.

Los centros de reciclado comenzaron a construirse en los años 2006 y 2007. Hasta ese momento, las cooperativas de recuperadores formalmente matriculadas realizaban sus tareas de selección y clasificación en galpones ocupados, o bien, directamente en la calle. La primera planta, el Centro de Reciclado del Bajo Flores (CERBAF), fue construida por el gobierno de la Ciudad Autónoma de Buenos Aires en la zona que tenía a su cargo, durante el mes de abril de 2006. La planta comenzó a ser gestionada por la Cooperativa de Recicladores Urbanos, a través de un convenio firmado con el gobierno en el mes de junio del mismo año. Dentro de las cláusulas del acuerdo se señalaban, entre otros, los siguientes puntos. Por un lado, la cooperativa se comprometía a "mejorar las condiciones de trabajo de los recolectores de materiales reutilizables" y a "facilitar el acceso al mercado laboral de personas con bajos recursos económicos".[110] Por otro lado, el contrato tendría una duración de 5 años a partir de su suscripción y su rescisión, por cualquiera de las partes, debía notificarse con una antelación de 2 meses. A su vez, ante una eventual renuncia por parte de la cooperativa, aquella no daría "derecho a las partes a reclamar indemnización de ninguna naturaleza".[111]

Por su parte, la empresa NÍTTIDA construyó el segundo centro de clasificación (Centro Verde de Villa Soldati) en noviembre de 2007 para ser gestionado por la cooperativa Del Oeste y Reciclando Sueños. La empresa CLIBA edificó el galpón a cargo de la Cooperativa El

[109]El artículo sobre el transporte de los materiales reciclables generó controversias en los recuperadores asociados a cooperativas, particularmente, aquellos provenientes de la zona de Villa Fiorito y Caraza nucleados en el MTE. Sus reclamos cuestionaban el artículo puesto que sus vehículos no cumplimentaban varios aspectos redactados en la norma. De este modo, temían ser excluidos del sistema de recolección propuesto. Analizaremos este reclamo en el capítulo V.

[110]Gobierno de la Ciudad Autónoma de Buenos Aires: "Convenio Marco entre la Ciudad de Buenos Aires y la Cooperativa de Trabajo Ecológica de Recicladores del Bajo Flores Limitada", n°3, 2006. Publicado en el *Boletín Oficial de la Ciudad Autónoma de Buenos Aires*, n° 2.439, el 16/05/2006.

[111]Ídem.

Ceibo e ÍNTEGRA creó la infraestructura de la planta utilizada por la Cooperativa El Álamo. Finalmente, la empresa URBASUR no habría construido el centro de reciclado a la fecha del estudio. Según un informe de Greenpeace, dicha empresa sería la responsable de construir un centro verde para los recuperadores provenientes de la zona de Villa Fiorito y Caraza.[112] De la empresa AESA se desconocen las gestiones sobre la construcción de la infraestructura.[113]

La gestión de los centros de reciclado solo benefició a un porcentaje escaso de la población cartonera y no mejoró sustancialmente las condiciones laborales. En el año 2008, la cantidad de recuperadores asociados a cooperativas que gestionaban los 4 centros de reciclado sumaba un total de 110, cifra que representaba un 2% respecto del total de inscriptos. Como veremos en el capítulo IV, las condiciones laborales de los recuperadores en los centros de reciclado son precarias y distan mucho de la mejora que pregonaban los impulsores de la creación de plantas.

En paralelo a la creación de centros de reciclado, el gobierno porteño obligó a los grandes generadores a separar los materiales reciclables e instó a las empresas privadas de recolección de residuos a incorporar contenedores en las calles. Sin embargo, esta política no tuvo el efecto esperado. Entre el mes de diciembre de 2006 y diciembre de 2007, las 5 empresas privadas de recolección colocaron, en toda la ciudad de Buenos Aires, un total de 5.914 contenedores para desechar los productos reciclables y 8.422 para depositar los no reutilizables. Además, de un total de 1.379 establecimientos generadores de productos reciclables relevados por el gobierno porteño, entre los que se encontraban edificios de más de 19 pisos (371), Puerto Madero (132), hoteles (73), oficinas gubernamentales (239) y escuelas públicas (564), solo un 32% cumplía con la separación de materiales.[114] Advertidos

---

[112]Greenpeace: "Sin 'centros verdes', no hay Basura Cero", mayo de 2007. Disponible en www.greenpeace.org.

[113]Cabe destacar que, las cooperativas no fueron las únicas que se propusieron para gestionar los centros de reciclado. Hubo otros postulantes, ya sean empresas o individuos, que se inscribieron para obtener la concesión de un centro de reciclado. Entre estos postulantes, se encontraban: Papelera Marino, Tabas SA., Feliciano Graña, Mercopel Recycling SA, Julio Castro, Sergio Fratti (quien disponía de 4 galpones acopiadores), Maximiliano Correale y Metales Centenera. Desconocemos cómo fue la licitación, lo cierto es que el Estado concedió solo a las cooperativas cartoneras la gestión de las plantas. Gobierno de la Ciudad Autónoma de Buenos Aires: "Informe Anual Ambiental. Ley n° 303 de información ambiental (Decreto n° 1.325/2006)", Ministerio de Medio Ambiente y Espacio Público, 2007.

[114]Gobierno de la Ciudad Autónoma de Buenos Aires: "Informe Anual de Gestión Integral de Residuos Sólidos Urbanos. Ley n° 1854", Ministerio de Medio Ambiente y Espacio Público, 2008.

por la ineficiencia de las empresas privadas, el gobierno modificó su política de reciclado.

II. El cambio en la política de reciclado (julio 2008 a 2012)

Con la asunción del macrismo al gobierno porteño, la política de reciclado sufrió un cambio rotundo. Esa modificación tuvo como antecedente, en primer lugar, una serie de denuncias efectuadas por algunas cooperativas cartoneras, sobre todo aquellas que gestionaban los centros de reciclado y que participaban en la comisión asesora de la ley 1.854. Esta comisión se formó luego de la sanción de esa normativa con el objetivo de realizar un seguimiento de la política ejecutada por el gobierno porteño en materia de reciclado. Dicha comisión estaba compuesta por representantes de las cooperativas de cartoneros, funcionarios del gobierno porteño, organizaciones ambientalistas y miembros de dos cámaras empresarias: la Asociación de Fabricantes de Celulosa y Papel y la Cámara Argentina de la Industria Plástica. En segundo término, el cambio en la política se debe a un diagnóstico realizado por el propio gobierno. Las cooperativas denunciaron el desvío de una porción de los productos reciclables por parte de las empresas privadas de recolección de residuos, los cuales eran vendidos en un depósito acopiador ubicado en la Villa 31.[115] Desde su perspectiva, la escasa cantidad de productos reciclables transportada hasta los centros de reciclado se debía a la recolección y traslado de materiales reutilizables hacia otros destinos. Además, la mala calidad de los productos recibidos en las plantas de clasificación instaba a las cooperativas a recolectar un porcentaje de los insumos por su cuenta. Las cooperativas denunciantes dieron a conocer un informe sobre los montos presupuestados por el Estado hacia las empresas privadas de recolección en materia de reciclado y la cantidad total neta recibida anualmente por los centros de reciclado. El cuadro 18, de la página siguiente, muestra los costos de la política de reciclado entre los años 2005 y mediados de 2008.

El cuadro muestra la elevada cantidad de dinero destinada al procesamiento de toneladas de productos reciclables recibidos en los centros de clasificación gestionados por las cooperativas. En promedio, en los cuatro años se procesaron 203 toneladas por año por un monto de 125.708,75 pesos por cada tonelada procesada. Estos montos incluyen la compra de los contenedores de color naranjas, es decir, aquellos destinados para desechar los productos reciclables, y los gastos en publicidad para desarrollar esta política.

---

[115]Entrevista a Juan Martín Carpenco, dirigente del Movimiento de Trabajadores Excluidos, realizada el 14/04/2013.

Cuadro 18. Costo de recolección diferenciada por empresas privadas de recolección de residuos, toneladas recibidas en plantas de clasificación y costo por tonelada procesada: 2005-2008

Costo según rubro, toneladas recibidas en plantas y costo por procesamiento	**2005**	**2006**	**2007**	**2008***
Costo recolección en grandes generadores	4.600.000	6.400.000	7.800.000	3.300.000
Compra de contenedores naranjas			6.500.000	1.300.000
Costo recolección en contenedores naranjas			20.000.000	29.600.000
Costo de publicidad	8.200.000	9.200.000	18.400.000	Sin ejecutar
Costo total	**12.800.000**	**15.600.000**	**52.700.000**	**34.200.000**
Toneladas recibidas en centros verdes	190	93	281	248
Costo por tonelada recibida	67.689	108.715	188.214	138.217

*Corresponde hasta el mes de mayo.

Fuente: Comisión Asesora de Ley de Basura Cero (1.854/2005). Extractado de: www.noticiasurbanas.com.ar/info_item.shtml?sh_itm=46d42689998c0857c59b-bd968c08ce62, publicado el 01/10/2008.

Por su parte, las autoridades del gobierno porteño efectuaron un diagnóstico sobre la política de reciclado llevada a cabo por las administraciones anteriores. Además, tuvieron en cuenta las denuncias de las cooperativas cartoneras. A través de un informe elaborado en el año 2008, el personal del gobierno señaló la diferencia existente entre la cantidad de productos recolectados por los cartoneros y la recolectada de manera diferenciada por las empresas privadas:

"En el año 2006, se implementa la Ley N° 1854 a través de los contratos de Higiene Urbana con las Empresas de recolección, con la instalación en el 25% de la Ciudad de un doble contenedor: para 'reciclables' (papeles y cartones limpios y secos, plásticos, vidrios, metales, textiles), y otro de tapa gris 'basura' (restos de comida, telgopor, cerámica, papeles y cartones sucios), de esa manera desde esa fecha coexisten dos sistemas de recolección de material reciclable o seco, uno formal y otro informal, este ultimo ignorado a pesar de lo que prescriben la Ley N° 1854 y la Ley N° 992. (...)

Este sistema formal recicló en el año 2007, aproximadamente 280 TN, mientras que, el sistema informal recicló, en el mismo período, aproximadamente 190.000 TN; el sistema formal pagó por estas 280 toneladas recicladas $54 millones, lo que implica que la Ciudad pagó 193.000 $/TN, cuando el precio de mercado [de los productos reciclables] es de alrededor de 400 $/TN".[116]

La información sobre la cantidad de cartoneros y de toneladas de productos reciclables recolectada por ellos surge de un censo efectuado por el gobierno porteño entre los meses de julio y agosto de 2008.[117] El registro dio como resultado la presencia de 5.559 cartoneros en la ciudad de Buenos Aires, quienes recolectaban, mensualmente, un total de 11.585 toneladas de reciclado de la calle. Esto muestra que los cartoneros registrados en el año 2008 recolectaban, diariamente, un total estimado de 580 toneladas de reciclado, es decir, una cantidad superior al total recolectado por las empresas privadas en un año.[118]

A partir de este balance, el gobierno porteño reasignó todos los recursos presupuestarios, antes emitidos a las empresas privadas de recolección, a los cartoneros. La primera medida impulsada fue otorgar la concesión del servicio de recolección diferenciada a las cooperativas, específicamente, a los socios de la Cooperativa Amanecer de los Cartoneros, vinculada con el Movimiento de Trabajadores Excluidos. Este cambio se ve reflejado en el diagnóstico efectuado por el gobierno porteño:

"En el primer trimestre de gestión del año 2008 el MAyEP [Ministerio de Ambiente y Espacio Público] evaluó y entendió que claramente coexistían dos sistemas de recolección de material reciclable o seco, uno formal y otro informal y que el sistema formal era caro, ineficiente e ignoraba al sistema informal, violando los preceptos de las Leyes N° 992 y N° 1854. Por lo tanto, el primer cambio sustancial que nos propusimos en el año 2008 y tal como se señala en este informe up supra, fue incluir formalmente a los cartoneros para que realicen la recolección diferenciada a través de sistemas organizados. Este Plan de gestión representa un cambio significativo del eje de implementación de la Ley N° 1.854 privilegiando claramente un

[116]GCABA: "Informe Anual de Gestión Integral...", 2008, op. cit. Con "sistema formal" se refiere a la recolección diferenciada efectuada por las empresas privadas de recolección de residuos, mientras que, con "sistema informal" se refiere a la recolección de materiales reciclables de la calle efectuada por los cartoneros.

[117]Ídem. El empadronamiento fue llevado a cabo en 65 operativos, ejecutados en 56 puntos de convergencia de los recuperadores.

[118]El cálculo estimado de las 580 toneladas de reciclado diario surge de dividir las 11.585 toneladas mensuales por 20 días de cartoneo.

eje social y con alto nivel de efectividad de reciclado y no solamente un eje económico o logístico".[119]

En el mes de julio de 2008, el gobierno firmó un acuerdo con un conjunto de cooperativas cartoneras. Este convenio marca el cambio en la política de reciclado para todo el período posterior. En primer lugar, el gobierno se comprometió a que los futuros pliegos de concesión del servicio de recolección de residuos solo incluirían el retiro de la basura no reciclable. La recolección y tratamiento de materiales reutilizables estaría a cargo de los recuperadores. En segundo término, y de manera inmediata, las autoridades gubernamentales se comprometieron a conceder nuevos vehículos y camiones para las cooperativas, finalizar las obras pendientes en los centros de reciclado y garantizar la llegada de productos provenientes de la recolección diferenciada. Así lo mencionan los compromisos asumidos por el gobierno luego de firmar el acta-acuerdo con los representantes de las cooperativas:

"Conformar una mesa de trabajo para discutir un marco jurídico que otorgue la gestión de los RSU secos a las cooperativas de recuperadores urbanos y/o recuperadores independientes que trabajan en la Ciudad de Buenos Aires en función de los objetivos fijados por la Ley Basura Cero; Resolver en un plazo de 30 días la provisión de colectivos y el pago de los gastos necesarios para el traslado de los recuperadores urbanos agrupados en el MTE; Resolver en un plazo de 45 días un plan de reconversión tecnológica y regularización de las unidades de transporte de carga (83 camionetas y camiones) del MTE en forma consensuada con dicha organización; Proveer de la logística necesaria para desarrollar la tarea de transporte de materiales reciclables desde los lugares de generación hasta los Centros Verdes y/o plantas de acopio en forma eficiente y transparente, con participación de las organizaciones del sector cartonero; Finalizar las obras y dotar de todo el equipamiento necesario en los Centros Verdes que gestionan las Cooperativa El Ceibo, El Álamo y Del Oeste, en un plazo no mayor a los 60 días, conforme a lo detallado en el ANEXO I; Librar la orden de servicio a la empresa URBASUR para iniciar las obras de la construcción del Centro Verde de la Cooperativa El Amanecer de los cartoneros".[120]

---

[119]GCABA: "Informe Anual de Gestión Integral...", 2008, op. cit.

[120]Gobierno de la Ciudad Autónoma de Buenos Aires: "Acta Acuerdo", convenio firmado entre el gobierno porteño y las cooperativas de cartoneros El Ceibo, El Amanecer de los Cartoneros, Movimiento de Trabajadores Excluidos, El Álamo, Del Oeste, Tren Blanco ramal José León Suárez y Tigre, 7 de julio de 2008. Disponible en www.ambiente.gov.ar/archivos/web/ObservaRSU/file/acuerdo.pdf. El acuerdo también se comprometía a otorgar servicio de camiones a los cartoneros provenientes de los trenes blancos que, unos meses previos a la firma

Efectivamente, a partir del año 2008, el gobierno porteño comenzó a implementar una política de subsidios destinada a todos aquellos cartoneros asociados en cooperativas. Esto motivó la incorporación de un conjunto de recuperadores independientes a diversas cooperativas que se crearon con el objetivo de obtener el subsidio. Estos subsidios fueron de diferentes tipos. No fue una política destinada al asistencialismo, sino a la necesidad de crear una estructura capaz de garantizar la recolección y clasificación de productos reciclables a un menor costo. Por su parte, el reconocimiento de la eficiencia del trabajo cartonero por parte del gobierno porteño para efectuar el reciclado culmina con la sanción del pliego de concesión del servicio de recolección de residuos secos en el año 2010.[121] Su importancia radica en que tales residuos ya no serían recogidos por las empresas privadas de recolección. Estas últimas solo se encargarían de la basura húmeda o no reutilizable.

La elevación del pliego de licitación para el servicio de recolección de productos reciclables por parte de las cooperativas cartoneras tuvo un aval de la Asociación de Fabricantes de Celulosa y Papel (AFCP). El día 11 de agosto de 2010, el ministro de medio ambiente y espacio público del gobierno de la ciudad de Buenos Aires, Diego Santilli, en conjunto con el subsecretario de higiene urbana, Fernando Elías, participó de una reunión en la cámara que agrupa a las empresas papeleras. En un comunicado presentado por su publicación digital, la AFCP mencionó la idea propuesta por las autoridades gubernamentales y la disposición de la cámara y los empresarios a comprar los productos reciclables derivados del papel:

"En la ocasión, el funcionario explicó que la gestión de las 5.064 toneladas de residuos diariamente generadas en la ciudad se orienta hacia dos modelos. 'En primer lugar, vamos a profundizar la formalización de los recuperadores urbanos, que obtienen 1.050 toneladas por día, en cooperativas', como instancia complementaria 'a la separación en origen' [se refiere a la separación en los grandes generadores de productos reciclables]. (...) Al respecto, la AFCP y varios de sus asociados se mostraron dispuestos a comprar todo el volumen de papel que reciclen las cooperativas de recuperadores, en la medida que estén inscriptas en el 'Registro de Comercializadores

del convenio, habían sido clausurados por la empresa Trenes de Buenos Aires. Analizaremos con más detalle este punto en capítulo V.

[121]Gobierno de la Ciudad Autónoma de Buenos Aires: "Pliego de Bases y Condiciones. Concurso Público para la Contratación del Servicio de Recolección de Residuos Sólidos Urbanos Secos", Ministerio de Medio Ambiente y Espacio Público, abril de 2010. Todo este proceso que culmina con el pliego de 2010, comienza en el año 2008. La intervención de las cooperativas en los debates llevados adelante en la legislatura fueron un elemento de presión para lograr este acuerdo. Esto se analizará en capítulo V.

de Materiales a Reciclar', creado el 14 de junio pasado por la AFIP, según su Resolución General 2849, como fruto de un trabajo iniciado por la AFCP en octubre del 2007".[122]

Este aval de la cámara empresaria muestra un interés en común entre la política ejecutada por el gobierno porteño y los representantes de la industria del papel que utilizan el insumo reciclado en la elaboración de productos.

Por otra parte, el pliego del año 2010 establece los criterios por los cuales los cartoneros debían efectuar su tarea. Allí se establece la exclusividad de las cooperativas cartoneras para llevar adelante la tarea de la recolección de residuos reciclables mientras el Estado formaliza la asignación de zonas de trabajo a estas asociaciones. Para ello, el gobierno convocó a las cooperativas a un concurso por la licitación de cada zona de trabajo en el área de la ciudad de Buenos Aires. Solo las zonas en las cuales las cooperativas ya desarrollaban previamente la actividad cartonera no quedaron sujetas a concurso. Las asociaciones con mayor capacidad organizativa y numérica lograron las zonas más rentables.

Además, el pliego respetaba los convenios de adjudicación de los centros de reciclado de cada cooperativa. La exclusividad del servicio de recolección para las cooperativas no podría ejercerse en perjuicio de las rutas históricas de los recuperadores urbanos independientes o no asociados. En caso de superposición de rutas en una misma zona, las cooperativas debían coordinar horarios y recorridos respetando la preexistencia de aquéllos. Por otra parte, los criterios de calificación por los cuales se obtendría el servicio en una zona en particular serían los antecedentes de la cooperativa, el plan de trabajo presentado y el número de asociados. La cooperativa que obtuviera el mayor puntaje sería la ganadora de la zona en cuestión, mientras que, el resto obtendría un puntaje proporcional. El plazo contractual de adjudicación sería de cuatro años, prorrogable por un año.

Por su parte, el gobierno porteño se comprometía a entregar, como mínimo, un camión en comodato a cada cooperativa por zona adjudicada. También se implementarían algunos programas específicos para erradicar el trabajo infantil (instalación de guarderías), para la inclusión social (garantizar a todos los asociados de las cooperativas el acceso al monotributo social, seguro de accidentes personales, uniforme para cada asociado) y de incentivo mensual (incentivos para cada recuperador afectado al servicio). Una vez adjudicada cada zona, el gobierno se comprometía a realizar en un plazo de 30 a 45 días un nuevo relevamiento para censar a los recuperadores preexistentes y entregar a la

[122]Se refiere al registro de comercializadores de materiales a reciclar que hemos analizado en el acápite anterior de este capítulo.

cooperativa adjudicataria de la zona la información que corresponda con el fin de efectivizar la asociación.

El contrato por el servicio de recolección de residuos reciclables establece un sistema de *scoring* que consiste en la adjudicación de puntos frente a incumplimientos por parte de las cooperativas contratistas. Este sistema de puntaje por infracciones se implementaría de manera gradual y paulatina, con advertencias previas. Dicho puntaje era de 0 a 100. Quien superase ese tope en el plazo de un año perdería adjudicación del servicio. Las faltas susceptibles de aplicación y sus respectivos puntajes serían: trabajo infantil (45 puntos); trabajo en condiciones de informalidad (45); separación de residuos en lugares expresamente prohibidos al efecto por las normas vigentes o determinados en forma expresa por la Dirección General de Reciclado (10); falta de registración de recuperadores urbanos que formen parte de las Cooperativas de Recuperadores Urbanos (20); ausencia de uso de los uniformes, identificación y/o elementos de seguridad que hagan al correcto desarrollo de la actividad (20); ausencia de presentación (o fuera de término) de los balances por parte de las Cooperativas de Recuperadores Urbanos (05); reclamos reiterados que hicieran los vecinos respecto de la actividad e incumplimientos de las cooperativas (05); falta de mantenimiento de la higiene en los Centros Verdes (10); incumplimiento de la frecuencia pactada (10) y de las obligaciones esenciales del contrato a suscribir o del Plan de Trabajo presentado (10).

El pliego dejaba claramente establecido la imposibilidad de establecer una relación de dependencia, contrato de locación o servicios entre cartoneros y el gobierno. Este último, a su vez, ofrecía como contraprestación por el servicio ejecutado el goce del beneficio por la venta del material recogido. Es decir, se mantenía vigente la forma de pago que rige en la actividad cartonera, el destajo. Finalmente, el 29 de marzo de 2011 se efectivizó el concurso y se presentaron las cooperativas hasta ese momento existentes.

Este contrato para la ejecución del servicio de recolección de productos reciclables por parte de las cooperativas tendió a formalizar una serie de convenios previos firmados entre las asociaciones y el gobierno porteño, establecidos desde el mes de julio de 2008. Los primeros convenios entre el gobierno y las cooperativas tenían una vigencia de un mes con posibilidad de prórroga. De este modo, los cartoneros debían renegociar el subsidio constantemente. Pero, luego del año 2009, los contratos comenzaron a firmarse por plazos de un año, teniendo que redefinirse durante el mes de diciembre. En el caso de los incentivos mensuales, frente a circunstancias específicas de pedidos de su incremento debido a la pérdida de capacidad adquisitiva producto de la inflación, fueron renegociados cada 6 meses con aumentos escalonados.

Los proyectos presentados para pedir subsidios establecían las razones por las cuales eran necesarios. De este modo, se señalaban aspectos de las condiciones laborales de los cartoneros de la cooperativa en cuestión. Dentro de las problemáticas socio-laborales se caracterizaba que el predominio en la tarea era: la informalidad y precariedad laboral; falta de medidas de higiene y seguridad en la recolección de residuos, situación que generaba serios problemas de salud; inseguridad en el transporte de personas y materiales; acopio domiciliario, con los riesgos que conllevaba; explotación y arbitrariedad en la fijación de precios por parte de los acopiadores.[123]

Una vez aprobados los planes, el gobierno firmaba un convenio con la cooperativa donde se establecían las obligaciones a cumplir. Estos contratos siguieron un mismo criterio en las sucesivas resoluciones aprobadas para cada cooperativa. Las cláusulas establecían un tope máximo del monto mensual del incentivo por recuperador y el compromiso de la cooperativa a presentar, dentro de los últimos 10 días del mes, el listado definitivo de perceptores (consignando el nombre, DNI, número de inscripción en el registro e importe asignado). Ambas partes se reservaban el derecho de revocar el convenio "en cualquier momento y sin expresión de causa".

Además, cada convenio establece un nivel de "satisfacción alcanzado por cada recuperador urbano en el cumplimiento de sus tareas propias". De este modo, la cooperativa debe garantizar las siguientes obligaciones: a) recibir la capacitación relativa a la recolección y al reciclado de residuos impartida por la cooperativa, que deberá ajustarse fielmente a la normativa vigente en la materia; b) desarrollar su actividad en la vía pública ajustándose en un todo a la normativa vigente en la materia y a la capacitación impartida por la cooperativa, lo que implica el cumplimiento de las siguientes reglas: 1) presentarse diariamente con la vestimenta adecuada, con los elementos de seguridad que les hubieran sido suministrados y con sus correspondientes credenciales (se exigiría el cumplimiento del porcentaje de presentismo preestablecido); 2) abstenerse de romper bolsas en la vía pública; 3) dejar limpias las zonas de la vía pública en las que actúen; 4) no ir acompañados por menores durante la realización de sus actividades; 5) no clasificar ni acopiar residuos en la vía pública y 6) cumplir adecuadamente todas las normas de higiene, seguridad y tratamiento responsable de los residuos reciclables.[124]

---

[123]Proyecto presentado por la cooperativa Amanecer de los Cartoneros. Anexo de resolución n° 1.003. Si bien cada cooperativa presentaba su propio proyecto, los ejes señalados eran semejantes.

[124]En los convenios observados no se encuentran estipuladas todas estas cláusulas. Con el tiempo se fueron adecuando a la versión descrita.

Si bien cada convenio estipula que la cooperativa se haría responsable de evaluar estos criterios de satisfacción, en la práctica el gobierno incorporó personal para llevar adelante este control. De este modo, en cada zona de trabajo de las cooperativas cartoneras, una persona dependiente del gobierno porteño controla la actividad de los cartoneros y les toma asistencia diariamente.[125]

A los efectos de conocer la distribución según cada rubro de los subsidios, hemos relevado la totalidad de las resoluciones sancionadas por el Ministerio de Ambiente y Espacio Público dependiente del gobierno porteño y destinadas a las cooperativas cartoneras. El monto de dinero destinado a los "incentivos" mensuales representa el mayor porcentaje respecto del total del presupuesto emitido por el gobierno a los cartoneros en los cuatro años de ejecución. Formalmente, el incentivo se otorga con el objetivo de instaurar una "asignación por capacitación" para las tareas vinculadas con la recolección, clasificación y reciclaje de residuos reutilizables. Las cooperativas "capacitan" a sus asociados para que no dejen basura desparramada en la calle y no trabajen con niños menores de edad. Concretamente, se trata de un subsidio destinado a garantizar una parte del salario de los cartoneros por la tarea realizada. Este salario comenzó siendo de 200 pesos en enero de 2009 y, en diciembre de 2012, sumaba un total de 1.600 pesos por cartonero.[126]

Por su parte, los subsidios vinculados con el transporte representan el segundo rubro de mayor emisión presupuestaria. Se trata de un monto de dinero destinado fundamentalmente a garantizar los salarios de los choferes, de los coordinadores de ruta y de los dos operarios por cada camión. Son sueldos que en el año 2012 sumaban 6.000, 5.000 y 4.800 pesos, respectivamente. También se utiliza para los gastos de

---

[125] Entrevista del autor (anónima) a personal del gobierno encargado de controlar la tarea de los cartoneros en una de las rutas de la Ciudad de Buenos Aires, el 25 de febrero de 2009.

[126] El conjunto de las resoluciones fueron sancionadas por el Ministerio de Ambiente y Espacio Público del Gobierno de la Ciudad de Buenos Aires. A continuación, detallamos el año de sanción y, entre paréntesis, cada resolución. Todas estas fueron extractadas del Boletín Oficial del Gobierno de la ciudad de Buenos Aires. En aquellos casos en los cuales no se encontraban digitalizadas, las resoluciones fueron pedidas al Ministerio de Ambiente y Espacio Público por intermedio de solicitudes del autor. Resoluciones del año 2008 (2226); del 2009 (194, 429, 592, 815, 1.003, 1.285, 1.687, 1.688, 1.689, 1.703, 1.857, 1.879 y 2); del 2010 (491, 1685, 1.688, 238, 482, 918 y 1.041); del 2011 (604, 615, 624, 700, 830, 872, 878, 1103, 1282, 1368, 1580, 342, 627, 628, 741, 29, 1305, 887, 888, 1328, 1396, 1296, 1487, 1580, 1506, 265, 1378, 267, 745, 1435, 1347, 758 y 1319); del 2012 (100, 126, 224, 225, 226, 597, 695, 835, 838, 858, 949, 1003, 1010, 1256, 1292, 1333, 1411, 429, 682, 697, 836, 1006, 1169, 1408, 841, 1005, 1334, 1415, 567, 566, 837, 853, 1008, 1338, 1413, 268, 568, 694, 840, 1007, 1407, 834, 596, 1009, 1257, 1412, 833, 1293, 1414, 842, 1295, 1410, 839 y 1409); del 2013 (5).

mantenimiento, mecánica y combustible. Estos vehículos tienen la función de retirar el material reciclable de los grandes generadores de basura reutilizable y de diferentes rutas asignadas a cada cooperativa por el gobierno porteño. A su vez, el Estado cedió camiones en comodato. Aunque estos últimos no son considerados un subsidio y tampoco se asegura la propiedad de los mismos, los cartoneros obtienen la posibilidad de usufructuar un capital fijo de propiedad del Estado. El rubro de subsidios de logística no incluye el valor de la compra del transporte.[127]

Otro de los subsidios otorgados corresponde a los servicios de salud y a un seguro contra accidentes laborales. El primero de ellos consiste en un monto de dinero destinado a la obtención del Plan Médico Obligatorio. Dicho plan no solo ofrece una cobertura médica a quien realiza la actividad del cartoneo, sino también al conjunto de su familia. Por su parte, el segundo subsidio ofrece la obtención de un seguro contra accidentes laborales que garantiza un ingreso permanente a la familia cartonera en caso de fallecimiento o inhabilitación temporaria de la actividad. Por otra parte, solo una cooperativa percibe un subsidio para sostener el servicio de una guardería para hijos de cartoneros. Se trata de la cooperativa del Movimiento de Trabajadores Excluidos.

Finalmente, el gobierno porteño otorga otros montos presupuestarios que no son renovables mensualmente, o bien, son pagos efectuados por única vez con el objetivo de saldar algún gasto específico. Uno de los más importantes dentro de estos subsidios es aquel que corresponde a "vestimenta y elementos de trabajo". Se trata de un monto destinado a comprar uniformes (incluye zapatos, remera, pantalón, campera y polar) y herramientas de trabajo (bolsones para acopiar material reciclable). Por otra parte, dentro de este rubro se encuentran algunas partidas presupuestarias destinadas al pago de deudas de las cooperativas y gastos para la obtención y renovación de DNI de cartoneros. El siguiente cuadro muestra la distribución del presupuesto ejecutado por el gobierno porteño a las cooperativas cartoneras durante los años 2008 y 2012:

[127]Los transportes son propiedad del Estado y el valor de su compra no se incluye en las resoluciones relevadas. Los gastos en la compra del transporte son emitidos por la Dirección General de Políticas de Reciclado del gobierno porteño. Por esta razón, el presupuesto es mayor respecto de los subsidios otorgados a las cooperativas relevados según las resoluciones.

Cuadro 19. Monto de subsidios otorgados por el gobierno porteño a las cooperativas cartoneras, según rubro: septiembre de 2008 a diciembre de 2012.

Tipo de subsidio	Monto	Porcentaje
Incentivos mensuales	82.338.480,00	50%
Logística vehicular	57.594.572,01	35%
Seguro médico y contra accidentes	15.039.830,75	9%
Guarderías	4.904.064,00	3%
Otros	5.542.434,00	3%
Total	**165.419.380,76**	**100%**

Fuente: elaboración propia del cuadro en base a resoluciones sancionadas por el Ministerio de Ambiente y Espacio Público del Gobierno de la Ciudad Autónoma de Buenos Aires. Resoluciones: del año 2008 (2226); del 2009 (194, 429, 592, 815, 1.003, 1.285, 1.687, 1.688, 1.689, 1.703, 1.857, 1.879 y 2); del 2010 (491, 1685, 1.688, 238, 482, 918 y 1.041); del 2011 (604, 615, 624, 700, 830, 872, 878, 1103, 1282, 1368, 1580, 342, 627, 628, 741, 29, 1305, 887, 888, 1328, 1396, 1296, 1487, 1580, 1506, 265, 1378, 267, 745, 1435, 1347, 758 y 1319); del 2012 (100, 126, 224, 225, 226, 597, 695, 835, 838, 858, 949, 1003, 1010, 1256, 1292, 1333, 1411, 429, 682, 697, 836, 1006, 1169, 1408, 841, 1005, 1334, 1415, 567, 566, 837, 853, 1008, 1338, 1413, 268, 568, 694, 840, 1007, 1407, 834, 596, 1009, 1257, 1412, 833, 1293, 1414, 842, 1295, 1410, 839 y 1409); y, del 2013 (5).

A los efectos de mensurar el cambio en la política de reciclado por parte del gobierno porteño y la reasignación de recursos ejecutados a las cooperativas cartoneras, hemos relevado el monto de dinero ejecutado por la Dirección de Políticas de Reciclado, dependiente del Ministerio de Ambiente y Espacio Público. Desde esa dependencia se ejecutan solo los gastos destinados a los cartoneros. Por el contrario, todo el presupuesto emitido a las empresas privadas de retiro de residuos encargadas hasta el año 2008 de recolectar de manera diferenciada de los grandes generadores de reciclado se erogaba desde la Dirección General de Limpieza y del Ente de Higiene Urbana. Incluso, los centros de clasificación también fueron creados con presupuestos erogados de estas dos últimas dependencias y no se encuentran desagregados en las Cuentas Anuales de Inversión del Estado porteño. La evolución del presupuesto emitido en materia de políticas destinadas a los cartoneros entre los años 2004 y 2012 fue la siguiente:

Cuadro 20. Presupuesto ejecutado real por la Dirección de Políticas de Reciclado para los cartoneros en la Ciudad de Buenos Aires: 2004-2012 (en pesos de reales de 2008).

Año	Monto ejecutado real (en pesos reales de 2008)
2004	756.358,85
2005	1.966.883,67
2006	1.526.967,74
2007	4.512.252,40
2008	30.873.812,20
2009	42.717.762,50
2010	47.604.752,99
2011	62.303.509,37
2012	70.681.370,55

Fuente: elaboración propia en base a Cuentas Anuales de Inversión del gobierno de la Ciudad de Buenos Aires de los años 2004 a 2012. Estos montos fueron deflactados en base al Índice de Precios del Consumidor (IPC) de la provincia de San Luis. Hemos utilizado este IPC debido a las intervenciones del gobierno nacional en el IPC del Gran Buenos Aires, el cual se tornó poco confiable desde el año 2007.

La mayor eficiencia del trabajo cartonero respecto de las empresas privadas de recolección de residuos se observa en la magnitud total del presupuesto ejecutado para ambos casos comparado con la cantidad de toneladas procesadas. Sin contabilizar el monto destinado a la compra de los contenedores para depositar los productos reciclables y la publicidad, el gobierno porteño destinó un presupuesto real de 83.782.959,23 de pesos para efectuar la recolección diferenciada por las empresas privadas, entre los años 2005 y mayo de 2008.[128] A su vez, el promedio anual de materiales reciclables transportados a los centros de reciclado por estas empresas de retiro de residuos fue de 203 toneladas. Esto significa que, estimativamente, el costo real por cada tonelada recolectada y trasladada a los centros de reciclado era de

[128] El monto nominal fue de 71.700.000 pesos. No contabilizamos el monto destinado a la compra de contenedores naranjas y publicidad debido a que desconocemos si esos rubros están incluidos en el presupuesto ejecutado por la Dirección General de Políticas de Reciclado Urbanos posterior, puesto que las cuentas anuales de inversión y el presupuesto consolidado del gobierno de la Ciudad de Buenos Aires no las desagrega específicamente.

103.180,98 pesos.[129] Por su parte, el monto de dinero real destinado por la Dirección General de Políticas de Reciclado Urbano en el año 2008, es decir, en el momento en que se reasigna el presupuesto a los cartoneros, fue de 30.873.812,20 de pesos. Durante ese año, los cartoneros garantizaron, mensualmente, la recolección de 11.585 toneladas de productos reciclables y 500 toneladas de productos obtenidos de la recolección diferenciada en los grandes generadores. Es decir que, el costo estimado por tonelada procesada fue de 213 pesos.[130]

Cabe destacar que los beneficiarios de la política de subsidios implementada por el gobierno porteño no constituyen la totalidad de los cartoneros. Hasta el mes de diciembre de 2012, la cantidad total de perceptores de incentivos sumaba 4.274. Esta cifra representaba un 58% del total de cartoneros inscriptos y con credenciales vigentes en el Registro de Recuperadores Urbanos, correspondiente al mes de marzo de 2011.

Por otra parte, el gobierno mantuvo su política de control de la actividad del reciclado y la comercialización de los productos. Incluso, ha recurrido a la persecución y secuestro de todos aquellos intermediarios con camiones-balanza que compran en la zona del micro y macrocentro y que no se encuentran en una situación regular de acuerdo a los documentos del vehículo. Por ejemplo, en el mes de abril de 2011, el personal del gobierno porteño efectuó algunos operativos cuyo resultado fue el secuestro de 8 camiones de intermediarios.[131] Otro elemento que se vincula con una tendencia al ordenamiento de la actividad de los cartoneros fue la construcción de un nuevo centro de reciclado en la zona de Barracas, durante el año 2012. La planta es gestionada por la cooperativa el Amanecer de los Cartoneros. El objetivo era evitar que los cartoneros recolectores de la zona del microcentro clasifiquen en la calle. Una vez que los cartoneros recogen en la zona mencionada, los camiones de la cooperativa transportan los productos al centro de

---

[129] La cifra surge de dividir la suma total del presupuesto destinado en la recolección diferenciada por cuatro años y, a ese resultado, dividirlo por el promedio de toneladas anuales trasladadas a los centros de reciclado.

[130] El resultado surge de dividir el monto presupuestado en el año 2008 por 12 meses para obtener una estimación mensual del monto emitido. Luego, se dividió por las 12.085 toneladas de productos reciclables recolectadas por los recuperadores que registró el gobierno porteño a partir del censo de cartoneros efectuado a mediados de 2008. Gobierno de la Ciudad Autónoma de Buenos Aires: "Informe Anual de Gestión Integral...", 2008, op. cit. Aún manteniéndose constante la cantidad de productos recolectados por los cartoneros durante los años 2009 y 2012, período en el cual el presupuesto se incrementa, el costo real por tonelada procesada por los cartoneros se mantiene muy lejos de la suma correspondiente al costo por tonelada procesada por las empresas privadas.

[131] *Clarín*, 26/04/2011.

reciclado. Allí, el cartonero clasifica y vende, de manera individual, a los compradores.

III. Hacia el reconocimiento del cartonero como trabajador del Estado

Como hemos mencionado, la crisis del sistema de recolección y tratamiento de residuos sentó las bases para la sanción de la ley de Basura Cero (1.854), durante el año 2005. Su función era generar medidas tendientes a disminuir el entierro de basura en los rellenos del CEAMSE. A través de esta normativa se construyeron los centros de reciclado gestionados por cooperativas cartoneras encargadas de la clasificación de los productos reutilizables. Por su parte, las empresas privadas recolectoras de residuos eran las responsables de retirar los productos reciclables de los denominados "grandes generadores" (supermercados, oficinas estatales, grandes edificios y contenedores de residuos) y trasladarlos a los centros de clasificación. Todo este sistema fue un fracaso. No solo desde el punto de vista de la precariedad en las condiciones laborales de los cartoneros operarios de los centros de clasificación y el limitado alcance que tuvo esta política. También por la ineficiencia de las empresas y el elevado gasto ejecutado por el Estado para la obtención de una diminuta cantidad de productos reciclables comparada con la recolectada por los cartoneros en las calles. Este último aspecto fue advertido por el recién asumido gobierno macrista a principios del año 2008. En este sentido, la reasignación de estos recursos fue la base material de la política de subsidios a los cartoneros en el período 2008-2012.

Cabe destacar que con anterioridad al impulso de estas políticas, el Estado ya ahorraba en gastos por la tarea de los cartoneros. Aunque estaba prohibida legalmente, su actividad redundaba en una disminución en la cantidad de residuos recolectada y luego enterrada en el basural. Sin embargo, a partir de la sanción de las leyes 992 y 1.854 comienza un período de reconocimiento del cartoneo, en primera instancia formal. Por su parte, con la asignación de zonas de trabajo y la ejecución de presupuestos, el gobierno porteño tiende a reconocer a los cartoneros como trabajadores del Estado. Estos últimos obtuvieron incentivos mensuales, camiones para transportar el reciclado, salarios para sus choferes, operarios y coordinadores, guarderías para el cuidado de los hijos de los recuperadores, seguro médico y contra accidentes laborales. Es decir, se destinaron subsidios directos e indirectos para los cartoneros que, junto a los ingresos obtenidos por la venta directa del material recolectado por ellos, garantizan su reproducción material.

El antecedente legal a la ejecución de subsidios remite al decreto n° 543, sancionado el 18 de abril de 2007. Allí se creó el "fondo para el desarrollo de microempresas dedicadas a la recuperación de materiales reciclables", destinado a subsidiar el capital de trabajo de aquellas empresas cuya labor fuera la comercialización, reutilización y reciclado de materiales dentro del ámbito de la Ciudad de Buenos Aires. Tales empresas debían estar inscriptas en el Registro Permanente de Cooperativas y Pequeñas y Medianas Empresas. Esta norma rigió hasta que fue derogada por el decreto n° 424, el 14 de mayo de 2009. La nueva normativa, además de subsidiar bienes de capital y técnicos para la obtención de elementos a utilizarse en la recolección, transporte y selección de residuos secos, también otorgaba incentivos a los recuperadores.[132] Tanto los cartoneros como las cooperativas debían estar inscriptos en los registros, es decir, un recuperador no podría solicitar un subsidio por su cuenta aunque estuviera empadronado.

La política de subsidios ejecutada por el gobierno porteño a partir del año 2008 fue implementada de manera discrecional, tanto en términos de afinidad política como por cuestiones económicas. En este sentido, la primera en firmar convenios con el gobierno y la que más subsidios obtuvo fue la cooperativa del MTE. Se trata de la organización que, al igual que la cooperativa El Álamo, tuvo una posición más afín al gobierno en el proceso de cierre de los ramales cartoneros. También se trata de la entidad que mantuvo una capacidad organizativa y que nuclea a más de 2.000 recuperadores. Por estas razones, los primeros acuerdos se firmaron durante los meses de septiembre y octubre de 2008. Por su parte, recién en el mes de abril de 2010 otras dos cooperativas obtuvieron subsidios. Estas últimas son aquellas vinculadas con la CTA, cuya composición se nutre de diferentes grupos de cartoneros provenientes de los antiguos trenes blancos y que, durante la clausura de aquellos, se habían comportado de manera más moderada. Posteriormente, el subsidio fue extendido a otras asociaciones de menor composición numérica. A diferencia del MTE, las demás asociaciones obtuvieron una menor cantidad de subsidios. Por este motivo, en sus reclamos exigen una igualdad de condiciones respecto de los recuperadores del MTE bajo la consigna "no queremos cartoneros de primera y de segunda". El siguiente cuadro muestra la evolución del monto de subsidios total anual destinado para cada asociación que obtuvo beneficios:

[132]En sus consideraciones, a su vez, el decreto 424 señalaba que su sanción se debía a la inexistencia de la reglamentación de las condiciones para la presentación de proyectos para solicitar subsidios.

Cuadro 21. Monto total nominal de subsidios implementados por el gobierno porteño, según cooperativa y año: 2008-2012.

	2008	2009	2010	2011	2012	Total
MTE	290.900	15.384.805	25.661.976	34.645.066	62.146.428	**138.129.177**
Rec. Urbanos del Oeste			1.183.194	3.017.152	7.554.325	**11.754.671**
Las Madreselvas			612.490	2.029.680	6.547.011	**9.189.181**
Baires Cero				529.011	1.500.401	**2.029.412**
Alelí					1.577.273	**1.577.273**
Recolectores del Oeste				281.494	867.859	**1.149.353**
El Álamo		119.600	90.720	138.420	561.000	**909.740**
El Trébol					344.286	**344.286**
Primavera					336.286	**336.286**
Total	**290.900**	**15.504.406**	**27.548.380**	**40.640.823**	**81.434.870**	**165.419.380**

Fuente: elaboración propia en base a resoluciones sancionadas por el Ministerio de Ambiente y Espacio Público del Gobierno de la Ciudad Autónoma de Buenos Aires. Resoluciones del año 2008 (2226), del 2009 (194, 429, 592, 815, 1.003, 1.285, 1.687, 1.688, 1.689, 1.703, 1.857, 1.879 y 2), del 2010 (491, 1685, 1.688, 238, 482, 918 y 1.041), del 2011 (604, 615, 624, 700, 830, 872, 878, 1103, 1282, 1368, 1580, 342, 627, 628, 741, 29, 1305, 887, 888, 1328, 1396, 1296, 1487, 1580, 1506, 265, 1378, 267, 745, 1435, 1347, 758 y 1319), del 2012 (100, 126, 224, 225, 226, 597, 695, 835, 838, 858, 949, 1003, 1010, 1256, 1292, 1333, 1411, 429, 682, 697, 836, 1006, 1169, 1408, 841, 1005, 1334, 1415, 567, 566, 837, 853, 1008, 1338, 1413, 268, 568, 694, 840, 1007, 1407, 834, 596, 1009, 1257, 1412, 833, 1293, 1414, 842, 1295, 1410, 839 y 1409), y, del 2013 (5).

Por el contrario, ciertos grupos de cartoneros intentaron inscribirse como cooperativa para obtener los beneficios, pero hasta el mes de diciembre de 2012 no lo habían logrado. Por ejemplo, los cartoneros que antiguamente se trasladaban en el Tren Blanco con destino a José León Suárez y a Zárate, que se encuentran nucleados en la organización Por Siempre Unidos. O bien, la Cooperativa Cartonera del Sur, que nuclea a un grupo de recuperadores proveniente de los trenes blancos con destino a Constitución.

Como ya mencionamos, el monto de dinero destinado a los "incentivos" mensuales representa el mayor porcentaje respecto del total del presupuesto emitido por el gobierno. Ese subsidio comenzó siendo de 200 pesos y, en diciembre de 2012, era de 1.600. Los incrementos del incentivo exigidos por las cooperativas tienen como elemento de justificación el aumento de la inflación y la baja del precio del reciclado sobre todo en momentos de crisis como el período 2008-2009. Dicho en otros términos, los aumentos de los incentivos han sido reclamados debido a la pérdida de poder adquisitivo de los cartoneros, como lo demuestran los fundamentos del pedido:

"La ya delicada situación económica de la gran mayoría de nuestros asociados ha empeorado notablemente a partir de fines del año pasado a raíz de la reducción del precio de los materiales reciclables y reutilizables (especialmente el cartón, principal material recuperado por los asociados a esta cooperativa, cuyo valor se ha reducido en prácticamente dos tercios desde entonces). (...) En ese marco, pues, solicitamos al Gobierno de la Ciudad de Buenos Aires un subsidio mensual de $170, destinado a ser distribuido entre los asociados que se desempeñen como recuperadores urbanos con el objeto de recuperar o nivelar sus ingresos, neutralizando en alguna medida los efectos nocivos que aquellos efectos económicos y con duración durante todo el lapso que demande la recuperación generalizada de los precios de los materiales reciclables".[133]

Por su parte, el gobierno porteño reconoce la disminución de los ingresos por la baja del precio del material reciclable:

"Que en esta oportunidad la Cooperativa de Trabajo Amanecer de los Cartoneros Limitada, también planteó la necesidad de obtener un subsidio adicional, para distribuir entre sus asociados incluidos en el desarrollo del Programa 'Recolección consciente de residuos reciclables en la Ciudad de Buenos Aires', a los fines de recomponer la disminución de sus ingresos, derivada de la baja estacional del precio de los productos recuperados y reciclados, así como de los efectos de la actual crisis económica global. (...) Que respecto del subsidio adicional requerido, la Dirección General de Reciclado ha entendido que el mismo resulta necesario, toda vez que el precio del cartón (principal material recuperado y comercializado) ha caído abruptamente".[134]

[133]Anexo de resolución n° 1689/09. Extracto del proyecto presentado por la cooperativa Amanecer de los Cartoneros, perteneciente al MTE, para obtener un aumento del incentivo mensual por la disminución del precio del material reciclado, durante el año 2009. Estos fundamentos coinciden en otros proyectos presentados por las demás cooperativas.

[134]Resolución del Ministerio de Ambiente y Espacio Público del Gobierno de la Ciudad Autónoma de Buenos Aires, n° 592/09. Extractos de los considerandos

Los perceptores de incentivos comenzaron siendo 600 en enero de 2009, cantidad que se elevó hasta 4.274 en diciembre de 2012. De todos estos, 2.629 beneficiarios se encuentran asociados en el MTE (61,5%); 664 (15,5), de la cooperativa Recuperadores Urbanos del Oeste; 573 (13,4%), de Las Madreselvas; 132 (3,1%), de Alelí; 124 (2,9%), de Baires Cero con; 48 (1,1%), de la cooperativa Del Oeste y 33, 35 y 36 de las asociaciones El Álamo, Primavera y El Trébol, respectivamente (0,8% cada una). El siguiente gráfico muestra esa evolución según cada mes:

Gráfico 11. Evolución de la cantidad de socios de cooperativas perceptores de incentivos: Ciudad de Buenos Aires, 2009-2012.

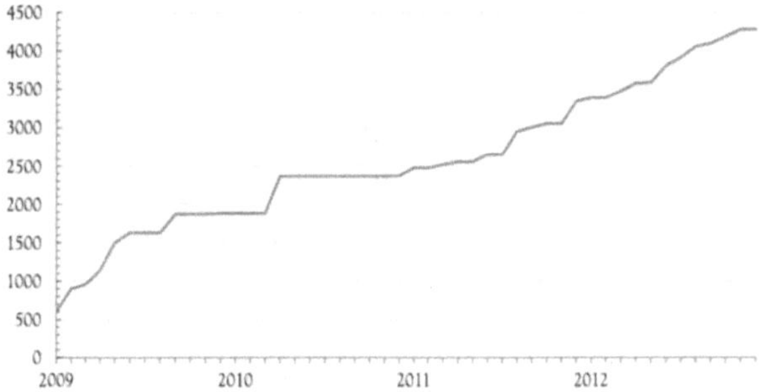

Fuente: elaboración propia en base a resoluciones sancionadas por el Ministerio de Ambiente y Espacio Público del Gobierno de la Ciudad Autónoma de Buenos Aires. Resoluciones: del año 2008 (2226); del 2009 (194, 429, 592, 815, 1.003, 1.285, 1.687, 1.688, 1.689, 1.703, 1.857, 1.879 y 2); del 2010 (491, 1685, 1.688, 238, 482, 918 y 1.041); del 2011 (604, 615, 624, 700, 830, 872, 878, 1103, 1282, 1368, 1580, 342, 627, 628, 741, 29, 1305, 887, 888, 1328, 1396, 1296, 1487, 1580, 1506, 265, 1378, 267, 745, 1435, 1347, 758 y 1319); del 2012 (100, 126, 224, 225, 226, 597, 695, 835, 838, 858, 949, 1003, 1010, 1256, 1292, 1333, 1411, 429, 682, 697, 836, 1006, 1169, 1408, 841, 1005, 1334, 1415, 567, 566, 837, 853, 1008, 1338, 1413, 268, 568, 694, 840, 1007, 1407, 834, 596, 1009, 1257, 1412, 833, 1293, 1414, 842, 1295, 1410, 839 y 1409); y, del 2013 (5).

Con posterioridad al mes de marzo de 2011, el monto de los incentivos percibidos por los asociados de cada cooperativa fue equiparado en 700 pesos mensuales. En cambio, hasta ese momento esto no sucedía. No solo porque había diferencias en los incentivos entre las cooperativas, sino también porque en el seno de algunas asociaciones

---

de la resolución para otorgar un aumento de subsidio a la cooperativa Amanecer de los Cartoneros.

existía una división entre cartoneros recién incorporados en la entidad, los "nuevos", y los más "antiguos". Un ejemplo del primer caso remite a la diferencia entre los montos percibidos por los cartoneros del MTE y el resto de las cooperativas durante el mes de diciembre de 2010. Mientras que, un grupo minoritario del MTE percibía 500 pesos mensuales y los 1.630 restantes cobraban 650, las demás asociaciones obtenían entre 200 y 370 pesos. La única excepción fue un grupo de asociados de la Cooperativa de Recuperadores Urbanos del Oeste, que percibía 500 pesos. Este último caso también ejemplifica la diferencia en el seno mismo de la asociación. Entre los meses de abril y diciembre de 2010, un grupo de 180 cartoneros obtuvo desde 370 hasta 500 pesos mensuales, mientras que, los 100 miembros restantes no superaron los 200 pesos en el mismo período. Tal distinción se debía, según la cooperativa, a la idoneidad en la realización de las tareas:

"Dado que es factible diferenciar dos grandes grupos de asociados según su antigüedad en el desarrollo de la actividad, lo que tiene efectos concretos en el nivel de satisfacción de los resultados anhelados a raíz de la mayor idoneidad que ostentan aquellos más antiguos, creemos adecuado establecer una distinción en lo que a la distribución del subsidio en cuestión concierne, basada precisamente en la antigüedad. Entendemos que este proceder, que supone un reconocimiento especial para quienes fueron pioneros en esta actividad arriesgada y sin precedentes cercanos, asumiendo el riesgo que ello implicó, es de estricta justicia, sin perjuicio de que también resulta justificado por el mejor aporte que habitualmente los asociados más antiguos hacen a la tarea conjunta de recolección debido a su mayor conocimiento y experiencia, lo que -desde ya- tiene un efecto positivo sobre los asociados más nuevos, que encuentran en los miembros más antiguos personas de quienes aprender las particularidades de una actividad tan singular".[135]

Como ya dijimos, los subsidios vinculados con el transporte representan el segundo rubro de mayor emisión presupuestaria. Los cartoneros no solo recibieron presupuestos para el pago del salario de los choferes y operarios. El Estado cedió camiones en comodato. Aunque estos últimos no son considerados un subsidio y tampoco se asegura la propiedad de los mismos, los cartoneros obtienen la posibilidad de usufructuar un capital fijo de propiedad del gobierno. Del conjunto de las cooperativas, el MTE es la organización que mayor cantidad de transportes posee. También dispone, a diferencia del resto de las

[135] "Proyecto presentado por cooperativa de Recuperadores Urbanos del Oeste", en Anexo de Resolución n° 918/2010, del Ministerio de Ambiente y Espacio Público del Gobierno de la Ciudad Autónoma de Buenos Aires.

asociaciones, de una logística para el traslado de sus asociados subsidiada por el gobierno. Se trata de aquellos recuperadores provenientes de la zona sur del Gran Buenos Aires que antiguamente se transportaban subidos en el acoplado de los camiones junto a sus carros. Además, el MTE fue la primera cooperativa en lograr transportes conducidos por los mismos miembros de la entidad. Esta situación difiere de aquellos cartoneros provenientes de los trenes blancos quienes, luego de la clausura de esos servicios, obtuvieron transportes para sus carros conducidos por choferes de las diferentes empresas. Con posterioridad al 2010, solo las cooperativas que lograron ser beneficiadas con subsidios del Estado obtuvieron camiones en comodato para ser conducidos por sus propios miembros. En este sentido, entre los años 2008 y 2012 el MTE dispuso de un total de 31 camiones. Recién a mediados del año 2012 las demás cooperativas obtuvieron vehículos para garantizar la recolección diferenciada de los grandes generadores y de las rutas asignadas. La asociación de Recuperadores Urbanos del Oeste obtuvo 7 transportes y el resto de las cooperativas recibió 1 cada una.

Otro de los subsidios otorgados corresponde a los servicios de salud y seguro contra accidentes laborales. El servicio de salud integral solo fue concedido al MTE. Los asociados de esta organización también fueron beneficiados con el seguro contra accidentes laborales, al igual que un porcentaje de cartoneros nucleados en las cooperativas de Recuperadores Urbanos del Oeste (42%) y Las Madreselvas (35%).

El subsidio para servicio de guardería solo fue obtenido por el MTE. Específicamente, el presupuesto destinado a la entidad se enmarca en un cambio en la política del gobierno porteño para la gestión de los centros de primera infancia, por intermedio del decreto 306 sancionado en el mes de abril de 2009. A partir de esta normativa, el Estado se desvinculó de la gestión de dichos centros y convocó a organizaciones de la sociedad civil para que se hicieran responsables de los establecimientos. De este modo, la guardería del MTE se encuentra gestionada por la Fundación Che Pibe.

Los beneficiarios del servicio son 100 niños de 45 días a 5 años de edad y 45 chicos de 6 a 14 años. A las 16:30 hs un micro del MTE busca a los niños por sus casas y los deja en la guardería, que funciona de domingos a viernes durante todo el año.[136] Allí, los niños meriendan, hacen sus tareas, se bañan, cenan, ven películas o leen cuentos. Al finalizar la jornada, a los más chicos se los hace dormir hasta que sus padres cartoneros los retiran. Las partidas presupuestarias son destinadas a pagar un sueldo de los profesionales a cargo de la institución, los alimentos, higiene y servicios de mantenimiento. También se emitió un monto de dinero para infraestructura. La cooperativa comenzó

---

[136] http://www.cartoneando.org.ar/content/guarderia-amanecer-de-los-pibes-0.

percibiendo un subsidio de 787,45 pesos mensuales por niño asistido y, en julio de 2012, el presupuesto se incrementó a 936,72.

Como se puede observar, la política de subsidios no solo se vincula con la búsqueda de una mayor eficiencia por parte del Estado. También se relaciona con una tendencia al reconocimiento de los cartoneros como trabajadores del Estado, cuya labor consiste en disminuir el entierro de materiales reutilizables en el relleno del CEAMSE. De este modo, el gobierno porteño ahorra una suma cuantiosa de dinero destinada para ese fin. Para ello, los cartoneros perciben un salario mensual, bajo la forma de incentivo por capacitación, logística de transportes para el traslado de los productos reciclables, cobertura médica, servicio de guarderías, vestimenta y elementos de trabajo. Por su parte, el Estado controla el presentismo de los cartoneros en sus ámbitos de trabajo, las zonas asignadas. En términos políticos, estos recursos han sido destinados de manera discrecional. En primer lugar, no todas las asociaciones reciben la totalidad de los subsidios. Por esta razón, en sus intervenciones reclaman una igualdad de condiciones, como veremos en el capítulo V. En segundo término, las cooperativas beneficiadas son aquellas que tuvieron posiciones más afines al Estado, o bien, aquellas que han intervenido en el proceso de lucha de manera más moderada. En contrapartida, un conjunto de cartoneros han sido excluidos de estos beneficios, situación que atenta contra la unidad en la lucha.

Resumiendo

Los cartoneros no venden directamente a las empresas que utilizan material reciclado. Entre ellos, intervienen los intermediarios que compran a los primeros y venden a las segundas. Toda la rama de los intermediarios es auxiliar de la industria en la medida en que garantiza la llegada de una mercancía producida por el trabajo cartonero. La industria mayormente beneficiada por el trabajo cartonero es la papelera. Esta industria paga un monto de dinero por kilogramo de materiales recolectado. Esto implica que, por la venta de su fuerza de trabajo, los cartoneros obtienen un salario a destajo. El pago de este salario se encuentra mediado por los galpones acopiadores y los camiones intermediarios, quienes se apropian de una parte del monto de dinero que pagan las empresas recicladoras de los insumos producidos por los cartoneros. En este sentido, la industria se conforma como el empleador que garantiza la reproducción de la fuerza de trabajocartonera y de su familia.

La industria papelera no ha reconocido formalmente el trabajo cartonero. En la relación entre cartoneros y empresas no existe ningún tipo de convenio contractual ni beneficios sociales o cobertura médica. El Estado es el que asume ese rol de empleador formal de los cartoneros, bien que con limitaciones, en tanto no los reconoce como empleados directos. El reconocimiento del trabajo cartonero se debe a un proceso que comienza con el permiso de la actividad durante el año 2002, luego de haber estado prohibida por décadas, la instalación de centros de reciclado gestionados por cooperativas y, finalmente, la emisión de un presupuesto destinado exclusivamente a los cartoneros a partir del año 2008. Este reconocimiento se efectiviza a partir de un cambio en la política del gobierno como consecuencia de la ineficiencia de las empresas privadas de recolección de residuos. Estas últimas procesaban una cantidad mínima de toneladas reciclables a un costo muy elevado. Por esta razón, el presupuesto en materia de reciclado fue reasignado a los cartoneros. A partir de ese proceso, el gobierno porteño comenzó a pagar a los cartoneros un salario mensual, bajo la forma de incentivo por capacitación, una cobertura médica y guarderías para el cuidado de los hijos de los recuperadores. A su vez, cedió en comodato vehículos para ser conducidos por los cartoneros y transportar los productos reciclables hasta los centros de reciclado o zonas de residencia de los cartoneros. Toda esta infraestructura creada por el Estado actúa, de algún modo, como un subsidio indirecto para la industria en la medida en que crea las condiciones para garantizar un insumo utilizado por ella.

Del mismo modo opera la disminución de los impuestos para la industria a partir de la creación del registro de comercializadores de materiales a reciclar. Hasta el año 2010, momento en el cual se crea el registro, el blanqueo de todos esos insumos provenientes mayoritariamente del mercado "negro" (o cartonero) se tornaba una dificultad para las empresas. Probablemente, la creación del registro se deba al incremento de insumos provenientes del cartoneo y la necesidad del blanqueo de esas compras por parte de las empresas frente a la AFIP. Con el registro, el Estado beneficia a las empresas e intermediarios inscriptos en el registro al disminuir la carga tributaria tanto del Impuesto al Valor Agregado como del Impuesto a las Ganancias. Esta disminución en las retenciones impositivas constituye una forma de subsidiar a la industria de manera indirecta.

Finalmente, todo el proceso de reconocimiento de la labor de los cartoneros por parte del Estado se encuentra mediado por la problemática en torno al sistema de recolección y tratamiento de residuos. Los argumentos esgrimidos por los legisladores al momento de otorgar un amparo legal para cada una de las políticas ejecutadas por el Estado remiten a la cuestión de los residuos sólidos urbanos y el encarecimiento de su tratamiento. No obstante, el reciclado de productos se encuentra determinado por la existencia de una industria que utiliza esos insumos como materia prima para la producción de otros bienes.

Ediciones ryr

Capítulo IV

Proceso y condiciones de trabajo

Ediciones ryr

En el capítulo III analizamos quiénes son los empleadores de los cartoneros. Es decir, quiénes utilizan la fuerza de trabajo cartonera para obtener un beneficio. En este capítulo, estudiaremos cómo se usa la fuerza de trabajo. El objetivo es describir y analizar los procesos de trabajo y las condiciones laborales en las diferentes modalidades de cartoneo, en la actualidad. Intentaremos caracterizar el grado de desarrollo alcanzado en la organización del proceso de trabajo y analizar la intensidad de la tarea efectuada por los recuperadores. Para ello, utilizamos fuentes primarias y realizamos observaciones de los procesos de trabajo en las diversas formas de cartoneo. También efectuamos un cuestionario tipo encuesta a 125 cartoneros y 30 entrevistas a dirigentes de organizaciones y cooperativas cartoneras. Finalmente, para la reconstrucción de la evolución del salario cartonero relevamos diarios de tirada nacional y obtuvimos información de un conjunto de resoluciones sancionadas por el gobierno porteño. Antes de describir la tarea de los cartoneros conviene definir qué es el proceso de trabajo y las diferentes etapas en su organización.

El proceso de trabajo en el cartoneo

Proceso de producción y proceso de trabajo

En la producción de cualquier mercancía se incurre en un *proceso*. El objeto deberá atravesar una serie de fases de transformación que, partiendo de un estadio inicial, lo transporten a su resultado final. En ese proceso de producción se encontrarán involucrados diferentes elementos que responden, en última instancia, a dos: la naturaleza y el trabajo humano. El trabajo humano opera sobre la naturaleza, pero esta no es un elemento puramente pasivo. También opera transformaciones. A su vez, en el proceso de producción el trabajo se realiza en diferentes momentos del desarrollo del objeto. Dicho de otra manera: todo proceso de producción incluye varios procesos de trabajo y de no-trabajo. Por ejemplo: en la producción agrícola, el proceso de producción de la semilla requiere de varios procesos de trabajo (arada, siembra, cosecha, transporte) y de varios procesos de no trabajo (los procesos químicos que operan con los herbicidas, los procesos biológicos que incluyen el crecimiento y maduración de las plantas).

En el caso que estudiamos, la producción de la mercancía "materia prima para la producción de papel proveniente de la recolección de papel descartado" incluye como etapas en las que el trabajo humano interviene, al menos tres procesos de trabajo: la recolección, el transporte y la clasificación. En la producción de la mercancía "desecho clasificado" intervienen los mismos procesos, con la diferencia de que son distintos de los anteriores, tanto por la forma (como se verá más adelante) como por el contenido (que no incluye solo papel). Como quedará claro más adelante, estas dos mercancías confluyen en realidad en una sola, la mercancía "materia prima para la producción de papel proveniente de la recolección de papel descartado", porque la mayoría de lo que se separa en la clasificación en los centros de clasificación es papel y sus derivados. Finalmente, entonces, podemos simplificar nuestro análisis señalando que seguiremos los procesos de trabajo involucrados en la producción de la mercancía "materia prima para la producción de papel proveniente de la recolección de papel descartado", que incluyen las actividades de recolección, transporte y clasificación. Veamos primero bien en qué consiste el proceso de trabajo capitalista y luego analizaremos aquellos procesos de trabajo en los que interviene nuestro protagonista.

Las etapas del proceso de trabajo capitalista

Desde una perspectiva marxista y en términos abstractos, el proceso de trabajo es una actividad orientada a un fin en el que el hombre "pone en movimiento las fuerzas naturales que pertenecen a su corporeidad, brazos y piernas, cabeza y manos, a fin de apoderarse de los materiales de la naturaleza bajo una forma útil para su propia vida".[1] Entre los elementos del proceso, se encuentran los medios de trabajo, es decir, un "conjunto de cosas que el trabajador interpone entre él y el objeto de trabajo y que le sirve como vehículo de su acción sobre dicho objeto". Se trata, por ejemplo, de los carros de los cartoneros con los

[1] Marx, Karl: *El Capital*, Tomo I, Vol. I, Libro primero, Siglo veintiuno editores, Buenos Aires, 2008, p. 215.

cuales se trasladan los productos recogidos. Concretamente, el proceso de trabajo constituye el momento en que se agrega valor "trabajo" al producto dentro del proceso productivo más general.

Históricamente, la organización del proceso de trabajo bajo el modo de producción capitalista tiende a revolucionarse constantemente sobre la base de un aumento de la productividad y el avance en la subsunción real del trabajo al capital. Estos cambios han dado lugar a distintos momentos del desarrollo del capitalismo. Marx utiliza las categorías de cooperación simple, manufactura y gran industria para explicar estas formas de organización del proceso de trabajo. El régimen de gran industria es el momento de mayor desarrollo alcanzado por el capitalismo, donde el obrero queda sujeto al capital por la relación salarial y porque este ya no puede reproducir por sí mismo el conjunto del proceso de trabajo. La progresiva división del trabajo y la mecanización de las tareas tienden a objetivar el proceso de trabajo en un sistema de máquinas, alejándose cada vez más de su contenido artesanal. El resultado de este proceso es la destrucción de los oficios de los artesanos, la descalificación de la mano de obra y, consecuentemente, la disminución del salario y el empeoramiento generalizado de las condiciones de vida de la clase obrera.

La primera forma de organizar el proceso de trabajo en el capitalismo es la cooperación simple. Su particularidad es la reunión simultánea de un conjunto de obreros al mismo tiempo y en un mismo espacio o campo de trabajo, empleados por un capitalista individual. Los trabajadores realizan una tarea igual o similar en un mismo sitio. Es condición de esta etapa el hecho de que el capitalista reúna una suma equivalente al valor de la fuerza de trabajo que pretende emplear bajo su mandato y en simultáneo. Bajo esta forma de organización del trabajo, el contenido de este no varía, es decir, mantiene su base artesanal y manual. Sin embargo, se presenta un cambio esencial por la concentración de trabajadores que tiende a incrementar la productividad. Por un lado, el trabajo colectivo permite alcanzar una eficiencia media de trabajo, esfumándose las diversas magnitudes de valor dispersas individualmente. Por otro lado, los medios de producción utilizados colectivamente transfieren al producto final un menor valor debido al ahorro de energía. Su consecuencia es el abaratamiento en la producción de mercancías y la reducción en el valor de la fuerza de trabajo. Al decir de Marx, "la suma mecánica de fuerzas de obreros aislados difiere esencialmente de la potencia social de fuerzas que se despliega cuando muchos brazos cooperan simultáneamente en la misma operación indivisa".[2] En la etapa de la cooperación simple aún prevalece la subsunción formal del trabajo al capital. La dependencia del obrero con el empleador

[2] Ibid., p. 396.

se determina por la relación salarial. Sin embargo, el trabajador aún mantiene el conocimiento de todos los pasos del proceso de trabajo en la elaboración de un producto.

La siguiente etapa de la organización del proceso de trabajo corresponde a la manufactura. Se trata de la cooperación fundada en la división del trabajo. Las operaciones antes efectuadas por cada artesano se disocian, es decir, se asigna cada una de ellas a un trabajador. La división de tareas crea la especialización: cada obrero realiza una labor parcial. El producto resultante de un obrero se torna el punto de inicio de otro trabajador. De este modo, se acrecienta la productividad del trabajo en la medida en que se incrementa el gasto de la fuerza de trabajo y se disminuye su consumo improductivo. En este proceso de combinación de obreros parciales, la manufactura crea las condiciones para la elaboración de herramientas más específicas para cada labor. En este sentido, las tareas se tornan más simples. Esta especialización y simplificación de las tareas crea una nueva clase de obreros, los no calificados. A su vez, el aprendizaje de aquellos trabajadores más calificados disminuye con la división de tareas. Aunque la destreza artesanal y manual continúa siendo la base técnica del proceso de trabajo, la especialización de las tareas hace que el obrero tienda a perder independencia incrementándose la subsunción del trabajo al capital. Marx explica este pasaje de la cooperación simple a la manufactura y la menor independencia del obrero al capital de la siguiente manera: "Si en un principio el obrero vende su fuerza de trabajo al capital porque él carece de los medios materiales para la producción de una mercancía, ahora es su propia fuerza de trabajo individual la que se niega a prestar servicios si no es vendida al capital".[3]

Previo al desarrollo de la gran industria, la manufactura crea las condiciones para una fase intermedia. Aún prevalece la división de tareas como organización del proceso de trabajo. Pero se le suma una progresiva mecanización de las tareas, sin constituirse aún un sistema de máquinas, característico de la gran industria. En este pasaje, la mecanización no es completa, de modo que subsisten tareas manuales y se requiere cierta destreza del obrero. El proceso de trabajo no se ha objetivado aún en la maquinaria, sino que predomina el principio subjetivo. No obstante, se profundiza la subsunción del trabajo al capital y la tendencia a la descalificación del obrero. Consecuentemente, el valor de la fuerza de trabajo disminuye.

El régimen de gran industria constituye la organización más avanzada del modo de producción capitalista. Tiene como característica principal la conformación de un sistema de máquinas. A su vez, constituye el momento de subsunción real del trabajo al capital. En este sistema,

---

[3] Idem, p. 439.

la máquina se apodera de la herramienta antes utilizada por el obrero. Pero, el cambio esencial del régimen de gran industria es la utilización de una fuerza motriz, en parte, común a todas las máquinas, que reemplaza la fuerza motriz ejecutada por el hombre. Bajo el régimen de gran industria, el capital mecaniza el conjunto del proceso de trabajo. De este modo, ya no depende de las operaciones manuales de los trabajadores, propias de la cooperación simple y la manufactura. Al mecanizarse las tareas, el obrero deviene en un apéndice de la máquina la cual opera sobre la materia prima para la elaboración de un producto. En este sistema, se objetivan los conocimientos en la maquinaria y se alcanza la máxima descalificación del obrero.

Alcanzado el régimen de gran industria, el proceso de trabajo no permanece inalterado. Tiende a revolucionarse constantemente hasta alcanzar la automatización donde la maquinaria efectúa el conjunto de los movimientos necesarios para la elaboración de la materia prima. Solo se requiere de la supervisión del obrero. El avance de la gran industria crea las condiciones para la subsunción real del trabajo al capital. El obrero ya no puede montar su propio taller no solo por el impedimento de competir con la elevada productividad requerida, sino también, por la tendencia a la descalificación. Es decir, el obrero desconoce la totalidad del proceso de trabajo en la elaboración de un producto, situación que impide su reproducción. En consecuencia, la subsunción se efectúa sobre la base de la relación salarial y la imposibilidad de abandonar su condición de obrero.

Aquí describiremos las etapas del trabajo en las diversas formas de cartoneo y nos aproximaremos a su caracterización según el grado de desarrollo de la organización del proceso de trabajo.

Los procesos de trabajo incluidos en la producción de la mercancía "cartonera"

I. La recolección

En la actualidad, la recolección asume diferentes modalidades. El recorrido a pie con carro manual es la forma más extendida. En este caso, el cartonero se traslada caminando y empuja o tira de su carro. Durante su jornada de trabajo, establece un trayecto que, generalmente, es el mismo siempre. Por otra parte, algunos cartoneros que recogen en zonas comerciales, como por ejemplo en Once y Microcentro, no establecen recorridos y clasifican en el mismo sitio en el que se instalan. La característica de estas zonas es la elevada concentración de comercios los cuales son proveedores de productos reciclables. Allí, los cartoneros colocan un bolsón en una cuadra y se trasladan a los negocios cercanos. Esta modalidad puede ser denominada como "puesto fijo", como contraposición al recorrido a pie con carro.[4]

La llegada al ámbito de recolección difiere según la procedencia de los cartoneros. Los recuperadores provenientes del conurbano bonaerense, que son la mayoría, se traslada en trenes y colectivos hasta su ámbito de trabajo. Algunos ramales ferroviarios mantienen un servicio exclusivo para cartoneros y sus carros, mientras que en otros ramales, como por ejemplo las ex líneas Mitre y Sarmiento, este servicio fue clausurado en el año 2007. En su lugar, el gobierno porteño otorgó camiones para el transporte de carros. Por su parte, algunos grupos de cartoneros provenientes de la zona sur del conurbano bonaerense, como las localidades de Villa Fiorito y Caraza, antiguamente se trasladaban en los acoplados de los camiones. Con posterioridad al año 2008, el gobierno otorgó un servicio de colectivos para el transporte de cartoneros, mientras que sus carros se transportan en camiones. Estos grupos de recuperadores provenientes de la zona sur salen desde sus hogares a partir de las 16:30 hs. Cada micro traslada al mismo grupo de cartoneros de lunes a viernes. Luego de una hora de viaje, el colectivo y el camión estacionan en la zona de recolección. Durante el viaje hasta su zona de cartoneo, un coordinador registra la asistencia de los pasajeros. Esto último se implementó desde el momento en que los cartoneros perciben subsidios del Estado como una forma de controlar la asistencia por parte de los socios de la cooperativa. También el personal dependiente del gobierno efectúa un control una vez que los cartoneros llegan hasta su ámbito de recolección. Finalmente, los cartoneros residentes en la ciudad de Buenos Aires, ya sea en villas o asentamientos, se trasladan a pie hasta su zona de recolección.[5]

El proceso de trabajo del cartoneo en la calle comienza con la selección y recolección de los productos. Estos bienes reutilizables se obtienen de diversos proveedores: de los comercios, de los edificios y de las bolsas de residuos de la calle. En los dos primeros casos, el producto no se encuentra mezclado con restos de basura no reciclable o solo lo está parcialmente. De este modo, la selección del material se torna menos dificultosa. Incluso, algunos encargados de comercios y edificios

---

[4]Como ya vimos, existen otras formas de cartoneo en la ciudad de Buenos Aires que no son predominantes. Por ejemplo, el cartonero que se transporta en un camión y recoge productos de la calle, o bien, el cirujeo a caballo que, aunque se observa en algunos ámbitos, ha tendido a desaparecer. Lo que varía en este caso es el instrumento de transporte de los materiales puesto en juego, no el acto mismo de la recolección.

[5]Hemos relevado el proceso de trabajo en tres asentamientos cartoneros, dos de ellos se ubican en el barrio de Caballito y el tercero, en un parque ubicado en las cercanías del Hospital Garrahan, en el barrio de Parque Patricios. El relevamiento se efectuó entre los meses de marzo y mayo de 2009.

entregan en mano a los cartoneros las bolsas o cajas con productos reciclables. En cambio, los insumos reutilizables provenientes de las bolsas de residuos requieren de una manipulación. Se palpan las bolsas y, en caso de que se considere que hay material vendible, se abren y revisan. En posición agachada, algunos cartoneros las desatan y otros la rompen para extraer lo reutilizable.

En los recorridos a pie con carros, los cartoneros caminan una cantidad de cuadras según la zona en la cual recolectan. A partir de nuestro relevamiento, observamos que los recuperadores que ingresan en los trenes y camiones se trasladan en promedio 61 cuadras, mientras que los recolectores residentes de tres asentamientos caminan, en promedio, 80.[6] Los recorridos se efectúan en diferentes horarios. En términos generales, los cartoneros provenientes del conurbano bonaerense recorren su zona durante la tarde hasta la noche. En cambio, los cartoneros residentes de la ciudad de Buenos Aires, específicamente en los asentamientos, realizan un recorrido por la mañana en supermercados y comercios. Por la tarde, recogen de las bolsas de residuos.

Los cartoneros provenientes de la zona sur del conurbano bonaerense, la mayoría agrupados en la organización del Movimiento de Trabajadores Excluidos (MTE), establecen sus recorridos divididos en 27 cuadrillas de 50 a 70 personas cada una. Los barrios donde este grupo recolecta son Abasto, Almagro, Once, Villa Crespo, Recoleta, Barrio Norte, Parque del Centenario, San Cristóbal, Barracas, Balvanera, Parque Patricios, Parque Chacabuco, Caballito y las 16 manzanas principales del Microcentro. Esta última zona fue asignada por el gobierno porteño durante el año 2009.

Es frecuente observar una división de tareas en los recorridos a pie con carros. Mientras que, un cartonero empuja el carro, otros dos o tres recolectan productos de la calle. Por su parte, en los asentamientos cartoneros existe una división familiar de las tareas. Los únicos que salen a recolectar materiales son los hombres. Las mujeres se dedican a tareas del hogar y a cuidar a sus hijos de edades pequeñas. No obstante, ellas ayudan en la tarea de clasificación y prensado del material. En otros casos también existe una división del trabajo entre los mismos cartoneros. En uno de los asentamientos cartoneros relevado, el situado en el barrio de Parque Patricios, dos y tres cartoneros respectivamente recolectan con un solo carro: uno lo empuja, mientras que los otros se encargan de recolectar, clasificar y acomodar los materiales, dividiéndose las veredas. Al final de la jornada, se reparten los ingresos en partes iguales.

El carro es la herramienta de trabajo por excelencia de los cartoneros con recorridos a pie. Algunos recuperadores arman sus propios

[6] Encuesta a 125 cartoneros, realizada por el autor.

carros, mientras que, otros lo compran. Estos artefactos pueden ser de dos tipos: por un lado, aquellos que son cuadrados con una superficie donde se introducen los productos recogidos; y, por otro lado, una herramienta semejante a una zorra manual, cuya base es más pequeña respecto de los carros cuadrados. Allí se coloca un bolsón donde se acopian los materiales. En ciertos casos, hemos observado el uso de carritos de supermercado. El otro instrumento utilizado es la trincheta o cutter, cuya función es cortar las cintas adhesivas que unen los extremos de las cajas y que le dan esa forma. Nunca se guarda una caja entera sino desarmada.

En el cartoneo por puesto fijo, la calle constituye, al igual que los recorridos a pie con carros, su ámbito de trabajo. Hemos relevado las zonas de Microcentro y Once porque se trata de los ámbitos donde rige la modalidad del puesto fijo con mayor presencia de cartoneros. La zona de Once seleccionada para el análisis abarca desde la avenida Corrientes hasta Bartolomé Mitre y desde la calle Castelli hasta Pasteur. Esta superficie contiene 13 manzanas y concentra la mayor cantidad de comercios como de cartoneros.[7] Allí contabilizamos un total de 74 bolsones fijos en las calles correspondientes a 45 personas aproximadamente. La contabilidad fue realizada en diferentes jornadas durante los meses de octubre y noviembre de 2009. La segunda zona relevada se extiende desde la calle Carlos Pellegrini hasta la avenida Leandro N. Alem y desde la Av. Córdoba hasta la Av. De Mayo. En total suman 61 manzanas. Allí estimamos la presencia de 185 cartoneros distribuidos en 68 puestos fijos, contabilizados en diferentes jornadas durante los meses de septiembre y octubre de 2010. Cabe destacar que, con posterioridad a los relevamientos efectuados en ambas zonas, la cantidad de cartoneros se incrementó luego de que esas zonas fueron asignadas a las cooperativas por el gobierno porteño. En el caso específico de Once, la cantidad de cartoneros se triplicó entre los años 2011 y 2012, aproximadamente.

Una de las diferencias entre la modalidad de recorrido a pie con carro y la del puesto fijo radica en que la zona de recolección abarca una menor cantidad de cuadras en el segundo caso. Otro aspecto que es específico del cartoneo en los puestos fijos es la propiedad de las herramientas. En la mayoría de los casos, tanto los carros como los

---

[7] En las avenidas Rivadavia y Pueyrredón no hay cartoneros con bolsones fijos y en la Av. Corrientes solo hemos identificado tres puestos entre las calles Castelli y Pasteur. Entre esta última y la Av. Callao, no hay concentración de negocios. Aunque hemos identificado dos o tres cartoneros con puestos fijos, no los hemos contabilizado para la realización de las encuestas. Observaciones realizadas entre los meses de agosto y noviembre de 2010 por el autor.

bolsones y lienzos[8] son propiedad de los camioneros que se acercan a la zona a comprar el material reciclable. De un total de 90 encuestas efectuadas en Once y Microcentro, el 68% de los cartoneros utilizaban herramientas de propiedad de los intermediarios.[9]

En términos generales, la recolección por puesto fijo no presenta diferencias en las zonas de Microcentro y Once. La tarea del cartonero comienza una vez que llega a su ámbito de recolección. Allí acomoda su bolsón y luego recorre diferentes comercios y edificios de donde obtiene el material. Algunos recuperadores ingresan en los locales o edificios, con autorización de los encargados, y recogen las bolsas. Se trata de "acuerdos" que establecen los encargados con algunos cartoneros en particular, quienes tienen exclusividad para recoger el material. También se recolecta directamente de la calle una vez que los encargados de comercios y edificios sacan las bolsas de material reciclable. Allí se encuentra mezclado papel blanco, diario, cartón y nylon, entre otros productos. Los recuperadores trasladan esas bolsas a su puesto, las abren, separan el material por tipo y lo clasifican en diferentes bolsones.

Entre ambas zonas, el horario de inicio de recolección de los cartoneros difiere. En Once, los recuperadores comienzan sus actividades desde la mañana. Mientras que, en Microcentro los primeros cartoneros con puestos fijos se instalan entre las 16:30 y las 17:00 hs. Este último caso remite a un acuerdo instaurado entre el Gobierno porteño y encargados de edificios a partir del año 2008. Los encargados deben sacar la basura separada en bolsas de distinto color según sea material reutilizable o no y extraerlas en horarios diferentes. El material reciclable se saca entre las 18 y las 21 hs, mientras que los residuos no reciclables se depositan en la vereda entre las 20 y las 21 hs.[10] Por este motivo, no es común observar a cartoneros en la zona antes de las 17:00 hs. Estos convenios establecidos entre el gobierno y los encargados de los edificios muestran cómo el Estado ha procurado ordenar el trabajo de los cartoneros. En cambio, los comerciantes de la zona de Once depositan los productos en la vía pública en cualquier horario durante el día. La mayor parte de materiales desechados son reciclables, como por ejemplo, cajas de cartón, papeles y nylon.

---

[8]Los "lienzos" son trozos de tela en forma cuadrada del mismo material que los bolsones. Generalmente, allí se deposita el papel blanco y, una vez llenos, se juntan sus cuatro extremos y se anudan.

[9]Cabe destacar que de ese total, 25 encuestas corresponden a cartoneros que tienen un puesto fijo en la zona de Once. En este caso, la totalidad de los recuperadores mencionaron que los carros eran provistos por los camiones intermediarios que compraban los productos. Encuestas elaboradas por el autor.

[10]www.buenosaires.gov.ar/areas/med_ambiente/higiene_urbana/reciclado_09/plan_microcentro.php?menu_id=30505.

En los puestos fijos también existe una división de tareas. En algunos casos, el conjunto de la familia participa de una parte del proceso de trabajo. Los varones recolectan los materiales, mientras que las mujeres y los hijos de edades adolescentes dedican más tiempo a la clasificación. En este sentido, existe una división de tareas dentro de la unidad familiar según el sexo y la edad. A su vez, hay puestos donde clasifican de a dos o más cartoneros varones que, o bien son parientes entre sí, o bien, son amigos, vecinos o conocidos de su ámbito de trabajo. En este caso existe una división del trabajo, aunque no es permanente puesto que los cartoneros se alternan en las tareas de recolección y clasificación.

Una modalidad particular de esta tarea es la llamada "recolección diferenciada". Hasta mediados del año 2008, las plantas de clasificación recibían los productos reciclables provenientes de los denominados "grandes generadores", es decir, oficinas dependientes del Estado, edificios con más de 19 pisos, supermercados, etc. Las empresas privadas de recolección de residuos retiraban esos insumos de los generadores y los trasladaban hasta los centros de reciclado. Esta tarea fue denominada "recolección diferenciada" justamente por retirar productos previamente clasificados. Aquí la única tarea que queda por cumplir al centro de reciclado es el enfardado. Esta situación fue modificada a partir de la reasignación de recursos por el gobierno porteño hacia las cooperativas cartoneras, debido a la ineficiencia de las empresas privadas. Por ello, desde mediados de 2008, las mismas cooperativas conducen los camiones que recogen esos productos en los grandes generadores y transportan el material reciclable a los centros de reciclado.

Mayoritariamente, los encargados de efectuar la recolección diferenciada, una vez reasignados los recursos a los cartoneros, fueron los socios de la cooperativa vinculada con el Movimiento de Trabajadores Excluidos (MTE). Por la mañana, los choferes de los camiones y dos operarios por cada transporte recogen los productos reciclables provenientes de los grandes generadores. Durante el año 2009, se utilizaban para ello 23 unidades vehiculares, que luego se fueron incrementando. La tarea consiste en retirar de los supermercados, oficinas de dependencias del Estado y edificios de más de 19 pisos los productos reciclables que se encuentran previamente separados. De este modo, no se requiere una selección entre reutilizables y no reciclables. Luego, los productos son llevados a los centros de reciclado gestionados por las demás cooperativas.

Una modalidad particular de la recolección diferenciada es la denominada "puerta a puerta", practicada sobre todo por la asociación El Ceibo. Esta forma consiste en concientizar a los vecinos sobre la necesidad de separar la basura reciclable y no reciclable desde el momento en que es desechada. Para ello, la cooperativa envía a promotores para que conversen con los vecinos. Una vez establecido el acuerdo de separar los residuos, un grupo de cartoneros recorre la zona con carros para recoger los productos. Cada recuperador posee una planilla con los domicilios por los cuales debe retirar los productos. En cada vivienda debe tocar timbre y esperar a ser atendido. Cabe destacar que bajo esta forma de recolección los cartoneros están obligados a retirar los materiales de cada vivienda. Los vecinos se han quejado de oportunidades en las cuales los cartoneros no han retirado el material reciclable. Por ello, muchas veces no recogen productos reciclables que encuentran en la calle para no llenar el carro y garantizar el retiro de todas las casas listadas. En caso de no ser atendido por el vecino, el cartonero anota en su planilla el horario en que estuvo allí para justificar el hecho de no haber retirado los productos, frente a alguna posible queja. Cuando se trata de casas, como en algunas zonas del barrio de Palermo, los cartoneros tocan timbre y el dueño de la vivienda o personal doméstico entrega el material reciclable en mano. En los edificios, algunos vecinos permiten que el cartonero suba directamente a su departamento. En otros casos, los recuperadores acuerdan con el encargado el retiro de los productos reciclables ubicados en los cuartos donde cada vecino deposita las bolsas de residuos. Los cartoneros ingresan en el edificio y retiran los productos piso por piso. Igual que en la modalidad anterior, en este caso poco queda para hacer en el centro de clasificación.

II. La clasificación

La clasificación consiste en separar los diferentes tipos de materiales recolectados. Esta tarea se realiza en dos lugares diferentes: en el propio ámbito de la recolección, como en los puestos fijos, o en los centros de reciclado. Estos últimos pueden ser propios de los cartoneros (su casa o un terreno aledaño) o los gestionados por cooperativas e instalados por el gobierno de la ciudad. Lo que difiere en estos dos últimos casos es la mayor magnitud de la tarea y, por lo tanto, la aparición de una especialización más clara y de matriz no familiar, y también la aparición de algunos elementos mecánicos como la cinta transportadora y la enfardadora. En efecto, en la clasificación que hace el cartonero individual, normalmente colabora, como vimos, su familia.

Como dijimos, la clasificación consiste en dividir y ubicar cada producto en un espacio determinado. Ya sea en varios bolsones dentro de un galpón o en diferentes rincones dentro del carro, la clasificación tiene como objetivo vender los materiales de manera separada. Cada uno de los insumos recogidos por los cartoneros tiene un precio distinto.

En los recorridos a pie con carros, los cartoneros establecen una clasificación de productos en el transcurso de la recolección. En la medida en que se incrementa la cantidad de material recogido, el cartonero lo ordena dentro del carro para aprovechar el espacio: el cartón por un lado, el papel blanco por otro, las botellas plásticas se ubican en bolsas aparte. Este proceso se realiza o bien cuando se encuentra una elevada cantidad de productos en un mismo sitio, o bien, durante la espera de los encargados de comercios o edificios que proveen el material reciclable. De esta manera, se evitan tiempos "muertos" y se aprovecha esa instancia para compactar cada producto dentro del carro. Para aplastar el cartón, los recuperadores se suben al bolsón o carro y saltan encima. Por su parte, las botellas plásticas se pisan o aprietan para extraer el oxígeno y luego se colocan ordenadamente: por un lado, las tapas y por otro los envases. Los cartoneros con recorridos a pie con carros y en puestos fijos no tienen la posibilidad de enfardar el material debido a que no poseen la maquinaria necesaria para ese fin. Solo prensan o compactan los productos pisándolos y con ayuda de sus brazos. Esta condición difiere del cartoneo en los centros de reciclado en la medida en que estos últimos poseen una maquinaria adecuada para ese fin.

En aquellos casos en los cuales la venta se establece de manera semanal, los cartoneros realizan una segunda clasificación más específica una vez que retornan a sus casas. Algunos recuperadores provenientes del conurbano bonaerense venden sus productos por semana. En las viviendas se clasifica el material de manera más específica y se coloca en grandes bolsones diferenciados. Posteriormente, los insumos se trasladan en los carros hasta los galpones acopiadores, o bien, acuerdan con estos el retiro por sus viviendas. Algo semejante ocurre con los cartoneros que residen en dos de los asentamientos relevados en la ciudad de Buenos Aires. En los predios de Yerbal 1400 y detrás de la cancha del Club Ferrocarril Oeste, ambos situados en el barrio de Caballito, los recuperadores vuelven a su vivienda una vez finalizada la recolección y allí establecen una nueva clasificación. Se selecciona el material y se coloca separado por tipo en bolsones. Previamente, los productos son amoldados de manera que quepa la mayor cantidad posible en cada bolsón. A las botellas de plástico se les extrae el aire y se las dobla. En general, no apartan las tapas de la botella. En cambio, sí se separan en transparentes y de color. La chatarra se coloca en un contenedor pequeño. El cartón se ubica todo junto en un bolsón. Una vez llenos los bolsones, los cartoneros se suben por encima, los pisan para compactar aún más el material y los acomodan unos encima de otros. Dada su amplitud, los residentes del asentamiento cercano al Club Ferrocarril Oeste clasifican y acopian en el interior del predio. En cambio, los cartoneros del terreno de Yerbal colocan los bolsones en la calle y allí enfardan debido a la escasez de espacio. Durante la noche, los materiales quedan allí hasta el momento en que realizan la venta.

En cambio, si la transacción es diaria, con la clasificación de productos durante el trayecto de recolección alcanza. Los cartoneros del asentamiento cercano al Hospital Garrahan se dirigen directamente al galpón para vender los productos, una vez realizada su recolección. La mayoría no clasifica en el predio por temor a una represalia policial.[11] Solo unos pocos recuperadores, que recogen de a dos o tres personas por carro, establecen una clasificación rústica y rápida en el predio. Separan en dos o tres bolsones el material sin compactarlo y lo trasladan al galpón el mismo día en que es recogido.

En los puestos fijos de las zonas de Once y Microcentro, los cartoneros dedican un tiempo considerable a la clasificación y compactado de productos, debido a que no recorren una cantidad sustantiva de cuadras. Una vez recogidas de los supermercados o comercios, las cajas de cartón son desarmadas con ayuda de una trincheta. Luego, se manipulan y aplastan con los pies hasta que quedan en forma plana. Posteriormente, se acomodan en el bolsón. Se colocan algunos cartones en el fondo, se arma una base de 40 centímetros aproximadamente y se ubican otros cartones en los costados siguiendo la forma cilíndrica del contenedor. Finalmente, se ponen las planchas una arriba de otra hasta llenar el bolsón. Para maximizar el espacio, los cartoneros se suben encima del bolsón y lo aplastan con sus pies. En caso de no tener suficiente espacio donde acopiarlo, colocan el material en la vereda y esperan que los camioneros-intermediarios les provean de más bolsones. Todo el proceso de clasificación en los puestos fijos comienza y termina durante el transcurso de la jornada laboral, puesto que la venta de los productos es diaria.

Actualmente, los depósitos acopiadores utilizan ciertas estrategias para lograr un mayor grado de subordinación de los cartoneros, más allá de su relación como comercializadores de productos. En los galpones que hemos relevado, es frecuente el préstamo de carros a los cartoneros a cambio de la venta exclusiva. Del mismo modo, algunos depósitos ofrecen su espacio como guardería de carros de cartoneros y, a cambio, se les exige la venta de los materiales reciclables de manera exclusiva. Por su parte, otros depósitos no disponen de carros para prestar, pero sí de bolsones para que los cartoneros acopien los insumos recogidos en la calle. En este sentido, se crea una relación de mayor dependencia y un vínculo que no se establece formalmente pero sí de hecho entre cartoneros e intermediarios.

Los centros de reciclado gestionados por cooperativas cartoneras solo se dedican a clasificar y enfardar los productos. Pueden efectuar con exclusividad estas tareas del proceso de trabajo debido a que no establecen la recolección de los productos, sino que estos les llegan de manera preferencial. Aquí describiremos el proceso de trabajo en

[11] Al momento de realizar las entrevistas, en el año 2009, era frecuente la requisa y secuestro de materiales por parte de la policía y la RECEP.

tres centros de reciclado ubicados en la ciudad de Buenos Aires gestionados por las cooperativas El Álamo, Del Oeste y de Recicladores Urbanos (CERBAF).

El predio del CERBAF consta de 60 metros de largo por 60 metros de ancho. Está ubicado en la calle Varela 2505, frente a la cancha del Club San Lorenzo de Almagro, y se encuentra completamente cercado. Tiene dos puertas de acceso: por una ingresan los camiones que depositan los materiales recolectados y por la otra los autos y demás vehículos. En el interior del predio, se encuentra el galpón de acopio. La planta posee una cinta mecánica para transportar los productos y seleccionar el material reciclable. La propiedad de todas las máquinas es del gobierno de la Ciudad de Buenos Aires. La cooperativa estaba compuesta por 17 personas. Como veremos más adelante, en el año 2010 la cooperativa perdió la concesión de la planta y el Estado se la cedió a otras asociaciones. Por su parte, la planta operada por la cooperativa Del Oeste, ubicada en Villa Soldati, tiene, aproximadamente, 25 metros de ancho por 50 de largo. Se ingresa a través de un patio descubierto. Desde allí se observa el galpón interno de unos 25 metros de ancho por 30 de largo. La cooperativa se compone de 12 miembros.

A diferencia de los dos casos anteriores, la cooperativa El Álamo gestiona dos galpones que fueron cedidos por el gobierno. Uno se ubica en la calle Roosevelt y avenida De los Constituyentes, donde se realiza la selección y clasificación de los diferentes materiales, que tiene 25 metros de largo por 15 metros de ancho. En ambos lados del galpón, tiene una construcción de diferentes piezas separadas entre sí por paredes. Cada una de estas era utilizada para clasificar los materiales recolectados por los cartoneros de la cooperativa, hasta mediados del 2008. En la actualidad, solo se usan para colocar bolsones. El otro galpón se ubica en la avenida Varela 2550, donde se enfarda y realiza la venta. Funciona dentro de un extenso predio que era utilizado como lugar de almacenamiento de algunos contenedores de basura del CEAMSE. La Cooperativa logró que aquéllos fuesen eliminados. El centro consta de un galpón grande con una división interna de 4 ámbitos. Los operarios son en total 28. Diez de ellos se encuentran fijos en la planta de enfardado y venta, 8 clasifican en el galpón de Roosevelt (aunque también salen a recolectar por su cuenta con carros) y los 10 restantes recogen materiales en la puerta de 9 supermercados *Carrefour* (cartón), *CIA* e *IBM* (papeles) y en la empresa *Coca Cola* (botellas de plástico).

En los centros de reciclado, el trabajo comienza una vez que los recuperadores reciben los materiales a reciclar. De las tres cooperativas, solo en el CERBAF y Del Oeste ingresaban materiales de la recolección diferenciada. Al momento de realizar las observaciones y entrevistas, el CERBAF recibía diariamente dos camiones de la empresa de recolección URBASUR, uno del ENTE de HIGIENE URBANA[12], uno de AESA y uno de NÍTIDA. Desde el año 2009, esta tarea es responsabilidad de las mismas cooperativas. Los camiones se aproximan al predio y se dirigen directamente a la balanza o báscula digital. Allí, un operario registra en un talonario el peso de cada camión, la fecha de ingreso, el nombre de quien lo maneja, su firma, el número del camión y la patente, a modo de control interno. Una vez pesado, el camión se dirige hacia el interior del galpón y descarga la mercadería en un sector específico. Los materiales llegan sueltos y mezclados (cartón, plásticos y diferentes tipos de papel, entre otros). Solo en el caso de la empresa AESA, que transportaba el vidrio, la descarga se efectúa afuera del galpón, en un contenedor específico. Luego, el camión se dirige nuevamente hacia la balanza, se pesa y, posteriormente, se retira. El resultado de la diferencia entre el primero y segundo peso es el total del material que queda en la planta.

Por su parte, la cooperativa Del Oeste recibía los materiales provenientes de la empresa ÍNTEGRA, luego de haber sido pesados en el centro de reciclado gestionado por la Cooperativa de Recicladores Urbanos del Bajo Flores.[13] Desde el patio de entrada, los recuperadores observan el contenedor y evalúan si las bolsas contienen basura húmeda, o bien, materiales recuperables (residuos sólidos). Luego, deciden cuáles se dejan para seleccionar el material útil del que no lo es. En cambio, la Cooperativa El Álamo no recibe material de la recolección diferenciada puesto que, al parecer de sus miembros, no es buena mercadería y viene mezclado con basura no reciclable. Sus integrantes obtienen el material a través de dos vías. Por un lado, aquel que proviene de los supermercados recolectado por ellos mismos y otras empresas. Estos productos son trasladados en camiones conducidos por miembros del MTE. En caso de que se encuentren ya clasificados por los recuperadores, se trasladan directamente al galpón de enfardado.

El proceso de selección y clasificación consiste en separar en bolsones o contenedores cada tipo de material. Los recuperadores suelen realizar dos clasificaciones, una más general y una segunda más específica. Esta última se realiza con aquellos productos que están constituidos por más de un tipo de material, como por ejemplo, las botellas de plástico y sus respectivas tapas. En ambos casos, el objetivo es tratar de conseguir un mejor precio de venta. Además, este proceso también

[12]El Ente de Higiene Urbana es el servicio de recolección efectuado por el Estado. A su cargo, tiene una zona de la ciudad de Buenos Aires. El resto de las zonas fueron licitadas a empresas privadas que realizan el servicio de recolección de residuos.

[13]El Centro Verde de Villa Soldati no dispone de una balanza para poder pesar los camiones. Por lo tanto, los materiales que llegan a Villa Soldati, ya vienen previamente pesados desde el CERBAF.

depende de que el material sea susceptible de ser enfardado o no. Un envase de plástico tiene un mejor precio si se encuentra enfardado y sin tapas. La única cooperativa que realiza una selección previa al proceso de clasificación es la Cooperativa Del Oeste puesto que recibe material mezclado. En este sentido, abren cada bolsa, seleccionan y clasifican la basura. Los recuperadores realizan esta tarea en posición agachada, en cuclillas, con unos guantes de látex y, solo en algunos casos, con zapatos de seguridad.[14] El material que sobra se coloca en un contenedor que se retira diariamente, con un auto-elevador Clark, para que se lo lleve el servicio de recolección del Ente de Higiene Urbana.

Cabe destacar que, hasta el mes de diciembre de 2007, los miembros de la cooperativa del CERBAF clasificaban en forma manual, aunque el traslado de esos materiales era realizado por medio de una máquina con una cinta mecánica. La máquina completa tiene, aproximadamente, 17 metros de largo, mientras que la cinta es de 14 metros. De un costado de la cinta pueden trabajar hasta 8 personas y del otro hasta 9. Es decir que, en total, se requieren 17 personas solo para seleccionar y clasificar productos. A su vez, debajo de la cinta se necesitan por lo menos 2 personas para cambiar las bolsas llenas por otras vacías y un tercer operario que coloque los bolsones de materiales en el inicio de la cinta, también llamada tolva. Allí, un recuperador deposita los materiales donde se inicia la cinta. Luego, el material pasa por unas guillotinas que trituran las bolsas y continúa su recorrido. En la cinta, los recuperadores se colocan uno al lado del otro. Entre ellos, hay unos agujeros sin fondo en los cuales se ubica un tipo de material, que luego cae dentro de un bolsón. La tarea del recuperador consiste en seleccionar hasta dos tipos de materiales para colocarlos en los dos agujeros que lo rodean a izquierda y derecha. Al final de la cinta, un imán atrae los productos de metal. Los materiales que no son seleccionados continúan su recorrido hasta el final de la cinta y se depositan en el interior de otro bolsón.

Sin embargo, a partir del año 2008 la cinta dejó de estar en funcionamiento y el proceso de clasificación se efectuaba como en los demás centros de reciclado. El motivo era que ingresaba una escasa cantidad de material para reciclar, por lo tanto, el uso de la cinta resultaba ocioso. Incluso, debido a la escasa cantidad de productos que ingresaba y los bajos ingresos percibidos, algunos cartoneros abandonaron la planta. El elevado nivel de ociosidad, reconocido por el gobierno porteño en el mes de enero de 2010 por intermedio de la disposición n° 1 de la Dirección de Reciclado, tornó necesaria la incorporación de

---

[14]Según el testimonio del presidente de la cooperativa, Jorge Olmedo, los zapatos son muy caros y la cooperativa no dispone de medios suficientes para comprarlos. Entrevista del autor a Jorge Olmedo realizada el 02/07/2008.

más cartoneros provenientes de otras cooperativas. Se trata de las asociaciones Las Madreselvas, Ecoguardianes y Recuperadores Urbanos del Oeste. Por la misma razón, el gobierno autorizó a cartoneros de las cooperativas Alelí, 30 de Noviembre y Baires Cero a ingresar en la planta de clasificación gestionada por El Álamo. A partir de ese entonces, la cinta transportadora se puso nuevamente en funcionamiento.

La clasificación general consiste en separar los materiales por tipo, es decir, el cartón, los tipos de papel, las botellas de plástico en diferentes lugares. El cartón suele ser doblado y quebrado para ser colocado lo más plano posible. Generalmente, los recuperadores realizan esta tarea en el piso. El destino del cartón depende de si la cooperativa lo enfarda o no. En la Cooperativa Del Oeste y el CERBAF no lo enfardan, por lo tanto, el producto se coloca directamente en un contenedor grande ubicado en el patio. Una vez que se llena, un cartonero ordena el material, un cartón debajo del otro, de manera que queden bien estirados. En la medida en que se ordene lo mejor posible, se dispondrá de mayor espacio para contener una mayor cantidad de cartón. Dicho contenedor es propiedad de un cliente de la cooperativa que, cada vez que compra, se lleva el contenedor lleno y deja en el predio otro vacío. Una vez que llega el comprador con el contenedor, los recuperadores lo pesan. Al llenarlo con cartón vuelven a pesarlo. La diferencia entre el peso del contenedor lleno con el vacío es el peso del cartón depositado. En cambio, los miembros de la cooperativa El Álamo sí enfardan el cartón. El producto se coloca en diferentes bolsones y se traslada hacia el lugar donde se encuentra la máquina enfardadora.

El papel se clasifica según sus diferentes tipos: papel blanco, papel de segunda, papel de diarios y revistas. De este modo, después de la primera clasificación general, se requiere de otra más específica. Los recuperadores toman el papel mezclado de un bolsón y lo separan en otros diferentes según el tipo. A veces ocurre que acumulan productos que contienen papel de segunda junto a papel blanco. Tal es el caso de cuadernos o anotadores. Su tapa es de un papel diferente al de su interior. En esos casos, los recuperadores toman los cuadernos, les arrancan las tapas y, luego, los separan en los bolsones correspondientes. Por su parte, el plástico se clasifica según varios tipos. Por un lado, están las botellas de gaseosas cuyo material se denomina PET. Por otro lado, se encuentra el plástico propiamente dicho, es decir, envases de champú, plásticos duros como el material de las computadoras, etc. Las botellas de plástico requieren de una clasificación más específica. Antes de ser separadas, son vaciadas en caso de que contengan algún líquido. Luego, se separan las tapas del envase y se clasifican según el color: se separan los de color de los transparentes. A su vez, en caso de que los envases contengan culotes, estos son separados. Los productos se colocan en bolsones diferentes, luego de haber sido pisoteados y compactados al máximo posible. Estos bolsones se ordenan en diferentes lugares para no mezclarlos. Los demás elementos de plástico son separados en "soplado" (el envase propiamente dicho) y las tapas. Las cooperativas que reciben una mayor cantidad de plástico son la Cooperativa Del Oeste y CERBAF.

El proceso de clasificación del vidrio es semejante al del cartón. A medida que los recuperadores encuentran botellas o restos de vidrio los colocan en un contenedor, que es propiedad de un comprador fijo de la cooperativa. En la Cooperativa Del Oeste, un recuperador se sube al contenedor y desde su interior, con un fierro, comienza a romper el vidrio. En el CERBAF el molido lo realiza un operario ubicado por fuera del contenedor, parado en una silla, quien golpea el vidrio con un martillo. La ventaja del molido es el aprovechamiento del mayor espacio y un mejor precio de venta. Las dos cooperativas que reciben mayor cantidad de vidrio son la Cooperativa Del Oeste y el CERBAF, mientras que el Álamo recibe una magnitud insignificante.

Existen otros materiales que también son clasificados por las cooperativas aunque sus cantidades no representan grandes proporciones. Quienes reciben mayor cantidad de estos productos son las cooperativas que acordaron la "recolección diferenciada". El nylon es clasificado según el tipo y el color. Es decir, se separa en zunchos (cinta de embalar), "*streech*" y polietileno. Luego de la selección, los materiales se colocan en diferentes bolsones específicos, que son trasladados al lugar que les corresponde. El trapo no suele ser separado y clasificado por los recuperadores según los diferentes tipos (algodón, hilo y jean). Dado que tiene un precio muy bajo y no se vende en grandes cantidades, los trapos son colocados en un sector específico del galpón. Cuando un comprador los quiere, él mismo se encarga de separarlos según su conveniencia. La chatarra (materiales de lata) se clasifica y se coloca directamente en un contenedor. También se clasifican otros materiales como la goma espuma y el telgopor.

El lugar destinado a la totalidad de los productos y su traslado depende de si será enfardado o no. Generalmente, los bolsones se arrastran de manera manual. Por su parte, los recuperadores de la Cooperativa Del Oeste utilizan el auto-elevador para trasladar la chatarra que es más pesada. Como ya mencionamos, la cooperativa El Álamo recibe el material que ya está previamente clasificado directamente en el galpón donde se enfarda y se vende. El mayor porcentaje de productos recibidos es cartón. Dos personas se encargan de arrastrar los productos manualmente hasta una zorra mecánica que posee una balanza, ubicada a 3 o 4 metros. Allí, colocan el bolsón arriba de la zorra. Uno de ellos observa el quilaje depositado y lo anota en una carpeta de registro. Luego, empuja la zorra-balanza por una distancia de 1 metro y allí lo espera otro recuperador que maneja un tractor con pala mecánica. El bolsón es colocado en la pala y se lo traslada hasta otro sitio para su acopio.

El enfardado cambia según ciertos criterios de las cooperativas. Sin bien los tres centros de reciclado poseen máquina enfardadora, no suelen utilizarla para todos los materiales. En el caso del CERBAF, el cartón, el papel blanco y el papel de diarios y revistas no se enfardan y son trasladados directamente a unos contenedores por cada tipo de material. El cartón duro puede llegar a romper la máquina y el papel de revista suele resbalarse, por lo tanto, su enfardado resulta dificultoso. Los materiales que pueden prensarse con la máquina son el papel de segunda, todos los tipos de plástico (excepto las tapas de los envases) y todos los tipos de nylon. En el caso de la Cooperativa Del Oeste el papel es enfardado manualmente por los mismos recuperadores: amarran el bolsón en dos fierros que están embutidos en la pared, se colocan encima, parados, y pisotean el papel para poder compactarlo y reducir al máximo el espacio que ocupa. Luego, se embala el bolsón. Posteriormente, los diferentes tipos de papel son destinados a sus lugares correspondientes. La Cooperativa El Álamo enfarda mecánicamente tanto las botellas plásticas como el papel y el cartón. No enfardan el nylon porque reciben muy poco de este material. Por lo tanto, el tiempo que se pierde en prensarlo no se recupera en relación al ingreso obtenido en la venta.

La máquina enfardadora permite compactar, excepto el metal, todo tipo de material: PET, papel, plástico, cartón. La enfardadora funciona como una especie de prensa que es manipulada a través de una palanca. En primer lugar, se colocan hilos que atraviesan el espacio interior de la enfardadora para amarrar el fardo. En segundo término, se cierra la puerta, se traba y, posteriormente, una persona se sube a una escalera y coloca en el interior de la máquina el material a compactar. Luego, la persona presiona y manipula la palanca para hacer bajar la prensa. A continuación, la sube para colocar más material, y baja nuevamente la prensa. Cabe destacar que, la enfardadora tiene un mecanismo de seguridad: en caso de quedar la puerta abierta, la prensa no se desliza por más que se apriete el botón de impulso. El operario realiza esa operación hasta que la compactadora llega al límite de su capacidad. Luego, el operario abre la puerta de abajo y anuda el fardo para que no se desparrame. Una vez anudado, el fardo se extrae de la máquina y se repite el proceso con otros bolsones. El recuperador encargado de extraer el fardo de la máquina realiza un mayor esfuerzo al moverlo respecto de aquel operario que ingresa el material a la enfardadora. Esto se debe a que el peso del fardo es mucho mayor que las cantidades ingresadas paulatinamente hasta el momento del prensado.

La medida del fardo depende del tamaño de la máquina. En el caso del CERBAF, el fardo mide 1 metro de alto por 1 de ancho por 0,80 de grosor. El peso de los fardos cambia de acuerdo al material: el fardo de nylon pesa 40 kilos; el de PET y el de otros plásticos, entre 50 y 60 kilos; el de papel de segunda entre 100 y 150 kilos. En el caso de El Álamo, cada fardo que se extrae tiene un tamaño aproximado de 1,20 metros de ancho por 0,80 metros de alto por 0,60 metros de grosor. Cada uno de los fardos de cartón pesa aproximadamente 350 kilos y contiene el equivalente de 6 a 7 bolsones. Una vez extraídos, los fardos se colocan a un costado diferenciando el material compactado.

La cantidad de personas necesarias para enfardar también depende del tamaño de la máquina. En el caso del CERBAF basta con una persona para realizar el enfardado. La cooperativa El Álamo, en cambio, posee una máquina de 2,5 metros de altura y se requieren por lo menos cuatro personas. Dos recuperadores subidos a un andamio colocan el material en la enfardadora, mientras que los dos restantes se lo van alcanzando y, al mismo tiempo, extraen el material enfardado desde abajo. Un vez finalizada esta operación, los fardos son trasladados a los lugares destinados a su acopio, a través de una zorra manual. Cuando se acumula una gran cantidad de fardos, se utiliza un auto-elevador (tipo "Clark") para apilarlos uno encima de otro. La importancia de obtener el material enfardado radica en que un solo camión puede trasladar hasta 60 fardos, que es el equivalente a 390 bolsones. De no tener enfardadora, para trasladar esta cantidad de bolsones se requerirían, aproximadamente, 9 camiones.[15] Evidentemente, la enfardadora es útil para ahorrar en costos de transportes. Por ello, el precio de venta del cartón prensado y no prensado difiere. Durante los meses de abril y mayo de 2009, el cartón sin prensar tenía un precio de venta de 17 centavos, mientras que enfardado, costaba 30. En el mes de septiembre del mismo año, el cartón sin enfardar costaba 27 centavos en promedio, mientras que, el producto enfardado tenía un precio de venta de 40 centavos.[16]

[15]A partir de datos extractados de entrevistas y observaciones pudimos analizar esta relación para el caso del cartón enfardado de la cooperativa El Álamo. Cada fardo es el equivalente a 6 o 7 bolsones. De este modo, para elaborar 60 fardos se requieren, aproximadamente, 390 bolsones. Dado que cada fardo tiene un volumen de 0,57 metros cúbicos, el resultado de la capacidad estimada que transporta un solo camión es de 34,2 metros cúbicos. Por lo tanto, en caso de no estar enfardado el cartón, un solo camión podría llegar a transportar hasta 44 bolsones, que es el equivalente a 7 fardos. En consecuencia, se requerirían casi 9 camiones para trasladar una cantidad de 390 bolsones proporcional a 60 fardos. Fuente: entrevistas a Ana, realizada el 05/04/2008 y a Roberto y Sara, el 28/11/2008, todos miembros de la Cooperativa El Álamo.

[16]Fuente: entrevistas realizadas a varios cartoneros y miembros de centros de reciclado gestionados por cooperativas.

Para llevar a cabo la venta, los compradores se acercan a los galpones y se llevan el material. En general, se trabaja con compradores fijos, sobre todo en el caso del cartón, que es el material que más se vende en los tres casos analizados. Estén enfardados o no, los materiales son pesados antes de ser vendidos. De ese modo, se calcula el pago. En el caso particular de Del Oeste, el vidrio y el cartón son colocados directamente en el contenedor que dejan los compradores, quienes se los llevan una vez que han sido llenados. Los materiales que requieren la clasificación más específica (plástico, papel y PET) y los trapos son pesados en una balanza inmediatamente antes de ser vendidos. Cabe destacar que la venta de algunos materiales es constante y de otros, estacional. El cartón, por ejemplo, es vendido de manera constante y a un mismo cliente: la empresa SMURFIT.

En cambio, el plástico es vendido por temporadas. En momentos en los cuales se acercan las fechas de navidad, día de reyes o el día del niño, el plástico es vendido en mayor medida puesto que los diferentes compradores provienen de empresas productoras de juguetes. Estas consideraciones son tenidas en cuenta por el encargado de la cooperativa para poder organizar de manera eficiente las tareas, priorizando los materiales a clasificar y enfardar. En el caso del CERBAF, por cada material hay un comprador. La cooperativa El Álamo dispone de un solo cliente que es MERCOPEL, una entidad que intermedia entre aquélla y las empresas papeleras a quienes ofrece el cartón enfardado. Cada vez que se realiza una venta, los recuperadores registran en una planilla la cantidad de kilos y el pago que se efectúa. Si bien la mayoría del material con el que trabajan es el cartón, también reciclan otros materiales que les llegan como el nylon y algunas botellas de plástico. Sin embargo, las cantidades son exiguas y su comercialización es ocasional.

La tarea en los centros de reciclado ubicados en el relleno del CEAMSE no difiere sustancialmente del proceso de trabajo en las plantas de la ciudad de Buenos Aires. Sintéticamente, el proceso de trabajo en los centros de reciclado del CEAMSE puede resumirse de la siguiente manera: una vez que ingresa en la planta, el material se coloca en la tolva de la cinta mecánica. A los costados de la cinta se ubican los recuperadores quienes seleccionan el material reciclable y lo clasifican colocándolos en tachos: las botellas plásticas por un lado, el papel blanco por otro, el cartón y las latas en tarros diferentes. El material que no se recoge de la cinta continúa su recorrido y se deposita en grandes contenedores para luego ser trasladado nuevamente al relleno para su tratamiento y disposición final. El material es enfardado y acomodado en sectores del galpón. El traslado de esos fardos se realiza con un tractor conducido por el personal del CEAMSE. No siempre se encuentra disponible. En reiteradas oportunidades, los cartoneros deben transportar los fardos manualmente. La venta se realiza cada 15 días. Los camiones intermediarios se acercan al complejo y compran los productos, luego de haberlos pesado en sus balanzas.[17] Dado que el relleno provee de mucho material contaminado que no puede ser reutilizado, la basura descartada por las plantas es mayor a la cantidad reciclada. Solo en el período entre 2006 y 2009 se procesaron en las 12 plantas existentes, esto es 9 plantas gestionadas por cartoneros y otras 3 gestionadas por el sector privado, un total de 508.027 toneladas, de las cuales solo se pudo recuperar el 7,25% (36.821 toneladas).[18]

III. El transporte

La última etapa del proceso de trabajo es el transporte hasta el lugar de venta de los productos recolectados y clasificados. Como ya hemos visto, los centros de reciclado gestionados por cooperativas no transportan los insumos, sino que estos son retirados por los intermediarios o empresas compradoras. Por su parte, los cartoneros de los asentamientos trasladan caminando los productos, ya sea hasta el galpón (los miembros del predio cercano al Hospital Garrahan), o bien, hasta su residencia (los recuperadores de los dos asentamientos ubicados en el barrio de Caballito). En este último caso, los insumos son retirados por los camiones intermediarios dependientes de los galpones acopiadores.

En el caso del cartoneo por puesto fijo, el transporte consiste en trasladar los materiales hasta el camión estacionado en las cercanías de la zona, con la excepción de aquellos casos en los cuales el mismo camión intermediario se dirige hasta el puesto y compra directamente. Los primeros vehículos intermediarios llegan entre las 17:00 y 18:00 hs tanto a la zona de Once como el Microcentro. Los cartoneros que tienen material suelto se dirigen al vehículo para pedir prestados más bolsones y poder llenarlos para trasladarlos, puesto que los camiones solo pesan material embolsado. Una vez que ya está en condiciones de vender, el cartonero se acerca al camión para proveerse de un carro con el objetivo de trasladar los bolsones, o bien, espera a que el camión se traslade hasta el lugar donde tiene su puesto. Luego, ayuda

---

[17]Entrevistas realizadas a Lorena Pastoriza, presidenta de la cooperativa 8 de mayo que gestiona una planta social de reciclado ubicada en el predio del CEAMSE, el 15/08/2012, y a Lidia Quinteros, ex delegada del Tren Blanco (ramal Suárez) y actual dirigente de una de las plantas sociales creadas en el CEAMSE, los días 15/10/2011 y 11/08/2012.

[18]CEAMSE: "Memoria y balance. Ejercicio n°30", Buenos Aires, 2006; "Memoria y balance. Ejercicio n°31", Buenos Aires, 2007; "Memoria y estados contables. Ejercicio n°32", Buenos Aires, 2008; "Memoria y estados contables. Ejercicio n° 33", Buenos Aires, 2009. Todos estos ejercicios y balances se encuentran disponibles en las Cuentas de Inversión del Gobierno de la Ciudad Autónoma de Buenos Aires.

al camionero a subir los bolsones para pesarlos y espera el pago por el kilaje entregado. Allí finaliza la tarea del recuperador. Como dijimos, con posterioridad al año 2009, ciertas zonas de cartoneo fueron asignadas por el gobierno porteño a las cooperativas. Por esta razón, un conjunto de cartoneros que recolectaban en puestos fijos, tanto en Once como en Microcentro, y que se asociaron en esas entidades, dejaron de venderle a los camiones intermediarios. En su lugar, otros transportes pertenecientes a las cooperativas retiran el material reciclable y lo trasladan a los centros de reciclado.

Por su parte, los cartoneros residentes del conurbano bonaerense que acopian en su casa, en predios aledaños o en centros clasificadores de cooperativas, deben regresar con los carros cargados. El transporte de los cartoneros residentes del conurbano bonaerense sufrió algunos cambios en los últimos años que ameritan un análisis específico. Hasta el año 2002, como señalamos más atrás, los recuperadores del gran Buenos Aires provenientes de las zonas norte, oeste y parte de la zona sur, ingresaban a la ciudad porteña en los furgones de trenes de pasajeros comunes. La única excepción fue el tren cartonero procedente de José León Suárez, cuyo servicio se obtuvo en 1999. En el año 2007, una de las empresas concesionarias de estos servicios, Trenes de Buenos Aires (TBA), clausuró los ramales cartoneros con destino a Moreno, Tigre, José León Suárez y sus trasbordos a las localidades de Capilla del Señor y Zárate. Con posterioridad al cierre de estos ramales, la empresa TBA y el gobierno porteño cedieron camiones para el traslado de los carros. Por su parte, los recuperadores se transportarían en los ferrocarriles de pasajeros comunes. Los únicos grupos de cartoneros que mantuvieron su transporte ferroviario fueron los provenientes de los ramales San Martín y Roca.

La clausura de los trenes blancos concesionados por la empresa Trenes de Buenos Aires (TBA) y su reemplazo por los camiones modificó el traslado de los cartoneros. Los transportes de carga garantizan el traslado de los carros, mientras que los recuperadores deben viajar en los ferrocarriles de pasajeros comunes. Si bien los usuarios presentaron en reiteradas oportunidades quejas sobre la situación de los trenes, su reemplazo generó fuertes resistencias. Justamente, la base material de este rechazo fue el empeoramiento en las condiciones laborales de los cartoneros como consecuencia del cambio.

En primer lugar, la cesión de camiones por parte del gobierno porteño y la empresa TBA fue escasa y paulatina. Inmediatamente después de la clausura de los trenes blancos, la concesionaria había garantizado 22 transportes de los cuales 12 fueron destinados al ramal Sarmiento (Once-Moreno) y 10 al Mitre (Retiro-Tigre y Retiro-José León Suárez, además de los transbordos a las localidades de Capilla del Señor y

Zárate).[19] Por su parte, el gobierno porteño había alquilado 17 vehículos, mientras que la Secretaría de Transportes de la Nación habría garantizado 10 camiones, ambos para los ramales del Mitre. En febrero de 2008, se incorporaron 5 transportes más, sumando un total de 55 para el conjunto de los cartoneros provenientes de los antiguos trenes blancos concesionados por TBA.

Con todo, los cartoneros establecieron más de un reclamo en conjunto con las cooperativas por la obtención de una mayor cantidad de camiones debido a la insuficiencia de los mismos. Por ejemplo, un grupo de recuperadores proveniente del ramal Tigre, que había ocupado Plaza Noruega, obtuvo en ese entonces entre 4 y 6 camiones. Se trata de un conjunto de cartoneros que con posterioridad al cierre de los trenes se vinculó con la cooperativa Las Madreselvas y que suma, entre socios y no socios, más de 500 personas. En el mes de octubre de 2011 tenían garantizados 17 camiones obtenidos en el plazo de varios meses a través de reclamos al gobierno porteño, con el apoyo del personal de las oficinas de la Dirección de Reciclado perteneciente al sindicato de ATE-CTA.[20]

En cambio, otros grupos de cartoneros no recibieron transportes hasta por lo menos tres meses después del cierre del Tren Blanco. Por ejemplo, los recuperadores provenientes de los ramales que llegaban a José León Suárez y Zárate, hoy vinculados con la cooperativa Por Siempre Unidos, obtuvieron los vehículos recién en el mes de marzo de 2008. Se trata de una cooperativa que hasta fines del año 2011 nucleaba a 350 miembros. Una de las delegadas de los camiones, Gabina Argañaraz, explicita el tiempo que tuvieron que alquilar por su cuenta y cómo llevaban adelante su tarea de recolección:

"Después de que cerró el Tren Blanco, todo el mundo se empezó a quedar quieto, en las casas. Nosotros no, tuvimos que alquilar un camión, que nos trajera, dejábamos un carro en provincia y otro acá [en su zona de recolección ubicada en el centro porteño]. Llevábamos la carga sola. (...) El Tren Blanco cerró el 27 de diciembre de 2007 y en marzo de 2008 teníamos los camiones del Gobierno. Por lo tanto, estuvimos 3 meses alquilando. (...) [tenía un costo de] 10 pesos el bolsón. (...) [El camión se lo alquilábamos] a un señor del barrio. De Suárez, que no era cartonero. Es más le pedimos por favor porque el señor era sodero. (...) En el camión no entraban más de 12 bolsones. Era chico. Nosotros teníamos que recuperar lo que gastábamos en alquiler. Por este motivo, juntábamos el material más caro. En ese momento lo más caro era el diario, el plástico y el metal, que no se veía

---

[19] *Clarín*, 31/01/08; *Página/12*, 01/02/08; *La Nación*, 01/02/2008.

[20] Entrevista a Carlos, presidente de la cooperativa Las Madreselvas, realizada el día 05/10/2011.

mucho. Había que caminar mucho. Solo llevábamos el bolsón porque si llevábamos la carreta nos cobraba 10 pesos más. Entonces, nosotros trabajábamos acá con una carreta, la dejábamos encadenada al costado de la vía, que los señores que estaban ahí nos la cuidaban, y nos llevábamos los bolsones arriba del camión. Allá bajábamos los bolsones y lo trasladábamos con las carretas que teníamos en nuestras casas".[21]

Unos años después del cierre de los trenes cartoneros, algunas cooperativas que inicialmente obtuvieron camiones tuvieron que renegociar con el gobierno porteño la cesión de una mayor cantidad, situación que advierte la limitación de los cupos. Por ejemplo, los cartoneros provenientes de la zona oeste de Buenos Aires, asociados en la Cooperativa de Recuperadores Urbanos del Oeste, obtuvieron 22 servicios hasta el año 2010. Dada su escasez, reclamaron al gobierno y obtuvieron la incorporación de 11 servicios más durante 2011.

En segundo término, los camiones ofrecen un servicio más lento y con menor frecuencia horaria en el traslado de carros respecto de los ferrocarriles, debido al mayor tránsito al que se encuentran expuestos. Solo por dar dos ejemplos, el tiempo de recorrido en los trenes cartoneros desde José León Suárez hasta la estación Retiro era de 47 minutos, mientras que el tiempo de transporte en camión desde la misma localidad hasta la estación Gral. Urquiza, 6 paradas antes de la terminal, es de 1 hora y 30 minutos. De este modo, en el viaje de ida y vuelta en los trenes, los cartoneros se ahorraban 1 hora y 26 minutos de su jornada laboral. Por su parte, desde la estación de Moreno hasta Once, los trenes blancos demoraban solo 1 hora y 10 minutos, mientras que los camiones tardan desde la misma localidad hasta la estación de Caballito 1 hora y 50 minutos. Es decir que, en los trenes, los cartoneros ahorraban 1 hora y 20 minutos de su jornada de trabajo. Dado que los carros se transportan en los camiones y los cartoneros en los trenes de pasajeros comunes, estos deben esperar la llegada del carro por algunos minutos. A su vez, el servicio de trenes tenía una mayor oferta de horarios para viajar. Existía la oportunidad de viajar por la mañana, al mediodía y por la tarde. En cambio, los camiones no ofrecen esta última oportunidad. Predominantemente, el traslado se realiza por la tarde. Solo hay 3 o 4 transportes por la mañana por cada ramal como "refuerzo" para eventuales traslados en ese horario.

Otra de las consecuencias del reemplazo se vincula con el desgaste físico realizado para subir los carros en los camiones. Según los recuperadores, el ingreso del carro en el tren no generaba demasiado esfuerzo y cada uno podía hacerlo por su cuenta. El traslado del carro desde

[21] Entrevista por el autor a Gabina Argarañaz, delegada de uno de los recorridos de los camiones con destino a José León Suárez, realizada el día 15/09/2011.

el andén hasta el vagón del tren era horizontal y a ras del suelo.[22] De este modo, la fuerza ejercida se efectuaba empujando el carro hacia adelante. Si tenía una carga elevada de materiales reciclables, el carro era empujado por dos personas.[23] En cambio, el ingreso de los carros en los camiones requiere, según su peso y tamaño, de 4 a 7 personas, de las cuales dos tiran del mismo y las demás lo empujan. El ascenso o descenso de un carro vacío se realiza de a 3 personas aproximadamente, mientras que uno lleno requiere de hasta 7 cartoneros.[24] A pesar de la existencia de una rampa, la pendiente entre el acoplado del transporte y la calle resulta elevada, situación que incrementa el desgaste físico de los cartoneros.

Por último, la incorporación de camiones resultó una limitación para el ingreso en la actividad. En la medida en que los cupos para transportar carros en los camiones están ya cubiertos y son de hecho insuficientes, las personas que se insertan en la actividad (salvo excepciones) no cuentan de manera inmediata con un transporte. En cambio, los trenes ofrecían una alternativa más abarcadora.

El camión constituye también, desde el inicio, una forma de ingreso de los cartoneros que no podían acceder al ferrocarril. Se trataba, fundamentalmente, de personas provenientes de las zonas de Villa Fiorito, Caraza y otras localidades del sur del conurbano bonaerense. Los habitantes de todos esos barrios no tenían la posibilidad de trasladarse en trenes. El ramal más cercano a las zonas mencionadas tiene un recorrido entre Puente Alsina y Aldo Bonzi (trenes de la ex línea Belgrano Sur). Este ramal no ingresa a la zona comercial porteña, a diferencia de los demás ferrocarriles provenientes de otras regiones del Gran Buenos Aires.

Esos camiones eran de propiedad de personas residentes del mismo barrio que los usuarios. En algunos casos, los vehículos fueron obtenidos a partir del pago de indemnizaciones a personas despedidas de sus antiguas ocupaciones. Durante los años inmediatamente posteriores al 2001, los choferes cobraban entre 3 y 5 pesos diarios (entre 15 y 25 pesos semanales) por cartonero trasladado, monto que

---

[22]Esta condición era propia de los trenes cartoneros cedidos por la empresa TBA. En cambio, no sucede lo mismo con los servicios exclusivos otorgados por la actual UGOFE (ex líneas San Martín y Roca), los cuales son formaciones con locomotoras. De este modo, el espacio entre el andén y el vagón es de, aproximadamente, 80 centímetros de altura.

[23]García, Nahuel, Pérez Giménez, Sheila y Ramiro García: *El Tren Blanco*, película-documental, Ciudad Autónoma de Buenos Aires, 2003.

[24]Observaciones del proceso de trabajo de los cartoneros de las cooperativas Por Siempre Unidos, realizadas en la calle Roosevelt y Buccarelli, entre los meses de septiembre y noviembre de 2011, y Recuperadores Urbanos del Oeste, en Biedma y Yerbal, entre los meses de agosto y octubre de 2011.

fue incrementándose con la inflación. A principios del año 2009, los recuperadores pagaban 50 pesos por semana. Estos transportes no eran conducidos por intermediarios, sino por choferes que actuaban como fleteros y cobraban por ese servicio. Los cartoneros también ingresan en camiones de propiedad de galpones acopiadores a quienes, a cambio del traslado, les venden los productos recolectados con exclusividad.

No obstante, con la asunción del macrismo al gobierno, esta situación se modificó. El Estado cedió nuevos camiones y colectivos en reemplazo de los viejos vehículos a la cooperativa del Movimiento de Trabajadores Excluidos (MTE), de la cual son asociados la mayoría de los cartoneros que antiguamente se trasladaba en los acoplados. Se calcula que ingresaban, solo del MTE, entre 80 y 90 camiones y camionetas diariamente. Los choferes siguen siendo los mismos que antes. Unos manejan los camiones donde se transportan los carros de los cartoneros, otros son operarios de los mismos y otros conducen los micros. La diferencia es que ahora esos conductores y operarios reciben un salario del Estado porteño y no cobran el servicio de flete a los cartoneros.[25] Por su parte, los cartoneros viajan en los colectivos de manera gratuita. Todo el proceso de reconversión de los vehículos y la política de subsidios se debe, no solo a la lucha de los cartoneros, sino a la ineficiencia de las empresas privadas de recolección diferenciada.

Lo específico de los nuevos transportes es la existencia de una pala hidráulica para subir los carros. Con esta tecnología, un solo cartonero coloca su carro en la pala y otro, desde arriba del camión, oprime un botón para elevarlo y luego lo acomoda. De este modo, han disminuido las enfermedades en la columna y otras tantas vinculadas con el desgaste físico.[26] Esta condición difiere sustancialmente de los cartoneros que antiguamente se trasladaban en los trenes blancos y que, actualmente, transportan sus carros en camiones que no disponen de tecnología hidráulica. Otra diferencia radica en el pago del boleto: mientras que los cartoneros del MTE viajan de manera gratuita, los recuperadores de los trenes blancos deben pagar su boleto.

Resumiendo

En este acápite hemos descripto los procesos de trabajo en el proceso de producción de la mercancía "cartonera". Podemos concluirlo

[25]Durante el año 2012, cada chofer percibía un ingreso de 6.000 pesos mensuales, cada coordinador, 5.000 y cada operario 4.800. El Estado también se hace cargo del combustible y los arreglos mecánicos necesarios de cada transporte. Analizaremos esto con más detalle en el acápite sobre condiciones laborales.

[26]La mayoría de los camiones cedidos por el gobierno a la cooperativa Amanecer de los Cartoneros, del Movimiento de Trabajadores Excluidos, posee una pala hidráulica. Entrevista a Carpenco, op. cit.

con una caracterización a partir de la teorización marxista resumida más arriba.

El cartoneo con recorridos a pie con carros, en puestos fijos y en centros de reciclado constituyen tres modalidades laborales distintas, que tienen un peso diferente en las actividades propias del proceso productivo del reciclado. Mientras que los dos primeros dedican la mayor parte de su tiempo a recolectar, los asociados en cooperativas con centros de reciclado se concentran en las tareas de clasificación y enfardado, puesto que buena parte de los materiales provienen de la recolección "diferenciada" o de supermercados a cuya mercadería acceden en forma preferencial. No obstante, existen algunas cooperativas que recolectan por su cuenta, como es el caso de El Álamo, aunque el tiempo dedicado es la mitad de la jornada diaria y la cantidad de recolectores es escasa.

La diferencia en el predominio de una y otra tarea explica la división del trabajo. Los cartoneros que recorren las calles con sus carros realizan la totalidad de las tareas del cartoneo (recolectan, clasifican y compactan los productos). No obstante, existe cierto grado de división genérica de la labor debido a que las mujeres participan en la clasificación de productos, sobre todo aquellas que residen en los asentamientos. Algo similar ocurre en el caso de los cartoneros con puestos fijos en el barrio de Once. En los casos en que los cartoneros deben trasladarse una mayor cantidad de cuadras para obtener el producto reciclado, las mujeres aportan su fuerza de trabajo en tareas de recolección. Contrariamente, las esposas de los recuperadores que no deben trasladarse demasiadas cuadras, dedican su tiempo a tareas de clasificación y permanecen en el puesto de trabajo. Algo semejante ocurre en aquellos puestos fijos del Microcentro donde participan más de un varón: uno de ellos se queda en el puesto y clasifica los materiales, mientras que otros recorren la zona en busca de papel reciclado. A diferencia del caso anterior, estos últimos se alternan. De este modo, la división de tareas se efectúa por un período de tiempo, hasta que su turnan para el cambio de labores. También existe una división de tareas entre cartoneros varones, sobre todo aquellos que recolectan: mientras que uno conduce el carro, el otro (o los otros) recogen productos.

En cambio, los cartoneros de los centros de reciclado tienen funciones más específicas. Si bien el cartón es lo que más se recicla, las cooperativas que gestionan las plantas de clasificación reciben una mayor variedad de materiales, lo que permite una mayor división de tareas. La propia existencia de una cinta transportadora crea una división de tareas según el tipo de producto seleccionado de la misma. A su vez, un personal específico realiza las tareas de enfardado, otro, la labor de traslado de fardos en los auto-elevadores. Asimismo, la utilización de una máquina particular, como la enfardadora, exige una división de tareas.

Mientras que un recuperador coloca el material dentro de la máquina, otro operario oprime el botón que la impulsa.

La actividad cartonera es predominantemente manual. Solo algunas etapas del proceso de trabajo se encuentran mecanizadas, según la modalidad de que se trate. El acto de recoger los productos es una labor manual para las modalidades con recorridos a pie y puestos fijos. Como ya hemos mencionado, los centros de reciclado solo se dedican a la clasificación y enfardado. Por su parte, la clasificación también es una actividad manual. La diferencia radica en el traslado de los productos. Los cartoneros con recorridos a pie separan el producto dentro de su propio carro, mientras que en los puestos fijos el material se coloca en diferentes bolsones. En cambio, los centros de reciclado poseen una cinta transportadora mecánica desde la cual los cartoneros seleccionan y separan el reciclado.

El prensado de los productos difiere entre cartoneros con recorridos a pie, puestos fijos y centros de reciclado. En los dos primeros casos, los recuperadores compactan los bolsones pisándolos, subiéndose por encima, o bien, con ayuda de sus manos. En cambio, las plantas de clasificación poseen una máquina enfardadora que realiza esa acción y logra ser mucho más productiva. Cada fardo de cartón prensado equivale a 6 o 7 bolsones. Cabe destacar que el volumen de cada fardo es menor que el de un bolsón (el primero tiene un volumen de 0,57 metros cúbicos, mientras que el segundo contiene 1,09 metros cúbicos, aproximadamente). A su vez, el enfardado de un producto, equivalente 6 o 7 veces su peso contenido en un bolsón, esto es 350 kilogramos respecto de 50, es viable si se posee un auto-elevador o tractor con pala mecánica para garantizar su traslado. Los centros de reciclado poseen estas herramientas para dicha finalidad.

Finalmente, el traslado de los productos desde el ámbito de recolección hasta el galpón acopiador, camión comprador o la vivienda del cartonero también difiere según la modalidad. Los recuperadores residentes de asentamientos suelen transportar sus productos directamente hasta el galpón comprador, o bien, hasta sus viviendas en los carros. Aquí, ese transporte es meramente manual. Algo semejante ocurre con los cartoneros con puestos fijos quienes transportan el material en los carros provistos por los mismos intermediarios hasta los camiones. En estos casos, solo se transporta el producto hasta la llegada del intermediario. El resto del transporte corre por cuenta de este último. En cambio, los recolectores provenientes de los trenes y aquellos que antiguamente ingresaban en los camiones y luego en micros deben transportar los productos en los vehículos hasta sus viviendas. Una vez allí deciden si lo llevan hasta un galpón en sus carros, o bien, si los materiales son retirados de sus casas por camiones dependientes de los galpones.

En resumen, los procesos de trabajo involucrados en el proceso de producción de la mercancía "material reciclado", no superan en general el ámbito de la cooperación simple (la recolección) y la manufactura (clasificación) o manufactura moderna muy elemental (clasificación con cinta de transporte y enfardado con máquina enfardadora). La gran industria apenas se insinúa en el transporte (ferrocarril, camión), aunque aún persiste allí el simple esfuerzo físico (carro). Domina entonces aquí el principio subjetivo, situación coherente con el salario a destajo, la cooperativa como instrumento de control del proceso de trabajo y la contratación por el "gang system".

Las condiciones laborales

Ciertos aspectos de las condiciones laborales afectan al conjunto de los cartoneros, como por ejemplo, la duración de la jornada de trabajo, los accidentes, la realización de changas, la percepción de subsidios y la evolución del salario. En cambio, otras características, como por ejemplo la vivienda como lugar de trabajo, inciden según la modalidad de cartoneo. Por esta razón, analizaremos cada uno de estos elementos por separado.

Jornada de trabajo, kilos de material procesado y productividad

La jornada laboral de los cartoneros varía según la modalidad de recolección. En algunos casos, es determinada por factores externos a la voluntad de los recuperadores. Por ejemplo, los cartoneros con puestos fijos en el barrio de Microcentro llegan a su zona de recolección a partir de las 16:30 y 17:00 hs, momento en el cual las oficinas cierran sus puertas y retiran los materiales reciclables. Esto difiere de los cartoneros con puestos fijos en Once quienes, ya desde las primeras horas de la mañana, se instalan en su cuadra de referencia. También difiere los días de recolección. En Once, los negocios no abren los días domingos y los sábados cierran por la tarde. En términos generales, el día sábado es el menos destinado para cartonear puesto que las bolsas de residuos no se pueden depositar en la vereda. Por ello, los cartoneros en asentamientos y residentes del Conurbano bonaerense suelen utilizar ese día para vender los productos cuando la transacción se realiza semanal o quincenalmente.

En los centros de reciclado de la ciudad de Buenos Aires, los días de trabajo son de lunes a sábado. El horario cambia según la cooperativa. Los miembros de la asociación Del Oeste trabajan de lunes a viernes de 8 a 17 hs y los sábados de 8 a 16 hs. Es decir 53 horas semanales. Por su parte, en el CERBAF se trabaja de 8 a 17 (9 horas) los seis días (54 horas semanales). Lo mismo sucede con la cooperativa El Álamo, aunque se trabajan 8 horas diarias (48 horas semanales). En este caso, aquellos que recolectan por su cuenta suelen trabajar entre 3 y 4 horas en el galpón y el resto de la jornada en la calle. La misma cantidad de horas cumplen quienes trabajan en los supermercados y en el galpón de acopio y enfardado. En este último, la jornada se divide en dos turnos diarios de 4 horas en los cuales trabajan 5 recuperadores en cada uno, aunque los encargados de dirigir el trabajo suelen quedarse más tiempo. De este modo, el promedio de la jornada laboral diaria en las tres cooperativas es, aproximadamente, de 9 horas y el semanal de 52.[27] El siguiente cuadro muestra el horario de trabajo de las diferentes modalidades de cartoneo:

Cuadro 22. Jornada de trabajo de los cartoneros en la Ciudad de Buenos Aires, según modalidad de cartoneo:

Horas de trabajo según forma de cartoneo	Jornada laboral	
	Horas diarias	Horas por semana
Puesto fijo en Once	11 hs	60 hs
Puesto fijo en Microcentro	6 hs	30 hs
Promedio puesto fijo	**8 hs 30 min**	**45 hs**
Recorrido a pie (trenes)	7 hs	36 hs
Recorrido a pie (asentamientos)	10 hs	67 hs
Recorrido a pie (MTE)	5 hs 30 min	27 hs 30 min
Promedio recorrido a pie	**7 hs 30 min**	**43 hs 30 min**
Centros de reciclado (CABA)	9 hs	52 hs
Promedio general	**8 hs 20 min**	**46 hs 50 min**

Fuente: elaboración propia en base a 30 entrevistas y 125 encuestas.

El cuadro muestra que el promedio de la jornada laboral de los cartoneros con recorridos a pie es menor respecto de las otras dos modalidades. Sin embargo, la carga horaria del conjunto del proceso de trabajo es mayor. Esto se debe a que hemos contabilizado solo las horas

[27]Solo a los efectos comparativos, las plantas de clasificación ubicadas en el relleno del CEAMSE en José León Suárez, y gestionadas por los cartoneros, operan en dos turnos debido a la magnitud elevada de operarios. La Asociación Civil Tren Blanco, con 65 trabajadores, opera la planta en dos turnos de 8 horas diarias de lunes a viernes y un turno por la mañana los días sábados. En promedio, cada cartonero trabaja 44 horas semanales. Entrevista a Lidia Quinteros, op. cit.

de recolección en los recorridos a pie, debido a la dificultad de registrar el tiempo destinado a la clasificación y al transporte. Los cartoneros de los asentamientos dedican un tiempo considerable a la clasificación de productos en sus viviendas, luego de realizar su trayecto. Por su parte, los recuperadores que se trasladan en los trenes y camiones hasta las localidades del Conurbano bonaerense destinan un tiempo de trabajo a la clasificación en sus casas a la mañana siguiente de la jornada de recolección. Además, el traslado de los productos presupone una parte de la jornada del proceso de trabajo. Al sumar este tiempo, la jornada de trabajo se incrementa aún más. Podemos asegurar que, en el caso de los cartoneros con recorrido a pie, no baja de las once o doce horas si se cuenta la clasificación y enfardado en destino.

La tarea de los cartoneros adquiere una mayor intensidad por el traslado de los productos en los carros y las cuadras caminadas. Según sea la modalidad de la que se trate, el desgaste físico influye en mayor o menor medida en los cartoneros. Los recorridos a pie con carros suelen ser trayectos fijos. Los recuperadores de los asentamientos llegan a caminar hasta 80 cuadras en un día de trabajo, mientras que los provenientes de los trenes recorren en promedio 61. Por su parte, el cartoneo en los puestos fijos también presupone una cantidad de cuadras caminadas diariamente. La diferencia radica en el peso del carro de los cartoneros con recorridos a pie y su incremento constante en la medida en que se recogen los productos. En cambio, el puesto fijo tiene la ventaja de estar en un mismo sitio al cual el cartonero regresa con una carga mediana cada vez que retira productos de los comercios o edificios. Además, dada la presencia de comercios concentrados en pocas cuadas, las distancias caminadas son menores.

Cabe destacar que las características de las zonas de recolección influyen en las horas dedicadas al cartoneo y la cantidad de cuadras caminadas. Como ya hemos mencionado, algunas zonas de cartoneo de los recuperadores provenientes del sur del conurbano bonaerense, específicamente los miembros del MTE, recorren barrios que concentran comercios. Por su parte, los recolectores que ingresan en los trenes descienden en ámbitos cuya característica es la elevada cantidad de negocios. En cambio, los asentamientos cartoneros no siempre se ubican en zonas con las características mencionadas, o bien, se instalan en espacios donde el cartoneo ha proliferado. Por este motivo, deben recorrer una mayor cantidad de cuadras para que su jornada resulte rentable. Por ejemplo, en los asentamientos relevados durante el año 2009, dos de ellos se ubican en el barrio de Caballito el cual contiene una zona comercial. No obstante, ese mismo ámbito también se encuentra nutrido por los cartoneros provenientes de los trenes del ramal Sarmiento. El tercer asentamiento se ubica en el barrio de Parque Patricios, que carece de zonas comerciales. En este caso, los recuperadores deben trasladarse hacia otros barrios para obtener los productos reciclables. No obstante, el tiempo dedicado al transporte es menor en el caso de los cartoneros de asentamientos. Esto explica la razón por la cual los recuperadores asentados en predios ocupados resisten los intentos de desalojo.

La cantidad de kilos recogidos varía según el tipo de cartoneo y la zona en que se realice. Los cartoneros que mayor cantidad de material recogen son aquellos con puestos fijos en Once. En promedio, recuperan 240 kilos diarios. Esa cantidad es mayor que la obtenida en cualquiera de las otras modalidades, incluso la de sus pares cartoneros con puestos fijos en Microcentro quienes recolectan diariamente un promedio de 75 kilos. La ventaja de estos últimos radica en el tipo de producto mayormente recogido, por ello sus ingresos mensuales no difieren en la misma proporción que la cantidad de productos vendidos. En Once, el cartón representaba el 96% del total de productos recogidos por los cartoneros, según nuestro relevamiento efectuado en octubre de 2009. En ese entonces, el precio del cartón era de 27 centavos y el del papel blanco de 65. Por su parte, el papel blanco representaba el 48% y el cartón el 36% del total de productos recolectados por los cartoneros con puestos fijos en Microcentro, durante el mes de noviembre de 2010. Los precios eran 1,02 y 0,50 pesos respectivamente. En el caso de los cartoneros con recorridos a pie, los usuarios de los antiguos trenes blancos son quienes mayor cantidad de productos recogen (113 kilos diarios en promedio). El siguiente cuadro muestra el promedio de la cantidad de materiales recogidos diaria y mensualmente según la forma de cartoneo:

Cuadro 23. Kilogramos de material recolectado o procesado diaria y mensualmente por cartonero en la Ciudad de Buenos Aires, según modalidad de cartoneo:

Forma de cartoneo	Promedio un cartonero	
	Kg de material por mes	Kg de material por día
Puesto fijo en Once	5.400	240
Puesto fijo en Microcentro	1.693	75
Recorrido a pie (trenes)	2.250	113
Recorrido a pie (asentamientos)	2.487	83
Recorrido a pie (MTE)	2.475	110
Centros de reciclado (CABA)	2.368	88

Fuente: elaboración propia en base a 30 entrevistas y 125 encuestas.

Por último, podemos aproximarnos a la productividad de cada recuperador según la forma de cartoneo. La productividad mide la cantidad producida de un bien en un tiempo determinado. En este sentido, los cartoneros más productivos son los que tienen puestos fijos en la zona de Once quienes recogen 22 kilos de material reciclable por cada hora de trabajo. Le siguen los cartoneros con recorridos a pie que son socios del MTE con 20 kilos recogidos por hora. Este último dato no es menor si tenemos en cuenta la política de subsidios efectuada por el gobierno porteño y la asignación de zonas a las cooperativas cartoneras. Como veremos en el capítulo V, estas últimas obtuvieron los circuitos más rentables de cartoneo, rutas que se encuentran en zonas de mucha actividad comercial, a través de negociaciones individuales con el Estado. En el orden de los grupos más productivos siguen los recuperadores de los trenes blancos con 16 kilos de productos por cada hora de trabajo, con puestos fijos en Microcentro con 13 kilos por hora y, por último, los cartoneros de los asentamientos con 8 kilos recuperados por hora de cirujeo. Por otra parte, los operarios de los centros de reciclado se dedican mayormente a la clasificación y enfardado de productos. En este sentido, su productividad no es directamente comparable con la de los cartoneros recolectores. En las plantas de clasificación, un cartonero procesa 10 kilogramos de productos por hora.[28]

Actividad laboral previa e ingreso al cartoneo

La edad de ingreso a un trabajo se vincula con un aspecto de las condiciones laborales según las cuales el capital hace uso de la fuerza de trabajo. El promedio de la edad actual de los cartoneros es de 33 años. El 90% tiene menos de 50, lo que de alguna manera señala el límite de la edad propia de la actividad. Se trata de una población joven, entonces, con un desgaste muy prematuro. En este sentido, la franja etaria que contiene el mayor porcentaje es entre los 18 y 29 años (40%). Estas mismas edades son las que predominan en el momento de ingreso a la actividad (32%). A su vez, del relevamiento se observa una considerable cantidad de población cartonera que empieza a muy temprana edad. Con 14 años o menos ingresó un 25% de la población encuestada. Encontramos casos de personas que ya cartoneaban a los 5, 8 y 9 años de edad. Por su parte, el 15% de la población cartonera

[28]Comparativamente, los operarios de los centros de reciclado de la Ciudad de Buenos Aires procesan una menor cantidad de productos por cada hora de trabajo respecto de los recuperadores de las plantas ubicadas en el CEAMSE. En estas últimas, cada cartonero procesa 13 kilos de productos por hora de trabajo. Entrevistas a Lorena Pastoriza y a Lidia Quinteros, op. cit.

encuestada tenía entre 15 y 17 años cuando comenzó a recolectar materiales reciclables. El cuadro que sigue muestra esta evolución:

Cuadro 24. Porcentaje de cartoneros según edad actual y al momento de ingreso al cartoneo, Ciudad de Buenos Aires:

Edad	Actual	Ingreso al cartoneo
De 14 o menos años	0%	25%
De 15 a 17	4,6%	15%
De 18 a 29	39,8%	32%
De 30 a 39	24,1%	15%
De 40 a 49	17,6%	7%
De 50 y más	13,9%	6%
Promedio de edad	33	24

Fuente: elaboración propia en base a 125 encuestas.

Cabe destacar que la mayoría de las personas que comenzaron a cartonear siendo menores de edad constituyen un 69% de aquella población que no conoció otros empleos.

Por otra parte, el porcentaje de cartoneros que tuvo un empleo previo al ingreso en el cartoneo es significativo (73%). La abrumadora mayoría de quienes conocieron otras actividades laborales se encontraban bajo relación de dependencia. Solo dos personas trabajaban en tareas de manera independiente (un dueño de una verdulería y un taxista, ambos como monotributistas). Del conjunto de los antiguos empleados bajo relación de dependencia, el 72% se encontraba como no registrado. Es decir, su vínculo contractual era mayoritariamente precario.

A su vez, la actividad laboral más nombrada por los cartoneros es la albañilería y la construcción (26%). No obstante, le siguen un conjunto de labores tales como empleos en curtiembres, fábricas de calzado, empresas de limpieza, municipalidad, transporte de carga y transporte ferroviario. También se encuentran ocupaciones vinculadas con la industria gráfica, la gastronomía, metalurgia, plomería, carga y descarga de camiones. Sobre las causas que llevaron al cartoneo, el porcentaje mayor (24%) aludió al despido. Los despidos corresponden a una variedad de labores. Por su parte, un 21% de la población encuestada dejó de trabajar porque percibían escasos salarios. Aquí tampoco se observa una actividad específica, sino que es general al conjunto de los empleos. El 15% de los cartoneros abandonó sus empleos previos debido a la ausencia o escasez de trabajo. En este caso, se trata fundamentalmente de aquellos recuperadores dedicados a las tareas de la construcción y la albañilería. Otros grupos quedaron desocupados puesto que la fábrica o comercio cerró sus puertas (14%), o bien, porque renunciaron o acataron el retiro voluntario (8%). Un aspecto a destacar es la presencia de 3 cartoneros que quedaron cesantes de sus ocupaciones debido a accidentes laborales. Esto abona la hipótesis sobre la precariedad en sus condiciones de empleo previo al ingreso en el cartoneo.

Finalmente, hemos construido una variable que intenta aproximarse a la condición en la que se encontraban los cartoneros con empleos previos al momento de ingresar en la actividad del reciclado. El 57% ingresa por estar desempleado. Se trata de una población expulsada de sus antiguos trabajos. Por su parte, un 11% ingresa al cartoneo por un cambio de empleo. Se trata de un porcentaje de cartoneros que deja de trabajar en una actividad y se vuelca al cartoneo en el mismo año, ya sea por percibir un escaso salario o porque había poco trabajo. Este último caso, se aproxima más a una instancia de desocupación. Por último, un 32% comienza a dedicarse a las tareas de recolección y clasificación como complemento de otros empleos. En este caso, los cartoneros son expulsados de sus antiguos empleos con posterioridad al ingreso en el cartoneo, o bien, los abandonan unos años después para dedicarse exclusivamente al reciclado. Los dos últimos casos, que sumados constituyen un 43%, presuponen un empeoramiento en las condiciones de trabajo de los empleos previos al cartoneo.

Los accidentes y riesgos de trabajo

Para los cartoneros con puestos fijos en las zonas comerciales y con recorridos con carros a pie la calle constituye su lugar de trabajo. Allí recolectan, clasifican y enfardan su material. El riesgo a ser atropellados es permanente, puesto que durante toda su jornada laboral cruzan calles o caminan por ellas. En el caso de los cartoneros con carros, el riesgo es aún mayor debido a que buena parte de su recorrido se realiza por la calle. En cambio, los cartoneros con puestos fijos colocan su bolsón en la vereda. No obstante, en las zonas donde hay una elevada circulación de peatones los recuperadores suelen ubicar su bolsón en la calle. Por esta razón, los accidentes más frecuentes son los choques de automóviles particulares o transportes de pasajeros.

La manipulación de las bolsas y el contacto con la basura inducen a situaciones riesgosas, sobre todo si escasean los elementos adecuados para efectuar la tarea. Los accidentes más comunes son los cortes con vidrios, jeringas u otros elementos depositados en las bolsas de residuos. Por otra parte, una de las enfermedades que solo hemos verificado en los cartoneros que recogen con carros son las hernias de ombligo.[29] El esfuerzo realizado al tirar o empujar el carro produce sistemáticamente dolencias en los cartoneros.

La ausencia de cobertura médica, elementos de trabajo, guantes, pecheras con cinta reflectante y zapatos de seguridad atenta contra la salud de los cartoneros. Si bien algunos miembros de las cooperativas de recuperadores reciben estos materiales desde el año 2009 por parte del gobierno porteño, se trata de una pequeña cantidad que tampoco abarca a la totalidad de los socios.

Las características de la actividad laboral en los centros de reciclado gestionados por cooperativas también son precarias. Allí escasean los elementos de trabajo adecuados para manipular la basura. Si bien las tres cooperativas reciben del Gobierno camisa y pantalón, muchos de sus socios carecen de guantes y barbijos. Otro elemento a tener en cuenta es el contacto con la basura en lugares cerrados, en particular el caso del galpón gestionado por la cooperativa El Álamo donde se clasifica. Allí, la ventilación es escasa y el olor nauseabundo es permanente. En algunas ocasiones los miembros de la cooperativa recurrieron al hospital para atender descomposturas debido, según ellos, al calor o a la baja presión.

En este sentido, diversos estudios demuestran la relación entre la actividad laboral en plantas de tratamiento de residuos y la aparición de distintos síntomas en los trabajadores, como por ejemplo, irritación en la piel, ojos, membranas mucosas y tracto respiratorio superior, síndrome tóxico por polvo orgánico (con una sintomatología característica: tos, disnea y síntomas similares a los producidos por la gripe tales como escalofríos, fiebre, dolor muscular, dolor de articulaciones, fatiga y dolor de cabeza), trastornos gastrointestinales (náuseas y diarrea) y respiratorios (bronquitis crónica, alveolitis alérgica, asma). Esto se debe a la presencia de bacterias y hongos que provienen de los materiales mismos. Según su parecer, las medidas preventivas deben ir encaminadas a evitar la generación de polvo en el ambiente, como por ejemplo, la implantación de un adecuado sistema de ventilación y una correcta limpieza de las instalaciones.[30] Probablemente, las descompensaciones de los recuperadores de El Álamo estén vinculadas a los olores que liberan las bolsas de basura allí acumuladas, situación que se agrava dada la escasez de aire.

---

[29]Según nuestro relevamiento por encuesta a 125 personas, encontramos tres casos en los cuales los cartoneros manifestaron tener hernias de ombligo provocadas por la fuerza ejercida en los recorridos con carros.

[30]Solans, Xavier; Alonso, Rosa María; Constans, Angelina y Mansilla, Alfonso: "Exposición laboral a hongos y bacterias ambientales en una planta de selección de residuos de envases", en *Revista Iberoamericana de Micología*, n° 2, vol. 24, España, 2007. Disponible en http://www.reviberoammicol.com/2007-24/131135.pdf.

Tampoco hay que descartar posibilidades de incendio. Materiales como el cartón, papel, nylon y plásticos son susceptibles de incineración. De los cuatro galpones visitados, los que mayores inconvenientes presentan son el del CERBAF y El Álamo (galpón de Roosevelt). Dado que la descarga de materiales se realiza en el interior del depósito, a diferencia de los otros, el riesgo es mayor. Además, los productos son volcados en el centro de la planta, motivo por el cual, dificulta el paso de las personas. Frente a una situación de incendio, el galpón de El Álamo carece de salida de emergencia. Además, ninguna de las tres cooperativas brinda cobertura u obra social. Los recuperadores solo poseen un seguro de vida que corre por cuenta de la propia asociación.[31] Solo el CERBAF posee un botiquín que tiene elementos para atender heridas leves. En caso de sufrir accidente de gravedad deben recurrir al hospital más cercano que se ubica a unas 10 cuadras de la planta. Lo mismo ocurre con El Álamo.

Del mismo modo trabajan los cartoneros de las plantas de reciclado ubicadas en el CEAMSE, quienes no reciben elementos de seguridad por parte del Estado. Como menciona la presidenta de uno de los centros del relleno:

"No, todo eso lo conseguimos a través del cirujeo, pero no nos dan. Si nos pasa algo, algún accidente, no tenemos nada para hacer acá. No hay ambulancia, nada. Tenemos que salir rápido al hospital. En las plantas hubo accidentes y algunos fueron graves. Por ejemplo, en una de las plantas privadas, uno de los trabajadores perdió un brazo completo. Otros tuvieron cortes en la pierna, en un dedo. Todos con la máquina [se refiere a la cinta transportadora]."[32]

Los centros de reciclado poseen maquinaria para trasladar los fardos y otros materiales pesados como la chatarra. Sin embargo, los bolsones y algunos fardos son arrastrados manualmente cuando se trata de trayectos cortos. De este modo, los recuperadores trasladan diariamente pesos que oscilan entre los 40 y los 100 kilos. El levantamiento reiterado de peso, sobre todo por parte de personas de edad avanzada,

[31]Al momento de realizar las entrevistas en la cooperativa El Álamo, nos encontramos con una diferencia entre dos entrevistados: uno nos comentó que tenían cobertura social y que aportaban como monotributistas. Sin embargo, otro entrevistado nos informó que en realidad no disponían de ningún tipo de cobertura, sino solo de un seguro de vida. Incluso, señaló que estaban intentando obtener una obra social (a la que se afilian los trabajadores de las empresas papeleras) pero que no los aceptaban por el escaso monto que podrían llegar a aportar. Entrevista del autor a Roberto y Hernán, de la cooperativa El Álamo, realizadas el 24/02/2009.

[32]Entrevista a Lidia Quinteros, op. cit.

produce hernias y lumbalgias.[33] A su vez, ciertas tareas del proceso de trabajo implican elevados riesgos, como por ejemplo el molido del vidrio en el caso de las cooperativas CERBAF y Del Oeste.

La vivienda como lugar de trabajo

La vivienda como lugar de trabajo afecta sobre todo a los cartoneros con recorridos a pie, muchos de los cuales realizan una clasificación específica de los productos recogidos en sus casas, en momentos previos a la venta. Los recuperadores que se encuentran en una situación más precaria son aquellos que residen en los asentamientos.

Los tres predios relevados carecen de sistema de agua corriente y cloacas, así como también, de baños o letrinas. Los habitantes de los asentamientos ubicados en el barrio de Caballito obtenían el agua de una empresa que realizaba sus actividades detrás de uno de los predios (Yerbal 1400) y de las instalaciones del ferrocarril (detrás del club Ferrocarril Oeste). La electricidad se obtenía a partir de un tendido ilegal de los cables de luz. Era una conexión precaria, que en tres oportunidades, como producto de un cortocircuito, produjo el incendio de algunas casillas. En cambio, en el predio lindero al Hospital Garrahan los cartoneros conseguían agua pidiendo en los negocios, o bien, comprándola. No poseían electricidad más que la luz de la calle.

Las viviendas de ambos predios eran precarias y fueron construidas por los pobladores. En Caballito eran de madera, de restos de puertas, ventanas, con techos de chapa. Las casas se llenaban de agua toda vez que llovía. En cambio, en el predio ubicado en la calle Rincón las casillas se construyen a base de nylon, cartones y maderas. Ni siquiera tienen chapas en los techos. Solo algunos cartoneros tienen mesas, sillas y parrillas. Cuando cenan o almuerzan, se juntan en pequeños grupos para realizar un solo fuego. Por su parte, los terrenos del barrio de Caballito se encontraban llenos de roedores. El escaso espacio de cada casilla creaba condiciones de hacinamiento para familias numerosas.

Changas y asistencialismo

Los cartoneros obtienen un ingreso por la realización de changas y la percepción de subsidios asistenciales del Estado, además del salario por su actividad principal. Aquí no nos referimos a la política de reasignación de recursos bajo la forma de subsidios implementada por el gobierno porteño a partir del año 2008, sino a la política asistencial que no corresponde exclusivamente al cartoneo. La necesidad de una

[33] Panaia, Marta: *Sociología del riesgo. Accidentes de trabajo en el sector informal*, Buenos Aires, Ed. Miño y Dávila, 2008.

asistencia estatal y la realización de changas muestran las dificultades de la familia cartonera para satisfacer sus necesidades materiales de existencia.

La changa es una actividad que influye en las condiciones laborales de los cartoneros.[34] Ya sea porque resta una parte de la jornada de trabajo dedicada exclusivamente al cartoneo, o bien porque incrementa su desgaste físico al momento de recolectar y clasificar los productos, toda ocupación extra implica un uso de la fuerza de trabajo. Como ya mencionamos en el capítulo tercero, un 18% del total de cartoneros registrados durante el año 2003 (8.153) realizaba alguna changa por fuera de la actividad de recolección y venta de materiales reciclables. A partir de un relevamiento propio hemos intentado aproximarnos a algunas características más específicas de aquellos cartoneros que se encuentran en esta situación. De un total de 114 casos relevados, el 38% de los cartoneros realizaba alguna changa por fuera del cartoneo.[35] De todos estos, más de la mitad realiza tareas vinculadas con la albañilería (51%). El resto de las actividades mencionadas, todas ellas en condiciones precarias, fueron: ayudante o peón de mudanzas, carga y descarga de camiones, poda de árboles y corte de pasto, cadete en depósito de chatarras, limpieza de casas, panadería y limpieza de escombros.

Uno de los elementos a destacar es la realización de changas en el mismo sitio donde se desarrolla la labor cartonera. Por ejemplo, varios recuperadores con puestos fijos en la zona de Once desarrollan tareas de carga y descarga de camiones por lo menos una o dos veces por semana. Por esta tarea percibían en el año 2009 un ingreso de 30 a 35 pesos por jornada. Del mismo modo, dos recuperadores con puesto fijo en Microcentro limpiaban y cuidaban coches todos los días de la semana. Por otra parte, la frecuencia en el desarrollo de tareas vinculadas con la albañilería es, predominantemente, de una vez por mes. Por esa actividad, los cartoneros percibían entre 50 y 100 pesos por día de trabajo, entre los años 2009 y 2011.

Al indagar sobre la realización de changas nos encontramos con 4 cartoneros que realizaban un trabajo con una dedicación y carga horaria semejante al cartoneo. Dos de ellos trabajan en depósitos de chatarras, con una jornada laboral de lunes a sábado y por un ingreso diario de 60 pesos (1.560 pesos mensuales estimativamente). Otros dos se dedican al rubro de transportes: uno de ellos es chofer de camión,

---

[34] La "changa" es una ocupación eventual, no es algo fijo ni recurrente al menos diariamente o en términos inmediatos. Por ello, el cartoneo puede ser una changa como complemento salarial en el caso de aquellas personas con un trabajo fijo. No es el caso del cartoneo tomado como objeto de estudio por esta tesis.

[35] Se trata del relevamiento efectuado en base a encuestas a 125 cartoneros por el autor. No obstante, hubo 11 respuestas sobre este punto de las cuales no obtuvimos datos suficientes para contabilizar.

trabaja de lunes a sábado, entre las 7:00 y las 18:00 hs (es decir, 11 horas diarias y 66 semanales) y obtiene un ingreso de 500 pesos por semana; el otro se dedica a la carga y descarga de camiones, trabaja todos los días y obtiene un ingreso diario de 80 pesos.

Los subsidios son percibidos por el 32% de los cartoneros o alguno de sus familiares según nuestro relevamiento (36 casos). De todos ellos, los beneficios mayormente obtenidos son la Asignación Universal por Hijo (AUH) y el Programa de Ingreso Social con Trabajo (comúnmente conocido como Plan Argentina Trabaja). Por este último, hubo 6 cartoneros que manifestaron que trabajaban de lunes a viernes de 8:00 a 14:00 (6 horas) y percibían un monto de 1.200 pesos.[36] Ambos planes fueron implementados a partir del año 2009. Con la AUH los cartoneros percibían un subsidio de 180 pesos por cada hijo. Hemos relevado 3 casos que percibían por un solo hijo, 2 cartoneros que obtenían el subsidio por 2 hijos y otras 2 personas que percibían el beneficio por 3 hijos. Por su parte, hemos relevado 4 casos según los cuales la esposa del cartonero percibía el subsidio por ser madre de 7 hijos (1.300 pesos). Finalmente, 9 personas obtenían el Plan Jefes y Jefas de Hogar Desocupados cuyo monto era de 150 pesos y otros 3 cartoneros percibían una pensión por discapacidad por algún miembro de la familia. Cabe destacar que el conjunto de los cartoneros perceptores de la política asistencial del Estado trabajaban a la par del resto de los recuperadores. Es decir, en iguales condiciones respecto de la jornada laboral y los días dedicados al cartoneo.

Por su parte, los cartoneros de las plantas ubicadas dentro del predio del relleno del CEAMSE también obtuvieron el beneficio de los Planes Argentina Trabaja que, como veremos en el capítulo V, fueron el resultado de medidas de acción directa. No obstante, estos subsidios no abarcaron a la totalidad de los cartoneros de los centros de reciclado. Por ejemplo, de la Asociación Civil del Tren Blanco, solo 20 personas reciben los planes de un total de 65 operarios. A su vez, su contraprestación laboral es la limpieza de las mismas plantas donde desarrollan su labor.

Si analizamos la relación entre los perceptores de subsidios y quienes realizan changas, observamos que el 41% de los cartoneros no obtienen ningún beneficio en materia de política asistencial del Estado y tampoco realiza changas. Es decir, más de la mitad (59%) requiere de algún ingreso extra por fuera del cartoneo para satisfacer las necesidades materiales. De esta última población, el 46% realiza alguna changa u otra ocupación sin percibir ningún subsidio (ni el cartonero ni algún miembro de su familia), el 24% realiza alguna changa y también percibe un subsidio y el 30% no efectúa ninguna labor por fuera

[36]Corresponde a datos relevados por el autor entre los años 2009 a 2011.

del cartoneo y sí percibe algún tipo de beneficio del Estado. Como se puede observar, la percepción de un subsidio o la realización de una changa podrían estar indicando las dificultades de los cartoneros para reproducir su vida sobre la base de su principal fuente de ingreso, la recolección y clasificación de productos reciclables.

El salario cartonero y su evolución

En la actualidad, el salario cartonero se compone de dos fuentes. Por un lado, el Estado paga un salario mensual a los cartoneros asociados en cooperativas bajo la forma de "incentivo por capacitación". Como ya vimos, el gobierno porteño comenzó a reconocer el trabajo de los cartoneros a partir del 2008. En la medida en que por su actividad disminuye la cantidad de basura recolectada y enviada al relleno sanitario del CEAMSE, los recuperadores garantizan un ahorro en los presupuestos emitidos por el Estado para el tratamiento de residuos. Por este motivo, el macrismo ha reasignado los recursos utilizados antiguamente para efectuar la recolección diferenciada por intermedio de las empresas privadas hacia las cooperativas cartoneras. De todo el presupuesto otorgado a las cooperativas, el mayor porcentaje corresponde al pago de incentivos. Entre los años 2009 y 2012, el gasto en pago de incentivos constituyó un 50% del total del presupuesto ejecutado para la política de reciclado. Por otro lado, la industria, sobre todo la papelera, paga el otro porcentaje del salario cartonero. A través de los intermediarios, las empresas pagan un ingreso por kilo de material recolectado por los cartoneros. Aunque no son reconocidos formalmente como trabajadores en relación de dependencia de las empresas, los recuperadores han percibido históricamente un ingreso por la cantidad de kilogramos de materiales recogidos en la calle.

Lamentablemente, no existen cifras oficiales sobre la evolución del salario cartonero. Tampoco hay estudios que hayan explorado este aspecto. Solo contamos con investigaciones que efectuaron encuestas en años específicos y que nos brindan la posibilidad de contrastar con los estudios de caso propio. Dado este déficit, hemos realizado un ejercicio de aproximación estadístico para obtener la evolución de los ingresos de los cartoneros. Para ello, hemos construido dos evoluciones. Por un lado, el ingreso "declarado". Se trata del monto mensual percibido que los cartoneros mencionan frente a entrevistas realizadas por los medios periodísticos.[37] En aquellas ocasiones en que se indica el ingreso diario o semanal, hemos estimado el monto mensual multiplicando según los

---

[37]Hemos relevado los diarios *Clarín*, *La Nación* y *Página/12*, entre los años 1989 y 2012. También hemos relevado *Prensa Obrera*, *Infobae*, *Noticias Urbanas* y demás fuentes de la web para los años posteriores al 2001.

días dedicados a la recolección, en base a estudios de caso propios (24 días de cartoneo por mes). En los meses en los cuales disponíamos de más de un dato sobre el ingreso, calculamos un promedio mensual. A esta información le incorporamos el ingreso estimado según nuestros estudios de caso. Por otro lado, realizamos una estimación del ingreso cartonero mensual según la evolución del precio de los productos recogidos. En este caso, también recurrimos a las fuentes periodísticas, estudios de otros autores y propios. Para conocer la proporción de los materiales recolectados testeamos un informe elaborado por el gobierno porteño. Dicho informe intentó contabilizar la cantidad de material recuperado por los cartoneros en la ciudad de Buenos Aires durante el año 2006.[38] Para ello, el estudio registró la cantidad de productos vendidos a los galpones acopiadores ubicados en el ámbito porteño (un total de 114 contabilizados), trasladados en los camiones intermediarios que transportan a cartoneros (72)[39] y los recolectados por los cartoneros que viajaban en los trenes blancos de todos los ramales con la excepción del ex ferrocarril Roca con destino a Korn. En los trenes se registró un total de 1.210 carros promedio que transportaban estimativamente 88 kilos de materiales reciclables cada uno, en un solo día. A su vez, los productos derivados del papel constituían un 80% del total del material recogido diariamente. El resto era un porcentaje escaso de trapos, chatarra, botellas plásticas y vidrio (entre un 1 y un 7%). Luego, obtuvimos la proporción recolectada de los derivados del papel en base a los estudios de caso propios sobre los cartoneros provenientes de los trenes blancos. El resultado fue un 63% de cartón, un 26% de diarios y un 10% de papel blanco. Cabe destacar que la cantidad estimada de productos recogidos según nuestros estudios de caso es mayor respecto de los datos presentados por el informe del gobierno porteño (102,66 kilogramos diarios solo de los derivados del papel). Tanto la evolución del ingreso declarado como la estimada según la cantidad de productos recogidos y sus precios corresponden a recuperadores con recorridos a pie con carros. No incorporamos el salario obtenido en otras modalidades que no son predominantes, como por ejemplo, los puestos fijos. A su vez, el precio de los productos recogidos es el que rige para la provincia de Buenos Aires, que es un poco más elevado que el precio de venta en la Ciudad de Buenos Aires.

Una vez construida esta serie, los ingresos fueron deflactados según el Índice de Precios al Consumidor (IPC) de la provincia de San Luis a pesos del año 2008. Se trata de un indicador más confiable

---

[38]Programa de Recuperadores Urbanos: "Circuito de reciclado en la Ciudad Autónoma de Buenos Aires. Informe 2006", Subsecretaría de Medio Ambiente, Gobierno de la Ciudad Autónoma de Buenos Aires, 2006.
[39]Incluye 4 autos con tráiler que transportaban 4 carros promedio.

respecto de los índices correspondientes a la Ciudad de Buenos Aires y Gran Buenos Aires publicados por el INDEC. Estos últimos han sido trastocados a partir de la intervención del Estado en el organismo de Estadísticas y Censos, luego del año 2007.[40] El IPC con base en el año 2008 significa que todos los precios e ingresos deflactados tienen como equivalente el valor del peso durante ese año o su capacidad de compra. Cabe destacar que si bien no poseemos datos de todos los meses de cada año, el objetivo de obtener una evolución del salario cartonero es compararla con otros indicadores. De este modo, se puede medir cuál es el poder adquisitivo cartonero respecto de otros trabajadores (registrados y no registrados).

La composición del salario cartonero

Como mencionamos, los cartoneros obtienen un salario que se compone de dos fuentes: el Estado y la industria. El salario pago por la industria a través de los intermediarios sigue los vaivenes de los precios de los productos reciclables. La evolución de los precios constituye un primer indicador sobre la capacidad adquisitiva de los recuperadores. El gráfico 12, de la siguiente página, muestra la evolución de los precios del cartón sin enfardar, es decir, el producto mayormente recolectado por los recuperadores

Como se puede observar, el precio nominal del cartón tiende a incrementarse a partir de la devaluación en el año 2002. Posteriormente, sigue una evolución con oscilaciones hasta mediados del año 2008. Allí disminuye considerablemente al nivel de los años previos al 2002. A partir del año 2009, el precio se incrementa, incluso por encima del momento de mayor crecimiento en el período previo. Por su parte, el poder adquisitivo obtenido por la venta del cartón, el precio real, resulta muy elevado durante el período de la devaluación y luego tiende a decrecer. Su recuperación posterior al año 2009 no logra alcanzar los momentos de mayor aumento del precio, ni siquiera el leve incremento que muestra el año 2006.

---

[40]El Índice de Precios al Consumidor (IPC) de la provincia de San Luis sigue la misma evolución que el IPC del Gran Buenos Aires (GBA) hasta el mes de mayo de 2007. A partir de entonces, el IPC San Luis se incrementa en un nivel mayor respecto del IPC GBA. Por su parte, algunos centros de estudios e investigaciones económicas, como por ejemplo el Taller de Estudios Laborales, utilizan un índice elaborado por el Centro de Estudios para el Desarrollo Argentino (CENDA) que retoma el IPC de 7 provincias como una alternativa para el IPC GBA (Jujuy, Neuquén, Paraná, Rawson-Trelew, Salta, Santa Rosa y Viedma). Véase, TEL: "Informe Trimestral de Estadísticas Laborales y Económicas", n°17, mayo de 2011. Disponible en http://www.tel.org.ar/spip/est/inftrimay11.pdf.

Gráfico 12. Evolución del precio del cartón sin enfardar vendido por cartonero en Buenos Aires, nominal y real en pesos de 2008: 2000-2011.

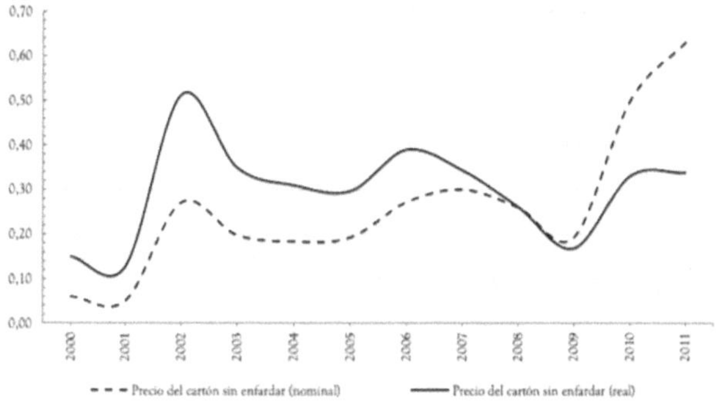

Fuente: elaboración propia en base a *Clarín*, *Página/12*, *La Nación* y *Perfil*, y estudios de caso propio entre los años 2008 y 2011.

El otro componente del salario de los cartoneros es pagado por el Estado porteño. Los "incentivos" comenzaron siendo de 200 pesos en enero de 2009 y finalizó el año 2012 en 1.600 pesos por cada cartonero. Los beneficiarios sumaban en diciembre de 2012 un total de 4.274, todos ellos asociados en cooperativas. Cabe destacar que esta cifra no constituye la totalidad de recuperadores que recolectan en la ciudad de Buenos Aires. En el mes de marzo de 2011, la cantidad de cartoneros empadronados en el Registro Único de Recuperadores de la Ciudad de Buenos Aires sumaban 7.414, de los cuales solo 2.517 (34%) percibían subsidios.[41] Los aumentos del monto de los incentivos fueron justificados debido al nivel de inflación por pedidos expresos de las cooperativas cartoneras y el reconocimiento del gobierno porteño.

---

[41]A principios de 2013, un dirigente del Movimiento de Trabajadores Excluidos mencionó que había cerca de 9.000 cartoneros registrados para esa fecha, de modo que el porcentaje de beneficiarios de incentivos sobre el total de empadronados constituía, aproximadamente, un 47%. Recordemos una vez más que no necesariamente la cifra de cartoneros registrados constituye la suma real de cartoneros en la Ciudad de Buenos Aires. Por otra parte, el gobierno porteño mencionó, en su decreto sobre el presupuesto a ejecutar en el año 2013, que incorporaría a 1.000 cartoneros más durante ese año a la política de reciclado. Gobierno de la Ciudad Autónoma de Buenos Aires: "Mensaje del Proyecto de Presupuesto General 2013", Administración Gubernamental, Ejecución Presupuestaria, 2013.

Efectivamente, el incentivo nominal sigue una tendencia semejante respecto del deflactado, como lo muestra el siguiente gráfico:

Gráfico 13. Evolución del salario nominal y real (en pesos de 2008) pagado por el Estado porteño a cartoneros: 2009-2012.

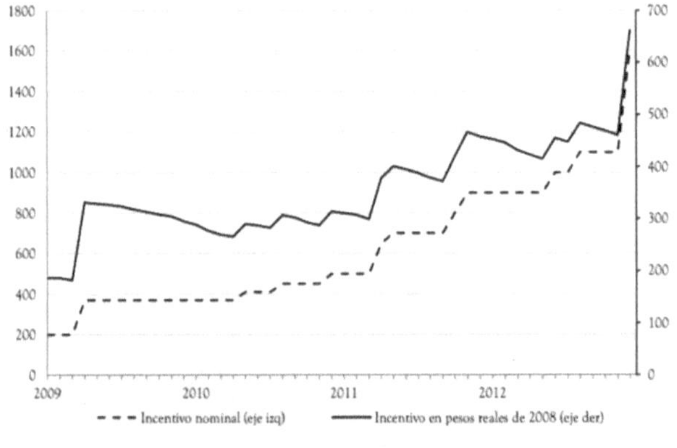

Fuente: elaboración propia del cuadro en base a Resoluciones del Ministerio de Medio Ambiente y Espacio Público del Gobierno de la Ciudad de Buenos Aires: 2008 (2226); 2009 (194, 429, 592, 815, 1003, 1687, 1688, 1689, 1857 y 2); 2010 (1688, 238, 482, 918, 1041); 2011 (604, 624, 745, 758, 1319, 830, 878, 1103, 1282, 1580, 342, 627, 628, 741, 29, 1305, 887, 888, 1328, 1378, 1396, 1296, 1487, 1506, 265, 267, 1347); 2012 (126, 268, 429, 697, 836, 837, 1008, 1338, 1413, 695, 834, 1257, 1412, 833, 1414, 842, 1410, 839, 1409, 835, 840, 841, 1005, 1007, 1334, 1415, 949, 1003, 1004, 1006, 1169, 1407, 1408, 1010, 1333, 1411, 1413). Las resoluciones se encuentran disponibles en el Boletín Oficial del Gobierno de la Ciudad Autónoma de Buenos Aires. Los montos de los incentivos fueron deflactados en base a Índice de Precios al Consumidor (IPC) de la provincia de San Luis, a pesos reales de 2008.

Los dos componentes del salario de los cartoneros siguen una evolución que depende, por un lado, de los precios de los productos reciclables y, por otro lado, de los incrementos de los incentivos pagados por el Estado. Con esta información, hemos construido una evolución que muestra el salario cartonero con y sin incentivo, como lo muestran los siguientes gráficos:

Gráfico 14. Salario real de los cartoneros que recolectan en la Ciudad de Buenos Aires, con recorridos a pie con y sin incentivos: 2001-2011 (estimación en base a evolución del precio del reciclado, a pesos de 2008).

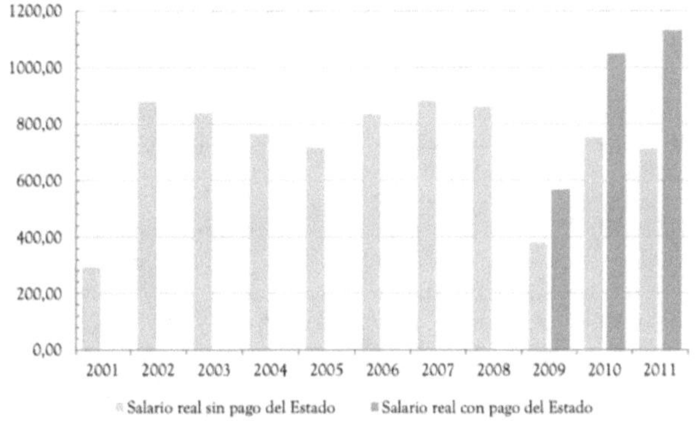

Gráfico 15. Salario real de los cartoneros que recolectan en la Ciudad de Buenos Aires, con recorridos a pie con y sin incentivos: 2001-2011 (estimación en base a ingreso declarado, deflactado a pesos de 2008).

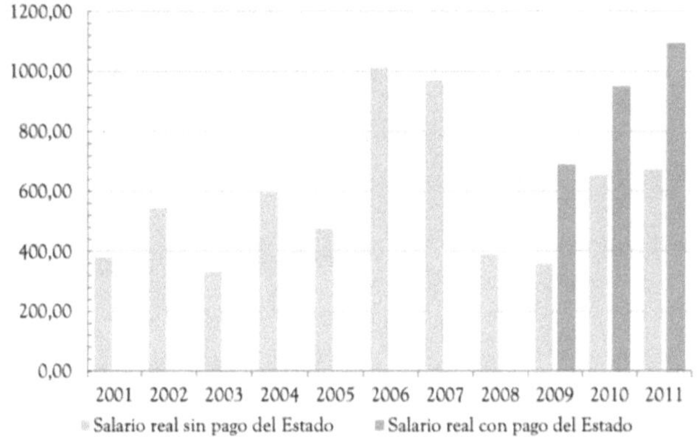

Fuente de gráficos 14 y 15: elaboración propia en base a precios de reciclado relevados en diarios *La Nación*, *Clarín*, *Página/12* y *Perfil* (años 2001 a 2011), estudios de caso propios y resoluciones del Ministerio de Ambiente y Espacio Público del GCABA mencionadas en gráfico anterior. Salario deflactado en base a IPC San Luis, a pesos de 2008.

Si observamos el salario real según la estimación por precios y el declarado por los cartoneros, se observa una tendencia semejante a la evolución del precio del material reciclable. No obstante, el ingreso declarado muestra mayores oscilaciones sobre todo el período previo al año 2007. Incluso, se expresa una diferencia en los montos percibido más desfavorable. Es decir, la suma de dinero percibida por los cartoneros y mencionada por ellos sería menor que el estimado según el precio y una cantidad estándar de productos recogidos.[42] En ambas estimaciones, el salario real sin el pago del Estado muestra un estancamiento o descenso con posterioridad al año 2007.

Hasta el año 2009, el salario cartonero dependía en un 100% de la industria. A partir de la política de reciclado implementada por el Estado porteño y el pago de un "incentivo" mensual, el salario cartonero se compone de la siguiente manera. Según la estimación por la evolución del precio del reciclado, la industria paga un 67% del salario cartonero y el Estado un 33%, en promedio entre los años 2009 y 2011. Según la estimación por el salario declarado de los recuperadores, la industria paga un 61% y el Estado, un 39%, en promedio en el período 2009-2011. Los gráficos de la siguiente página muestran la composición porcentual del salario cartoneros según las fuentes del pago.

De este modo, el Estado garantiza a partir de la retribución salarial a los cartoneros una disminución en el entierro de basura destinada al relleno del CEAMSE. Obviamente, el presupuesto destinado a los cartoneros también actúa como una forma de subsidiar a la industria que se beneficia con los insumos recogidos por los recuperadores. Probablemente, muchos cartoneros abandonarían la actividad si no existiera el complemento.

[42]En algunos meses para los cuales poseemos datos sobre el ingreso "declarado" y el estimado por precios aparece una diferencia que oscila entre un 35% hasta el caso más extremo de un 60% en detrimento del primer caso. Esto se observa en el mes de diciembre de 2002, abril y diciembre de 2003, diciembre de 2004, abril, agosto y diciembre de 2005. Entre los años 2006 a 2011 el ingreso tiende a aproximarse en las dos estimaciones.

Gráfico 16. Composición porcentual del salario cartonero real estimado en base a evolución de precios del reciclado, según origen del pago: 2009-2011 (deflactado en pesos de 2008).

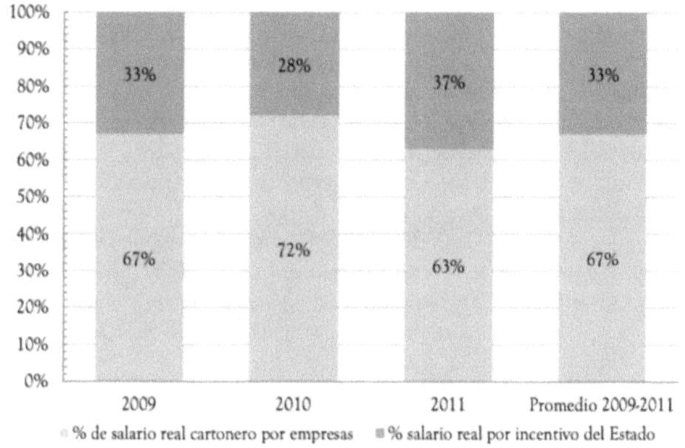

Gráfico 17. Composición porcentual del salario cartonero real estimado en base a ingreso declarado, según origen del pago: 2009-2011 (deflactado a pesos de 2008).

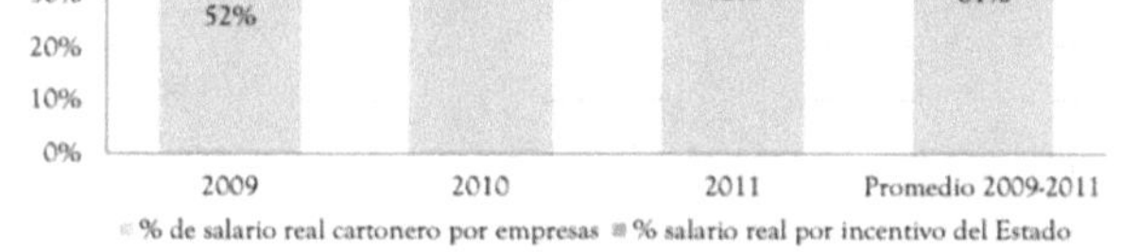

Fuentes de gráficos 16 y 17: elaboración propia del gráfico en base a precios de reciclado relevados en diarios *La Nación*, *Clarín*, *Página/12* y *Perfil* (años 2009 a 2011), estudios de caso propios y resoluciones del Ministerio de Ambiente y Espacio Público del GCABA mencionadas en gráfico anterior. Salario deflactado en base a IPC San Luis, a pesos de 2008.

Comparación del salario cartonero con el del empleo registrado y no registrado

La evolución del poder adquisitivo real de los cartoneros tiende a distanciarse del promedio del salario real de los trabajadores registrados de la economía. Solo en el año 2002, momento en el cual el precio de los productos reciclables se incrementa sustantivamente, la estimación del ingreso por precios muestra un poder adquisitivo mayor respecto del salario real de los trabajadores registrados. Comparado con el salario de los trabajadores no registrados, el salario cartonero se encuentra por encima de la remuneración de aquellos sobre todo durante los años 2002 y 2003. Probablemente por ello, esos años hayan sido los momentos de mayor incremento de la actividad cartonera. Con posterioridad al 2004, el poder adquisitivo cartonero disminuye y se coloca por debajo del salario de los trabajadores en negro.

No obstante, desde el momento en el cual el Estado comienza a pagar un porcentaje del salario cartonero, este tiende a aproximarse al salario de los trabajadores no registrados. Los gráficos que siguen muestran la evolución del salario real de los cartoneros compuesto por lo que pagan la industria y el Estado y el aumento de la brecha existente del salario de los cartoneros que no perciben un sueldo por parte del gobierno, comparados con los salarios de los trabajadores registrados y no registrados:

Gráfico 18. Evolución del salario real cartonero (estimado por precios de reciclado) comparado con el de los trabajadores registrados y no registrados: 2001-2011 (a pesos de 2008).

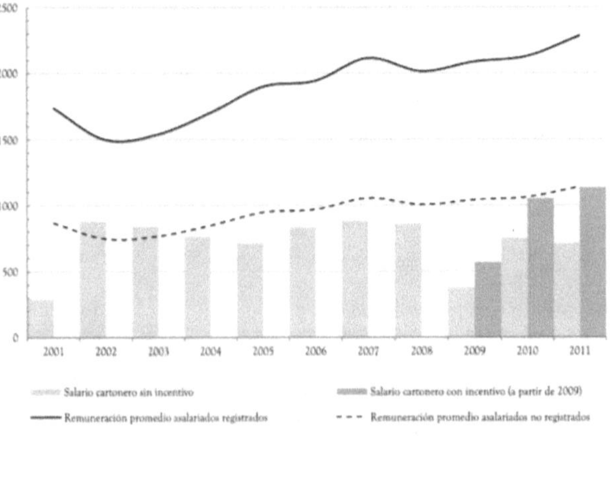

Gráfico 19. Evolución del salario real cartonero (declarado) comparado con el de los trabajadores registrados y no registrados: 2001-2011 (a pesos de 2008).

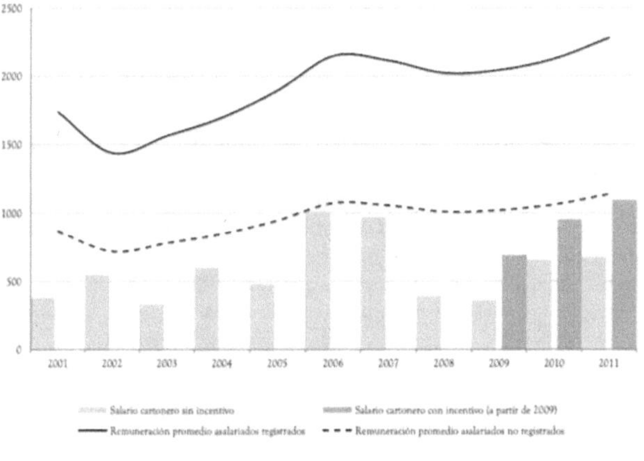

Fuentes gráficos 18 y 19: elaboración propia del gráfico en base a periódicos *La Nación*, *Clarín*, *Página/12* y *Perfil* (años 2001 a 2011), estudios de caso propios y Ministerios de Economía y Trabajo. Salario deflactado con IPC San Luis (a pesos de 2008).

Como ya hemos mencionado en el acápite sobre las condiciones laborales, el ingreso de personas al cartoneo se debe tanto a la desocupación como al cambio de empleo, o bien, a la inserción a la actividad como complementos de otras ocupaciones donde predomina la precariedad. No es casual que el mayor porcentaje de los recuperadores inscriptos en el registro haya ingresado al cartoneo en el período 1998-2001 y, sobre todo, con posterioridad al momento de la devaluación de la moneda y el crecimiento del precio de los productos reciclables.[43] Con posterioridad al año 2007, el precio del reciclado tiende a disminuir hasta el período 2008-2009. Luego se recompone, aunque no

[43]En el capítulo III mencionamos que del total de cartoneros registrados durante el año 2003, el 69% había ingresado en la actividad a partir del momento de la devaluación de la moneda y el incremento del precio de los productos reciclados. Dirección General de Estadística y Censos: "Registro de Recuperadores Urbanos", Programa de Recuperadores Urbanos, Subsecretaría de Medio Ambiente, Gobierno de la Ciudad Autónoma de Buenos Aires, 2003.

alcanza a los niveles de los años previos.[44] Por su parte, el pago del salario cartonero efectuado por el Estado tiende a recomponer la capacidad adquisitiva de los recuperadores, aunque solo beneficia a un porcentaje menor a la mitad del conjunto de los cartoneros registrados.

Los ingresos según la modalidad de cartoneo

El salario cartonero depende de la cantidad de productos recogidos. Por ello, los recuperadores que mayores ingresos obtienen son quienes cartonean en las zonas más rentables, como por ejemplo los puestos fijos en Once y Microcentro. A partir de nuestro relevamiento de datos por encuestas y entrevistas, hemos construido un cuadro que permite observar la variedad de ingresos obtenidos según la forma de cartoneo. Durante el 2009, año de disminución del precio de los productos reciclables, los cartoneros con puestos fijos en la zona de Once eran quienes más ingresos obtenían, seguidos por los recuperadores del Movimiento de Trabajadores Excluidos con recorridos a pie. Tanto las cooperativas que gestionan centros de reciclado como los recuperadores de los asentamientos obtenían un ingreso significativamente menor respecto de los cartoneros con puestos fijos. El siguiente cuadro muestra el ingreso diario y mensual nominal de cada modalidad por la venta a destajo:

[44]En períodos de disminución del precio del reciclado, como fue entre los años 2008 y 2009, el cartoneo puede haber mermado. No disponemos de información cuantitativa para poder medir el peso real del descenso en la actividad. La información suministrada por el Registro Único de Recuperadores no permite contabilizar la cantidad real de cartoneros sino aquellos que se encuentran empadronados. A partir de una entrevista a un miembro del MTE, Juan Martín Carpenco, el dirigente señaló que entre fines de 2008 y principios de 2009 muchos cartoneros de esa organización habían dejado de cartonear momentáneamente y se habían dedicado a la realización de changas, debido a la disminución del precio del cartón. Entrevista a Juan Martín Carpenco, dirigente del MTE, realizada el 24/02/2009.

Cuadro 25. Ingreso cartonero por venta de productos según día y mes, por modalidad de cartoneo (nominal y real a pesos de 2008): Ciudad de Buenos Aires.

Modalidad de cartoneo	Salario diario (nominal)	Salario mensual (nominal)	Salario mensual (real)
Recorrido a pie - asentamientos (abril/mayo de 2009)	13,33	402,00	358,42
Recorrido a pie - MTE (febrero 2009)	36,00	720,00	671,82
Recorrido a pie - ex trenes blancos (septiembre 2011)	62,40	1.282,50	681,25
Puestos fijos en Once (octubre de 2009)	69,32	1.497,64	1.245,38
Puestos fijos en Microcentro (octubre 2010)	48,00	1.078,00	700,58
Centros de reciclado en CABA (febrero de 2009)	26,10	686,00	640,09

Fuente: elaboración propia en base a 125 encuestas y 30 entrevistas. El salario mensual fue deflactado en base al Índice de Precios al Consumidor correspondiente a la provincia de San Luis, a pesos de 2008.

La estimación correspondiente a los cartoneros del MTE es en apariencia menor que la de los cartoneros de los ex trenes blancos, pero debe recordarse que es de 2009, afectado por la baja de precios del papel reciclado. Cuando se lo compara con los salarios generales vigentes en el período, se muestra que la situación es exactamente al revés, como puede verse en el cuadro siguiente.

En efecto, hemos construido un cuadro que nos permite analizar cuál es el porcentaje de cobertura del salario cartonero respecto de otros niveles de ingreso estimados por el INDEC y los Ministerios de Economía y de Trabajo, de acuerdo al momento de nuestro relevamiento. Al establecer esta comparación, observamos que los recuperadores más beneficiados son aquellos con puestos fijos en la zona de Once. Su ingreso cubre y sobrepasa el salario mínimo, vital y móvil (4%), las canastas básicas alimentaria (223%) y total (43%) y el promedio del salario de los trabajadores no registrados de la economía (19%). Con la excepción de los cartoneros de asentamientos, el porcentaje de cobertura del ingreso obtenido en el resto de las modalidades de recolección supera el nivel de la canasta básica alimentaria. Esto implica, según las mediciones del INDEC, que estos grupos de recuperadores se encuentran por encima del nivel de indigencia. En cambio, en solo dos modalidades los cartoneros superan el nivel de pobreza: los cartoneros con puestos fijos en Once y los que gestionan las plantas de reciclado en el CEAMSE. Si tomamos como referencia el salario mínimo, vital y móvil y el promedio del salario de los obreros no registrados, otra vez, los únicos en sobrepasar esos indicadores son los cartoneros con puestos fijos en Once. En ningún caso el trabajo cartonero logra superar el promedio salarial de los trabajadores registrados de la economía. El porcentaje de cobertura oscila entre un 17% y un 33%, con la excepción de los cartoneros de Once (59%). En el siguiente cuadro mostramos los porcentajes de cobertura respecto de los indicadores oficiales según cada forma de cartoneo:

Cuadro 26. Porcentaje de cobertura de salario mensual cartonero por modalidad según SMVyM, CBA, CBT, salario de trabajadores registrados y no registrados: Ciudad de Buenos Aires.

Modalidad de cartoneo	% sobre SMVM	% sobre CBA	% sobre CBT	% sobre salario no registrado	% sobre salario registrado
Recorrido a pie - asentamientos (abril/mayo de 2009)	32%	90%	40%	35%	17%
Recorrido a pie - MTE (febrero 2009)	58%	163%	73%	65%	32%
Recorrido a pie - ex trenes blancos (septiembre 2011)	56%	208%	94%	60%	30%
Puestos fijos en Once (octubre de 2009)	104%	323%	143%	119%	59%
Puestos fijos en Microcentro (octubre 2010)	62%	189%	88%	66%	33%
Centros de reciclado en CABA (febrero de 2009)	55%	155%	69%	62%	31%
Centros de reciclado CEAMSE (agosto 2012)	70%	229%	103%	60%	30%

Fuente: elaboración propia del cuadro en base a 125 encuestas, 30 entrevistas y Ministerios de Trabajo y Economía.

La primera aproximación que brota de estos datos es la diferencia de los ingresos según las formas de cartoneo. Los cartoneros que laboran en los puestos fijos en la zona de Once obtienen mayores ingresos comparado con las demás modalidades. Incluso, el salario obtenido supera al que obtiene un trabajador promedio no registrado. En cambio, los cartoneros con recorridos a pie, que es la modalidad predominante, obtienen ingresos mensuales que en ningún caso superan el salario de los trabajadores no registrados y, mucho menos, los registrados.

El destajo y la situación contractual de los cartoneros

Predominantemente, los cartoneros reciben un pago a destajo por la venta de los productos recolectados. Esta forma de pago establece los ritmos, tiempos y horas de trabajo, así como también, una intensificación laboral, que no están impuestas directamente por los compradores del producto recogido, pero sí indirectamente a través de la forma de pago establecida. Concretamente, los recuperadores reciben una suma determinada de dinero por la cantidad de material entregado, medido en kilos. Cuantos más kilos de cartón, papel, plástico o vidrio se entregan, mayor es el ingreso obtenido. Por este motivo, los recuperadores, como cualquier otra fracción de la clase obrera que cobra por destajo, tienden a aumentar la cantidad de horas trabajadas, laborar más rápido y con mayor eficiencia, sobre todo a partir de la división de tareas. Esta última puede darse en la propia unidad familiar, o bien, entre recuperadores. Ahora bien, como explica Marx, dado que el salario a destajo no es otra cosa que una forma transmutada del salario por tiempo, en el largo plazo esta mayor productividad redunda en una disminución del tiempo socialmente necesario para la producción del bien en cuestión (en este caso, la recolección y clasificación de material reciclable). Consecuentemente, el salario a destajo conduce, por la vía de la auto-intensificación, a una disminución del valor del producto que lleva a que el precio abonado por unidad sea menor.[45]

Los recuperadores no se encuentran bajo ninguna relación contractual con las empresas papeleras que se benefician con su trabajo. Tampoco trasladan el producto recogido por su labor directamente a las fábricas. Entre ambos se encuentran los intermediarios dedicados a la compra-venta de insumos. Se trata de los galpones acopiadores y los camiones que recorren las zonas de cartoneo. Estos acopiadores se apropian de una parte de ese pago, siendo los cartoneros quienes reciben la menor porción. En esa relación, los recuperadores venden su fuerza de trabajo y a cambio reciben un salario a destajo para reproducir su vida.

Así como las empresas se vinculan con los intermediarios, estos también establecen acuerdos no formales, pero sí de hecho con los cartoneros. En aquellas zonas céntricas donde predomina el cartoneo en una cuadra asignada, como en Once o Microcentro, la relación de dependencia entre recolectores e intermediarios se observa más claramente. Estos últimos proveen los bolsones, carros y lienzos para que los

---

[45]Marx, Karl: *El Capital...*, op. cit., p. 676.

cartoneros acopien y trasladen el material. Estas herramientas son de propiedad de los camioneros. A través de este préstamo, el intermediario se garantiza la exclusividad de la venta por parte de los cartoneros. Los transportes más chicos están en relación con entre 5 y 8 cartoneros, mientras que uno grande puede llegar a tener entre 30 y 50 recolectores a su disposición. El vínculo con ellos también aparece como uno de los elementos que facilita la obtención de una zona (sea un puesto fijo o un recorrido).[46]

Aunque no es predominante, también existe la modalidad según la cual el cartonero no vende por kilo recolectado o por bolsón, esto es, a destajo, sino por un sueldo por tiempo que paga el intermediario. El pago por bolsón es una forma semejante al destajo. El intermediario conoce la capacidad de carga de cada bolsón. Eventualmente, se puede ahorrar un monto de dinero si compacta el material antes de efectuar el pago. Por su parte, el cartoneo por un sueldo diario fijo constituye un beneficio más evidente para los intermediarios. En el relevamiento efectuado en la zona de Microcentro durante el año 2010 encontramos dos cartoneros que recolectan por sueldo, de un total de 65 encuestas realizadas. Uno de los recuperadores percibía un monto de 300 pesos diarios. Era quien obtenía el mayor ingreso respecto del conjunto de los cartoneros relevados con puesto fijo en la zona de Microcentro. Al mismo tiempo, era el que más recogía por encontrarse en una zona cercana a un supermercado. El cartonero juntaba 450 kilos de cartón y 20 kg de botellas de vidrio diariamente. Por esa cantidad debiera obtener un ingreso de 357,50 pesos por día de trabajo. Es decir, el intermediario se ahorraba 57,50 pesos diarios y 1.150 pesos mensuales a razón de 20 días laborables. Esto podría estar mostrando que, cuando la cantidad de kilos recolectados sobrepasa considerablemente el promedio general, el pago por tiempo o por jornal se transforma en la mejor opción para los intermediarios. El segundo caso relevado corresponde a un recuperador que percibía 50 pesos diarios, o sea, 25 pesos menos respecto del promedio general de ingresos por día en la zona de Microcentro. De este modo, el intermediario se ahorraba 500 pesos mensuales.

Otra de las modalidades donde prevalece el pago por jornal es aquella denominada camión-empresa. Se trata de transportes que llevan

---

[46]A partir de la asignación de zonas de cartoneo a las cooperativas por parte del gobierno porteño, los camiones intermediarios tendieron a ser expulsados de esos ámbitos. Con posterioridad al año 2010 y 2011, las cooperativas transportan el producto recolectado directamente a los camiones otorgados por el gobierno y han mermado las ventas a los intermediarios, tanto en Microcentro como en Once. Los miembros de las cooperativas, por su parte, venden a otros galponeros o directamente a las empresas papeleras, una vez que estas retiran los productos en los centros de reciclado.

cartoneros para recoger productos a cambio de un sueldo fijo diario. Una encuesta realizada en 2004 por el Programa de Recuperadores Urbanos, dependiente del gobierno de la Ciudad de Buenos Aires, muestra que de 31 camiones relevados en diferentes zonas de la ciudad 2 pagaban un jornal fijo a 3 y 5 cartoneros respectivamente.[47] Por su parte, los depósitos acopiadores también llevan a cabo esta modalidad otorgándoles a los cartoneros un sueldo fijo. Otro informe del Programa de Recuperadores Urbanos señala que de una encuesta realizada a 35 galpones ubicados en la ciudad porteña, 6 de ellos retiraban productos directamente de los grandes generadores, ya sea de supermercados, zonas comerciales o de la puerta de edificios.[48] En este último caso se trata de un camión conducido por un chofer que traslada a dos operarios. Estos últimos se colocan en la parte trasera del transporte, recogen los productos y los ubican en la caja del vehículo.

La relación entre cartoneros y galponeros asume diferentes formas desde las décadas previas. Como hemos mencionado en el capítulo II, durante los años 1989 en Quilmes y 1992 en La Plata, los acopiadores brindaban un servicio de alquiler de carros a cambio de la exclusividad de la venta. Por su parte, en la zona sur de la ciudad de Buenos Aires existían galpones que alquilaban carros con caballos a los cirujas de esos barrios, durante los últimos años de la década de 1990. En los últimos años, este vínculo parece haberse mostrado con mayor evidencia durante los meses inmediatamente posteriores a la devaluación del 2002.[49] Según Juan Grabois, miembro y creador del Movimiento de Trabajadores Excluidos (MTE), el régimen entre los galpones y los recuperadores mostraba un mayor grado de subordinación:

"Con la devaluación, la importación de esos insumos se redujo drásticamente y apareció la necesidad de conseguir insumos de manera local. Entonces aquí está el tema de qué fue primero, si el huevo o la gallina, si

---

[47]Programa de Recuperadores Urbanos: "Informe sobre las encuestas realizadas a los responsables de camiones", Dirección General de Políticas de Reciclado Urbano, Ciudad Autónoma de Buenos Aires, 2004.

[48]Programa de Recuperadores Urbanos: "Informe sobre las encuestas a los depósitos que comercializan en la CABA", Dirección General de Políticas de Reciclado Urbano, Gobierno de la Ciudad de Buenos Aires, 2004.

[49]En otros países, el vínculo que se establece entre empresas e intermediarios y entre estos y los cartoneros son semejantes. Por ejemplo, para el caso brasileño se ha señalado que los intermediarios "permiten" a los cartoneros dormir en sus depósitos a cambio de recolectar exclusivamente para ellos, aunque a un precio menor que otros galpones. AAVV: "Importância ambiental do trabalho dos catadores de materiais recicláveis em goiânia goiás Brasil", Organización Panamericana de la Salud, Brasil, 2006. Disponible en www.bvsde.paho.org/bvsaidis/uruguay30/BR05415_Rabelo.pdf. Estudio efectuado en base a 50 encuestas a cartoneros.

fue la necesidad lo que movió a la gente a recolectar o si fue una red preexistente que armaron las empresas de galpones clandestinos la que mandó a la gente a hacer esa tarea. Cuando yo me incorporo a militar en este sector [2002], el régimen laboral era distinto, prácticamente esclavista. En el régimen laboral de la primera etapa el cartonero era esclavo del galpón. Es el galponero el que organizaba la salida del cartonero del conurbano hacia las calles de la ciudad a buscar el cartón. A estos 'nuevos' cartoneros post devaluación el dueño del galpón les pagaba un jornal, le daba el carro, le imponía jornadas extenuantes y los sometía a un régimen servil".[50]

Esta relación, caracterizada por Grabois como de "servidumbre" y "esclavista", constituye en realidad un vínculo salarial. Es decir, el intermediario paga un jornal o sueldo fijo como contraprestación del trabajo realizado por los cartoneros. Trabajo que es ejecutado por propia voluntad de los cartoneros y determinado por la necesidad de reproducir su vida material. Por otra parte, ya hemos visto que aún se mantiene, aunque no de manera predominante, el pago por sueldo en aquellos casos donde el material recolectado por un cartonero sobrepasa el promedio general de los productos recogidos por un grupo determinado de recuperadores. La devaluación de mediados del año 2002 creó una situación particular para los cartoneros: el precio de los productos reciclables se incrementó en un porcentaje elevado. En un momento de fuerte crecimiento del precio del reciclado, el pago por pieza podría haber resultado una suma monetaria mayor respecto de un sueldo por tiempo o por jornal. Probablemente, ese aumento de los precios haya influido en la modificación del tipo de pago efectuado por los intermediarios en su búsqueda por obtener un mayor beneficio.

No obstante, el cambio del tipo de salario no modifica la relación de subordinación de los cartoneros respecto de los intermediarios y las empresas. En el extracto de la entrevista al dirigente del MTE subyace una defensa del cooperativismo como una instancia de superación del régimen laboral entre cartoneros y galponeros. Aunque las cooperativas puedan trascender la venta directa a los intermediarios, los cartoneros asociados mantienen su condición de trabajadores y perceptores de un salario a destajo como contraprestación laboral por la venta del reciclado. La mayoría de las cooperativas siguen vinculándose con grandes acopiadores a quienes proveen los productos reciclables.

---

[50]Secretaría de Ambiente y Desarrollo Sustentable de la Nación: "Inclusión de recuperadores urbanos en el sistema de gestión de residuos en CABA. La experiencia del Movimiento de Trabajadores Excluidos. Entrevista a Juan Grabois". Disponible en http://www.ambiente.gob.ar/archivos/web/ObservaRSU/file/Inclusi%C3%B3n%20de%20los%20recuperadores%20urbanos.pdf.

Los centros de reciclado gestionados por cooperativas también establecen un vínculo con los intermediarios y las empresas en la medida en que son proveedores de materia prima. En su relación con la industria papelera, a ellas les rige, al igual que los cartoneros con recorridos a pie, el pago a destajo. Si bien procesan una variedad de productos reciclables, la tarea allí realizada en la clasificación de papeles es semejante a lo que sucede en las recorteras. La rama de los recorteros de papel, según menciona el convenio colectivo, "comprende a todos los establecimientos que se dedican al acopio de recortes en desuso, papeles y cartones usados y descarte de pasta celulósica para su reelaboración en el ciclo de fabricación".[51] Los operarios de estos galpones clasifican y enfardan el papel reciclado proveniente de la recolección de cartoneros (los más chicos) y la compra a otros intermediarios (aquellos con mayor estructura).

La mayoría de las empresas productoras de papel dispone de una recortera que, a su vez, compra material reciclado a intermediarios y otros establecimientos no directamente vinculados con las fábricas. Por ejemplo, la empresa COREPA es el galpón recortero de la fábrica de papel Papelera del Plata. En una entrevista, el gerente de COREPA menciona las razones por las cuales se clasifica el papel reciclado para su posterior uso en el proceso de producción:

"Lo que es enfardado, dependiendo de quién sea el recortero y ya con un nivel de confianza y de controles, por decirlo de alguna manera, ese papel puede ir directamente a la planta productiva, que está en Zárate. Todo lo que nosotros recibimos es papel de distintas calidades. Lo agrupamos por las fibras que tiene o por la blancura del papel. El diario va junto, la revista va junta, el papel con mucha impresión va junto, el papel con menos impresión va junto, el papel totalmente blanco va junto. Esas son calidades que nosotros tenemos en cuenta para nuestro proceso productivo. De acuerdo a esas características, cada papel tiene un proceso diferente ya sea para destintarlo o no, y que quede la pasta virgen. Entonces, si nosotros

---

[51]Convenio Colectivo de Trabajo para la rama recorteros de papel celebrado por la Federación de Obreros y Empleados de la Industria del Papel, Cartón y Químicos con las empresas Recortera Argentina S.A., Recufibra S.A. y Materpel S.A., n° 499/2007; Colectivo de Trabajo para la rama recorteros de papel celebrado por la Federación de Obreros y Empleados de la Industria del Papel, Cartón y Químicos con las empresas Materpel S.A., La Papelera del Plata S.A. (división COREPA), Refinpel S.A., Celulosa del Sur S.R.L. y Reciclados Arroyito S.R.L., Expte. n° 1.309.974/2009; Colectivo de Trabajo para la rama recorteros de papel celebrado por la Federación de Obreros y Empleados de la Industria del Papel, Cartón y Químicos con las empresas Materpel S.A., La Papelera del Plata S.A. (división COREPA), Recufibra S.A. y Celulosa del Sur S.R.L., Expte. n° 1.445.385/2011. Todos disponibles en www.papeleros.org.ar.

usamos un papel sin tinta no se requiere el destintado, entonces puede ir directo a flotación para sacar la carga mineral. Ahora si tenemos diarios o revistas necesitamos destintarlo. Esto requiere mucho químico, mucho proceso, diferentes pasos para poder sacarle la tinta en la mayor cantidad posible. Y lo otro que hay que tener en cuenta es el origen de la fibra. Puede ser una fibra química, celulósica o puede ser una fibra mecánica, como por ejemplo el diario. Tiene distintas connotaciones y calidades. Por ejemplo, de la fibra mecánica en el papel de diario solo obtenés blancura. De la fibra química obtenés blancura y suavidad".[52]

En el extracto de la entrevista se observa la importancia del proceso de clasificación específica, sobre todo para la materia prima que ingresa "contaminada" con tinturas. Según la calidad y el color del papel que se produzca, los procesos de destintado serán más utilizados. Por ejemplo, para la fabricación de papel *tissue* o de impresión, dicho proceso es inevitable. En cambio, en la elaboración de papel corrugado, utilizado para producir las cajas, el insumo reciclado no requiere mayor limpieza. Ya hemos visto en el capítulo II que la reconversión de la industria papelera en los primeros años de la década de 1990 incorporó maquinaria y tecnología vinculada con los procesos de destintado de papel reciclado.

Cuando la cantidad de material para procesar es elevado, las recorteras contratan a empresas quienes, a su vez, subcontratan mano de obra. Esta última no es más que personal tercerizado de esos establecimientos.[53] El gerente de COREPA señala en qué momento y para qué contrata a estos operarios:

"COREPA tiene aproximadamente 50 personas, lo que es Wilde, Córdoba y Rosario. Son 50 personas directas, entre administrativos y empleados de los depósitos y después tenemos otras 50 personas indirectas, que son personal de una empresa que nos da un servicio de clasificación. Así que en total son unas 100 personas. (...) [La empresa proveedora de esa mano de obra] se llama Provocoop. Es una empresa que te ofrece personal para tareas de servicio, o sea, te puede servir como a nosotros para clasificar, como en otra parte para tareas de reposición. Es mano de obra que está disponible para hacer diversas tareas. Lo que pasa es que nosotros tenemos algunas tareas que son permanentes en el tiempo y tareas que son de acuerdo a la cantidad de trabajo que tenemos o de acuerdo a cómo se mueva el

---

[52]Entrevista del autor a Ignacio Cobas, gerente de COREPA, la planta recicladora de Papelera del Plata, y a Roberto Ostrolencki, ex obrero de la planta entre los años 1959 y 2002, realizada el 17/06/2009.

[53]Desconocemos bajo qué condiciones laborales trabaja el personal tercerizado contratado.

mercado. Esta empresa contratada nos brinda un servicio de transformación del material cuando no viene ya clasificado. Por ejemplo, yo compro una bobina de papel y la tengo que cortar y enfardar para llevarla a Zárate [donde se ubica la planta productora de papel]. Si compro un archivo a un Banco hay que separar la caja, separar las carpetas, abrir las carpetas, hay papel amarillo y papel blanco que hay que separar. Entonces, todo ese trabajo de clasificación lo hacemos con esta gente. Si tenemos mucho material tenemos más gente, si tenemos poco material tenemos menos gente. Hay también triturado, porque nosotros compramos material que tiene que destruirse, porque la empresa exige destrucción. Nosotros tenemos que presentar certificados de destrucción. Para eso se requiere gente. Entonces, esa flexibilidad de los trabajos y de lo que estamos haciendo lo hacemos a partir de nuestro vínculo con esta empresa de servicios".[54]

El entrevistado indica los momentos en los cuales se emplea a personal de la empresa contratista y cómo los trabajadores tercerizados aportan su fuerza de trabajo para realizar tareas de clasificación.

Aunque disponen de una mayor cantidad y variedad de máquinas, las recorteras poseen, al igual que los centros de reciclado gestionados por cooperativas cartoneras, enfardadoras, auto-elevadores y cintas transportadoras de clasificación. Esta maquinaria es operada por un personal específico tanto en las recorteras como en las plantas de clasificación de las asociaciones de recuperadores tal como mencionamos en el análisis sobre el proceso de trabajo. Ahora bien, ¿qué es lo que distingue a una recortera dependiente de una empresa papelera respecto de un centro de reciclado gestionado por cartoneros si ambos establecimientos realizan la misma labor y, salvo excepciones, poseen la misma maquinaria? La respuesta radica en que los operarios de las primeras se encuentran amparados por el gremio de los trabajadores papeleros y poseen un convenio colectivo. Es decir, se emplean bajo relación de dependencia de las empresas. Este vínculo se formaliza por medio de un contrato. Los operarios de los centros de reciclado, por la misma tarea, no establecen un vínculo formal con las papeleras, pero sí de hecho en la medida en que proveen la materia prima. La misma figura jurídica, la cooperativa, impide a sus miembros establecer vínculos contractuales tanto con las papeleras como con el Estado. Como veremos, esta presencia de la cooperativa se constituye en un ancla de la condición de población sobrante, más que un medio de salida de dicha condición.

Las relaciones entre recorteras y cooperativas distan de ser lineales. Las recorteras pueden establecer vínculos con las cooperativas que gestionan los centros de reciclado, a quienes les compran productos.

[54]Entrevista a Ignacio Cobas, op. cit.

Como hemos mencionado en el capítulo III, la recortera RECICOR comercializa insumos reciclables con varias cooperativas cartoneras. Incluso, ha creado una relación de subordinación con algunas de ellas: en el momento de conformación de algunas cooperativas cartoneras, la empresa recortera les entregó enfardadoras, o bien, les ayudó económicamente en la compra de esa maquinaria. A cambio, la empresa exige la venta exclusiva de los productos clasificados y enfardados.

Esta subordinación de la cooperativa a la recortera no es el único proceso posible. En realidad, las cooperativas, dados sus menores costos por operar en condiciones propias de población sobrante, constituyen una competencia "desleal" para las recorteras e, indirectamente, atacan los niveles salariales percibidos por los obreros de estas últimas. Desde la perspectiva del encargado de RECICOR, la rentabilidad del sector habría disminuido desde el año 2001 hasta el 2013, debido al elevado costo laboral y de combustible.[55] Por esta razón, los establecimientos recorteros tendrían dificultades en la competencia con las cooperativas quienes, según los términos del entrevistado, eran subsidiadas por el Estado porteño. Como menciona el encargado de la recortera en la entrevista ya citada, el precio del rezago de cartón es bajo, lo que provocó una baja consecuente de la rentabilidad de las empresas. Mientras el dólar está, a su juicio, muy atrasado, los salarios suben, igual que el combustible, cuestionando la continuidad del sector. Esa es razón por la que el entrevistado sostiene que es imposible, para los recorteros competir con las cooperativas de recuperadores, con sus bajos costos laborales y los subsidios del Estado.[56]

Los miembros de las cooperativas que gestionan los centros de reciclado han mejorado ciertos aspectos de sus condiciones laborales. Sin embargo, esta mejora no se debe a su relación con las papeleras sino a la política de subsidios implementada por el Estado porteño a partir del año 2008. La industria papelera solo garantiza un pago por la cantidad de kilogramos de material vendido directamente por los centros de reciclado gestionados por cooperativas cartoneras o a través de intermediarios. En cambio, las recorteras pagan a sus operarios un salario por tiempo. También entregan ropa de trabajo (botas antideslizantes, calzado de seguridad y vestimenta) y brindan un servicio de guardería o sala maternal. Si el establecimiento no dispone de esta última, el empleador se encarga de los gastos por la contratación del servicio de una guardería privada. Otros aspectos de las condiciones laborales que solo favorecen a los trabajadores de las recorteras son

[55]Cabe recordar, como hemos mencionado en el capítulo III, que la empresa RECICOR comercializa mil toneladas de cartón reciclado por mes. Se trata de un establecimiento con un importante volumen de material comercializado.

[56]Entrevista a Alejandro, op.cit.

los pagos por aguinaldo, vacaciones, jubilación, días feriados, días de licencia (por fallecimiento de familiar, nacimiento de un hijo, matrimonio o por rendir un examen). Además, se adiciona un monto por antigüedad, trabajo nocturno, productividad, título técnico y subsidios por casamiento, nacimiento, salario familiar y viudez. Tanto el salario como los adicionales y subsidios como suma fija se renegocian cada 12 meses "salvo perturbaciones económicas que ameriten reabrir las negociaciones salariales".[57]

Una de las pocas semejanzas en las condiciones laborales que rigen en las recorteras y las plantas de clasificación de las cooperativas es la jornada de trabajo. El convenio de las primeras permite una duración máxima de 8 horas diarias y 48 semanales de lunes a viernes, o bien, 9 horas diarias y 45 semanales de lunes a viernes (siendo el promedio de horas trabajadas semanalmente en los centros de reciclado de 48). No obstante, las horas extras se pagan en las recorteras con un recargo del 100% cuando se trabaja los días sábados después de las 13 horas o los domingos, algo que no rige en centros gestionados por cooperativas. Por ejemplo, los operarios de las plantas ubicadas en la ciudad porteña trabajan, en promedio, 52 horas semanales. Ello no les implica un incremento salarial.

La comparación del proceso de trabajo y condiciones laborales entre los centros de reciclado y las recorteras muestra que ambos son proveedores de materia prima para la industria papelera. Su personal operario es explotado en ambos casos. La diferencia radica en el uso de la fuerza de trabajo: en el primer caso no existe una relación contractual, aspecto que redunda en un empeoramiento de las condiciones laborales; mientras que, en el segundo caso, la existencia de un convenio colectivo sugiere una menor precariedad laboral.

En relación a su otro empleador, el Estado, los cartoneros asociados en cooperativas han obtenido un salario mensual y un conjunto de subsidios para reacondicionar camiones, obtener vestimenta, elementos de trabajo y una cobertura social y médica. Es decir, aquello que no garantiza la industria papelera es parcialmente implementado por el Estado. Si bien no se trata de un convenio colectivo como los firmados por los trabajadores registrados a través de sus gremios, constituye de todos modos un contrato según el cual los cartoneros se comprometen a recolectar los productos reciclables a cambio de un salario. A su vez, deben tener una asistencia mínima de tres veces por semana a su zona de cartoneo asignada por el Estado porteño, presentismo que es controlado por el personal gubernamental. En caso de no garantizar la totalidad de los días laborales exigidos, el Estado les descuenta un porcentaje de los incentivos. El MTE, por ejemplo, tiene a su cargo un

---

[57] *Convenio Colectivo de Trabajo para la rama recorteros de papel*..., 2009, op. cit.

total de 26 rutas o zonas de cartoneo. En cada una de ellas se presenta diariamente una persona dependiente del gobierno porteño quien toma lista de asistencia a los cartoneros, una vez que estos llegan hasta su zona de recolección.

Conclusiones

Como hemos visto, el cartoneo constituye un trabajo por el cual se produce una mercancía: el insumo reciclado. El proceso de trabajo en la recolección, clasificación y transporte de productos es una tarea predominantemente manual en la cual solo algunas etapas se encuentran mecanizadas. La recolección de los productos se efectúa en la calle. Algunas familias cartoneras efectúan una división de tareas determinada por el género y la edad: mientras que los hombres recolectan productos, las mujeres y los niños se encargan de su clasificación. Esta última se realiza en la calle, en la vivienda o en ambas. Por su parte, en los centros de reciclado la presencia de una cinta transportadora ha permitido mecanizar el traslado de los productos para su selección. A su vez, la existencia de una máquina enfardadora permite vender el producto a un mejor precio. Además de la cinta transportadora y la máquina enfardadora, los centros de reciclado poseen auto-elevadores para transportar los productos de un sitio a otro dentro del galpón. Todas estas máquinas han establecido una división de tareas y una especialización de los cartoneros en cada labor.

Las formas de transporte de los productos reciclables han sufrido algunos cambios en los últimos años. Antes de lograr la conquista de los servicios exclusivos, los trenes blancos, los cartoneros se transportaban con sus carros en los furgones de ferrocarriles comunes. Luego de la clausura de los trenes cartoneros de la empresa TBA, los recuperadores deben trasladarse en los servicios de pasajeros comunes, mientras que sus carros se transportan en camiones. Los trenes blancos ofrecían la posibilidad de ingresar los carros a ras del suelo, sin la utilización de una fuerza mayor al peso de los carros cargados. En cambio, la altura de los camiones exige la presencia de cuatro a siete cartoneros para empujar los carros y acomodarlos encima del vehículo. Además, estos transportes no ofrecen una alternativa para aquellos cirujas que ingresen en la actividad, como sí lo hacían los trenes. Por su parte, los recuperadores que antiguamente ingresaban en camiones destartalados desde la zona sur del conurbano bonaerense sí han mejorado las condiciones en las cuales viajaban. Con la política de subsidios implementada por el gobierno porteño, estos grupos de cartoneros obtuvieron la posibilidad de reacondicionar los vehículos y conseguir transportes nuevos. Uno de los cambios más significativos para este sector fue la inserción de una pala hidráulica que permite subir los carros a los camiones en forma mecánica. Además, los recuperadores viajan en colectivos y ya no se transportan en acoplados. No obstante, esta mejoría solo benefició a un pequeño porcentaje de cartoneros.

En la actualidad, las diversas formas de cartoneo también influyen en las condiciones laborales. Como hemos visto, los cartoneros con puestos fijos en zonas comerciales obtienen una mayor cantidad de productos lo cual redunda en un ingreso más elevado respecto de aquellos recuperadores con recorridos a pie. Por su parte, los cartoneros en centros de reciclado y aquellos asociados en cooperativas han mejorado parcialmente sus ingresos, luego de la política de reciclado implementada por el gobierno porteño y la tendencia al reconocimiento de su trabajo. No obstante, el tiempo dedicado al cartoneo y la cantidad de productos recolectados y transportados en los carros son características que muestran la realización de una tarea de elevada intensidad. A su vez, los riesgos y accidentes propios de un oficio efectuado en la calle muestran la precariedad en las condiciones de trabajo de los cartoneros. Las tareas de clasificación y enfardado en los centros de reciclado también abonan en el sentido antes señalado debido a la ausencia de una ventilación adecuada de los galpones, la presencia de bacterias y la existencia de productos inflamables.

Los ingresos obtenidos por el cartoneo constituyen un salario. Al percibirlos, los cartoneros reproducen su vida material y la de su unidad familiar. Con su trabajo, los cartoneros garantizan, en primer lugar, la disminución del entierro de residuos en los rellenos sanitarios. De este modo, el Estado ahorra parte de su presupuesto destinado a la recolección y tratamiento de basura. En segundo término, los recuperadores producen un insumo que luego es utilizado por las industrias como materia prima para la producción de otros bienes. En este sentido, el salario cartonero se compone de dos fuentes. Por un lado, el Estado paga un monto fijo de dinero mensual a un porcentaje de los cartoneros asociados en cooperativas. Este proceso se enmarca en una tendencia al reconocimiento del cartonero como trabajador del Estado, que comienza a manifestarse a partir del año 2008. Por otro lado, la industria, sobre todo la papelera, otorga un salario a destajo.

A partir de la estimación del salario de los cartoneros, observamos que su capacidad adquisitiva tiende a incrementarse durante el período 2002 y 2003, momento que coincide con la suba de los precios del reciclado. No obstante, tanto en el período previo y fundamentalmente el posterior, el salario disminuye considerablemente, sobre todo a partir de los años 2008 y 2009. El pago de salarios por parte del Estado a partir del año 2009 tendió a recomponer esa capacidad adquisitiva de los cartoneros. Sin embargo, los beneficiarios de toda la política de reciclado implementada por el gobierno porteño no constituyen la totalidad, sino un porcentaje de los recuperadores registrados. Por otra parte, esa evolución salarial se aproxima a la de los trabajadores no registrados de la economía, sobre todo en los últimos años, pero se aleja cada vez más del salario real de los obreros registrados. Esto podría estar mostrando un empeoramiento en las condiciones de vida de los cartoneros.

Finalmente, el pago efectuado por las empresas no se emite directamente a los cartoneros. Entre ambos, se encuentran los intermediarios tales como galpones acopiadores y camioneros. Todos ellos se dedican a comprar el producto a los cartoneros y luego venderlos a las empresas. Entre intermediarios y cartoneros se crean relaciones no formales, pero sí de hecho. La venta exclusiva a un intermediario a cambio del préstamo de las herramientas constituye un tipo de vinculación. En algunos casos, esa relación se estrecha aún más, sobre todo a partir del pago por tiempo. Por su parte, las cooperativas de cartoneros han intentado trascender a los intermediarios y vender directamente a las empresas papeleras. En este caso tampoco existe una relación formal, aunque las asociaciones son proveedoras directas de insumos a la industria. Como hemos observado, la diferencia entre los cartoneros de los centros de reciclado gestionados por cooperativas y los operarios de las recorteras dependientes de las plantas papeleras difiere en su situación contractual y, consecuentemente, en ciertos aspectos de sus condiciones laborales. Sin embargo, son competidores entre si y efectúan la misma tarea. En cambio, la relación de dependencia de los cartoneros respecto de su otro empleador, el Estado, se observa más claramente en la medida en que este último destina a parte de su personal administrativo para el control de la asistencia de los recolectores a sus zonas de trabajo.

La política del Estado porteño muestra, entonces, su doble faceta: si se lo mira desde los cartoneros, resulta positiva; si se la mira desde las recorteras, es negativa. En conjunto, parecería progresista, puesto que tendería a perjudicar a la burguesía y a beneficiar a la clase obrera. Sin embargo, la intervención de los cartoneros significa menos trabajo para los trabajadores de las empresas recolectoras de residuos y de las recorteras y más beneficios para las papeleras. Se revela, entonces, como una política de pauperización de la clase obrera y de concentración y centralización del capital. El macrismo mejora las condiciones de existencia de una capa de la clase obrera a costa del conjunto del proletariado. En el mismo sentido, ataca a la burguesía más débil a favor de las fracciones más poderosas. Coloca, a su vez, al Estado como correa de transmisión de subsidios al gran capital, haciendo posible, además, que dos ramas de la economía, la provisión de materias primas para papel y la recolección de residuos, se beneficien de la población sobrante.

El análisis de los procesos de trabajo y las condiciones generales de consumo de la fuerza de trabajo ha permitido arrojar más luz sobre la condición de población sobrante del cartonero.

Ediciones ryr

Capítulo V

Lucha y organización política de los cartoneros

Ediciones ryr

Como mencionamos en el primer capítulo, la lucha y organización son los aspectos menos conocidos en los estudios sobre los cartoneros. En este capítulo analizaremos detalladamente las manifestaciones de esta fracción de la clase obrera, sus conquistas y derrotas durante el período 1989-2012. El año de inicio de la etapa se corresponde con los primeros intentos organizativos y demandas de los cartoneros. En el estudio de los enfrentamientos, observaremos cuáles fueron los reclamos y contra quiénes se dirigieron. A su vez, indagaremos qué organizaciones y qué alianzas forjaron los cartoneros en ese proceso de lucha. En la descripción, hemos incorporado la lucha de los cirujas del CEAMSE debido a que varios reclamos fueron protagonizados por un grupo de la fracción más combativa de los cartoneros que, al mismo tiempo, tuvo un rol protagónico en las manifestaciones efectuadas en la Ciudad de Buenos Aires. Como veremos en lo que sigue, hay un conjunto de fuerzas que empujan en el sentido de la producción de una identidad colectiva, fuerzas que son dominantes hasta 2001-2002, y otras que, sobre todo a partir de allí, empujan en sentido inverso. Se puede identificar la primera etapa con el desarrollo de relaciones con el movimiento piquetero, mientras la segunda corresponde a la estatización por vía de la represión y la cooptación por la cooperativización operada por el macrismo y el MTE.

Las acciones y su caracterización general (1989-2012)

La actividad cartonera mostró sus primeros síntomas de crecimiento en la década de 1990, sobre todo en las localidades más pauperizadas del conurbano bonaerense y las villas de la ciudad porteña. En ese entonces, tanto el cirujeo como la tracción a sangre estaban prohibidas en términos legales. No es casual que las primeras manifestaciones de los cartoneros hayan sido en reclamo por el permiso para trasladarse en caballos y por la obtención de un medio de transporte que los llevara hasta su lugar de trabajo.

En el período observado, hemos relevado un total de 103 acciones de las cuales el 89% fueron directas (92 casos). La acción directa se diferencia de la parlamentaria en la medida en que se efectúa por fuera de los canales institucionales. Es una instancia en la cual, los manifestantes hacen política en las calles. Ya sea por su eficacia o por el agotamiento de las instancias institucionales, la acción directa se ejerce con el objetivo de satisfacer una demanda. Las movilizaciones, concentraciones, ocupaciones de oficinas, cortes de vía o rutas son diferentes tipos de acción directa. Los momentos de mayor activación fueron el año 2002 y el período 2007-2009. El gráfico que sigue muestra la evolución de las acciones:

Gráfico 20. Evolución de la cantidad de acciones de los cartoneros en la Ciudad de Buenos Aires: 1990-2012.

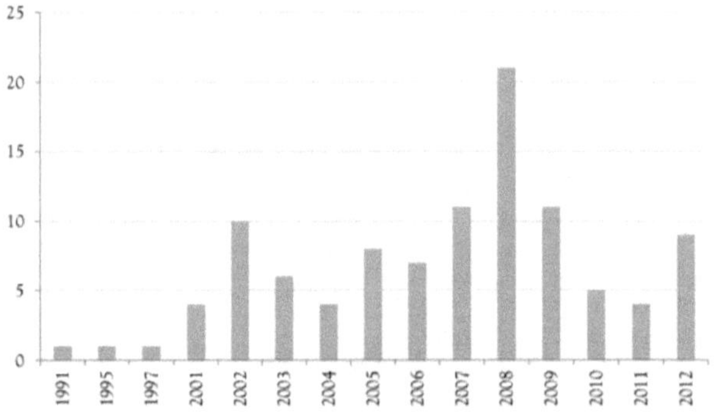

Fuente: elaboración propia en base a relevamiento en diarios y páginas web, *Clarín*, *La Nación*, *Página/12*, *Prensa Obrera*, *Infobae*, *Prensa de Frente*, *Revista Infocartonero*, Revista *Villa Crespo Digital*, *Noticias Urbanas*, Asamblea Popular La Alameda (www.laalameda.wordpress.com), Foro Ambiental, *El Argentino*, Telam.com, *Perfil*, organización Movimiento de Trabajadores Excluidos (www.cartoneando.org.ar).

Mayoritariamente, las manifestaciones se vinculan con tres demandas generales. En primer lugar, a cuestiones relacionadas con el transporte de los cartoneros (permiso para trasladarse en caballos y camiones, pedido de subsidios para reacondicionamiento de transportes, exigencia de trenes exclusivos y, posteriormente, el repudio a su cierre). En segundo término, al pedido de subsidios de manera directa o indirecta (incentivos a los cartoneros, subsidios a sus hijos o partidas presupuestarias para reacondicionar plantas de reciclado gestionadas por cooperativas, o bien, para obtener monotributo, guarderías, artículos escolares, alimentos, etc.). En tercer lugar, al repudio a la persecución policial, la represión y al accionar judicial (por la liberación de detenidos y su sobreseimiento). En otro orden aparecen manifestaciones que, tomadas en conjunto, se caracterizan por el pedido de mejora en las condiciones laborales de los cartoneros. Por ejemplo, los reclamos por la suba o regulación del precio de los materiales reciclables, la universalización de los subsidios al conjunto de los cartoneros y cooperativas, tanto en la ciudad de Buenos Aires como en el país, y la incorporación de los recuperadores al gremio de los trabajadores papeleros. Estos últimos son los encargados de producir el cartón y el papel, como también, los responsables de preparar los insumos reciclados para ser utilizados como materia prima en el proceso productivo del papel. El siguiente cuadro muestra el tipo de reclamos en el conjunto de las acciones[1]:

[1]Las variables que aparecen en el cuadro se constituyen de las siguientes categorías agrupadas (entre corchetes): "transporte" [Contra la prohibición de tracción a sangre y contra prohibición de ingreso en camiones destartalados / devolución de caballos y carros / Contra secuestro de camiones / Pedido de tren o mejora en el servicio / Contra TBA por no permitir subirse a trenes comunes / Contra el cierre del Tren Blanco / Subsidios para camiones / Boleto gratuito o social / Mayor cantidad de camiones (luego de cierre de Tren Blanco) / Pedido de colectivos subsidiados / Subsidios para arreglar carros]; "subsidio indirecto/asistencia social y médica" [Pedido de maquinaria y equipo para cooperativas (centros verdes) y subsidios / Pedido de guantes y ropa de trabajo / Reactivación de planta social (centro verde) / Renovación de subsidios para cooperativas / Contra desfinanciación de plantas sociales (subsidio para centro de reciclado) / Pedido de alimentos / Atención médica y social / Obra social / Monotributo / Jubilación / Pedido de vacunación / Pedido de guarderías para hijos cartoneros]; "subsidio directo" [Pedido de becas, subsidios para niños cartoneros / Pedido de subsidios debido a baja de papel (incentivos) o no / Pedido de Plan Argentina Trabaja o planes sociales / Aumento de subsidio por incentivo / Incremento de cupos de cartoneros para obtener subsidios / Beca escolar / Pedido de ingreso fijo (pago por tonelada)]; "contra el accionar policial y judicial" [Contra la persecución policial / Contra represión policial / Por liberación de detenidos / Sobreseimiento]; "aumento y regulación de precio de reciclado" [Aumento del precio de papel / precio sostén / precio regulado]; "mejora en las condiciones laborales de los cartoneros" [Mejora en las condiciones laborales de los cartoneros]; "exigieron renuncia de un funcionario" [Exigieron renuncia de un funcionario]; "apertura de nuevos centros de reciclado/ incorporación de cartoneros" [Inclusión de cartoneros en centros de reciclado / Pedido de apertura de centros de reciclado / Creación de más cooperativas para garantizar reciclaje]; "permiso para cirujear en CEAMSE" [Permiso para cirujear

Cuadro 27. Cantidad y porcentaje de acciones de los cartoneros según tipo de reclamo, en la Ciudad de Buenos Aires: 1990-2012.

Tipo de reclamo	Frecuencia	Porcentaje
Transporte	57	32,2%
Subsidio indirecto / Asistencia social y médica	31	17,5%
Subsidio directo	28	15,8%
Contra accionar policial y judicial	24	13,6%
Aumento y regulación de precio de reciclado	6	3,4%
Mejora en las condiciones laborales de los cartoneros	5	2,8%
Exigieron renuncia de un funcionario	4	2,3%
Apertura de nuevos centros de reciclado / Incorporación de cartoneros	3	1,7%
Permiso para cirujear en CEAMSE	3	1,7%
Pedido de credenciales para cartoneros	3	1,7%
Universalización del subsidio	3	1,7%
Incorporación de cartoneros al gremio de papeleros	1	0,6%
Otros reclamos	9	5%
Total	**177**	**100%**

Fuente: elaboración propia en base a relevamiento en diarios y páginas web, *Clarín*, *La Nación*, *Página/12*, *Prensa Obrera*, *Infobae*, *Prensa de Frente*, Revista *Infocartonero*, Revista *Villa Crespo Digital*, *Noticias Urbanas*, Asamblea Popular La Alameda (www.laalameda.wordpress.com), Foro Ambiental, Diario *El Argentino*, Telam.com, *Perfil*, Movimiento de Trabajadores Excluidos (www.cartoneando.org.ar).

Los lugares elegidos por los cartoneros para efectuar sus acciones fueron mayoritariamente las dependencias del Estado (jefatura de

en CEAMSE]; "pedido de credenciales para cartoneros" [Pedido de credenciales para cartoneros]; "universalización del subsidio" [Que los subsidios se hagan LEY / Pedido de un programa nacional de incentivos y subsidios]; "incorporación de cartoneros al gremio de papeleros" [Incorporación de cartoneros al gremio de papeleros]; "otros reclamos" [Contra clausura de galpón de acopio / Repudio a acusaciones de TBA (incendio) / Pago de deuda del Gobierno con 18 camioneros (en reemplazo de Tren Blanco) / Reclamo contra desvío de diferenciada de empresas privadas / Aumento de reciclado recibido por centros de reciclado / Kits de útiles escolares / Apoyo a Moyano / Contra la contenerización].

gobierno, ministerio de ambiente y espacio público, dirección de reciclado), los puentes de acceso a la ciudad porteña, las rutas y las vías de los ferrocarriles. En menor medida, aparecen manifestaciones en la puerta de ingreso al CEAMSE y en dependencias vinculadas con la industria papelera. El ámbito que simboliza lo más elevado del poder político, la Plaza de Mayo, representa solo un 5% del conjunto de las acciones directas realizadas por los cartoneros como muestra el siguiente cuadro:

Cuadro 28. Cantidad y porcentaje de acciones directas de cartoneros según lugar de reclamo, Ciudad de Buenos Aires: 1990-2012.

Lugar de reclamo	Frecuencia	Porcentaje
Dependencia del Estado	33	35,8%
Puentes / Rutas	21	22,8%
TBA - Estaciones - Vías	12	13%
Plaza de Mayo	5	5,5%
CEAMSE	4	4,3%
Dependencia policial	3	3,3%
Empresa papelera / AFCP (industria papelera)	3	3,3%
Galpón de acopio	2	2,2%
Otros	9	9,8%
Total	**92**	**100%**

Fuente: elaboración propia en base a relevamiento en diarios y páginas web, *Clarín*, *La Nación*, *Página/12*, *Prensa Obrera*, *Infobae*, *Prensa de Frente*, Revista *Infocartonero*, Revista *Villa Crespo Digital*, *Noticias Urbanas*, Asamblea Popular La Alameda (www.laalameda.wordpress.com), Foro Ambiental, *El Argentino*, Telam.com, *Perfil*, Movimiento de Trabajadores Excluidos (www.cartoneando.org.ar).

Dentro de los diferentes tipos de acciones directas prevalecen las movilizaciones, los cortes de ruta, las concentraciones y los cortes de vía. Este último caso corresponde fundamentalmente a protestas efectuadas por los cartoneros provenientes de los Trenes Blancos. Se trata de los servicios exclusivos de traslado de recuperadores provenientes del Conurbano bonaerense que analizaremos más adelante. El siguiente cuadro muestra el tipo de acción realizado:

Cuadro 29. Cantidad y porcentaje de acciones directas de cartoneros, según tipo de acción, Ciudad de Buenos Aires: 1990-2012

Tipo de acción	Frecuencia	Porcentaje
Movilización	25	27%
Corte de ruta	21	23%
Concentración	20	22%
Corte de vía	11	12%
Corte de calle	8	9%
Ocupación	4	4%
Huelga de hambre	1	1%
Paro de actividad	1	1%
Sin datos	1	1%
Total	**92**	**100%**

Fuente: elaboración propia en base a relevamiento en diarios y páginas web, *Clarín*, *La Nación*, *Página/12*, *Prensa Obrera*, *Infobae*, *Prensa de Frente*, Revista *Infocartonero*, Revista *Villa Crespo Digital*, *Noticias Urbanas*, Asamblea Popular La Alameda (www.laalameda.wordpress.com), Foro Ambiental, *El Argentino*, Telam.com, *Perfil*, Movimiento de Trabajadores Excluidos (www.cartoneando.org.ar).

Aunque restringido a una sola cooperativa cartonera dependiente del Movimiento de Trabajadores Excluidos (MTE), Amanecer de los Cartoneros, los recuperadores realizaron un paro de actividades. Se trata de un momento en el cual la agrupación mencionada recibe subsidios e incentivos del gobierno porteño para efectuar su actividad de cartoneo. Por esa contraprestación, los beneficiarios deben garantizar su asistencia en el lugar de trabajo que son zonas de barrios porteños asignadas por el gobierno. El paro de actividad se realizó en apoyo a la huelga convocada por la CGT-Moyano en el mes de junio de 2012 en reclamo por el aumento del impuesto a las ganancias de los trabajadores registrados implementado por el gobierno kirchnerista.[2]

No disponemos de información sobre la cantidad de asistentes en el conjunto de las acciones. No obstante, relevamos 48 manifestaciones de las que sí obtuvimos el dato sobre cuántos asistentes participaron.

[2]Si bien lo analizaremos más adelante, el MTE intentó encuadrarse como gremio bajo el amparo de la CGT, luego de conformarse en un organismo más general: la Confederación de Trabajadores de la Economía Popular (CTEP), integrado también por el Movimiento Evita, el Movimiento Nacional de Fábricas Recuperadas y La Alameda. No obstante, solo el MTE apoyó la huelga convocada por Moyano.

En estos casos prevalecen los reclamos con hasta 99 personas y entre 100 y 300 manifestantes (40% respectivamente). También hemos relevado 5 acciones en las que el número de cartoneros sumaba entre 800 y 3.000. Se trata de reclamos efectuados en los períodos 2002-2003 y 2009-2011, como muestra el cuadro que sigue:

Cuadro 30. Cantidad de acciones directas de cartoneros según número de asistentes, Ciudad de Buenos Aires: 1990-2012.

Año	Hasta 99	De 100 a 300	De 301 a 500	De 501 a 800	De 801 a 3.000
1995			1		
1997		1			
2001	1	3			
2002	2	1	1		1
2003	3				1
2004	1				
2005	4	1			
2006	1	1	1		
2007	1				
2008	4	4		1	
2009	2	3			1
2011		1			2
2012		4		1	
Total	19	19	3	2	5

Fuente: elaboración propia en base a relevamiento en diarios y páginas web, *Clarín*, *La Nación*, *Página/12*, *Prensa Obrera*, *Infobae*, *Prensa de Frente*, Revista *Infocartonero*, Revista *Villa Crespo Digital*, *Noticias Urbanas*, Asamblea Popular La Alameda (www.laalameda.wordpress.com), Foro Ambiental, *El Argentino*, Telam.com, *Perfil*, Movimiento de Trabajadores Excluidos (www.cartoneando.org.ar).

En esta primera aproximación cuantitativa, se observan por los menos dos momentos de activación en la lucha de los cartoneros: por un lado, el período hasta 2003; y, por otro lado, la etapa posterior, sobre todo entre los años 2007 y 2009. En ambos casos existe un elemento en común que es la exigencia de trenes cartoneros y, posteriormente, el repudio a su clausura. No obstante, el reclamo por los medios de transporte excede a esos servicios ferroviarios exclusivos. Las demandas por el permiso para cirujear a caballo y en los camiones provenientes del Conurbano bonaerense (sobre todo de aquellos cartoneros que ingresaban por la zona sur) también son numerosas.

A su vez, el tipo de reclamo muestra que se trata de una fracción de la clase obrera que requiere asistencia del Estado, ya sea bajo la forma de subsidios directos como indirectos. En este sentido, no es casual que la mayor cantidad de acciones hayan sido efectuadas en la puerta de organismos y ministerios dependientes del Estado. No obstante, los cartoneros han identificado a su otro enemigo de clase: las empresas y la cámara papelera. Por esta razón, los manifestantes han reclamado a los representantes de la industria en cuestión el encuadramiento en el gremio de los trabajadores papeleros y un precio sostén de la materia prima reciclada, sobre todo en momentos de crisis. Esta última demanda exige un freno a la caída salarial y el poder adquisitivo de los cartoneros. Por su parte, la lucha contra la persecución policial señala el grado represivo de la que han sido víctimas los recuperadores. Como se puede observar, en términos generales prevalecen las demandas de tipo sindical, es decir, aquellas vinculadas con la mejora en las condiciones laborales de los cartoneros.

En el marco de la lucha, los manifestantes protagonizaron momentos de mayor activación política y de reflujo. Sus conquistas y derrotas deben enmarcarse en ese proceso. Por esta razón, hemos establecido una descripción y periodización: la primera etapa va desde el año 1989 hasta 1995, caracterizada por demandas por el permiso para cirujear sin un resultado inmediato; un segundo momento de luchas ofensivas y consignas unificadoras (1997-2002); y, un tercer período protagonizado por avances y retrocesos en la lucha y organización cartonera en una etapa más general de fragmentación política y dominio de lo sindical (2003-2012).

Descripción y periodización de la lucha

Las primeras acciones contra la prohibición de la actividad (1989-1995)

Las primeras manifestaciones de cirujas se efectuaron en los años 1990 y 1995 en repudio a las ordenanzas prohibitorias de la tracción a sangre y la prohibición del cartoneo. Estas acciones fueron protagonizadas por los cartoneros residentes de las villas de la zona sur de la ciudad porteña en un contexto represivo por parte del personal policial de las seccionales de las comisarías n° 38 (barrio de Flores) y n° 48 (barrio de Villa Lugano). Incluso, un grupo de cartoneros del Bajo Flores logró organizarse en el año 1989 con el fin de solucionar los conflictos con la Municipalidad y la policía y creó la Unión de

Trabajadores Recuperadores de Material de Descarte y Afines. Orsatti y Gilardi mencionan esos problemas que aquejaban a la Unión:

"El grupo tenía múltiples conflictos con la Municipalidad, que los acusaba de robo, ya que la basura domiciliaria le pertenece una vez que el dueño de casa la pone en la vereda y debe ser recogida por los camiones municipales recolectores o por compañías contratistas. En otras ocasiones los cargos fueron vagancia o uso indebido de carros de tracción a sangre, incluyendo el maltrato de animales (a raíz de denuncias de las asociaciones protectoras de animales). Las detenciones fueron enfrentadas por la Unión mediante recursos de amparo, si bien en un caso se llegó al juicio oral de dos afiliados, que fueron finalmente absueltos. En los últimos años [de la década de 1990] la presión policial se redujo".[3]

El 18 de enero de 1990, más de un centenar de cirujas con carros manuales y tirados por caballos concentraron frente a la sede de la Municipalidad de la Ciudad de Buenos Aires. Los manifestantes reclamaron que se respetasen sus fuentes de trabajo y que no se reprimiera más la actividad, prohibida en ese entonces. Tanto en la Intendencia como en el Concejo Deliberante, los cirujas entregaron una carta dirigida al intendente Carlos Grosso y luego se reunieron con funcionarios del gobierno. Los manifestantes denunciaron que,

"la Policía nos detiene casi todos los días, nos dejan encerrados 24 horas y después nos largan. Pero para recuperar el carrito que es nuestra herramienta de trabajo, tenemos que ir después al Tribunal de Faltas y pagar multas de cuatro o cinco mil australes. (...) Nosotros queremos lo mejor para nuestros hijos y familias, pero no queremos que desde el Gobierno nos den de comer, solo solicitamos comprensión ante la difícil situación laboral que existe hoy, para que se nos reconozca como trabajadores".[4]

La fuente menciona que, en ese entonces, los cirujas eran objeto de continuos operativos policiales y municipales. Cabe destacar que uno de los manifestantes entrevistados mencionó que en un día de trabajo la unidad familiar obtenía por la venta de productos reciclables unos 2.000 australes. De este modo, en caso de sufrir el secuestro del carro

---

[3]Orsatti, Álvaro y Gilardi, Rubén: "Regulación del trabajo en la vía pública en la Ciudad de Buenos Aires", en Carpio, Jorge; Klein, Emilio y Novacovsky, Irene (Comp.): *Informalidad y exclusión social*, Fondo de Cultura Económica, Buenos Aires, 1999. Aunque no profundizan en el tema, los autores mencionan la existencia de otra organización de cartoneros denominada Sindicato de Trabajadores Recuperadores de Artículos de Desuso y Afines.

[4]*Clarín*, 19/01/1990.

por la policía y una multa, un ciruja debía pagar un equivalente a 2 y más días de trabajo.

En noviembre de 1995, los cirujas provenientes de 4 villas (Ciudad Oculta, Barracas, Bajo Flores y Soldati) denunciaron el accionar policial que consistía en detener por 24 horas a los cartoneros y cobrar 300 pesos de multa. Los cirujas portaban carteles que decían "Señor intendente, usted tiene en sus manos modificar la aplicación de las ordenanzas para evitar que seamos perseguidos como delincuentes".[5] Los manifestantes fueron acompañados por curas de las parroquias ubicadas en dos de las cuatro villas y representantes de las mismas. Una de las delegadas de Ciudad Oculta, dedicada al oficio desde los primeros años de la década de 1980, señaló: "Ahora hay mucha gente nueva por la desocupación (...) No somos vagos ni delincuentes. Ya hace 4 años pasamos por esto, aunque la represión no fue tan grande como ahora, y lo resolvimos con movilizaciones".[6] En total sumaban cerca de 500 personas, entre las que se encontraban muchas mujeres y niños. Marcharon hasta el Congreso y, posteriormente, al Concejo Deliberante. Allí dejaban cartas a los concejales sobre la situación en que se encontraban.

En este período también se conforman las primeras experiencias de emprendimientos cooperativos, sobre todo en las localidades del Conurbano bonaerense. Aunque su formalización se efectúa recién entre los años 2000 y 2001. Estas iniciativas fueron protagonizadas fundamentalmente por cirujas con carros tirados por caballos con el objetivo de que los municipios les permitiesen realizar su actividad y para poder vender sus productos directamente a las empresas, debido a los problemas con los precios impuestos por los acopiadores intermediarios.

Verónica Paiva menciona que el origen de la cooperativa Nuevo Rumbo, de Lomas de Zamora, se remonta al año 1992. En 1994, los miembros de la asociación formaron el grupo Las Casuarinas y comenzaron a acopiar en un terreno baldío, en el que construyeron un galpón. Poco tiempo después, fueron desalojados por la Municipalidad y se dedicaron a acopiar en sus respectivas casas. En 1999 tuvieron una experiencia frustrada puesto que un funcionario les había ofrecido ayuda a cambio de que los carreros se afiliaran a su partido político. El grupo se disolvió hasta que, en el año 2000 volvió a reunirse bajo el nombre de Nuevo Rumbo. Por su parte, la cooperativa Reciclado Sur, ubicada en la localidad de Lanús, se originó en 1995 a partir de un problema entre carreros y la Intendencia. Esta última había prohibido el cirujeo en la zona porque se generaban basurales luego de separar

---

[5] *Página/12*, 25/11/1995.

[6] Ídem. La delegada mencionó la existencia de por lo menos 1.000 cirujas residentes en Ciudad Oculta.

y clasificar en la calle. El conflicto se resolvió a partir de un convenio entre la Municipalidad y los carreros, quienes debieron identificarse registrando sus carros con un número. Esto les permitió circular libremente por las calles siempre y cuando no separaran y clasificaran allí.[7]

Por su parte, la Cooperativa El Orejano, compuesta por carreros del barrio de Villa Hidalgo, partido de San Martín, surgió en el año 1994. Sus fundadores fueron miembros de la Asociación Civil Mate Cocido, una entidad dedicada a brindar ayuda a los pobladores del barrio asistiéndolos con ropa, comida, etc. La idea de conformar una cooperativa de recuperadores surge puesto que casi la totalidad del barrio se dedicaba al cirujeo. Por último, el caso de la agrupación RENASER (Recuperar Naturalmente y Servir) tiene su origen hacia 1997, con la idea de formar una asociación de carreros. Como el resto de las cooperativas, su objetivo era la mejora de las condiciones laborales y la constitución de un centro de separación y acopio para poder vender directamente a las empresas. Además, su propósito era conseguir el reconocimiento y regularización de la actividad. Sus miembros pertenecían a las localidades de Gregorio de Laferrere, González Catán e Isidro Casanova. Muchos cartoneros miembros de estos emprendimientos se dedicaban a la recolección de productos reciclables en la ciudad de Buenos Aires.[8]

Los intentos por regularizar el cirujeo y permitir la tracción a sangre fracasaron. No hubo un resultado positivo, por lo menos hasta la sanción de la ley 992 en el año 2003. Por su parte, la Unión de Trabajadores Recuperadores de Material de Descarte y Afines se desarticuló hacia mediados de la década de 1990. La organización intentó obtener una inscripción gremial para lo cual buscó apoyo en los gremios de los trabajadores de la Municipalidad, de los camiones y de la Central de Trabajadores Argentinos. Ante la ausencia de una respuesta favorable, la Unión desistió de esta opción.

Tal vez el mejor resultado de esta etapa consista en el progresivo proceso de gestación de una identidad que se expresa como conciencia de clase en los intentos de organización sindical y de incorporación a la lucha del conjunto de la clase obrera. También está presente la ideología que va a cuajar con más fuerza en la lucha cartonera y que constituye un obstáculo en el desarrollo de la conciencia de clase, el cooperativismo.

---

[7] Paiva, *Cartoneros y cooperativas...*, op. cit.

[8] Ídem.

Luchas ofensivas y consignas unificadoras (1997-2002)

En el período previo e inmediatamente posterior a diciembre de 2001, las protestas de los cartoneros comenzaron a tener un resultado positivo. Es una etapa en la cual se obtienen los trenes blancos y el permiso para cirujear. Ambas conquistas se vinculan no solo con la masificación del fenómeno sino, sobre todo, con el accionar combativo de los cartoneros.

I. La conquista de los trenes cartoneros

Los primeros en obtener un servicio exclusivo de trenes fueron los cartoneros provenientes de la localidad de José León Suárez. Desde principios de la década de 1990, un grupo de aproximadamente 15 personas subían a los furgones de trenes comunes para trasladarse con sus carros. Como eran pocos, en algunos servicios les permitían subir, sobre todo en horarios donde no viajaran muchos pasajeros. No obstante, dependía de la buena voluntad de los guardas. En 1995, los carros ya sumaban 100. Allí comenzaron los problemas con la concesionaria Trenes de Buenos Aires (TBA). La empresa intentó clausurar el traslado de carros en más de una oportunidad. Por su parte, los cartoneros eligieron una delegada, Lidia Quinteros, para que intermediara en las negociaciones con TBA. El primer acuerdo fue subir en tandas de 20 personas siempre y cuando los furgones estuvieran vacíos, previo pago del boleto. La concesionaria intentó impedir nuevamente el traslado de carros en momentos en que estos ya sumaban más de 150. A partir de allí, los cartoneros decidieron ejercer medidas de acción directa.[9]

Quinteros menciona que los primeros cortes se efectuaron dos años antes de obtener el servicio exclusivo, en 1997.[10] El primer corte de vía

---

[9]Entrevista a Lidia Quinteros, op. cit.

[10]Sobre el año de origen del primer tren exclusivo cartonero existen diferencias de criterios. Por ejemplo, la delegada Gabina Argañaraz menciona que el primer tren cartonero existe desde el año 1996, aunque ella indicó que comenzó a viajar a partir del año 1998 (entrevista a Gabina Argañaraz, op. cit.). Lidia Quinteros, una de las primeras delegadas elegidas en el Tren Blanco, menciona que el primer transporte exclusivo fue cedido durante el año 1999. Por su parte, los periódicos también señalan años distintos (entrevista a Lidia Quinteros, op. cit.). Por su parte, *Página/12* supone que el primer Tren Blanco comenzó a correr hacia fines del año 2000 (09/08/2002). Otras prensas postulan que el inicio del primer Tren Blanco habría sido durante el 2001. Verónica Paiva, que investigó el fenómeno cartonero sobre la base de entrevistas durante los años 2002 y 2004, menciona que el primer tren exclusivo fue cedido por TBA en el año 1999. A partir de los datos de Paiva y la entrevista realizada a Quinteros consideramos que el año más probable sería 1999. Hemos intentado corroborar este dato con la Comisión Nacional de

fue en la estación de José León Suárez, mientras que los posteriores sucedieron en estaciones ubicadas en la ciudad porteña. La cantidad de manifestantes sumaba un total de entre 200 y 250 personas. Luego de los cortes, en 1999, los cartoneros negociaron con la concesionaria y obtuvieron un tren exclusivo para ellos. La empresa les garantizó un total de 250 abonos fijos por mes. Ese mismo año, TBA tuvo que aumentar el cupo a 750 abonos, así como también la cantidad de servicios.[11]

De todos los trenes cartoneros, el ramal con mayor organización fue el proveniente de José León Suárez, con una estructura jerárquica.[12] Antes de obtener el servicio exclusivo, los barrios La Cárcova e Independencia de la localidad de José León Suárez tenían su delegado para llevar adelante las negociaciones con la empresa TBA. A partir de la existencia del Tren Blanco, los cartoneros propusieron la creación de un cuerpo de 10 delegados por cada barrio. A su vez, cada cuerpo de delegados tenía un representante y dos suplentes. Gorbán señala que los métodos de elección de delegados variaban según el barrio. En la comisión de villa La Cárcova, la titular era elegida por los cartoneros y ella elegía al resto de los delegados. Por su parte, en el caso de Villa Independencia las elecciones de delegados se realizaban entre las personas que descendían en cada estación. En cada una de estas se votaba un representante.

La tarea de los delegados consistía en garantizar que todos los cartoneros estuvieran subidos al tren antes que este se pusiera en marcha,

Regulación del Transporte y el Ministerio de Transporte de la Nación. Sin embargo, ambas entidades desconocen con exactitud la fecha.

[11]Entrevista a Alejandro Tiscornia, miembro de la Asamblea Popular del barrio de Saavedra, realizada el 22/10/2011. Por su parte, Verónica Paiva menciona que entre los meses de marzo y noviembre de 2002 la cantidad de cartoneros que viajaban en el ramal del Mitre (Suárez) se incrementó notablemente. A partir de datos suministrados por entrevistas realizadas durante el mes de noviembre de 2002, la autora indica que en marzo de ese año la delegada de La Cárcova tenía listados a un total de 79 recuperadores y la representante de Independencia a 120, mientras que, en el mes de noviembre de 2002, la cantidad de cartoneros que viajaban en los trenes y que se encontraban listados sumaba un total de 190 y 260 respectivamente. Paiva, *Cartoneros y cooperativas...*, op. cit., p. 135.

[12]Pablo Schamber confirma el nivel organizativo superior del tren cartonero del ramal del Mitre con destino a Suárez respecto de otros servicios. El autor adjudica esta condición a la preexistencia de los niveles organizativos de las delegadas, específicamente por su trayectoria como "manzaneras". También señala que el tren cartonero que sale de la estación Constitución, si bien tiene recuperadores que se presentarían como delegados, estos no serían reconocidos entre sus pares. Una situación semejante ocurriría en el tren cartonero del ramal Once-Moreno en el cual habrían existido delegados por estación pero con niveles de representación cuestionados. Schamber, *De los desechos...*, op. cit., p. 110.

impedir problemas en las estaciones y prohibir la permanencia de niños menores de 15 años en el transporte. Esta última función se efectivizó una vez que los cartoneros de Suárez lograron que el Municipio de San Martín incorporara una guardería y comedor para sus hijos en el barrio La Cárcova, hacia fines del año 2001.[13] Los delegados también eran los encargados de certificar que todos los pasajeros tuviesen el pago del abono al día. Cabe destacar que la mayoría de los representantes eran de sexo femenino. A su vez, muchas de ellas habían sido manzaneras. Además de Quinteros, otra de las delegadas generales era Gabina Argañaraz, quien también fue manzanera y percibía el Plan Barrios Bonaerenses por un monto de 450 pesos, que posteriormente fue reducido a 250. Con la crisis, en 1998, tuvo que dedicarse al cartoneo.[14]

A pesar de todas las trabas impuestas, los cartoneros provenientes de José León Suárez obtuvieron un tren exclusivo por intermedio de reclamos y acciones directas. A su vez, crearon sus propios dirigentes y cuerpos de delegados para establecer negociaciones con la empresa TBA. Al igual que el crecimiento del Movimiento Piquetero, el desarrollo organizativo de los cartoneros del Tren Blanco fue paralelo a la crisis del asistencialismo propuesto por el gobierno de Duhalde en la provincia de Buenos Aires, cuya expresión fue la debacle de la estructura de las manzaneras. Ante esa ruptura, ciertos dirigentes se volcaron a movimientos que actuaron con una creciente independencia de clase.[15] El protagonismo femenino dentro del activismo cartonero es otra de las coincidencias con el Movimiento Piquetero. De este modo, los recuperadores provenientes de Suárez se constituyeron como vanguardia de un proceso que, con posterioridad a diciembre de 2001, dio lugar a la incorporación de otros ramales exclusivos para el traslado de cartoneros con sus carros de otras localidades del Conurbano bonaerense.

Desde los meses previos a diciembre de 2001, algunos grupos de cartoneros provenientes de otros ramales se movilizaron para obtener un servicio exclusivo de trenes. Por ejemplo, el 19 de noviembre de 2001, un grupo de 40 cartoneros realizó un corte de vía a la altura de la

---

[13]Lidia Quinteros fue una de las cartoneras que impulsó la propuesta de crear una guardería para hijos de cartoneros en el barrio La Cárcova. El proyecto fue desarrollado por el Programa de Erradicación del Trabajo Infantil, dependiente de la Comisión Nacional de Erradicación del Trabajo Infantil (CONAETI). Constaba de la formación de de un grupo de 22 mujeres que serían "madres cuidadoras" de los chicos menores de 6 años, que en ese momento debían acompañar a sus padres en el recorrido de recolección de materiales reciclables. Una vez capacitadas las madres, se abriría el jardín maternal. *Página/12*, 05/09/2001.

[14]Entrevista a Gabina Argañaraz, op. cit.

[15]Sobre este punto véase, Oviedo, Luis: *Una historia del movimiento piquetero. De las primeras Coordinadoras al Argentinazo*, Ediciones Rumbos, Bs. As., 2004.

estación Victoria del ramal Retiro-Tigre en repudio a que no les permitían viajar con sus cargas en los trenes comunes. Por su parte, voceros de la empresa TBA señalaron que con los nuevos trenes "se los autorizó a subir con cuatro carros" en los furgones. La empresa mencionó que los cartoneros ingresaban al área de pasajeros, mientras que los recolectores indicaron que tenían derecho a viajar allí y que los guardas los perseguían para evitarlo.[16]

Con posterioridad a diciembre de 2001, los cartoneros de los ramales Retiro-Tigre y Retiro-José León Suárez unificaron su lucha en reclamo de un tren exclusivo para los primeros. En esas acciones participaron el Partido Obrero y las Asambleas Populares. Durante el mes de agosto de 2002, hubo varios cortes de vía en la estación Victoria. El lunes 5, un grupo de 60 cartoneros realizó una manifestación por un plazo de 7 horas. El reclamo fue por la mejora en el servicio de transporte que la concesionaria ofrecía en el ramal Retiro-Tigre, debido a la escasa cantidad de furgones para trasladar los carros de los cartoneros. Los manifestantes encendieron fogatas para expresar su repudio. También reclamaron la ampliación del horario del servicio. Una de las manifestantes exigió "que haya un tren cada 40 minutos, con un furgón o dos para cargar nuestros changos", mientras que otro repudió que la empresa "los obliga a bajarse después de Vicente López, cuando hoy la Capital está saturada y muchos de nosotros juntamos cartones en San Isidro, Acasusso, Martínez u Olivos".[17] El Polo Obrero estuvo presente en la manifestación y sostuvo tres reclamos: en primer lugar, incorporar tres viajes por turno (mañana, tarde y noche); en segundo término, colocar dos coches más por viaje; y, en tercer lugar, el permiso para bajar en todas las estaciones. El piquete se inició a las 15:30 hs y, según habían manifestado los cartoneros, mantendrían la protesta hasta que el personal de la empresa se acercara y diera soluciones. De este modo, a las 22:30 hs representantes de TBA y los cartoneros llegaron a un acuerdo en el horario de los transportes y, como consecuencia, las vías fueron desalojadas de manera pacífica. Cabe destacar que según voceros de la concesionaria, ese mismo día comenzaba a circular el Tren Blanco como unidad especial para transportar los carros de los cartoneros en el ramal en cuestión. Según *Prensa Obrera*, las autoridades de la empresa habrían acordado con los delegados cartoneros el primer punto de sus reclamos y los otros dos quedaban pendientes para discutir. En la manifestación hubo presencia policial.

Debido al incumplimiento de lo pactado el día anterior, los días martes 6 y viernes 9 de agosto hubo otros cortes de vía en la misma estación por el mismo reclamo. Sin embargo, es esas ocasiones la presencia

---

[16] *Página/12*, 20/11/2001.
[17] *La Nación*, 05/08/2002.

de manifestantes se multiplicó y sumó un total de más de 1.000 personas, entre los que se encontraban cartoneros del ramal Retiro-Suárez. El resultado fue la obtención de un servicio exclusivo para los cartoneros provenientes del ramal Retiro-Tigre, cuya acta fue firmada el día 16 de agosto de 2002.[18]

A partir del año 2002 surgieron varios ramales con servicio especial para cartoneros y los ya existentes se incrementaron. Según el Ministerio de Transporte de la Nación, la empresa TBA cedió servicios en los ramales Retiro-Suárez, Retiro-Tigre, Villa Ballester-Zárate, Victoria-Capilla del Señor y Moreno-Once. Por su parte, la actual Unidad de Gestión Operaria Ferroviaria de Emergencia (UGOFE) otorgó servicios exclusivos en las ex líneas Roca (Bosques-Constitución) y San Martín (Pilar-Retiro). A su vez, hubo algunos ramales donde no se implementó un servicio exclusivo para cartoneros pero cedieron los furgones e incluso algunos vagones para que los recuperadores pudieran transportar sus carros. Ejemplos de este último caso son los ramales de la ex línea Roca con destino a Florencio Varela y Korn. Solo las líneas Urquiza, Belgrano Sur y Belgrano Norte no efectuaron servicios exclusivos destinados al transporte de cartoneros con sus carros.

Como ya mencionamos en el capítulo III, la cantidad de cartoneros que viajaban en los trenes blancos en los ramales de TBA hasta su clausura y los que aún se trasladan en la actualidad en otros servicios es desconocida por las autoridades de la Comisión Nacional de Regulación del Transporte. Tampoco existen datos estadísticos tanto oficiales como no oficiales que muestren una evolución del conjunto de los usuarios cartoneros. Según el Registro Único de Recuperadores realizado en el año 2003, la cantidad de cartoneros residentes del Gran Buenos Aires que se trasladaban en los trenes sumaba un total de 4.784. Esta cifra representaba el 76,5% de esa población (de un total de 6.253).

II. La ley 992 y el permiso para cartonear

La ley 992 dio impulso a una serie de normativas vinculadas con el cartoneo. Discutida en la legislatura durante el mes de diciembre de 2002 y sancionada a principios de 2003, la norma tuvo como objetivo central permitir el cartoneo en la ciudad de Buenos Aires al conjunto de los recuperadores luego de haber estado prohibido durante varias décadas. Al igual que los trenes blancos, esta normativa estuvo precedida por acciones directas y movilizaciones de cartoneros. Por su parte, el bloque justicialista de la legislatura porteña tuvo protagonismo en la sanción de la ley, mientras que el gobierno de Aníbal Ibarra

[18] *Prensa Obrera*, 15/08/2002.

proponía desalentar la actividad en un contexto de fuerte crecimiento de la misma.

En reiteradas oportunidades y antes de la sanción de la ley 992, el gobierno porteño impulsó el desaliento de la actividad cartonera. No solo a través de la persecución directa contra los cartoneros y la clausura de galpones acopiadores inhabilitados, sino también, a partir de proyectos de reciclaje donde no se tenía en cuenta a los recuperadores. Por ejemplo, en julio de 2001 el gobierno lanzó un plan piloto de recolección de materiales reciclables en el barrio de Once.[19] La tarea consistía en que un recolector de residuos retiraba de negocios y edificios las bolsas con el material reciclable y no reutilizable, previamente separado por los encargados. Esas bolsas eran depositadas en dos camiones de la empresa recolectora de residuos CLIBA, uno por cada tipo de basura. En el largo plazo, el objetivo del plan era reciclar el material que se descartaba e iba a parar al relleno sanitario. En el corto plazo, según el secretario de Medio Ambiente porteño, Eduardo Richiutti, se buscaba "crear acciones que desalienten el cirujeo" en la calle con el objetivo de mejorar las condiciones de salubridad de la vía pública y evitar que los cirujas rompan las bolsas de basura.[20] En su lugar, se pregonaba la idea de crear micro-emprendimientos para integrar a los cartoneros.[21]

Por su parte, los cartoneros de José León Suárez sufrieron la persecución policial en forma cotidiana, que derivaba en el cobro de multas o incluso el encarcelamiento. En varias ocasiones, los recuperadores del Tren Blanco fueron víctimas del accionar policial. No se trataba solo de hechos aislados, sino que hubo casos que dan cuenta de la complicidad de la policía y la empresa concesionaria de ferrocarriles en un intento por desalentar el ingreso de cartoneros al tren. En tres oportunidades los cartoneros subieron al ferrocarril en la estación de José León Suárez y fueron trasladados sin parar hasta Retiro, donde los esperaba el personal policial. Como sostuvo la delegada Lidia Quinteros, fueron "presos por vagancia" a la comisaría.[22]

En agosto de 2001, los operativos policiales contra los cartoneros se agudizaron en diferentes barrios porteños. Se requisaba la mercadería, se descargaba en los camiones de recolección de basura de la empresa CLIBA y se labraba un acta por "manipulación de la basura en la vía pública", como dictaminaba la ordenanza prohibitoria del año 1977. También se intimaba a los cirujas a que no regresaran a la ciudad, bajo

[19] Programa Puerta a Puerta en el marco del denominado Plan Buenos Aires Recicla.
[20] *Clarín*, 11/09/2001.
[21] *La Nación*, 01/07/2001. Frente a este plan, los recuperadores sentían "que su fuente de ingresos [estaba] amenazada y [ofrecían] bastante resistencia". *Clarín*, ídem.
[22] Entrevista a Lidia Quinteros, op. cit.

amenaza de quitarles los carros y cobrarles una multa. Por esta razón, los cartoneros del Tren Blanco de José León Suárez se manifestaron. El día 4 de septiembre de 2001, un grupo de 200 cartoneros se reunió en asamblea en la estación de Suárez. Allí se debatió qué hacer frente a la persecución policial. Al día siguiente, el mismo grupo marchó hasta el CGP n°13, ubicado en Cabildo 3.100 y luego hasta la Comisaría n°33. El día 6 de septiembre, los manifestantes se movilizaron nuevamente, pero esta vez a la Jefatura de Gobierno porteño. Allí repudiaron los procedimientos policiales. También presentaron una carta y exigieron una reunión con algún funcionario. Por su parte, el jefe de gobierno, Aníbal Ibarra, señaló la necesidad de cumplimentar la ley de faltas, dictaminada en 1977 y prohibitoria del cirujeo. También sostuvo que no se podía "subsidiar a los vecinos de José León Suárez con una ciudad sucia", refiriéndose al trabajo de los cartoneros de la localidad mencionada y la consecuencia de la ruptura de bolsas de residuos.

En este contexto, uno de los legisladores porteños del Partido Justicialista e impulsor de la ley 992, Eduardo Valdés, presentó un pedido de informes sobre la persecución contra los cartoneros. A su vez, en octubre de 2001 y abril de 2002, el bloque justicialista organizó dos jornadas de debate con el objetivo de regular la actividad cartonera, bajo el título de "El Trabajo no es Basura".[23] En paralelo se creó una mesa de diálogo. Tanto en las jornadas como en la mesa participaron los cartoneros delegados del Tren Blanco y de las cooperativas Nuevos Rumbos y El Ceibo, legisladores, funcionarios, el subsecretario de Medio Ambiente, asociaciones vecinales, representantes de asambleas populares, de empresas recolectoras, del CEAMSE y periodistas. También estuvieron presentes investigadores del fenómeno del cartoneo como Pablo Schamber, quien presentó una ponencia sobre el tema, cuyo título era homónimo al nombre de las jornadas. Los delegados de los cartoneros exigieron el permiso para recoger materiales en las calles con sus carros, sin perjuicio del accionar policial. Por su parte, los miembros de las cooperativas propusieron la eliminación de los intermediarios, la creación de centros de reciclado. En ese entonces,

---

[23]Además de las jornadas mencionadas hubo otras reuniones cuya problemática fue el fenómeno cartonero. Durante el mes de noviembre del año 2001, la Fundación Ciudad organizó las "I Jornadas de debate público sobre el reciclaje" y la Comisión Nacional para la Erradicación de Trabajo Infantil (CONAETI) del Ministerio de Trabajo y Seguridad Social fue la coordinadora del evento "Reciclando valores", desarrollado en la Facultad de Ciencias Sociales de la Universidad de Buenos Aires. Estos encuentros también deben ser entendidos como hechos que forman parte de un contexto político y social más general. Schamber, *De los desechos a las mercancías*, op. cit., p. 66.

los cartoneros explicitaron que no querían Planes Trabajar sino que preferían dedicarse al cartoneo.[24]

Entre los meses de mayo y noviembre de 2002, una serie de hechos modificaron la tentativa del gobierno y la persecución contra el cirujeo. Incluso, el secretario de Medio Ambiente fue reemplazado por Eduardo Epszteyn, quien incorporó en la agenda política el problema de los cartoneros y la regularización de su actividad. En un primer momento, se mantuvo el intento por desalentar la actividad, sobre todo en algunas zonas de la ciudad, e impedir el ingreso de caballos desde el Conurbano bonaerense. Para ello se realizaron operativos e incautaciones de carros y camiones que trasladaran material reciclable en zonas del Microcentro, ámbitos turísticos y en los accesos a la Capital Federal.[25] La estrategia por frenar el cirujeo también se desplegó en la inspección de galpones de acopio. Aquellos que no estuvieran debidamente habilitados serían clausurados.

En julio de 2002, una de esas clausuras fue rechazada por los cartoneros. Un grupo de recuperadores efectuó 2 cortes de calle en repudio al accionar del gobierno porteño por haber inhabilitado un galpón ubicado en el barrio de Paternal al que asistían diariamente 300 personas. Los manifestantes exigieron la presencia de un funcionario del gobierno porteño y, en caso de no ser escuchados, amenazaron con interrumpir el paso del tren del ex ramal San Martín, ubicado a pocos metros del galpón. No fue una acción aislada y el reclamo se hizo extensivo a otras demandas. Junto a los recuperadores estuvieron presentes miembros del Polo Obrero, representantes de Asambleas Populares y vecinos de un asentamiento con amenaza de desalojo ubicado a pocos metros del galpón. Los miembros de la Asamblea de Paternal repudiaron el hostigamiento a los cartoneros y reclamaron para ellos un boleto gratuito en el Tren Blanco, atención médica, cobertura social, alimentos y becas para que los hijos de cartoneros no trabajen en la calle y vayan a la escuela a estudiar.[26] Por su parte, funcionarios del gobierno se acercaron al lugar aproximadamente a las 21:00 hs y acordaron con los cartoneros el permiso para depositar esa noche el material, aunque la clausura se mantendría hasta que se realizaran las reformas ordenadas. Al día siguiente, los cartoneros volvieron a ejercer medidas de fuerza. Unos días después renunció el secretario de Medio Ambiente.

Finalmente, el 6 de noviembre de 2002, como consecuencia de una denuncia realizada por el diputado Valdés por la inconstitucionalidad de la ordenanza prohibitoria del cirujeo sancionada en 1977, se llevó a

---

[24] *Clarín*, 18/10/2001.

[25] *La Nación*, 10/05/2002.

[26] *Prensa Obrera*, 01/08/2002.

cabo una audiencia pública en el Tribunal Superior porteño. Luego de este proceso se presentó el proyecto de ley.

La demanda por el permiso para cirujear remite a los primeros años de la década de 1990. No obstante, entre los meses previos y posteriores a la insurrección de diciembre de 2001, esta exigencia cobra mayor importancia en un contexto de fuerte activación política de los cartoneros en particular y del conjunto del Movimiento Piquetero en general. Aunque la tracción a sangre se mantuvo prohibida, la posibilidad de cirujear se hizo extensiva a todo el ámbito de la ciudad porteña.

La alianza con las asambleas populares

El proceso de lucha de los cartoneros dio lugar a la confluencia con las asambleas populares durante los años 2001 y 2002. Esta alianza se formalizó a partir de la creación de una Comisión de Vecinos y Cartoneros, que surgió como idea durante la realización de la Asamblea Inter-barrial en Parque Centenario y se efectivizó luego de la ruptura de esta última y la conformación de la Inter-barrial de Asambleas Autónomas.[27] Dicha comisión estuvo presidida por Alejandro Tiscornia, miembro de la Asamblea de Saavedra, y compuesta por otras personas provenientes de las asambleas de Colegiales, Palermo, Belgrano, Villa Urquiza y Villa Pueyrredón.[28] Según Tiscornia,

"Yo vivía en Juramento y Moldes y a veces bajaba a la noche por Cabildo, y veía escenas que conmovían. Las escenas de la gente revisando la basura para poder comer o ir a la bolsa de Mc Donalds. Ya desde 1986 recuerdo haber visto eso. (...) Algunos vecinos conocían mi trabajo anterior con los cartoneros. (...) Y a partir de ahí me pedían que colaborara con ellos, bajo ese mandato que me dijo Lidia Quinteros y nunca me olvido: 'Ale, nosotros tenemos información que ustedes no tienen y ustedes tienen llegada a lugares que nosotros no tenemos. ¿Podemos trabajar juntos?'"[29]

El vínculo entre las Asambleas Populares y los cartoneros provenientes del ramal de José León Suárez se debía, según Tiscornia, a una cuestión territorial. En sus términos,

---

[27] La Inter-barrial de Asambleas Populares en Parque Centenario se constituyó el 13/01/2002 y funcionó durante todo ese año.

[28] Entrevista a Alejandro Tiscornia, op. cit. Tiscornia menciona que sus compañeros delegaron ese cargo en él puesto que conocía el fenómeno de los cartoneros a partir de una serie de notas y entrevistas realizadas a los mismos cartoneros provenientes del Tren Blanco durante los años previos.

[29] Ídem.

"por afinidad territorial, la base fuerte de relación era el ramal Suárez. En aquel entonces era lo más fuerte y lo más presente a nivel de difusión pública, que ya habían tenido sus propias acciones, como la siguió teniendo después. Antes y después de nuestra aparición, ellos ya habían tenido espacio público, con marchas al CGP, a la legislatura, antes del 2001. Y ellos notaron mucho el cambio del 2001: antes los trataban como trapos, sucios y viejos, y ahora nos reciben, nos escuchan y nos reciben en sus mismas mesas. Lo cual no se plasmó en un cambio de situación, pero sí hubo una actitud diferente para con ellos. Y más todavía con los que se empezaron a relacionar con vecinos. Los otros grupos que estaban en relación eran Palermo, que entraba porque era parte de la línea de José León Suárez, Colegiales, Urquiza, en Belgrano había hecho contacto yo, en Drago no tenía parada el Tren Blanco y en Villa Pueyrredón la agregaron después."

Las reuniones entre cartoneros y asambleístas se efectuaban en las cercanías de la estación de Colegiales donde se encontraba la asamblea homónima. La delegada que asistía en representación de los recuperadores del Tren Blanco era Lidia Quinteros. La dirigente menciona las distintas asambleas que participaban, así como también, los temas que se trataban:

"En la Asamblea de Colegiales empezó a juntarse gente de otros lados, se sumó la Asamblea de Palermo, Chacarita, Saavedra, de todos esos lados. Entonces ellos empezaron a interesarse con nuestros problemas, yo tenía reuniones con ellos, les contaba cómo iban nuestras cosas, si teníamos un problema ellos nos apoyaban. Así nos fuimos organizando con las asambleas".[30]

A su vez, este vínculo tuvo su expresión en las ollas populares en diferentes barrios de la ciudad, como por ejemplo en Barrio Norte, Belgrano, San Telmo, Once, Congreso y Colegiales. También hubo grupos de cartoneros vinculados con asambleas del conurbano bonaerense, como fue la experiencia de la Asamblea de Vicente López, cuyos miembros organizaron un merendero en la estación de Olivos para los recuperadores que viajaban en el tren con destino a la localidad de Tigre.

Como ya mencionamos en el acápite anterior, las Asambleas Populares participaron activamente en la mesa de diálogo entre cartoneros y autoridades gubernamentales para debatir la sanción de la ley 992. Otro de los resultados de esta alianza fue la lucha conjunta por la rehabilitación de la estación de Carranza como parada del Tren Blanco. Durante el mes de julio de 2002, la empresa TBA inhabilitó

[30] Entrevista a Lidia Quinteros, op. cit.

dicha estación, debido a las reiteradas quejas de los vecinos por la presencia de cartoneros. La consecuencia fue que los recolectores de esa zona debían trasladarse hasta la estación Colegiales ubicada a unas 15 cuadras. El día 10 de julio, las asambleas de los barrios de Palermo Viejo y Colegiales se reunieron junto a la delegada del ramal, Lidia Quinteros, y decidieron efectuar medidas de acción directa en reclamo por la rehabilitación de la estación. Por su parte, las asambleas de la Av. Córdoba y Federico Lacroze, Auto-convocados Viaducto Carranza, Bajo Belgrano, Scalabrini Ortiz y Santa Fe, Saavedra, Villa Urquiza y Juan B. Justo y Corrientes, junto a las otras dos mencionadas, recolectaron 250 firmas entre los vecinos en un petitorio según el cual se exigía a las autoridades de TBA la inmediata rehabilitación. A su vez, los asambleístas advirtieron que, de no satisfacerse esa demanda, apelarían a medidas de fuerza.[31] Unos días después, los asambleístas y cartoneros del ramal de Suárez realizaron un corte de vías en la estación Coghlan.

Simultáneamente, los miembros de las asambleas fueron partícipes de un plan de vacunación antitetánica generalizado, al principio impulsado solo para los cartoneros y, posteriormente, para el conjunto de la población. Fue una propuesta de Lidia Quinteros en un contexto en el cual un joven cartonero había sufrido una herida durante la actividad de recolección. En primera instancia, se propuso realizar un festival para recaudar fondos y obtener las dosis de vacunas. Finalmente, por intermedio de negociaciones de los asambleístas, la Secretaría de Salud dependiente del gobierno porteño accedió a otorgar las dosis a un costo de 3 centavos cada una. El resultado fue un total de 900 personas vacunadas, entre vecinos y cartoneros.

Aunque no tuvo un resultado inmediato, las Asambleas Populares también fueron partícipes del reclamo de los cartoneros de José León Suárez por el ingreso para cirujear en el predio del relleno del CEAMSE, durante el año 2002. Si bien esta demanda excedía a los cartoneros del Tren Blanco provenientes de la localidad mencionada, fueron ellos quienes motorizaron la exigencia por el acceso al basural. Más adelante analizaremos la lucha por el acceso al relleno.

La vinculación entre las asambleas populares y cartoneros, y su participación junto con diversas organizaciones del Movimiento Piquetero se evidencia a su vez en otros hechos. Por ejemplo, en julio de 2002, en el marco de las asamblea interbarrial de la Ciudad de Buenos Aires y el Gran Buenos Aires, convocada en Parque del Centenario, se aprobó la formación de un Congreso Nacional Autónomo donde estuvieran representados los sectores en lucha: "aborígenes, trabajadores, desocupados, cartoneros, mujeres agrarias, asambleas, organizaciones de derechos humanos, hijos, madres, abuelas, partidos de izquierda, el

---

[31] Véase, Calello, "Asambleas vecinales...", en Schamber y Suárez, op. cit.

Movimiento de Trabajadores Desocupados, Central de Trabajadores Argentinos y Corrientes Clasista, Combativa y todos aquellos sectores que se oponen al proyecto del país del FMI".[32]

Cabe destacar que entre las asistentes se hallaban todas aquellas asambleas que habrían tenido un acercamiento directo con grupos de cartoneros, como por ejemplo, representantes de los barrios de Núñez-Saavedra, Belgrano-Núñez, Olivos, Saavedra, Palermo Viejo, Colegiales-Chacarita-Villa Ortúzar y Villa Pueyrredón (aunque esta última asistía en calidad de oyente). Incluso, estas mismas asambleas, junto con el resto de las convocantes de la Interbarrial, votaron y aprobaron su participación en la Mesa de Organización del Congreso Nacional de Trabajadores Ocupados y Desocupados (en junio de 2002) y en la Asamblea Nacional de Trabajadores Ocupados y Desocupados (durante el mes de septiembre de 2002).[33]

Esta etapa deja como resultado la integración de la lucha cartonera al conjunto de la lucha de la clase obrera y sus aliados propia del período. No resulta extraño que sus alianzas se encontraran dentro de lo que dio en llamarse "movimiento piquetero", puesto que la población sobrante fue su principal animadora. Se trataba, entonces, de un "reencuentro" con otras capas de la fracción a la que los cartoneros pertenecen de hecho.

Avances y retrocesos en momentos de fragmentación política (2003-2012)

En la periodización de la lucha de los cartoneros, hemos establecido un tercer momento caracterizado por avances y retrocesos en un contexto de fragmentación política. A su vez, esta etapa puede ser dividida en dos períodos, por un lado, los años 2003 a 2007, caracterizada por la represión y derrotas del conjunto de los cartoneros; y, por otro lado, desde el 2008 al 2012. Este segundo momento articula la desintegración definitiva del movimiento independiente de los cartoneros y su acercamiento al régimen político por intermedio de las cooperativas. Como veremos, un grupo de estas últimas lograron ciertos beneficios y una mejora en sus condiciones laborales.

---

[32] Información extractada de las resoluciones y propuestas aprobadas de la Asamblea Interbarrial de la Ciudad de Buenos Aires y el Gran Buenos Aires, desarrollada en el Parque del Centenario el día 14/07/02. Disponible en: http://www.argentina.indymedia.org/news/2002/07/37546.php.

[33] Información extractada de las resoluciones y propuestas aprobadas de la Asamblea Interbarrial de la Ciudad de Buenos Aires y el Gran Buenos Aires. Disponible en: www.argentina.indymedia.org/news/2002/06/30468.php.

Momento represivo y de fuertes derrotas (2003-2007)

I. Los operativos policiales en los puentes de acceso a la ciudad (2003 y 2006)

A partir del año 2003 se retomó la política represiva contra los cartoneros. Comenzó una etapa de derrotas que tuvo consecuencias económicas y políticas para el conjunto del movimiento. Al igual que en el período previo a la sanción de la ley 992, el gobierno porteño dispuso operativos y controles policiales en los accesos a la ciudad porteña con el objetivo de impedir el ingreso de cirujas a caballo y en camiones destartalados.

Por esta razón, durante el mes de abril de 2003 se efectuaron 4 cortes en el puente La Noria, que une la ciudad porteña con la zona sur del Conurbano bonaerense. Los cartoneros, provenientes mayoritariamente de Villa Fiorito, exigieron el permiso para cirujear con carros tirados por caballos. En el transcurso de la tercera manifestación, el día 11, los carreros fueron reprimidos por el personal policial y retirados de manera violenta.[34] Una semana después, los manifestantes volvieron a concentrarse en el puente, con el apoyo del Movimiento Independiente de Jubilados y Desocupados (MIJD) liderado por Raúl Castells. En el mes de junio, el gobierno porteño otorgó algunos móviles con los que los cartoneros debían reemplazar los carros tirados por caballos para recoger el material reciclable. Se trataba de viejas Pick Up modelos de la década de 1960, una camioneta Siam Di Tella, un Renault 4 y unas motos para tirar las carretas. En un acto, el líder el MIJD agradeció al Gobierno porteño por haberle otorgado carnets de conducir, ropa con tiras fosforescentes y vacunas para evitar enfermedades a los recuperadores.

Sin embargo, esta solución no prosperó. Los controles policiales fueron retomados en los puentes en los años posteriores para impedir el ingreso no solo de carros tirados por caballos, sino también, de los camiones destartalados que trasladaban a cartoneros subidos en sus acoplados. Esta tendencia tuvo su expresión en la ley 1.854, sancionada en el año 2005. Si bien se dictaminaba que los cartoneros podrían ser los encargados de transportar el material reciclable, la norma establecía una serie de cláusulas para los vehículos que de ningún modo estaban al alcance de aquéllos. Por ejemplo, la tenencia de una póliza de seguros que cubriera daños, sistemas de comunicación, que los vehículos no superasen los 10 años de antigüedad y garantía de tratamiento de los efluentes generados por la actividad. En consecuencia, solo entre los meses de septiembre y noviembre de 2006 la policía retuvo 83

[34] *La Nación*, 11/04/2003.

camiones de cartoneros en diferentes puntos de ingreso a la ciudad porteña (en los puentes La Noria, Victorino de La Plaza y Alsina y en el acceso de General Paz y Beiró) por distintos incumplimientos (carencia de seguro, de la verificación técnica, problemas con los frenos, con las luces y patentes).[35] Por su parte, un relevamiento efectuado por personal del gobierno entre los días 22 de noviembre y 8 de diciembre de 2006 indicaba que cerca de 50 camiones ingresaban por distintos accesos a la ciudad porteña. Los días martes y miércoles, llegaban a superar las 80 unidades. El informe señala que el 41% de los camiones se encontraba con irregularidades. En solo tres vehículos que fueron inspeccionados durante el día 19 de diciembre se trasladaban 150 cartoneros. Uno de los choferes de los transportes señaló que para dejar su vehículo en regla debía pagar aproximadamente 2 mil pesos solo por cambiar dos ruedas, colocar el guardabarros y regularizar su situación de pagos adeudados de patentes.[36]

Durante el año 2006, los cartoneros efectuaron medidas de fuerza contra esta persecución. Por otra parte, también denunciaron en reiteradas oportunidades la represión ejercida por la RECEP.[37] El 7 de febrero, un grupo de 300 cartoneros se movilizó a la jefatura del gobierno porteño, a la legislatura y, posteriormente, a la Plaza de Mayo. El reclamo fue contra los puntos de la ley 1.854 que atentaban contra las condiciones de los camiones en los cuales los cartoneros se trasladaban. Por ello se exigió asistencia estatal para la reconversión de los transportes y un boleto social para que los cartoneros se trasladasen en colectivos. También se denunció el accionar represivo de la RECEP. La convocatoria estuvo a cargo de las cooperativas El Álamo, del Bajo Flores, S.U.R., La Gran Esperanza, Asociación Civil El Amanecer de los Cartoneros, Movimiento de Trabajadores Excluidos y de cartoneros independientes de la ciudad porteña y el Conurbano bonaerense.

En el mes de junio, unos 100 cartoneros cortaron el Puente Alsina en repudio a los operativos policiales que impedían el paso de

---

[35] *Clarín* y *Página/12*, 22/11/2006.

[36] *Clarín*, 19/12/2006.

[37] La RECEP fue una unidad especial de Recuperación del Espacio Público, creada en julio de 2005 por el Secretario de Producción y Desarrollo sustentable, Eduardo Epszteyn, durante el gobierno de Aníbal Ibarra a través del decreto 1.136/05. Es el antecedente de la UCEP, un organismo creado con la misma finalidad por el gobierno de Macri. Una de esas acciones contra los cartoneros se efectuó el día 7 de diciembre de 2005. Ocho integrantes de la RECEP y dos policías de la seccional 47°, acompañados por un camión de la empresa de recolección de residuos INTEGRA, realizaron un operativo en los terrenos linderos a la estación de Villa Pueyrredón. Golpearon a cartoneros y vecinos del barrio integrantes de la Asamblea Popular y se llevaron pertenencias de la Cooperativa de cartoneros El Álamo.

camiones de cartoneros. Por su parte, 100 efectivos de la Infantería se aproximaron al lugar para impedir el corte total, quienes fueron apedreados por los manifestantes. Por la noche, los cartoneros reclamaron que el Gobierno porteño enviara a personal para negociar un acuerdo. Asistieron el subsecretario de Higiene Urbana, Claudio Suárez, y el de Seguridad Urbana, Manuel Izura. Se acordó convocar para el día lunes 26 de junio a una mesa de diálogo abierta a todos los sectores vinculados con la actividad, con el propósito de tratar normas de seguridad e higiene.[38]

Unos meses después, en noviembre, se efectuaron 3 cortes en distintos puentes de acceso a la ciudad porteña para exigir el permiso de cirujeo en carros tirados por caballos y con camiones. En todos estos casos, los manifestantes no superaban las 50 personas. Estas acciones fueron convocadas por el MIJD, cuyos dirigentes reclamaron la devolución de más de 70 carros y caballos que habían sido secuestrados y retenidos en distintas comisarías. Los manifestantes se retiraron luego de una reunión que tuvieron con funcionarios del gobierno de la ciudad quienes le propusieron la creación de cooperativas de trabajo. Luego de la protesta, el gobierno porteño anunció que realizaría más controles para evitar el ingreso de cartoneros con caballos y para inspeccionar los camiones.

Durante el mes de diciembre, los cartoneros provenientes de la zona sur del Conurbano bonaerense efectuaron dos nuevos cortes en los puentes por los mismos reclamos. Estas medidas de fuerza duraron entre 3 y 5 horas. En la primera de ellas, los cartoneros fueron reprimidos y detenidos por la Guardia de Infantería. Al día siguiente, los manifestantes volvieron a concentrarse. Al ser interceptados por el personal policial, los cartoneros respondieron y tiraron piedras. Algunos de ellos fueron demorados por la policía. Uno de los detenidos manifestó que no levantarían la medida hasta no resolver el problema del traslado. También indicó que los cartoneros viven de ese trabajo y cuestionó acerca de quién se haría cargo de otorgarle los 30 pesos diarios que obtenía por el cartoneo. Los manifestantes reclamaron subsidios para regularizar los camiones y el cese de los operativos de control de la policía. La medida fue levantada luego de obtener la promesa por parte de funcionarios del gobierno porteño de reunirse durante el día 20 de

[38]En dicha reunión, miembros del Movimiento de Trabajadores Excluidos (MTE) plantearon los problemas que padecían, exigieron créditos para arreglar los vehículos y un subsidio para volver a sus casas en colectivo con el propósito de no viajar en la caja trasera de los camiones. Luego, denunciaron ante el diario *Clarín* la falta de respuestas por parte del Gobierno de la Ciudad. Según estimó un miembro del MTE, Juan Grabois, a la fecha ingresaban aproximadamente 80 camionetas pequeñas desde la zona sur del conurbano a la Capital Federal (*Clarín*, 08/07/2006).

diciembre para delinear un permiso de trabajo y el empadronamiento de los recuperadores.

II. Lucha por el subsidio universal por hijo de cartonero (2004-2005)

La ley 992 impuso la creación de un registro y el otorgamiento de credenciales a los cartoneros a partir de los 14 años de edad. Esto fue denunciado por Patricia Bullrich durante el mes de marzo de 2004 por considerar que el gobierno porteño abalaba el trabajo infantil y la inasistencia a la escuela de niños menores de edad.[39] Por esta razón, se otorgó un subsidio por hijo de cartonero menor de edad que solo fue ejecutado a una minoría de recuperadores residentes de la Ciudad Autónoma de Buenos Aires. Esta limitación generó protestas de cartoneros provenientes del Conurbano bonaerense y la intervención judicial con el fin de universalizar el subsidio. Sin embargo, la demanda no fue resuelta favorablemente para los recuperadores a pesar de sus reclamos por intermedio de los canales institucionales y por la vía de la acción directa.

A partir de la denuncia se solicitó a la Defensoría del Pueblo que recomendara a las autoridades gubernamentales el cese del registro de menores, la toma de medidas adecuadas para su reinserción escolar, el control médico en hospitales públicos y la entrega de becas para la asistencia escolar. También se exigió a la Dirección General de Estadística y Censos la lista completa de los menores inscriptos con el objetivo de verificar el efectivo cumplimiento de los mencionados encargos.[40] En este sentido, hasta el 31 de diciembre de 2003 se habían registrado 1.313 menores de 18 años como recuperadores, de un total de 8.153 (16%). El informe aclaraba que la edad mínima para responder el cuestionario previo al empadronamiento era de 14 años, por lo tanto, no existía un registro de los niños cartoneros menores de esa edad. La información vinculada con el grado de nivel escolar alcanzado indicaba que el 77,7% no había llegado a la instancia de la educación media. Como dato complementario, el informe señalaba que el 32,4% del total de cartoneros no tenía estudios primarios completos.

El 9 de junio de 2004, la justicia dictó la sentencia luego de la denuncia de Bullrich contra el Poder Ejecutivo porteño. En ella se denunciaba la violación de los derechos del niño al utilizar a personas

---

[39] Bullrich, Patricia: "Denuncia correspondiente a causa con expediente nº 11797/0 del Juzgado en lo Contencioso Administrativo y Tributario de la Ciudad nº 9, Secretaría 18", 2004.

[40] Defensoría del Pueblo de la Ciudad Autónoma de Buenos Aires: Resolución nº 3321, sobre el registros de niños cartoneros menores de edad, 6 de julio de 2004.

menores de edad para realizar tareas de recolección de residuos.[41] En el fallo se adujo que correspondía "calificar como trabajo la actividad desarrollada por los menores con domicilio en la Ciudad Autónoma de Buenos Aires", incluidos en el registro. Por este motivo, se resolvió ordenar al gobierno porteño que dispusiera la caducidad inmediata de todas las credenciales entregadas a personas menores de 15 años de edad (en un plazo de 10 días), sean residentes de la ciudad de Buenos Aires o el Conurbano bonaerense. A los cartoneros menores de 15 años y residentes de la ciudad porteña el gobierno debía entregar un subsidio de 205 pesos que reemplace los ingresos obtenidos por la actividad.[42] A los niños que tuvieran entre 15 y 17 años se les permitía optar por la beca escolar y un subsidio a cambio de la culminación de sus estudios, o bien, seguir ejerciendo la actividad de cartoneo por intermedio de una autorización de sus padres.[43]

El fallo tuvo su amparo legal por intermedio del decreto 212 sancionado en febrero de 2005. La norma señalaba que según lo informado por el Programa de Recuperadores Urbanos (dependiente de la Secretaría de Medio Ambiente), la cantidad de adolescentes habitantes de la Ciudad de Buenos Aires de entre 15 y 17 años registrados que hasta ese momento habían ejercido la opción de culminar sus estudios y recibir el subsidio ascendía al número de ocho.

Dados el incumplimiento del fallo contra el gobierno porteño y las limitaciones del alcance del subsidio, los cartoneros acudieron en primera instancia a la justicia y, posteriormente, efectuaron medidas de acción directa. De este modo, presentaron un recurso de amparo al que dio lugar el juez Roberto Gallardo en el mes de agosto de 2005. Los cartoneros fueron representados por la ONG Casa de Justicia y patrocinados por la abogada Graciela Freijido.[44] Los denunciantes señalaron que como consecuencia de la sentencia dictada por la denuncia de Bullrich, el gobierno se había limitado a no extender más credenciales de recuperadores urbanos a los menores de edad y, por lo tanto, no se los incluía en el programa de subsidios.[45]

En su sentencia, el juez Gallardo ordenó la entrega de subsidios al conjunto de los hijos de cartoneros registrados menores de edad a partir del 1° de septiembre siguiente. Según sus términos, "la causa

[41]Ídem.

[42]En ese entonces se calculaba que el ingreso mensual promedio de un cartonero era de 205 pesos mensuales.

[43]El fallo judicial advertía que el ingreso obtenido por los cartoneros entre 15 y 17 años era vital para el sostenimiento de la unidad familiar. Por ello dejaba bajo la responsabilidad de los padres la posibilidad de que sus hijos cartonearan.

[44]Gallardo, Roberto: "Sentencia, Montenegro Patricia Alejandra y Otros contra el GCBA sobre amparo (Art. 14, CCABA), Expte. 17378 / 0", 2005.

[45]Ídem.

Bullrich solo era aplicable a quienes ya estaban inscriptos en el PRU (...) Ahora, se ordenó hacer un nuevo censo de todos los padres cartoneros que trabajan en Capital, sean porteños o no, y permitirles así que puedan anotarse y gozar del beneficio".[46] Al parecer, la limitación del alcance del subsidio se enmarcaba en un debate más general sobre el concepto de "habitante". Según Gallardo,

"ahí se debatía, como se sigue debatiendo, el alcance del beneficio porque si uno lo circunscribía a los registrados estaba achicando el universo enormemente y en realidad todos sabemos que al ser una actividad informal, una actividad que estaba altamente vinculada a migraciones te diría diarias, de gente que vive en los límites de la ciudad, no sabés si 10 cuadras para adentro o 10 cuadras para afuera, pero está ahí. Entonces si todo ese conjunto quedaba afuera del beneficio, obviamente el impacto económico era menor pero también la realidad de la resolución era menor. Entonces se discutía en ese momento el concepto del 'habitante'. (...) ¿Y quiénes son los habitantes? Bueno, nosotros tenemos un criterio amplio de habitante. Habitante es el que habita sin distinción cronológica. O sea, no hacemos distingos si vive hace 2 años, 1 año o 2 días. Está en la ciudad. Y está porque está vinculado con su actividad. O sea, está cartoneando. Está. Para otros es 'está cartoneando pero vive en Provincia, entonces ese no es acreedor del beneficio'".[47]

Por su parte, el gobierno porteño no cumplió con la orden de la justicia. Por este motivo, el juez impuso una medida de indisponibilidad de fondos públicos equivalente a 1.100 millones de pesos el día 2 de septiembre. El día 6, el gobierno apeló la medida dispuesta por la justicia y denunció penalmente a Gallardo por "abuso de autoridad". A su vez, la procuradora y jefa del equipo de abogados del estado porteño, Alejandra Tadei, argumentó que el gobierno no aprobaba la idea de que,

"los vecinos [de la Ciudad Autónoma de Buenos Aires] deban subsidiar a las personas carentes de recursos en general, ya que -según la primera medida cautelar de Gallardo- el beneficio debía alcanzar a todos los inscriptos en el Registro Único Obligatorio Permanente de recuperadores urbanos, pese a que 'la mayoría tiene domicilio en la provincia' de Buenos Aires. (...) [Además] el organismo rector en materia de políticas públicas para la infancia, [destacó que] el pago de subsidios contra entrega de un certificado de escolaridad no soluciona la situación de los chicos

---

[46]*Clarín*, 11/08/2005.

[47]Entrevista del autor al Juez Roberto Gallardo, en el Tribunal n° 2 de la Ciudad Autónoma de Buenos Aires, el 10/05/2011.

cartoneros que no van a la escuela y que ya en septiembre [por el mes en curso] no pueden incorporarse".[48]

A partir de la denuncia, el gobierno decidió desplazar al juez Gallardo y la causa fue destinada a la jueza Patricia López Vergara.

Paralelamente, grupos de cartoneros comenzaron a ejercer una presión al poder ejecutivo con el objetivo de acceder a los subsidios. De este modo, unos 400 cartoneros se presentaron en la Secretaría de Desarrollo Social porteña para solicitar el subsidio. Según el organismo estatal, solo 19 de los 400 recuperadores presentados cumplían con los requisitos para acceder al subsidio, es decir, estar inscriptos en el Registro Único de Recuperadores Urbanos, tener partida de nacimiento y constancia de escolaridad de sus hijos.[49]

El 5 de octubre de 2005 un grupo de poco menos de 100 cartoneros realizó una medida de fuerza e ingresó en la sede de la jefatura porteña en reclamo de la ejecución del pago del subsidio por hijo. Los recuperadores fueron acompañados por miembros de la Federación Universitaria de Buenos Aires (FUBA). Por su parte, la procuradora general de la ciudad señaló que en ese momento se estaba esperando el fallo de la Cámara que debía resolver la apelación planteada por el Gobierno a la medida cautelar dispuesta por Gallardo. También manifestó que tales subsidios no se encontraban regulados por ninguna ley.[50] Al día siguiente, las medidas de fuerza se mantuvieron. Un grupo de 50 cartoneros ocupó nuevamente la sede del Poder Ejecutivo porteño con el mismo reclamo. Su intención fue permanecer allí hasta ser atendidos por algún funcionario de la Secretaría de Desarrollo Social.

Finalmente, el día 7 de octubre la Cámara de Apelaciones en lo Contencioso Administrativo Federal revocó el fallo judicial que ordenaba la entrega del subsidio al conjunto de hijos de cartoneros. En su lugar ordenó a las autoridades gubernamentales porteñas becar a todos los menores de 15 años involucrados en la actividad cartonera para que pudieran continuar con sus estudios, aunque solo beneficiaba a los residentes de la Ciudad de Buenos Aires. También habría exigido el otorgamiento de cobertura social y sanitaria.[51]

La restricción del subsidio a los cartoneros residentes de la ciudad porteña generó un malestar en los recuperadores provenientes del Conurbano bonaerense. Por esta razón, el día 20 de octubre cinco cartoneros residentes del gran Buenos Aires efectuaron una huelga de

---

[48] *La Nación*, 06/09/2005. El organismo al que se refiere es el Consejo de Niños, Niñas y Adolescentes, dependiente del Gobierno de la Ciudad Autónoma de Buenos Aires.

[49] *Clarín*, 07/09/2005.

[50] *La Nación*, 06/10/2005.

[51] *La Nación*, 09/10/2005.

hambre y se encadenaron en la Plaza de Mayo al conocer el fallo de la Cámara de Apelaciones. Uno de los manifestantes señaló que no podía "ser que los beneficios sean solo para los que viven en la Capital, que son apenas el 20 por ciento" del conjunto de los cartoneros registrados.[52] Con el tiempo se dejó de empadronar a menores de edad y, consecuentemente, el subsidio por hijo dejó de percibirse.

III. La judicialización de la protesta (marzo de 2004)

La ofensiva contra los cartoneros tuvo su correlato en el plano judicial. Los recuperadores provenientes de ambos ramales del ex ferrocarril Mitre realizaron varias acciones por mejoras en el servicio del Tren Blanco entre los años 2003 y 2007. El 23 de marzo de 2004, luego de una de esas manifestaciones, la empresa TBA denunció a tres dirigentes que habían motorizado ese reclamo.[53] El proceso judicial duró 8 años hasta que, en el mes de agosto de 2010 y febrero de 2011, las imputadas fueron sobreseídas y se extinguió la acción penal.[54] No obstante, esta última tuvo consecuencias políticas sobre todo en el contexto de la clausura de los trenes cartoneros, que analizaremos en el acápite siguiente.

Durante los meses previos a la medida de acción directa, los cartoneros apelaron en reiteradas oportunidades a los canales institucionales para reclamar mejoras en el servicio del Tren Blanco. De este modo, en noviembre de 2003 presentaron una notificación a las autoridades de TBA para exigir una reunión y buscar soluciones a varias problemáticas acaecidas durante ese mismo mes. En el transcurso de 10 días, una niña menor de edad había sido golpeada antes de subir al tren, se habían hallado rotos todos los focos del interior de los furgones y habían ingresado al ferrocarril personas que se hacían pasar por delegados. En marzo de 2004, los recuperadores volvieron a enviar otra carta para manifestar su molestia por las pésimas condiciones en las que se encontraban los trenes blancos. Incluso, con posterioridad al inicio del

[52]*La Nación*, 21/10/2005.

[53]Cabe destacar que solo fueron procesadas las delegadas Gabina Argañaraz y Lidia Quinteros puesto que el tercer representante de los cartoneros denunciado, Gregorio Mela, no pudo ser notificado debido a que nunca fue hallado en su domicilio.

[54]Juzgado Federal en lo Criminal y Correccional de Tres de Febrero, Pcia. De Buenos Aires: Causa n° 315/08, "Somosa, Facundo José S/DCIA. INF. ART. 191 del CP", 2004. La causa se compone de dos cuerpos y 342 fojas. Además, se anexan dos incidentes de embargo contra las demandadas Gabina Argañaraz y Lidia Quinteros. El juez a cargo de la causa fue el Dr. Juan Manuel Culotta, en la Secretaría n° 2 a cargo del Dr. Bernardo Rodríguez Paina. El fiscal fue el Dr. Sica de la Fiscalía del Juzgado de San Martín.

juicio, los cartoneros exigieron otra reunión con las autoridades de la empresa ferroviaria para tratar algunos de los siguientes temas,

"Estado de los furgones del Tren Blanco. Piso e iluminación; Construcción de rampas funcionales al uso de carretas en la estación Belgrano R. Este tema ya formó parte de un acuerdo anterior con TBA, sin resultados concretos hasta la fecha; La implementación de un sistema de control y vigilancia eficiente en el acceso y en el interior del Tren Blanco. Es fundamental que la empresa se implique en esta tarea con la misma seriedad y empeño como en los trenes normales. Los delegados no alcanzan para esta tarea. En particular la empresa debe hacerse cargo del control de que ninguna persona que no sea autorizada por ejemplo como abonado viaje en el Tren Blanco."[55]

El 23 de marzo de 2004 los cartoneros exigieron una mayor cantidad de servicios de trenes blancos y el permiso para viajar con sus carros en los furgones de trenes de pasajeros comunes, sin ningún tipo de horario establecido. Por su parte, los miembros de TBA intentaron llegar a un acuerdo con los cartoneros manifestándoles que no podían otorgar el servicio que reclamaban en todos los trenes, pero sí podrían viajar en las unidades que tuvieran furgones. Seguidamente, los cartoneros decidieron efectuar el corte. La protesta fue protagonizada por un grupo de 40 cartoneros, que cortó las vías en el ramal que une las localidades de Villa Ballester y Zárate, a unos 200 metros de la estación de José León Suárez. La medida se inició a las 14:59 y duró dos horas aproximadamente. Esto provocó el atraso de 11 formaciones, 11 cancelaciones parciales y 7 cancelaciones totales en el ramal Retiro-José León Suárez y 5 formaciones atrasadas, 3 cancelaciones parciales y 2 cancelaciones totales en el ramal Villa Ballester-Zárate.[56] Este hecho fue denunciado por un asesor de siniestros de la empresa TBA el mismo día de la protesta. El denunciante informó que en el lugar se encontraba un gerente de la empresa TBA quien habría fotografiado a los "organizadores del corte", a saber, los delegados Lidia Quinteros, Gabina Argañaraz y Gregorio Mela.

El 5 de abril de 2006, el juez a cargo de la causa estableció el dictamen judicial. Allí se atribuyó a las imputadas Argañaraz y Quinteros el delito por "interrupción del servicio ferroviario", ilícito que se encuentra incluido dentro de los denominados "delitos contra la seguridad pública".[57] Por este motivo, el juez resolvió decretar el procesamiento de las dos personas imputadas por considerarlas "coautoras

[55]Ídem. Todos estos pedidos se presentaron en diferentes cartas. Fojas n° 63 a 70.
[56]Ibídem, foja n° 17.
[57]Ibídem, fojas n° 77 a 79.

penalmente responsables del delito" y trabar embargo sobre sus bienes o dinero hasta cubrir la suma de 3 mil pesos.

Por su parte, los defensores intentaron apelar el dictamen y argumentaron que la manifestación habría sido un mal menor a los fines de evitar un mal mayor. Dicho en otros términos, los abogados señalaron que la medida de acción directa habría sido efectuada en reclamo del estado deficiente de los trenes y que los cartoneros viajaban "encerrados" dentro de los vagones, sin contar con medios de escape ni matafuegos, "corriendo por eso una situación parecida al 'Cromagñón pero sobre vías'". El juez no hizo lugar al pedido de los defensores. En consecuencia, el 24 de agosto de 2007, el fiscal federal de la causa pidió la elevación a juicio de las imputadas.[58] Cabe destacar que este pedido se efectuó en un contexto en el cual la empresa TBA había anunciado el retiro de todos los servicios de trenes cartoneros, tanto de los ramales ex Sarmiento como de la ex línea Mitre.

Durante el mes de abril de 2009, el juez a cargo de la causa citó a una audiencia de debate oral a las imputadas. De este modo, se iniciaba el juicio oral y se llamaba a declarar a varias personas tanto por parte de la fiscalía como de la defensa. En el mes de mayo del mismo año, los abogados defensores pidieron la suspensión del juicio. El abogado de Quinteros propuso la realización de tareas comunitarias de su imputada "como 'manzanera', o sea distribución de alimentos en su domicilio real [Cárcova] y cumpliría un horario de 8 a 12 hs., pudiendo recabar información pertinente en 'Plan Vida' de la Municipalidad de San Martín". También ofreció un pago a modo de reparación del daño de 300 pesos en cuotas mensuales de 50 pesos. Por su parte, la defensora oficial de Argañaraz también solicitó la suspensión del juicio y argumentó que debía tenerse en cuenta la ausencia de antecedentes de la imputada. En este sentido, propuso el cumplimiento de tareas comunitarias no remuneradas en una institución de bien público a determinar por la municipalidad que corresponda al domicilio de su asistida. También ofreció un pago de 160 pesos en 8 cuotas de 20 pesos. Esta suma respondía, desde la perspectiva de la defensora,

"a que la situación económica de mi asistida es desesperante, téngase en cuenta que es Delegada de Camiones 'ad honorem' en la Organización del Nuevo Operativo Remplazo del Ex Tren Blanco,[59] que depende de la Jefatura de Gobierno de la CABA iniciada por Mauricio Macri y recolecta

---

[58]Ibídem, fojas n° 151 a 156.

[59]En ese entonces ya se encontraba vigente el servicio de logística de camiones para trasladar los carros de los cartoneros como reemplazo del Tren Blanco. Gabina Argañaraz era la delegada general de la logística correspondiente a los cartoneros procedentes de José León Suárez y las localidades del ramal Villa Ballester-Zárate.

cartones para luego venderlos, cobrando por ello entre diecisiete y veinte centavos el kilo, sumado a esto en el último tiempo la gran recesión produjo que ya no tenga ventas. A su vez, mi defendida convive con hijos menores, Elio Ramón Pastorisa (10 años), Áxel Leonel Pastorisa (11 años), Jairo Héctor Cassini (16 años), Joana María Cassini (19 años) y dos nietos [hijos de Cecilia Lorena Cassini (22 años)], Nicolás Cassini (4 años) y Facundo Cassini (2 años) a los cuales debe asistir en la alimentación, vestimenta, etc. Su pareja, Hugo Walter Pastorisa, se encuentra desocupado y su hija trabaja como niñera en la Ciudad Autónoma de Buenos Aires pero no gana lo suficiente como para sostener a sus dos hijos".[60]

La fiscalía manifestó su conformidad respecto de la propuesta de la defensa y el pedido de apelación a la audiencia de debate oral, aunque señaló ciertas condiciones. En primer lugar, fijar residencia, comunicar al Tribunal cualquier cambio o ausencia de su domicilio y someterse al cuidado del cuerpo de asistentes sociales del Tribunal; en segundo término, adoptar oficio lícito que debería ser verificado por el cuerpo de asistentes sociales del Tribunal; en tercer lugar, realizar trabajos no remunerados en un nosocomio o establecimiento educacional cercano a su domicilio por el término no menor de seis meses.[61]

En el caso de Quinteros, las tareas comunitarias y los pagos fueron cumplimentados en tiempo y forma. En cambio, Argañaraz tuvo ciertos inconvenientes. Durante el mes de junio de 2010, la imputada se apersonó en el juzgado para pagar la suma de 100 pesos, puesto que adeudaba las cuotas previas. Allí manifestó que,

"debido a diversos problemas de salud y a la extensa carga horaria, tanto de los trabajos comunitarios como de su trabajo cotidiano como cartonera se le dificultaba comparecer ante esta Sede sin poder dejar de realizar ninguno de ellos, ya que con su trabajo es con lo que mantiene a su familia y aclara que le resta una semana de trabajo comunitario".[62]

En este sentido, el informe realizado por la asistente social del Tribunal evidencia la situación en la que se encontraba Argañaraz. La cartonera convivía con su esposo cuyo oficio era ayudante de techista y obtenía unos 70 pesos diarios en momentos en que se encontraba con trabajo. Además, compartía su casa con 3 de sus 7 hijos. Su vivienda era de material con techo de chapa, edificada sobre un terreno fiscal y compuesta por una cocina, tres habitaciones chicas y un baño. De su

---

[60]Juzgado Federal en lo Criminal y Correccional de Tres de Febrero, Pcia. De Buenos Aires: Causa n° 315/08..., op. cit., fojas n° 226 y 227.
[61]Ibídem, fojas n° 229 y 230.
[62]Ibídem, foja n° 302.

trabajo como recolectora obtenía aproximadamente 200 pesos por semana, tarea que realizaba todos los días excepto los sábados.[63] Gabina Argañaraz menciona las dificultades en que se encontraba en ese contexto. Según sus términos, la delegada vivía extenuada debido a que,

"Tenía que levantarme temprano, hacer las cosas de la casa, mandar los chicos a la escuela, bañarlos, limpiarlos, seguir haciendo el bolsón.[64] Y muchas cosas más, pero bueno. Eran cosas que te dolía, porque llegabas a la tarde para agarrar el carro y ya estabas destruida. El médico mismo de la salita cuando me tuvo que firmar las tareas [comunitarias] decía que yo ya no podía continuar por problemas de salud. Porque estoy operada del corazón y eso es lo que más me repercutía".[65]

No es casual que la reprimenda judicial haya sido perpetrada contra las dirigentes, es decir, contra quienes expresaban una voluntad colectiva. Con el juicio se buscaba disciplinar al resto del movimiento. Este hecho tuvo sus efectos durante el cierre de los trenes. Por ejemplo, Argañaraz no intervino de manera directa en el conflicto por temor a una nueva denuncia en su contra. Cabe destacar que el sobreseimiento definitivo y la extinción de la acción penal se efectúan luego de certificar los antecedentes penales de los imputados. En este sentido, una nueva denuncia en contra de las delegadas hubiera perjudicado su situación procesal.

A su vez, la reparación del delito tuvo una consecuencia económica para las imputadas no solo por el pago de dinero, sino también por el tiempo destinado a una actividad no remunerada. La actividad cartonera requiere de largas jornadas de trabajo para que resulte rentable. De este modo, la realización de tareas comunitarias por el plazo de 6 meses atentaba contra la posibilidad de obtener mayores ingresos. Por último, el juicio a las delegadas cartoneras no fue un hecho aislado. Es decir, se enmarcó en una tendencia a la ofensiva contra el conjunto de los cartoneros, cuya mayor expresión fue el cierre definitivo de los trenes blancos de TBA.

IV. La clausura de los trenes blancos (2005-2007)

El cierre de los ramales de trenes cartoneros se efectuó entre mediados y fines del año 2007. En su reemplazo, el gobierno porteño cedió camiones para transportar los carros. Si bien se opuso una significativa resistencia, el desenlace del conflicto dio lugar a la iniciativa de

---

[63] Ibídem, foja n° 304.

[64] Se refiere a la actividad del cartoneo.

[65] Entrevista a Gabina Argañaraz, op. cit.

la empresa TBA, con enfrentamientos y represión mediante. Fue una derrota para los cartoneros.

La oposición a los camiones en reemplazo de los trenes blancos tenía una base material pues aquellos ofrecían peores condiciones laborales. Como mencioné en el capítulo IV, la escasa frecuencia y lentitud de los camiones sumado al largo trayecto desde y hacia los lugares de residencia prolongaba la ya muy extensa jornada laboral de los recuperadores. A su vez, el ferrocarril es un transporte más rápido que los camiones. Además, la tarea de subir los carros a los camiones requiere un mayor esfuerzo. Por el contrario, el tren no ofrecía mayores inconvenientes debido a que el traslado del carro se realizaba a ras del suelo. Por último, la incorporación de camiones resultó una limitación al ingreso en la actividad: en la medida en que los cupos para transportar carros en los camiones están ya cubiertos y son de hecho insuficientes, las personas que ingresan en la actividad -salvo excepciones- no cuentan de manera inmediata con un transporte. En cambio, los trenes ofrecían una alternativa más abarcadora.

A su vez, el fin de la contienda tuvo como efecto la disolución definitiva de aquel movimiento independiente que se había gestado con anterioridad a diciembre de 2001. Con posterioridad al cierre de los trenes cartoneros, la gestión de las cooperativas por conseguir una mayor cantidad de camiones y otros beneficios se tornó una negociación de carácter individual con el Estado y no todas tuvieron la misma suerte. Las consignas unificadoras y exigencias para el conjunto de los cartoneros, propias del período 2001-2002, fueron desplazadas en pos de la búsqueda de un beneficio para grupos específicos. Aunque esto último será analizado con mayor profundidad en el acápite siguiente, el cierre de los ramales de los trenes blancos puede ser analizado como un hecho que divide esos dos momentos más generales en la historia de lucha de los cartoneros.

a. Los anuncios de TBA sobre la clausura del Tren Blanco (2005-2007)

Los trenes cartoneros fueron clausurados los días 4 de julio (ramal Moreno-Once) y 28 de diciembre de 2007 (ramales Retiro-Tigre, Retiro-José León Suárez, trasbordos a Zárate y Capilla del Señor). No obstante, la empresa TBA había anunciado su intento por cesar el servicio desde los años previos. A su vez, el repudio contra su disolución no fue un acto espontáneo. Tampoco tuvo la misma repercusión para el conjunto de los usuarios. Algunos grupos de recuperadores fueron más consecuentes con su reclamo que otros. Por ejemplo, los cartoneros provenientes del ramal Mitre alertaron a funcionarios del gobierno porteño y nacional sobre las consecuencias que tendría dicha interrupción, mientras que los recuperadores de la zona oeste del Conurbano bonaerense asumieron el reemplazo del tren por camiones sin rechazos.

El primer intento de la empresa por clausurar los trenes blancos data de enero de 2005, a partir de una nota dirigida por el Gerente de Operaciones de TBA al secretario de Justicia y Seguridad Urbana del Gobierno de la Ciudad de Buenos Aires. Allí se anunciaba que debido al incremento en la cantidad de personas y materiales transportados, los accidentes, incidentes, riesgos generados contra la comunidad en su conjunto y la depredación de las instalaciones, se tornaba insostenible la prosecución de los servicios exclusivos para cartoneros. Por este motivo, la empresa solicitaba la intervención de las autoridades competentes para que coordinaran las acciones debidas con el objetivo de discontinuar esas formaciones.[66]

El anuncio de la concesionaria tuvo una exposición mediática durante el mes de noviembre de 2006. Los voceros de la empresa mencionaron que los trenes cartoneros no estaban contemplados por la normativa ferroviaria ni por los contratos de concesión. De este modo, los servicios se encontraban exentos de controles por la Comisión Nacional de Regulación del Transporte (CNRT). Por este motivo, la empresa habría enviado un comunicado al Ministro del Interior del gobierno nacional, Aníbal Fernández, por el cual se pedía la suspensión del servicio debido a los potenciales accidentes y desperfectos: falta de iluminación, ventanillas enrejadas, material transportado altamente inflamable. Por su parte, la CNRT habría admitido esas irregularidades luego de efectuar algunos controles. De este modo, habría

"convocado a representantes de los concesionarios Ferroviarios, funcionarios de las fuerzas públicas, ONABE, GCBA, subsecretaría de transporte, defensoría del pueblo de la ciudad de Bs. As. y defensoría del pueblo de la nación a fin de tratar la situación de la prestación de los mencionados servicios y buscar una nueva alternativa de traslado para los recicladores urbanos, teniendo en cuenta las condiciones de riesgo e inseguridad a las cuales se encuentran expuestos los usuarios de este tipo de servicios y el público en general".[67]

Consecuentemente, el organismo regulador del transporte habría propuesto a los recuperadores que trasladaran sus materiales en tren y que ellos viajaran en colectivos. Sin embargo, los cartoneros rechazaron

[66]Schamber, *De los desechos a las mercancías*..., op. cit., p. 108 y 109, nota al pie n° 70.
[67]Sánchez, Martín Gastón y Daniela Ubal (Letrados patrocinantes): "Acción de amparo. Solicita medida cautelar. Recurso presentado contra Trenes de Buenos Aires S.A. (TBA)", Provincia de Buenos Aires, 2007.

esa opción.[68] En ese contexto, los recolectores de José León Suárez manifestaron que no querían dejar el tren debido a que su costo era barato y cómodo para viajar y subir las carretas.

Entre los meses de mayo y julio de 2007, la empresa ferroviaria modificó sus argumentaciones por las cuales debía clausurar los trenes y anunció nuevamente su retiro.[69] Tanto la concesionaria como la CNRT adujeron que debían retirar las formaciones destinadas a trasladar cartoneros para arreglarlas y sumarlas a la flota de trenes de pasajeros, debido a un plan de reconversión impulsado por el gobierno nacional. Otra de las explicaciones vertidas por la empresa fue la menor dificultad en asumir los costos del alquiler de camiones respecto de los trenes.[70]

Antes de efectivizarse la clausura definitiva, los cartoneros provenientes del ramal de Suárez realizaron medidas de acción directa en contra de la iniciativa de la empresa. El día 21 de mayo convocaron a una movilización hasta Plaza de Mayo en repudio al intento de cierre de los trenes. Los manifestantes portaron carteles con consignas que decían "queremos el tren para trabajar dignamente, y no robar como otros, una solución ya". En el marco de la protesta, los cartoneros entregaron un petitorio dirigido al ex presidente Néstor Kirchner. El Movimiento Nacional de Trabajadores Cartoneros, Recicladores y Organizaciones Sociales (MOCAR), La Calle, Movimiento de Trabajadores Excluidos y las cooperativas Amanecer de los Cartoneros y El Ceibo participaron de la marcha.[71] Además, otro grupo de cartoneros provenientes del ramal con destino a Tigre concentró en la puerta de la Quinta de Olivos, debido a la imposibilidad de trasladarse hasta la Plaza de Mayo puesto que el Tren Blanco cortaba su recorrido en la estación Lisandro de la Torre. Este último grupo, acompañado por la Asamblea Interbarrial de Vicente López, reclamó el otorgamiento de credenciales, la necesidad de una solución en relación al posible cierre del Tren Blanco y conservar la fuente de trabajo.[72]

El día 4 de julio la empresa canceló el servicio del ramal Sarmiento y, en su lugar, cedió camiones para que los cartoneros pudieran trasladar sus carros, mientras que ellos viajarían en los trenes comunes. Los recuperadores de la zona oeste no manifestaron ningún rechazo ante esta modificación. Según declaraciones de Virginia Pimentel, presidenta del MOCAR y coordinadora de la zona, los cartoneros habían

---

[68] *La Nación*, 11/11/2006.
[69] *Clarín*, 30/05/2007.
[70] *La Nación*, 07/07/2007.
[71] *Infocartonero*, revista digital, año III, n° 12, 25/05/2007. Disponible en http://www.geocities.ws/infocartonero.
[72] *Villa Crespo digital*, revista digital del barrio de Villa Crespo. Disponible en http://www.villacrespomibarrio.com.ar.

estado de acuerdo con esa nueva metodología de logística. En cambio, los cartoneros provenientes de la zona norte del conurbano bonaerense manifestaron que rechazarían cualquier medida que se tomara sobre una posible clausura del ramal utilizado por ellos sin consultarlos previamente.[73] Unos días después de la cancelación del ramal de Once a Moreno, uno de los delegados cartoneros proveniente de Zárate señaló que presentarían un recurso de amparo con el objetivo de impedir la quita del servicio.[74] Por su parte, el gerente de la concesionaria TBA señaló que no se realizaría ningún cambio sin la aceptación de los cartoneros.

En agosto de 2007, un episodio volvió a colocar sobre los medios la iniciativa de TBA de clausurar el servicio del ramal Mitre. Debido a desperfectos técnicos, el tren cartonero con destino a Tigre no pudo salir. En su lugar, la empresa envió un servicio común de pasajeros para trasladar a los recuperadores. A la altura de la estación de Carupá se incendió un tacho de basura dentro del ferrocarril y, posteriormente, se prendieron fuego 5 vagones. En consecuencia, la concesionaria informó que esa misma semana clausurarían el servicio de trenes.[75] Frente a esta tentativa, una de las delegadas del ramal con destino a Suárez, Norma Flores, manifestó que en caso de sacar los servicios de trenes realizarían protestas debido a que los camiones no servían y que las personas mayores de edad no podían subir y bajar los carros.[76]

Un tiempo antes de su clausura definitiva, TBA comenzó a interrumpir algunos servicios de manera paulatina y la parada en ciertas estaciones. Por ejemplo, en octubre de 2007, la concesionaria retiró una formación del servicio de trenes de cartoneros que circulaban por el ramal Retiro-Suárez. Por este motivo, las delegadas Lidia Quinteros, Norma Flores y Gabina Argañaraz enviaron nuevamente cartas al ex presidente Néstor Kirchner y a las autoridades del gobierno porteño para evitar la clausura del tren.[77] A su vez, el 20 de diciembre la empresa suspendió uno de los tres servicios de trenes cartoneros que funcionaba entre las estaciones Maquinista Savio y Victoria. Una situación semejante ocurrió con las estaciones de ascenso y descenso de cartoneros en el ramal Retiro-Tigre. El 11 de diciembre, la concesionaria dispuso cortar el ingreso de cartoneros en la estación de Núñez. Lo mismo ocurrió unos días después en la parada de Olivos. Esta situación provocó la queja de los cartoneros debido a que las estaciones alternativas de

---

[73] *Clarín*, 06/07/2007.

[74] *Clarín*, 07/07/2007. Declaraciones del delegado cartonero, Lalo Paret.

[75] *Clarín*, 15/08/2007.

[76] Ídem.

[77] *Página/12*, 26/10/2007.

ascenso eran Rivadavia o Acassuso, siendo esta última no apta estructuralmente para el ingreso con carretas.[78]

b. La resistencia de los cartoneros, el acampe y su desalojo

Inmediatamente después del cierre del ramal Mitre, los cartoneros se manifestaron en su contra. En esas acciones participaron no solo los recuperadores usuarios de los servicios exclusivos, sino también las cooperativas, miembros de las asambleas barriales, organizaciones de izquierda y del barrio. Sin embargo, el marco de la protesta se efectuó a partir de dos consignas opuestas. Por un lado, los cartoneros del Tren Blanco ocuparon algunas plazas y terrenos en reclamo por la vuelta del servicio. Por otro lado, las cooperativas cartoneras realizaron movilizaciones, en primer lugar, por la vuelta del tren y, en segundo término, por la provisión de más camiones una vez que el gobierno porteño había cedido esos transportes a solo un grupo de recuperadores. Cabe destacar que las cooperativas intervinieron en el conflicto aunque la clausura de los trenes no las perjudicaba de manera directa. También se presentaron recursos de amparo contra la empresa ferroviaria. Si bien ciertas manifestaciones se efectuaron de manera simultánea, hemos descrito el conflicto en tres momentos diferentes por un criterio analítico. El objetivo es dar cuenta de la evolución del reclamo en el día a día y cuál fue la actitud de las cooperativas en sus intervenciones.

Los primeros reclamos y recursos de amparo: 27 de diciembre al 11 de enero

Los primeros reclamos inmediatamente previos a la clausura del Tren Blanco se efectuaron el 27 de diciembre tras conocerse la medida impuesta por TBA. Ese día, un grupo de cartoneros concentró en la terminal de Retiro, mientras que otro conjunto de manifestantes marchó hasta la Secretaría de Transporte de la Nación. Allí no fueron recibidos por ninguna autoridad. No obstante, dejaron un petitorio con su reclamo. Este último grupo exigió poder viajar en un vagón y que los carros fueran en otro.[79] No descartaron realizar cortes de vía ante la medida del cierre del ramal.[80] La protesta fue presenciada por centenares de manifestantes. De estas primeras acciones no disponemos de información suficiente para dar cuenta sobre qué grupos de cartoneros las efectuaron.

Al día siguiente, el 28 de diciembre, las cooperativas cartoneras concentraron en Plaza de Mayo en el marco de una orden judicial

---

[78] Sánchez y Ubal, op. cit.

[79] *La Nación*, 27/12/2007.

[80] *Clarín*, 28/12/07.

decretada por el Juez Gallardo, luego de que miembros de estas asociaciones presentaran un recurso de amparo contra el cierre del Tren Blanco. En dicho amparo, los cartoneros reclamaron, además del mantenimiento del servicio de transporte exclusivo, mayores medidas de seguridad en los trenes. Uno de los delegados de los recuperadores de la cooperativa El Álamo señaló que la empresa TBA había atendido el reclamo pero que no podía revertir la medida. A su vez, indicó que las autoridades de la Secretaría de Transporte les habían ofrecido continuar por 15 días con el servicio. Fuentes oficiales vinculadas al caso habían indicado que el gobierno nacional ofrecería fletes terrestres para trasladar la carga a las localidades del conurbano bonaerense de donde provenían los recuperadores. Al parecer, estos últimos no habrían aceptado la oferta.[81]

El día 30, un grupo de 50 cartoneros marchó desde la estación de Retiro hasta el centro porteño para protestar por la cancelación del servicio. Allí los cartoneros desplegaron banderas. Entre los participantes, asistieron miembros de las cooperativas Amanecer de los Cartoneros, del MTE y El Ceibo. Juan Grabois, del MTE, señaló que el reclamo se efectuaba para encontrar una alternativa a la medida dispuesta por la empresa TBA. A su vez, exigió la permanencia del servicio durante dos meses más para poder iniciar una mesa de diálogo y que, mientras tanto, los recuperadores no perdieran su trabajo.

El día 2 de enero de 2008, un grupo de cartoneros concentró en la ex Torre de los Ingleses, frente a la estación de Retiro, y luego se dirigió hasta la Plaza de Mayo. Antes de llegar a destino, los manifestantes reclamaron en la puerta de ingreso del Ministerio de Trabajo en contra de la clausura del Tren Blanco. Al parecer, se trataría de una manifestación convocada por las cooperativas de recuperadores. Finalmente, el día 11 de enero de 2008, la justicia provincial elevó un recurso de amparo presentado por 10 familias de cartoneros provenientes del partido de Escobar, quienes se encontraban organizados en el merendero de la estación Olivos. Cabe destacar que las autoridades de la empresa TBA fueron notificadas del recurso de amparo recién el día 31 de enero de 2008. Como se puede observar, el primer momento del conflicto fue protagonizado por acciones tanto directas como de carácter parlamentario. Fundamentalmente, estas manifestaciones fueron efectivizadas por las cooperativas de recuperadores. A través de sus intervenciones, estas últimas propusieron crear un diálogo con el gobierno porteño para obtener una alternativa al servicio de los trenes cartoneros.

[81] *La Nación*, 28/12/07.

El inicio de los acampes hasta el primer desalojo en Plaza Noruega: del 11 al 24 de enero

Luego de las acciones iniciadas por las cooperativas y los recursos de amparo presentados, la empresa TBA mantuvo su negativa de restablecer los trenes. Por su parte, los cartoneros provenientes de los ramales de Suárez y Tigre comenzaron a ocupar las plazas como forma de protesta en contra de la interrupción del servicio. Cabe destacar que los asentamientos no tenían el objetivo de levantar una vivienda, como ocurre en algunas zonas cercanas a las estaciones de trenes.[82] Fue, más bien, una medida de acción en contra de la clausura de los trenes cartoneros y en repudio al traslado en camiones. Según las prensas consultadas, los asentamientos se efectivizaron en varios puntos del barrio de Belgrano, es decir, la zona donde más se aproximan los dos ramales del ferrocarril Mitre. Las áreas ocupadas fueron la Plaza Noruega (entre las calles Mendoza y Ciudad de la Paz), Barrancas de Belgrano (entre las calles La Pampa y Sucre), debajo de la autopista General Paz (una a la altura de Av. Cabildo y otra a la altura de Av. Del Libertador) y cerca de la estación de Núñez.

El predio ubicado en Barrancas de Belgrano fue ocupado el día viernes 11 de enero de 2008.[83] Del resto de las ocupaciones, desconocemos la fecha precisa, aunque las prensas consultadas y las entrevistas realizadas a miembros que participaron de los asentamientos señalan que habrían sido en simultáneo. Los ocupantes eran mayoritariamente procedentes de las localidades del Conurbano bonaerense más alejadas de la ciudad porteña, específicamente de José León Suárez, Tigre, Garín, Victoria, Campana, El Talar, Pilar, Maquinista Savio, Escobar, Carupá.[84]

Desde el inicio de las ocupaciones, los cartoneros fueron amedrentados por la policía en reiteradas oportunidades con el objetivo de desalojar los terrenos donde se encontraban. Al mismo tiempo, autoridades gubernamentales les ofrecían camiones para trasladar sus carros en reemplazo del Tren Blanco. Algunos grupos aceptaron esta propuesta. Otros, en cambio, la rechazaron y sostuvieron su reclamo. Por ejemplo, el 22 de enero los cartoneros instalados en Barrancas de Belgrano exigieron el restablecimiento del servicio del Tren Blanco.

[82]Como por ejemplo los asentamientos cartoneros ubicados en las cercanías de las estaciones Chacarita o La Paternal, correspondientes al ramal de la ex línea San Martín, o como el asentamiento ubicado detrás de la cancha de Ferrocarril Oeste, en la ex línea Sarmiento.

[83]http://radiopasillo.wordpress.com/2008/01/15/se-inauguro-la-plaza-barrancas-del-carton-en-barrancas-de-belgrano.

[84]Fuente: periódicos consultados y entrevistas realizadas a miembros que participaron de los asentamientos.

También anunciaron que continuarían asentados en varios puntos de la ciudad en caso de que TBA no restableciera dicho transporte. A su vez, denunciaron que el gobierno porteño no había cumplido con su palabra. Según los cartoneros, los camiones llevaban los carros de vuelta hasta sus residencias en provincia, pero no ofrecían un servicio para trasladarlos nuevamente al centro porteño.[85]

El día 23 de enero, los ocupantes de Plaza Noruega fueron desalojados de manera pacífica. Hasta ese momento, había más de 60 recuperadores apostados en el predio. Las autoridades del gobierno porteño negociaron con los cartoneros, los incitaron a desalojar el área y a trasladar sus materiales en camiones hasta sus lugares de residencia. Según Alejandro Tiscornia, cuando aparecieron los transportes,

"algunos cartoneros se subieron y a los últimos que quedaban les compraron la mercadería, cuando ya quedaba un grupo de 40 o 50. (...) Fue un funcionario y les ofrece comprarles la mercadería si ellos se iban. (...) Y después de eso, parte de los cartoneros se trasladaron a Barrancas".[86]

El desalojo en Plaza Noruega y el reemplazo de los trenes por camiones generó disidencias entre los grupos de cartoneros. En este sentido, Gabina Argañaraz, delegada del ramal de Suárez, manifestó su desacuerdo debido a las dificultades que presentaba trabajar con los camiones y sostuvo su intención de mantener el reclamo por la vuelta del Tren Blanco.[87] Por su parte, algunos grupos de cartoneros comenzaron a ceder frente a la presión del personal policial y del gobierno. Por último, los dirigentes de las cooperativas cartoneras señalaron su preocupación por el sistema de camiones debido a su escasa cantidad y, al mismo tiempo, sostuvieron la negativa de mantener las ocupaciones. En este sentido, una de las representantes de la cooperativa El Álamo, Alicia Montoya, señaló:

"el sistema de camiones va a colapsar. La recolección del día desborda la capacidad que puedan tener los camiones, que tienen que ser muchos más que los 10 que aportó la Secretaría de Transporte. (...) Nosotros vamos a seguir presionando con amparos para que vuelva el Tren Blanco, pero la gente necesita laburar y si el camión se lleva la mercadería y pasa a buscar los carros al otro día, en este momento no hay motivo para acampar".[88]

---

[85] *La Nación*, 22/01/2008.

[86] Entrevista a Tiscornia, op. cit. Tiscornia participó del asentamiento en Plaza Noruega y, una vez desalojados los cartoneros, se trasladó al de Barrancas de Belgrano. Allí, según sus términos, estuvo mucho más orgánicamente.

[87] *Clarín*, 24/01/2008.

[88] *Página/12*, 24/01/2008.

Unos meses después del desalojo, Montoya sostuvo su posición respecto de que las condiciones políticas no eran las adecuadas para sostener el acampe en Belgrano en momentos en los cuales ya se estaban incorporando los camiones.[89]

El acampe en Barrancas y su desalojo: 24 de enero al 22 de febrero

Luego del 23 de enero, el acampe de Barrancas de Belgrano comenzó a crecer en cantidad de personas. El reclamo por el restablecimiento del servicio del tren cartonero se mantuvo por parte de los ocupantes. En este sentido, el predio ocupado portaba carteles con consignas en favor del Tren Blanco tales como: "El tren dignifica", "No vinimos a vivir sino a protestar por el corte de trenes"[90] y "el tren es y será nuestra única fuente de trabajo permanente".[91] Por su parte, las cooperativas convocaron a realizar acciones por fuera del acampe exigiendo una mayor cantidad de camiones para aquellos cartoneros a quienes se les había ofrecido. De este modo, no solo hubo un crecimiento cuantitativo en el asentamiento de Belgrano, sino también una profundización en la división de dos consignas contrapuestas. El cuadro 31, de la siguiente página muestra la evolución de la cantidad de ocupantes según cada asentamiento.[92]

A diferencia de otros asentamientos, los cartoneros de Barrancas de Belgrano tuvieron apoyo de organizaciones barriales y miembros de asambleas populares. No obstante, estos organismos se encontraban desintegrados, o bien, con posiciones contrapuestas respecto de los asentamientos. Por ejemplo, la presencia de Alejandro Tiscornia se debía a su tarea vinculada con la Asamblea de Saavedra aunque, en ese entonces, dicha entidad ya no existía como tal. A su vez, la Asamblea del Bajo Belgrano se encontraba dividida en cuanto a su posición respecto del acampe. El comedor de los días jueves era un desprendimiento de esa asamblea y fue el único en apoyar el asentamiento.[93] En cambio, otros vecinos que eran parte de la asamblea se manifestaron en contra de la medida. De las organizaciones políticas,

---

[89]Entrevista a Alicia Montoya, realizada el 05/04/2008.

[90]*Clarín*, 15/02/2008.

[91]*La Nación*, 20/02/2008.

[92]El cuadro muestra la evolución de aquellos asentamientos de los cuales disponemos de información. De los demás asentamientos no existen datos precisos en las fuentes periodísticas. Con la excepción de la ocupación de Plaza Noruega, hemos dividido la cantidad de asistentes según "personas" y "familias", puesto que aparecen ambas categorías en las prensas.

[93]El comedor de los días "jueves" recibe ese nombre para diferenciarse de los comedores de los días "lunes", "martes", "miércoles" y "viernes", cuyos organizadores eran distintas personas y entidades.

el Partido Obrero (PO) fue el único organismo de izquierda en apoyar la medida de fuerza. Tanto los miembros del comedor como los del PO eran parte del mismo equipo que tenía un trabajo de base en la zona de Barrancas de Belgrano.[94] Estas organizaciones, en conjunto con los cartoneros del asentamiento, realizaron una especie de carpa blanca como sitio de resistencia cultural. Incluso, dos días antes de ser desalojados, los organizadores proyectaron una película.

Cuadro 31. Evolución de la cantidad de personas y familias en asentamientos en reclamo contra el cierre del Tren Blanco de TBA, Ciudad de Buenos Aires, enero-febrero de 2008.

Fecha	Barrancas de Belgrano		Plaza Noruega	Gral Paz y Cabildo	
	Familias	Personas		Familias	Personas
22/01/2008	6		40 personas		
23/01/2008*			60 personas	10	
31/01/2008	25	20			
01/02/2008	25	100			
15/02/2008	50				35
20/02/2008		70			
22/02/2008**		90			
23/02/2008				20	
12/03/2008***					150

*Desalojo pacífico en Plaza Noruega; **Desalojo con represión en Barrancas de Belgrano; ***Desalojo pacífico en Gral. Paz y Cabildo.
Fuente: elaboración propia en base a diarios *Página, 12*, *Clarín* y *La Nación*.

Por su parte, algunos miembros de las cooperativas también se acercaron al acampe aunque, como ya mencioné antes, sus dirigentes estaban en contra de la medida de ocupar las plazas. La delegada del Tren Blanco del ramal de Suárez, Gabina Argañaraz, menciona la presencia del MTE y la cooperativa El Álamo.[95] Sin embargo, al parecer de Tiscornia, "no podían entrar en el acampe. Ellos decían lo del recurso de amparo, la ley de Basura Cero, pero no lograban entrarle a los cartoneros".[96]

[94]Entrevista a Tiscornia, op. cit.
[95]Entrevista a Argañaraz, op. cit.
[96]Entrevista a Tiscornia, op. cit.

Las cooperativas mantuvieron su reclamo por una mayor cantidad de camiones. El día 18 de febrero, convocaron a una concentración y corte de calle frente a las dependencias comunales de Cerrito 268, de la cual participó un grupo de recuperadores provenientes del tren cartonero del ramal de Tigre. Los manifestantes exigieron al gobierno porteño la incorporación de 5 camiones más en el recorrido paralelo al ramal ferroviario que unía las estaciones de Retiro y Victoria. También reclamaron el pago de la deuda que tenía el gobierno con los 18 camioneros que hasta ese momento manejaban los transportes que suplantaban el servicio del Tren Blanco.[97] Al día siguiente, el 19 de febrero, los manifestantes se reunieron con el Ministro de Ambiente y Espacio Público, Juan Pablo Piccardo. Uno de los coordinadores de la cooperativa El Álamo, Roberto Gómez, señaló la insuficiencia para trasladar a todos los carros procedentes del Conurbano con los 22 camiones cedidos por el gobierno y la secretaría de transporte. Argumentó que solo trasladaban 400 carros y no los 700 que antiguamente se llevaban en los trenes. En este sentido, los recuperadores exigieron 15 camiones más. Por su parte, el ministro Piccardo se comprometió a otorgar solo 2 transportes más.[98]

En cambio, los cartoneros asentados en Barrancas de Belgrano mantuvieron su consigna por la vuelta del Tren Blanco hasta que fueron desalojados. El día 21 de febrero, los ocupantes volvieron a reclamar contra el cese del servicio y rechazaron la propuesta del gobierno porteño de trasladar sus carros en los camiones. Rosa, una de las representantes del asentamiento, señaló que los transportes ofrecidos por el gobierno solo servían "para llevar ganado". También manifestó que los nuevos vehículos no cumplían con la función del Tren Blanco en el que, además de llevar materiales reciclables, los cartoneros tenían garantizada la vuelta a la ciudad porteña. Situación que, según la vocera, en ese entonces no sucedía. Esta denuncia se efectuó en un contexto en el cual el gobierno había logrado negociar con los cartoneros provenientes de otros ramales y otorgar camiones. Los recuperadores que se encontraban en el predio ocupado en el barrio de Palermo aceptaron que sus carros fueran trasladados en camiones, aunque advirtieron que dicho sistema descomprimía la crisis pero no reemplazaba al tren.[99]

En ese marco sucedieron dos hechos que marcaron el rumbo del día siguiente. Por un lado, el gobierno porteño de Mauricio Macri tuvo su primera renuncia. Se trató del Director General de Reciclado, Pablo Fornieles, quien se encargaba de la relación con los cartoneros. Según las fuentes consultadas, la dimisión se debió a que el funcionario

[97] *Página/12*, 19/02/2008.
[98] *Página/12*, 20/02/08.
[99] *La Nación*, 22/02/2008.

había prometido a los recuperadores otorgarles más camiones en reemplazo del Tren Blanco, decisión que habría sido cuestionada por el subsecretario de Higiene Urbana, Gustavo Grasso.[100] Por otro lado, el Ministerio de Ambiente y Espacio Público dispuso desalojar el asentamiento ubicado en Barrancas de Belgrano por intermedio de las resoluciones 303 y 308.

El desalojo se produjo el 22 de febrero a partir de las 5 de la mañana y fue ejecutado por personal del Gobierno de la Ciudad de Buenos Aires y la Policía Federal Argentina, aunque también actuaron policías de civil portando armas y personal de la seguridad ferroviaria.[101] El operativo estuvo a cargo de 100 efectivos.[102] En ese momento, el predio estaba habitado por 60 personas adultas y 30 menores de edad. Según las declaraciones vertidas en la denuncia presentada por la Defensoría del Pueblo contra el Gobierno de la Ciudad de Buenos Aires por las irregularidades del desalojo, el accionar policial fue violento y hubo varios heridos. En este sentido, los cartoneros comenzaron,

"siendo rodeados por el lado de las vías por personal de policía ferroviaria. La gente les pedía que no tocaran a los chicos. Mientras tanto el personal policial comenzó a ponerse los chalecos anaranjados y a formarse en fila, mientras otros que tenían escudos y bastones largos hacían lo mismo. A medida que el personal policial avanzaba hacia donde se encontraba la gente, esta comenzó a gritar debido a que el personal policial de sexo masculino había comenzado a pegarle a la gente que se encontraba rodeada. En un momento dado el personal uniformado tomó de los pelos a la señora Lucía Cristina Vitellio [una de las cartoneras ocupantes] y a medida que la llevaban entre cuatro uniformados, le pegaban con los puños. Como la gente vio lo que sucedió con Vitellio se enfureció y comenzó un enfrentamiento. Manifiesta que a medida que se sucedían los hechos, el personal con chalecos anaranjados y el personal de infantería los rodeaban de tal

---

[100] *Página/12*, 22/02/2008. El día 22 de enero anterior, Fornielles se había comprometido con un grupo de cartoneros provenientes del ramal Retiro-Tigre a entregarles una mayor cantidad de camiones. El día 10 de febrero, los cartoneros señalaron que solo se les había entregado 5 camiones. Por este motivo, los recuperadores exigieron una mayor cantidad de camiones.

[101] Pierini, Alicia Beatriz: "Denuncia de defensora del Pueblo de la Ciudad Autónoma de Buenos Aires, contra el señor el Jefe de la Comisaría nº 33, Sr. Julio César Federico Fernández, por su posible autoría o participación en los delitos de privación ilegítima de la libertad, lesiones y de abuso de autoridad y violación de los deberes de los funcionarios públicos", en el marco del desalojo de cartoneros de Barrancas de Belgrano, 2008. Disponible en www.defensoria.org.ar.

[102] *Página/12*, 23/02/2008.

forma que los iban separando en grupos".[103] "Allí comenzaron las corridas, las detenciones y los golpes por parte de la policía a los compañeros."[104]

Los policías tomaron las pertenencias de los cartoneros y las tiraron en los camiones compactadores. Los carros fueron prensados y destruidos. El resultado del operativo arrojó un total de 4 personas heridas que fueron atendidas en el Hospital Pirovano y 9 detenidos, de las cuales 2 eran vecinos y 7 cartoneros. De estos últimos, 2 eran menores de edad.

Los ocupantes del predio de Barrancas de Belgrano fueron los más radicalizados al sostener la medida de fuerza. Estuvieron allí durante 42 días. A su vez, recibieron el apoyo de miembros de asambleas populares, del Partido Obrero y otras entidades barriales. En ningún momento cedieron a la presión de las autoridades gubernamentales en su intento de reemplazar los trenes por los camiones y tampoco accedieron a las proclamas de las cooperativas. Su resistencia solo pudo ser frenada por intermedio del enfrentamiento y la represión policial. Este grupo tendió a quedarse aislado del resto de los cartoneros. Por un lado, las consignas de las cooperativas tenían como eje articulador la obtención de una mayor cantidad de camiones. Por este motivo, no establecieron un vínculo estrecho con los ocupantes de Barrancas, quienes sostuvieron el reclamo de la vuelta del tren. Por otro lado, otros grupos de recuperadores aceptaron los nuevos transportes, aunque manifestaron cierto repudio. A su vez, algunas de las dirigentes históricas del movimiento cartonero, Argañaraz y Quinteros, se encontraban con un proceso judicial a cuestas. Quinteros había perdido cierto grado de influencia en los cartoneros del tren, al trabajar desde hacía unos meses en una de las plantas de reciclado ubicadas en el predio del CEAMSE, en conjunto con otros recuperadores que antes recolectaban en las calles porteñas y utilizaban los servicios de trenes cartoneros. Por último, algunas asambleas que en los años previos habían estado vinculadas con los cartoneros se encontraban disueltas (Saavedra), o bien, con posiciones contrapuestas en torno a las ocupaciones (Belgrano).

El cooperativismo y la institucionalización del movimiento (2008-2012)

Con posterioridad a la clausura de los ramales de los trenes cartoneros, las acciones directas mermaron, como lo muestra el gráfico 22. El año de mayor conflictividad fue el 2008, que condensa fundamentalmente dos reclamos. Por un lado, la exigencia por la vuelta del Tren

---

[103] Declaración de Roberto Carlos Rodríguez en Pierini, op. cit.
[104] Declaración de Marcelo Sosa. Ídem.

Blanco y, por otro lado, una serie de demandas vinculadas con la suba del precio de los materiales reciclables en un contexto de fuerte disminución. Incluso, las cooperativas cartoneras exigieron su agremiación en el sindicato de los trabajadores papeleros en un acto por el día del trabajador. Por la regulación de los precios del reciclado, los recuperadores efectuaron cortes de calle en la puerta de la sede de la empresa Papelera del Plata y de la Asociación de Fabricantes de Celulosa y Papel. Se trata de acciones en las cuales se reclamó frente al sector de la burguesía que los explota. Este no fue un hecho aislado: con la misma consigna, las cooperativas concentraron en la cámara empresaria el 23 de febrero del año 2012.

Paralelamente al reemplazo de trenes por camiones, el desarrollo del cooperativismo tuvo un nuevo impulso en el seno de los cartoneros, a través de mecanismos de cooptación por parte del gobierno porteño. Las negociaciones entre el Estado y las cooperativas cartoneras cobraron mayor fuerza a través de los canales institucionales. La primera de ellas fue en julio de 2008 a través de un acuerdo firmado por representantes de las cooperativas del MTE, El Álamo, El Ceibo, Del Oeste, dos delegadas de los cartoneros provenientes del recién clausurado Tren Blanco y el gobierno. Este último se comprometía a "garantizar el servicio de transporte para los recuperadores urbanos del ex Tren Blanco (2 ramales) hasta diciembre del 2009".[105] Esto implicaba el servicio de logística de los carros, sin tener en cuenta el traslado de los cartoneros. Por su parte, las cooperativas, específicamente el MTE, obtuvieron los mayores beneficios, puesto que el gobierno se comprometía a

"resolver en un plazo de 30 días la provisión de colectivos y el pago de los gastos necesarios para el traslado de los recuperadores urbanos agrupados en el MTE; resolver en un plazo de 45 días un plan de reconversión tecnológica y regularización de las unidades de transporte de carga (83 camionetas y camiones) del MTE en forma consensuada con dicha organización; librar la orden de servicio a la empresa [de recolección de residuos] URBASUR para iniciar las obras de construcción del Centro Verde de la Cooperativa El Amanecer de los cartoneros [del MTE]".

Para las demás cooperativas, sobre todo aquellas que disponían de centros de reciclado, el compromiso del gobierno era:

[105]Gobierno de la Ciudad Autónoma de Buenos Aires: "Acta Acuerdo", convenio firmado entre el gobierno porteño y las cooperativas de cartoneros El Ceibo, El Amanecer de los Cartoneros, Movimiento de Trabajadores Excluidos, El Álamo, Del Oeste, Tren Blanco ramal José León Suárez y Tigre, 7 de julio de 2008. Disponible en www.ambiente.gov.ar/archivos/web/ObservaRSU/file/acuerdo.pdf.

"reorganizar la recolección de materiales reciclables provenientes del cumplimiento de la resolución 50 de manera tal de abastecer los Centros Verdes con participación de los cartoneros en la logística incorporando la experiencia del MTE en esta materia; proveer de la logística necesaria para desarrollar la tarea de transporte de materiales reciclables desde los lugares de generación hasta los Centros Verdes y/o plantas de acopio en forma eficiente y transparente, con participación de las organizaciones del sector cartonero; finalizar las obras y dotar de todo el equipamiento necesario en los Centros Verdes que gestionan las Cooperativa El Ceibo, El Álamo y Del Oeste, en un plazo no mayor a los 60 días, conforme a lo detallado en el ANEXO I; iniciar una experiencia piloto en el Barrio de Villa Pueyrredón con la Cooperativa El Álamo para dar cumplimiento a la resolución 808".

En agosto de 2008 se anunció lo que sería una segunda instancia de negociación con las cooperativas en el marco de un proyecto elevado por el macrismo para modificar los pliegos licitatorios de recolección de residuos. Aunque dicho proyecto no prosperó y el concurso se pospuso, el ministro de Medio Ambiente y Espacio Público anticipó lo que sería su futura política para los cartoneros.[106] El funcionario propuso una reasignación de recursos en materia de subsidios para los cartoneros, luego de un diagnóstico efectuado sobre la política de recolección diferenciada en el año 2007 y la ineficiencia de las empresas prestatarias del servicio de recogida de residuos.[107] Estas últimas habían recogido en un solo año una menor cantidad de material reciclable respecto de lo que el conjunto de los cartoneros recuperaba diariamente en la calle.

Los subsidios comenzaron a otorgarse a partir del mes de diciembre de 2008. Los montos presupuestados fueron en concepto de incentivos por "capacitación relativa a la recolección y reciclado", un subsidio que comenzó con la suma de $200 y en diciembre de 2012 era de un monto de $1.600, vestimenta, guarderías y el pago de monotributo a cargo del gobierno. En un primer momento, la única cooperativa en percibirlos fue el MTE, al igual que el servicio de logística mencionado anteriormente. Recién a partir del mes de febrero de 2010, la cooperativa El

---

[106]Como no se mencionaba qué lugar ocuparían los recuperadores en el nuevo sistema, las cooperativas cartoneras cuestionaron la iniciativa macrista. Dada la oposición generalizada no solo de las organizaciones cartoneras sino de otras entidades, el gobierno convocó a una serie de reuniones y una audiencia pública para tratar su proyecto. Allí se anticipó la política de subsidios que tuviera lugar un tiempo después.

[107]Gobierno de la Ciudad Autónoma de Buenos Aires: "Informe Anual de Gestión Integral de Residuos Sólidos Urbanos. Ley n° 1854", Ministerio de Medio Ambiente y Espacio Público, 2008.

Álamo obtuvo lo suyo. Paulatinamente, las demás asociaciones también fueron beneficiadas. Esta fue la razón por la cual se incrementó la cantidad de miembros en las cooperativas: de 1.840 cartoneros asociados en el año 2008 aumentó a 3.156 en solo tres años. Sin embargo, no todas las entidades reciben estos subsidios. Además, de las que sí perciben los beneficios, no todas obtienen la totalidad de los mismos. Por esta razón, las menos favorecidas han enarbolado una consigna que reclama que no haya cartoneros "de primera" y "de segunda".

En diciembre del 2009, un grupo de cooperativas se movilizó y exigió que el programa de subsidios se convirtiera en ley. Pero no se logró satisfacer la demanda. Con posterioridad, los reclamos se convirtieron en una negociación de carácter individual entre las cooperativas y el Estado, donde se relegaron las reivindicaciones para el conjunto de la población cartonera. A nivel general, las acciones del período entre 2009 y 2012 se caracterizan fundamentalmente por la obtención de más subsidios, su renovación, incremento de los cupos y aumento de su monto. En su abrumadora mayoría, las manifestaciones fueron convocadas por las cooperativas cartoneras, aunque de manera fragmentada. En tres acciones la cantidad de asistentes superó las 1.000 personas, situación que solo se asemeja a algunas marchas del año 2002.

La asignación de las zonas más rentables para cartonear también se vincula con negociaciones entre el gobierno y las cooperativas, en perjuicio de los cartoneros independientes. En abril de 2010, el poder ejecutivo del gobierno porteño redactó y elevó nuevamente un proyecto para licitar las zonas de cartoneo y asignarlas a las cooperativas a través de concursos.[108] La estrategia inicial del macrismo consistía en que el conjunto de los cartoneros se asociaran en cooperativas y que desapareciera el cartoneo con carros por la calle, es decir, todo el material reciclable se recolectaría en camiones y sería trasladado a centros de reciclado.[109] El nuevo pliego generó disidencias por parte de los cartoneros organizados en cooperativas, situación que dio lugar a que el gobierno porteño modificara el convenio nuevamente luego de reuniones y audiencias públicas en las que participaron recuperadores, representantes del gobierno y Organizaciones No Gubernamentales.

[108]Gobierno de la Ciudad Autónoma de Buenos Aires: "Pliego de Bases y Condiciones. Concurso Público para la Contratación del Servicio de Recolección de Residuos Sólidos Urbanos Secos", Ministerio de Medio Ambiente y Espacio Público, abril de 2010. No fue un proyecto exclusivamente por las zonas, sino para reanudar la licitación de los pliegos de recolección de residuos tanto húmedos como secos. De los primeros se harían cargo las empresas privadas de recolección de basura, mientras que, la recogida de los segundos estaría a cargo de las cooperativas cartoneras.

[109]Esta idea quedó plasmada en declaraciones a la prensa por parte del ministro de Medio Ambiente y Espacio Público del gobierno porteño. *Página/12*, 11/04/2010.

Por su parte, el segundo borrador propuesto fue celebrado por las cooperativas como un triunfo histórico.

El proyecto inicial para la licitación de zonas determinaba que el servicio a prestar estaría a cargo "exclusivamente de Cooperativas de Recuperadores Urbanos". Estas últimas debían incluir a los cartoneros individuales que desarrollaran el servicio por cuenta propia. Las zonas de prestación serían en total 15, coincidentes con los centros de gestión y participación de la ciudad porteña. Se adjudicarían hasta dos zonas por cada cooperativa. Los criterios de calificación por los cuales se obtendría el servicio en una zona en particular serían la antigüedad de la cooperativa, su patrimonio neto, el plan de trabajo presentado y el número de asociados. A su vez, el contrato establecía algunas cláusulas. Los integrantes de las cooperativas no serían considerados bajo relación de dependencia o locación de servicios del Gobierno. Las asociaciones serían responsables de acreditar la vigencia del registro de conducir de los choferes afectados al servicio y no se les permitiría la subcontratación total o parcial de terceros en las prestaciones del contrato, sin la conformidad previa y por escrito del gobierno. Este último tenía la facultad de prestar por sí o a través de terceros los servicios en caso de no resultar cumplidos de manera idónea por la cooperativa y suprimir el contrato previa intimación de un plazo de 15 días.

Por su parte, los compromisos asumidos por el Gobierno serían: otorgar en comodato hasta 1 camión por zona, colocar contenedores en diferentes puntos de la ciudad comprometiéndose a trasladar el contenido a las plantas de reciclado, proveer uniformes y guantes a los miembros de las cooperativas, así como también, el equipamiento ymantenimiento de las maquinarias que funcionaran en los centros de reciclado. También se comprometía a otorgar un pase libre y gratuito por cada recuperador afectado a las tareas a fin de que acceda a los medios de transporte público de pasajeros en los horarios en que prestara su servicio. El pliego establecía un sistema de *scoring* que consistía en la adjudicación de puntos frente a incumplimientos por parte de las contratistas. Quien superase un tope de 100 puntos perdería la adjudicación. Entre otros aspectos, las faltas se vinculaban con el trabajo infantil, la presencia de cartoneros independientes en la zona del adjudicatario y la ausencia del uso de uniforme.

Unos días después de conocerse el nuevo borrador del proyecto, un grupo de 8 cooperativas, entre las que se encontraban el Movimiento de Trabajadores Excluidos, El Ceibo, El Álamo, Recuperadores Urbanos del Oeste, Las Madreselvas y Ecoguardianes, emitió un comunicado y amenazó con movilizarse. El motivo fue, entre otros puntos, el repudio contra el intento del gobierno de erradicar el uso del carro de los cartoneros. También se reclamó la permanencia del sistema de recolección puerta a puerta y la instalación de los contenedores en zonas donde no hubiera circuitos de cartoneros.[110]

Luego de una reunión con las cooperativas, el ministro de ambiente y espacio público dio marcha atrás con su iniciativa y propuso nuevas audiencias con representantes de aquéllas y de organizaciones no gubernamentales. En esas juntas los miembros de las cooperativas plantearon sus disidencias y los puntos que debían modificarse en el pliego. Allí se estipuló, entre otros aspectos, la necesidad de que el Estado se hiciera cargo de los seguros de riesgo, la promoción de incentivos, monotributo y guarderías para todas las cooperativas, debido a que solo algunas lo percibían, y la incorporación "voluntaria" de los trabajadores independientes a las asociaciones.[111]

Con posterioridad, el gobierno porteño elevó un segundo proyecto e incorporó las modificaciones propuestas por las cooperativas. De este modo, las zonas donde estas últimas realizaban el servicio de manera preexistente no quedarían sujetas a concurso respetándose los antecedentes. Así, quedaba sin efecto la división en 15 ámbitos. Además, se mantendrían los convenios de adjudicación de los centros verdes vigentes. También fue modificada la plena exclusividad del servicio de recolección de materiales reciclables a las cooperativas. Por el contrario, se respetarían las rutas históricas de los cartoneros independientes. En caso de superposición de rutas en una misma zona, las cooperativas debían coordinar horarios y recorridos con los cartoneros no asociados. No obstante, el gobierno se comprometía a censar a los cartoneros independientes y preexistentes a la asignación de las zonas para entregar esa información a cada cooperativa adjudicataria con el fin de efectivizar la asociación a la entidad.

Respecto de la suscripción del contrato, se extrajo del pliego inicial la condición por parte de las cooperativas de acreditar un seguro de

---

[110] *Página/12*, 14/04/2010.

[111] Actas de reuniones entre cartoneros, ONG y funcionarios del gobierno porteño: "Primer Taller Sectorial con Recuperadores Urbanos", lugar: Defensoría del Pueblo de la Ciudad Autónoma de Buenos Aires, 1 de junio 2010; "Primer reunión sectorial con recuperadores", lugar: Defensoría del Pueblo de la Ciudad Autónoma de Buenos Aires, 8 de Junio de 2010; "Segunda reunión sectorial con recuperadores", lugar: oficinas de Fundación Poder Ciudadano, 23 de Junio de 2010; "Categorización de resultados de las propuestas presentadas por dos grupos", (sin dato del lugar de realización), 29/06/2010; "Sexto Taller con Recuperadores", lugar: sede Fundación Poder Ciudadano, 1 de diciembre 2010; "Segundo Taller con Recuperadores", lugar: sede Fundación Poder Ciudadano, 18 de agosto de 2010; "Tercer Taller con Recuperadores", sede Fundación Poder Ciudadano, 15 de septiembre de 2010; "Cuarto Taller con Recuperadores", sede Fundación Poder Ciudadano, 29 de septiembre 2010; "Quinto Taller con Recuperadores", sede Fundación Poder Ciudadano, 20 de octubre de 2010.

responsabilidad civil contra terceros, ART y seguro de vida para sus socios. Estos beneficios se adjudicaron a los compromisos adquiridos por el Gobierno. A su vez, se modificó la cantidad de camiones a otorgar en comodato a las cooperativas por zona adjudicada que sería "como mínimo" un transporte, en lugar de hasta uno. También se agregaron programas tendientes a erradicar el trabajo infantil (instalación de una guardería) y los subsidios para todas las cooperativas. Por su parte, el sistema de *scoring* también fue modificado en la medida en que se implementaría de manera gradual y paulatina, con sistema previo de advertencias. El punto sobre la sanción a las cooperativas en caso de existir un cartonero no asociado en su zona de prestación fue eliminado.

El concurso se efectivizó el 29 de marzo del año 2011. Los oferentes fueron las cooperativas ya formalizadas (Amanecer de los Cartoneros -del MTE-, El Álamo, El Ceibo, Recolectores del Oeste, Las Madreselvas, Recuperadores Urbanos del Oeste, El Trébol, Primavera, Baires Cero Con, Alelí y Cartonera del Sur) y otras que aún no lo estaban (Por Siempre Unidos y Cooperativa de Trabajo Reciclado y Dignidad).

El llamado a licitación de zonas fue restringido a las cooperativas, dejando afuera de esta posibilidad al conjunto de los cartoneros no asociados que son la mayoría. Por su parte, hubo grupos de recuperadores que en ese entonces comenzaron a formar cooperativas para poder preservar su zona de recolección, como por ejemplo los cartoneros vinculados con la asociación Por Siempre Unidos. Se trata de aproximadamente 350 personas provenientes de José León Suárez, que antiguamente viajaban en los trenes blancos. Su base de recolección es parte de la zona norte de la ciudad de Buenos Aires, específicamente las calles aledañas a las estaciones Carranza, Colegiales, Belgrano R, Drago, Urquiza y Pueyrredón del ramal Mitre. A pesar de esto, su ruta de recolección estuvo propuesta para el concurso en la que, además de la cooperativa mencionada, el MTE también se postuló como adjudicatario.[112]

A su vez, la adjudicación de zonas a las cooperativas posibilitó la superposición de rutas entre cartoneros independientes y asociados. Estos últimos se encuentran con mayores beneficios debido al equipamiento logístico del que disponen para acopiar y transportar los materiales reciclables. Probablemente, este beneficio para las cooperativas atente contra las condiciones laborales de los cartoneros no asociados en una misma zona por la imposibilidad de obtener una mayor

---

[112]Gobierno de la Ciudad Autónoma de Buenos Aires: "Acta de apertura de propuestas", Concurso Público, n° 1/2010, Expte. N° 350165/2010, Resolución n° 227/11, del Ministerio de Ambiente y Espacio Público, Rubro: Contratación del Servicio de Recolección de Residuos Sólidos Urbanos - Fracción Secos, 29/03/2011.

cantidad de materia reciclable. Por ejemplo, en algunas áreas del barrio de Once los cartoneros independientes con puestos fijos sumaban aproximadamente 50 personas hasta el año 2010. Con posterioridad, la cantidad de recuperadores se triplicó por la adjudicación de la zona a cooperativas.[113]

Las cooperativas han logrado una capacidad organizativa y de presión política. En este sentido, han sido las únicas beneficiadas por la política de subsidios y la asignación de zonas por parte del Estado. Por su parte, el MTE es la única agrupación que percibe todos los beneficios. Además, le fueron asignadas las zonas más rentables de recolección (el Macrocentro y parte de los barrios de Microcentro, Palermo, Almagro y la zona comercial de Flores). Se trata de una organización que, por un lado, tiene una mayor capacidad de presión que el resto de las cooperativas por su elevada cantidad de asociados (más de 2.000 integrantes). En cada manifestación, moviliza cerca de 1.000 personas. Por otro lado, actuó como factor divisionista en la lucha por el Tren Blanco con una postura más afín al gobierno. Estos dos elementos pueden explicar gran parte de sus prerrogativas actuales, como analizaremos en el último acápite. No obstante, las asociaciones no han hilvanado una reivindicación para el conjunto de los cartoneros, como sucedía en las conquistas del período 2001-2002. Por el contrario, los cartoneros han tendido a fragmentarse y las cooperativas a actuar a partir de negociaciones individuales y en forma aislada con el Estado porteño.

La lucha de los cirujas del CEAMSE (2004-2012)

Dentro del período de avances y retrocesos en la lucha de los cartoneros, la historia de los cirujas del relleno del CEAMSE amerita un análisis específico. En primer lugar, porque los cartoneros del Tren Blanco proveniente de José León Suárez fueron protagonistas de las demandas. A su vez, la obtención de algunos beneficios en el marco de la lucha tuvo como consecuencia el alejamiento de ciertos delegados y su pérdida de influencia en el conjunto de los recolectores de los ramales cartoneros, sobre todo en el contexto de su clausura. En segundo término, porque la historia de lucha contiene los momentos represivo y de concesiones por parte del gobierno provincial, con el objetivo de controlar la protesta. Finalmente, porque en los últimos años los cirujas del relleno comenzaron a reclamar al gobierno porteño de Mauricio Macri una política de subsidios semejante a la que reciben los cartoneros de las cooperativas de la Ciudad de Buenos Aires. Esta demanda se enmarca en una disputa más general entre los gobiernos

---

[113] Fuente: observaciones del autor en zona de referencia.

provincial y porteño sobre el destino de la basura recolectada en la Ciudad de Buenos Aires, debido al colapso del relleno del CEAMSE.

Los cirujas del relleno, también denominados "quemeros", provienen fundamentalmente de los asentamientos ubicados en las cercanías del basural: La Cárcova, UTA, 8 de Mayo, Villa Hidalgo, Libertador, Independencia y Loma Hermosa. Según ellos, diariamente ingresan al CEAMSE entre 2.000 y 3.000 personas. Del basural recogen materiales reciclables para su venta. También es habitual que extraigan alimentos, ya sea para consumo propio o reventa, desechados por estar vencidos o a poco de vencer. Es decir, el relleno sanitario es su fuente de reproducción material.

El cirujeo en el basural fue históricamente reprimido por la fuerza policial y el personal de seguridad del CEAMSE. Algunos testimonios revelan que el personal de vigilancia utilizaba todos los medios para impedir la recolección de productos. Desde disparos al aire y desalojo de cirujas, hasta los golpes. En ocasiones, la policía llegó a detener cartoneros y trasladarlos a sitios lejanos de sus residencias, como San Miguel, para que aquéllos volvieran caminando. Por esta razón, la actividad se desarrollaba de manera clandestina en horario nocturno.

A partir del año 2002, los cartoneros efectuaron cortes en la Autopista del Buen Ayre (lindante con el relleno) para obtener el permiso de ingreso a la quema. Las acciones fueron motorizadas por los recuperadores que en ese entonces se trasladaban a la ciudad porteña en los trenes blancos, en conjunto con los quemeros del CEAMSE. También recibieron el apoyo de las Asambleas Populares de Palermo y Saavedra de la ciudad porteña. Los manifestantes denunciaban que un plan Jefes y Jefas de Hogar no alcanzaba para vivir, como tampoco la asistencia alimentaria que consistía en el suministro de un litro de leche por cada dos hijos, tres veces por semana. En ese entonces, se demandaba el ingreso a la quema en cuadrillas por cada barrio. Aunque no se logró lo esperado, se creó un sistema de ingresos al relleno por intermedio de coimas y "peajes" de diferentes tipos, avalado por el personal de seguridad y por punteros políticos. No obstante, los intentos del personal de vigilancia por impedir el ingreso masivo al relleno se mantuvieron.

Durante el año 2004, hubo dos hechos vinculados con el accionar represivo que motorizaron algunos cambios por parte del gobierno provincial para contener la protesta. El primero de ellos fue en el mes de marzo. Diego Duarte, de 15 años, había ingresado al relleno de noche. Al ver que se aproximaba personal de seguridad y acostumbrado a las represalias, se escondió debajo de unos cartones. Una máquina retroexcavadora le arrojó toneladas de basura encima. Duarte desapareció y su cuerpo nunca fue hallado. Por su parte, en agosto de 2004 nuevamente el accionar policial tuvo como resultado la herida de bala de otro niño ciruja. Un grupo de personas había ingresado al relleno para obtener restos de comida, luego de la llegada de un camión proveniente de un supermercado. Los cirujas ingresaron bajo el consentimiento de la guardia del predio con la condición de abandonarlo a las dos horas. Antes de culminar el tiempo previsto, el personal de seguridad llamó a la policía para frenar el avance de los cartoneros. Un oficial disparó al montón para amedrentarlos. Omar Viaggi, de 16 años, recibió un impacto de bala. Este hecho, agravado por la desaparición de Duarte, generó la reacción de los cartoneros y el inicio de un plan de lucha. Los manifestantes concentraron en la puerta de ingreso del basural y allí quemaron máquinas, quinchos y se enfrentaron a piedrazos con la policía y el Cuerpo de Infantería. La contienda duró seis horas. El saldo fue la detención de más de 50 cartoneros. Al día siguiente, los cirujas volvieron a reclamar en la puerta del CEAMSE.

La acción de los cartoneros tuvo un resultado inmediato. No solo se habilitó su ingreso al relleno durante una hora diaria de lunes a sábado. También se implementó un proyecto desde el gobierno provincial con el objetivo de crear plantas de reciclado, que serían gestionadas por los cartoneros de la zona. La creación de estos centros comienza a ejecutarse a partir de diciembre de 2004. Fue una concesión en el marco de un problema más general y un intento por contener la protesta. Hasta el año 2012, las plantas de reciclado construidas fueron nueve, todas ellas ubicadas dentro del complejo del CEAMSE. Se estima la presencia de 600 a 700 recuperadores distribuidos en esos galpones. Por su parte, entre los años 2006 y 2007 se crearon paralelamente 4 plantas de clasificación de residuos de gestión privada, con capacidad para 100 operarios cada una. Estas plantas no prosperaron. Actualmente se encuentran cerradas debido a los costos fijos que no pudieron afrontar (luz, agua y servicios de transporte de material a procesar y sus desechos).[114] Sin embargo, esta concesión tuvo sus limitaciones. El proyecto no incorporó al conjunto de los quemeros. Muchos de ellos mantienen su actividad en las montañas de basura sin poder conseguir un lugar en los centros de reciclado. También se crearon mecanismos de cooptación. Algunas organizaciones han denunciado que ciertos grupos de cartoneros deben acordar horarios y lugares para cirujear con punteros y con el personal de seguridad del CEAMSE. Incluso, mencionan que la policía tiene listados confeccionados para permitir el cirujeo solo a quienes se encuentren inscriptos en ellos, en zonas donde se depositan los productos más buscados.[115]

En ese proceso de lucha, un grupo de cartoneros usuarios del Tren Blanco y residentes de los asentamientos aledaños al basural comienza

[114] Entrevista a Quinteros (11/08/2012), op. cit.
[115] *Hoy*, 11/05/2011.

a exigir y logra la construcción de su propia planta de reciclado, bajo el liderazgo de Lidia Quinteros. La Asociación Civil Tren Blanco, presidida por Quinteros, gestiona una de las plantas sociales. Allí operan 65 cartoneros. El trabajo se divide en dos turnos de 8 horas diarias, de lunes a viernes. Los días sábados se trabaja por la mañana. Cada cartonero trabaja 44 horas semanales en promedio. La planta vende de manera centralizada a los intermediarios que se acercan en camiones al predio. Por la transacción, cada operario obtenía en el año 2012 entre 1.200 y 1.600 pesos de ingresos mensuales.

La lucha por lograr la gestión en una planta de reciclado por parte de un grupo de cartoneros del Tren Blanco fue alejando la influencia de su delegada del resto de los cartoneros. Alejandro Tiscornia, miembro de la Asamblea Popular de Saavedra, fundamenta las razones de esa pérdida de representatividad sobre todo en las manifestaciones en repudio al cierre de los ramales:

"Lidia ya estaba laburando en la planta y ella un poco pierde el lugar de delegada. Por eso gana más lugar Gabina [Argañaraz] y otra señora de allá de Suárez. Ella pierde influencia en el Tren Blanco. Un poco también llevada por sus ganas de tener una planta concreta, con un laburo fijo, estable, a su vieja usanza de obrera del calzado. Había toda una camada de cartoneros con memoria sindical y había toda una camada de jóvenes cartoneros que lo único que conocían era el cartoneo, donde no se conocía la cuestión de los derechos. Se conseguían las cosas a través de batallas, no porque les correspondieran derechos".[116]

La precariedad en las condiciones laborales en las plantas sociales llevó a los cartoneros a manifestarse en reiteradas oportunidades, sobre todo en momentos de disminución del precio de los materiales reciclables como en los años 2008 y 2009. En noviembre de 2008, los cartoneros de las plantas sociales del CEAMSE realizaron un piquete en la ruta a la altura del relleno. La policía reprimió y detuvo a 12 cartoneros. Un año después, en diciembre de 2009, los cartoneros volvieron a manifestarse. En el marco de la implementación de los planes Argentina Trabaja, los cirujas de los alrededores de la quema y de las plantas sociales exigieron subsidios y bolsones de alimentos. Realizaron un corte en la Autopista del Buen Ayre que duró 31 horas y complicó el ingreso de camiones recolectores al relleno. En estas manifestaciones participó el Partido Obrero junto a otras organizaciones barriales. Por su parte, el gobierno otorgó subsidios que no tuvieron un alcance masivo. Por ejemplo, de los 65 operarios de la Asociación Civil del Tren Blanco, solo 20 percibieron los planes. Lidia Quinteros denunció

[116]Entrevista a Tiscornia, op. cit.

que muchos de esos beneficios fueron destinados a punteros políticos vinculados con el kirchnerismo.[117]

Hacia fines de 2011, los cartoneros de las plantas sociales impulsaron un nuevo plan de lucha. Las pésimas condiciones de trabajo, la falta de mantenimiento, el deterioro de la maquinaria para procesar los residuos y la incertidumbre sobre la continuidad del convenio de sus centros llevó a los recuperadores a ejercer medidas de acción directa.

En enero de 2012, los manifestantes cortaron la autopista del Buen Ayre. Luego, entre los meses de mayo y julio, realizaron piquetes en el mismo lugar e impidieron el normal funcionamiento de ingreso de camiones al CEAMSE. Estas últimas medidas de fuerza se efectuaron en un contexto en el cual se habría desatado una pelea entre los gobiernos provincial y porteño por ver quién se haría cargo de la basura depositada en el relleno ubicado en José León Suárez.

En el avance de la contienda, los manifestantes especificaron sus reclamos. En sus comunicados exigían la renovación de la maquinaria, gestión transparente de camiones para el envío de materiales reciclables, acceso a la seguridad social, reapertura de plantas que se encuentran cerradas (las privadas) para ser gestionadas por cartoneros. No obstante, la más urgente era la demanda salarial. Los cartoneros exigían un pago específico por tonelada recuperada para que su salario fuera equivalente al que obtenían las cooperativas de la ciudad de Buenos Aires por el incentivo mensual pagado por el Estado porteño.

La lucha obtuvo sus frutos. Los estados porteño y de la provincia de Buenos Aires, por intermedio del CEAMSE, comenzaron a pagarle un monto de 230 pesos por cada tonelada de productos recuperados, suma que, al momento del cierre de la edición de este libro, en junio de 2015, se había incrementado a 420. Sin embargo, los operarios de las plantas sociales mantienen su reclamo por la mejora en sus condiciones laborales. En efecto, a diferencia de las cooperativas que gestionan los centros de reciclado en la ciudad de Buenos Aires, y quienes reciben solo productos ya separados, los cartoneros de las plantas de José León Suárez deben separar y clasificar el material reciclable que se encuentra mezclado con el resto de la basura.

Los recuperadores del CEAMSE aún reclaman ser reconocidos por su trabajo al igual que los cartoneros de las cooperativas porteñas. Esta es la razón por la cual han hilvanado una demanda contra los gobiernos de la provincia y la ciudad de Buenos Aires. Algunos dirigentes, como por ejemplo Quinteros, también responsabilizan al Estado nacional por la situación precaria en la que se encuentran los cirujas.

---

[117] *Hoy*, op. cit.

La organización de los cartoneros y sus direcciones políticas

En el proceso de lucha, los cartoneros forjaron sus propias organizaciones. Como hemos mencionado en el acápite anterior, la periodización de las acciones puede dividirse en dos momentos. El primero de ellos se caracteriza por consignas unificadoras. Se trata de una etapa donde se obtienen conquistas que favorecieron al conjunto de los cartoneros. El segundo se vincula con una tendencia a la fragmentación de los recuperadores y su integración al régimen político a través de cooperativas, donde solo ellas fueron beneficiadas a través de subsidios otorgados por el gobierno porteño. En este último período, la represión del aparato del Estado y el reflujo en las manifestaciones influyeron en la desarticulación del movimiento.

Las organizaciones que aparecen en las diferentes acciones de los cartoneros suman más de 20. No obstante, muchas de estas últimas aparecen en solo 2 o 3 protestas que corresponden a la exigencia de subsidios. Se trata de cooperativas conformadas luego del año 2009 que participan de la protesta al no percibir beneficios. Por su parte, las intervenciones más sistemáticas corresponden a tres estructuras organizativas: los cartoneros del Tren Blanco, el Movimiento de Trabajadores Excluidos y las cooperativas de la Central de Trabajadores Argentinos.

Todas estas intervenciones tuvieron un desenvolvimiento dispar. El período previo e inmediatamente posterior al 2001 se caracteriza por manifestaciones efectuadas por los cartoneros de los trenes blancos. También aparecen algunas protestas por parte de los cirujas del CEAMSE, las cuales eran motorizadas por los recuperadores de los servicios exclusivos de ferrocarriles de José León Suárez. Recién entre los años 2005 y 2006 aparece el Movimiento de Trabajadores Excluidos como organización en el proceso de lucha por la obtención de los subsidios por hijo de cartonero y en repudio a los operativos efectuados en los puentes de acceso a la ciudad porteña. Se trata de un organismo que nuclea a los recuperadores provenientes de la zona sur del Conurbano bonaerense (Villa Fiorito, Villa Caraza, etc.).

Con posterioridad a la clausura de los trenes blancos se mantienen algunas acciones en las que participan los cartoneros procedentes de esos servicios y otras convocadas por el MTE. Paralelamente, se desarrollan algunas protestas por parte de cartoneros asociados en las cooperativas vinculadas con la Central de Trabajadores Argentinos (CTA), que se componen de recuperadores provenientes de los antiguos ramales cartoneros. Sin embargo, la cantidad de manifestaciones merma sustantivamente. El cuadro que sigue muestra la evolución de las acciones y la intervención de las tres estructuras organizativas con mayor desenvolvimiento:[118]

Gráfico 21. Evolución de manifestaciones de los cartoneros en la Ciudad de Buenos Aires, según organización convocante y/o participante: 1997-2012.

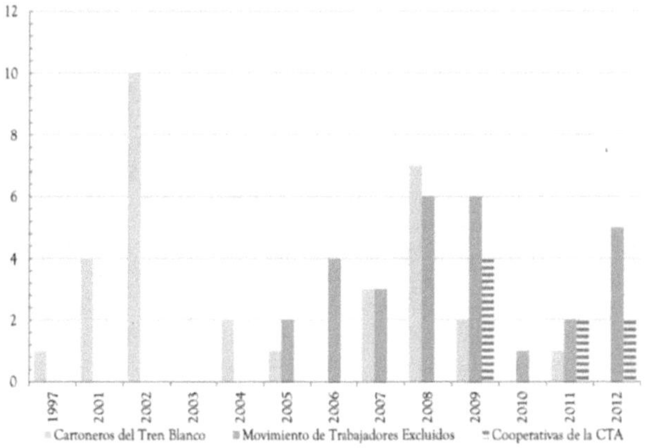

Fuente: elaboración propia en base a relevamiento en diarios y páginas web, *Clarín*, *La Nación*, *Página/12*, *Prensa Obrera*, *Infobae*, *Prensa de Frente*, Revista *Infocartonero*, Revista *Villa Crespo Digital*, *Noticias Urbanas*, Asamblea Popular La Alameda (www.laalameda.wordpress.com), Foro Ambiental, Diario *El Argentino*, Telam.com, *Perfil*, organización Movimiento de Trabajadores Excluidos (www.cartoneando.org.ar).

Origen y desarticulación del movimiento independiente de cartoneros

Las manifestaciones del período de los años previos al 2001 y el 2002 fueron efectuadas por un conjunto de grupos de cartoneros. No obstante, el rol protagónico recayó fundamentalmente en los cartoneros del Tren Blanco proveniente de José León Suárez. No solo fueron los que mayor cantidad de acciones directas efectuaron y los primeros en obtener un transporte exclusivo para trasladarse desde sus

[118] En el cuadro no incorporamos las manifestaciones en el relleno del CEAMSE a pesar de haber sido en muchos casos convocadas por los cartoneros del Tren Blanco proveniente de José León Suárez y en otros por haber participado.

lugares de residencia hasta su ámbito de trabajo. También participaron activamente en los debates en torno a la sanción de la ley 992 por el permiso para cartonear. Incluso, fueron ellos los primeros en organizarse y movilizarse en contra del accionar represivo, en momentos inmediatamente previos a diciembre de 2001. De este modo, actuaron como vanguardia del conjunto de esta fracción de la clase obrera. En este sentido, unificaron sus demandas con otros grupos de cartoneros, como lo demuestra la unidad de su lucha por la obtención de un tren exclusivo para los cartoneros provenientes del ramal Retiro-Tigre. Esto no implicaba necesariamente una dirección técnica en las acciones, pero sí una enseñanza sobre qué hacer frente a una demanda: la acción directa y el piquete.

En ese proceso, los cartoneros de los ramales de los trenes blancos provenientes de José León Suárez y Tigre establecieron una alianza con las asambleas populares, con quienes protagonizaron varios reclamos por la mejora en sus condiciones de vida y trabajo. Esta unificación quedó formalizada a través de la Comisión de Vecinos y Cartoneros, perteneciente a la Inter-asamblearia de Asambleas Autónomas de la ciudad porteña. También actuaron en conjunto frente a las exigencias por el permiso para cirujear en el relleno del CEAMSE. Este vínculo no fue un hecho aislado. La mayoría de las organizaciones piqueteras tendieron a confluir en una alianza con distintas fracciones de la pequeño burguesía que quedó plasmada bajo la consigna "piquete y cacerola, la lucha es una sola", en el proceso inmediatamente posterior a diciembre de 2001.[119]

Los cartoneros del Tren Blanco también efectuaron acciones con la participación de organizaciones piqueteras, sobre todo con el Polo Obrero durante el año 2002. Se trata de un frente de organización barrial perteneciente al Partido Obrero (PO). Este último fue el único partido de izquierda que tuvo una incidencia importante en el movimiento de los cartoneros. Sin embargo, se trató de un apoyo a las medidas de fuerza y un acompañamiento a los cartoneros en algunos reclamos específicos, como por ejemplo, la obtención de los trenes cartoneros, la resistencia contra su clausura y la exigencia por ingresar en el relleno del CEAMSE. Es decir, no hubo una intervención con un programa político claramente establecido.

---

[119]La hipótesis sobre la conformación de una alianza entre diferentes fracciones de la clase obrera y la pequeño burguesía y la formación de una fuerza social ha sido indagada por las investigaciones del Centro de Estudios e Investigación en Ciencias Sociales. Ver, Sartelli, Eduardo: *La Plaza es Nuestra*, ediciones ryr, Buenos Aires, 2005. La alianza entre cartoneros y asambleas populares, cuya composición es de clase media, abona esta hipótesis.

Por su parte, otras organizaciones piqueteras también apoyaron a grupos de cartoneros a través de consignas por una mejora en sus condiciones de trabajo. Se trata de manifestaciones convocadas por reclamos generales para los desocupados que incorporaban reivindicaciones propias de los cartoneros. Fundamentalmente, se trata de protestas efectuadas durante los años 2002 y 2004 en las que participaron cartoneros provenientes de la zona sur del Conurbano bonaerense, específicamente aquellos que ingresaban en los trenes exclusivos del ramal a Constitución y en carros tirados por caballos.[120] Por ejemplo, el 6 de septiembre de 2002 el Movimiento Independiente de Jubilados y Pensionados (MIJD) y la Corriente Clasista y Combativa (CCC) convocaron a una movilización de la que participaron 1.000 personas, entre desocupados y cartoneros. En primer lugar, los manifestantes cortaron el puente Pueyrredón. Antes de marchar al Ministerio de Desarrollo Social, el PAMI y la sede del gobierno porteño, los participantes concentraron en la estación de Constitución del ex ferrocarril Roca. Allí ocuparon por más de una hora el vestíbulo central de la terminal con el objetivo de negociar con el concesionario el pasaje gratuito para las personas dedicadas al cirujeo.[121] La protesta finalizó en Plaza de Mayo donde los manifestantes repudiaron las declaraciones realizadas por el entonces candidato a jefe de gobierno, Mauricio Macri, acerca del carácter de los cartoneros de ser "ladrones de la basura". El dirigente del MIJD, Raúl Castells, señaló que los supermercados estaban "cerrando acuerdos por los cuales el propio Macri hace retirar el cartón de los depósitos, ante lo cual decidimos hacer esta gestión".[122] También reclamaron la entrega de planes sociales y bolsas de alimentos.

La tendencia a efectuar medidas de fuerza por fuera de los canales institucionales muestra el grado de independencia en la acción de los cartoneros respecto del régimen político. Esta predisposición a la acción directa no fue algo específico de los recuperadores ni un proceso aislado. Se enmarcó en un proceso más general del que fueron protagonistas diferentes fracciones de la clase obrera ocupada y, sobre todo, desocupada. En este contexto hubo otros dos elementos en la organización de los cartoneros que coinciden con la conformación del Movimiento Piquetero. Por un lado, la presencia de delegadas mujeres en la organización de los trenes blancos y, por otro lado, su

[120]Estas manifestaciones no han sido incorporadas en la elaboración de los cuadros debido a que no fueron convocadas por cartoneros, sino por otras organizaciones con reclamos que excedían las reivindicaciones propias de la actividad de recolección y venta de materiales reciclables. Sin embargo, hemos considerado pertinente incorporarlas en este análisis porque ejemplifican la confluencia entre cartoneros y grupos de desocupados nucleados en organizaciones piqueteras.

[121]*La Nación*, 07/09/02.

[122]*Página/12*, 07/09/02.

pasado como manzaneras y su pasaje a estructuras organizativas más independientes.

Uno de los elementos de debate en el seno de los cartoneros durante el período 2001-2002 fue el problema del cooperativismo. En ese entonces, el Estado porteño había propuesto la organización en cooperativas para el conjunto de los cartoneros por intermedio de la ley 992. Si bien existían algunas experiencias aisladas de formalización de estos emprendimientos, los cartoneros del Tren Blanco de José León Suárez se opusieron sistemáticamente a su construcción. Esta negativa es un ejemplo más del distanciamiento entre el movimiento independiente y las iniciativas del Estado.

Con posterioridad al 2002, la fracción más radicalizada del movimiento independiente, los cartoneros de José León Suárez, fue una de las más perseguidas tanto judicialmente como por el aparato represivo del Estado. El juicio a tres delegados cartoneros del Tren Blanco durante el 2004, la clausura de los ramales exclusivos en 2007 y el desalojo en Barrancas de Belgrano actuaron como elementos desintegradores del movimiento, en un momento de reflujo en las manifestaciones. A su vez, la obtención de una planta social en el relleno del CEAMSE tuvo como consecuencia el alejamiento de una de las delegadas más combativas del movimiento. Otra fracción de los recuperadores provenientes de José León Suárez, liderada por la delegada Gabina Argañaraz, mantuvo su actividad en la ciudad porteña. Se trata de un sector que nuclea aproximadamente unas 350 personas que viajan en los trenes comunes y sus carros en los camiones cedidos por el gobierno porteño en reemplazo de los servicios de ferrocarriles exclusivos. Hasta el año 2012 era uno de los únicos grupos que no había logrado obtener subsidios por parte del gobierno a pesar de su intento por formalizarse en la cooperativa Por Siempre Unidos. Según su delegada, la razón por la cual el grupo decidió constituir la asociación fue

"Para tener el mismo derecho que las demás cooperativas, para que se cumpliera un convenio firmado hace muchos años y que no se cumplió. También para poder cobrar el incentivo que se le paga a otros cartoneros asociados en cooperativas y a nosotros no".[123]

Por su parte, la alianza con las asambleas populares también se había deteriorado. No solo por los diferentes mecanismos de cooptación por parte del Estado, sino también por la propia disolución de las asambleas.

En este segundo período hace su aparición otra organización de cartoneros provenientes de la zona sur del Conurbano bonaerense

[123]Entrevista a Argañaraz, op. cit.

con una elevada composición numérica y capacidad de movilización: el Movimiento de Trabajadores Excluidos (MTE). Esta última tuvo una posición más afín al gobierno porteño durante la clausura de los trenes blancos y su reemplazo por camiones. Por su parte, los demás grupos provenientes de los antiguos ramales exclusivos, sobre todo los más moderados respecto de su activación política, se integraron en diferentes cooperativas, muchas de ellas vinculadas con la Central de Trabajadores Argentinos CTA. Otro grupo proveniente del ramal Retiro-Tigre se integró al MTE.

El Movimiento de Trabajadores Excluidos

El origen del MTE se remonta a fines del año 2002 y principios del 2003 a través de la conformación de una olla popular para cartoneros ubicada entre las calles Tucumán y Agüero, organizada por un grupo de estudiantes de la Facultad de Derecho de la UBA. Surge con el objetivo de lograr ciertas reivindicaciones gremiales en un momento represivo contra los cartoneros. Como señala uno de los miembros del MTE,

"La primera reivindicación clara que tuvimos para hacer fue la defensa de los cartoneros de la represalia policial. El problema principal que había era que la policía cobraba coimas por cartonear, por manejar y estacionar los vehículos. (...) Nosotros mismos decíamos que con esos camiones no se podía transitar en la calle. Pero no era la idea repudiar al chofer porque esa persona no era un empresario, sino un cartonero más que cuando lo echaron de la empresa cobró una indemnización y se compró un camioncito para trasladar a otros cartoneros. No era como decían los diarios, 'la mafia del cartón'. Entonces, el mejoramiento del vehículo era lo principal. Que la gente no viaje arriba de los camiones. [Por otra parte] durante los años 2005, 2006, se armó una brigada parapolicial que salía a pegarles a los cartoneros. Andaban en una Partner, que bajaban, le sacaban el bolsón a algún cartonero, le pegaban y se iban. En la cooperativa El Álamo, de Villa Pueyrredón, entraron al local, le robaron la balanza, con armas, con todo".[124]

Otro de los reclamos efectuados por el MTE se vinculaba al trabajo infantil en el seno de los cartoneros. En efecto, la primera manifestación en la que aparece este grupo como organización específica fue en el reclamo por el subsidio universal por hijo cartonero. Según el dirigente entrevistado,

---

[124]Entrevista a Carpenco, op. cit.

"Había que hacer algo con los chicos porque era muy complicado que las madres los dejaran solos en las villas de donde vienen, porque estaban todos los días solos. Los cartoneros se iban a las 4 de la tarde y volvían a sus casas a la 1 de la mañana. Una de las primeras batallas que llevamos adelante fue la del fallo del Juez Gallardo, que otorgaba a los hijos de cartoneros un subsidio de 250 pesos para que vayan a la escuela. Que fue victoriosa pero a medias porque solo se implementó para la gente de Capital Federal y toda la gente que es de Provincia, el grueso de los cartoneros, no cobró un peso".[125]

El MTE realiza sus primeras acciones durante el año 2005, que luego se mantienen hasta el 2012. En la actualidad, es la estructura organizativa que mayor cantidad de personas nuclea (más de 2.000) y moviliza en cada acto. Su mayor convocatoria fue en protestas realizadas en diciembre de 2009 y en septiembre de 2011. En la primera de ellas, la cantidad de cartoneros presentes fue de 3.000 personas. Fue una marcha por la renovación de los subsidios otorgados por el Gobierno porteño y para que la política de reasignación de esos beneficios se convirtiera en ley. En conjunto con el MTE también se movilizaron las cooperativas vinculadas con la CTA. En la segunda manifestación, en la que solo se movilizó el MTE, la organización convocó a cerca de 1.000 cartoneros de su propia estructura. Este aspecto es destacable puesto que la cantidad de asistentes solo es comparable con algunas manifestaciones del período 2001-2002, en momentos de fuerte activación política por parte de los cartoneros.

No obstante, este poder de convocatoria se efectúa en un contexto en el cual los recuperadores del MTE ya obtenían un subsidio que les permitía un mayor grado de estabilidad. Esto no es un dato menor dada la precariedad en las condiciones laborales de los cartoneros, la inexistencia de un ingreso fijo y la intensidad de su actividad. Estas características dificultan el poder de organización de los recuperadores y su disposición a la lucha. Aunque esta última requiere de cierto grado de conciencia, más allá de la percepción de cualquier beneficio, el subsidio permite a los cartoneros no recolectar por un día y movilizarse por una mejora en sus condiciones laborales. Esta ventaja no era factible en el caso de los cartoneros provenientes de los trenes blancos que se manifestaron activamente durante el período 2001-2002 y que también llegaron a convocar en ciertas protestas hasta 1.000 personas.

El Movimiento de Trabajadores Excluidos se ha vinculado con otras organizaciones no solo de cartoneros, sino también de otras fracciones de la sobrepoblación relativa. Desde sus primeras manifestaciones aparece en conjunto con la cooperativa El Álamo. Esta última es

[125] Ídem.

una asociación compuesta por cartoneros cuya base de recolección se encuentra en el barrio de Villa Pueyrredón y sus alrededores. La asociación suma unos 35 recuperadores. A su vez, se integra en la asamblea vecinal La Alameda que nuclea a trabajadores costureros. En el momento de su fundación, la asamblea participaba en la Inter-asamblearia de asambleas autónomas, donde funcionaba la Comisión de Vecinos y Cartoneros presidida por Alejandro Tiscornia.

A su vez, tanto el MTE como La Alameda forman parte de una estructura más amplia en la cual intervienen otras organizaciones. Se trata de la Confederación de Trabajadores de la Economía Popular (CTEP). Allí participan, además de las entidades de cartoneros y costureros, el Movimiento Evita, liderado por Emilio Pérsico, y el Movimiento Nacional de Empresas Recuperadas, presidido por Luis Caro. La presencia de este último dirigente habla de la presencia de la Iglesia en estas estructuras, aspecto que ha sido señalado por autores que indagan sobre la trayectoria de Caro:

"Este abogado con pasado militante en la JP y que, como vimos, cruzó el espectro de organizaciones relacionadas con las empresas recuperadas, es el presidente de la que él mismo creó y que llamó Movimiento de Empresas Recuperadas por los Trabajadores (MNFRT). El número de contactos que estableció con actores totalmente dispares puede sorprender. Entre ellos está la Iglesia Católica, a la que llega por ser miembro de la Pastoral Social; tiene buenos contactos en la política: su mujer, Liliana de Caro, es concejal en la Legislatura de Avellaneda. El abogado también se postuló a principios de 2003 como Intendente por Avellaneda en la después devaluada lista de Adolfo Rodríguez Saá y Aldo Rico, a pesar de que aseguró en varios reportajes que le hubiera gustado ser candidato por Izquierda Unida, con quienes también mantuvo una buena relación, y de aber trabajado con el ARI. Asimismo mantiene lazos con varios empresarios, como el dueño de Supermercados San Cayetano."[126]

La CTEP se fundó el 17 de agosto de 2011. En ese entonces, sus miembros votaron por unanimidad efectuar un acto el día 20 de diciembre siguiente hasta la sede de la Confederación General del Trabajo (CGT) para solicitar su admisión dentro de la estructura gremial. Entre otros puntos de sus reivindicaciones, la CTEP propone la "promoción de la sindicalización de todos los trabajadores del sector dentro de las organizaciones gremiales existentes en cada industria". Esta demanda no es aislada, puesto que el MTE ha exigido en otras

---

[126]Magnani, Esteban: *El cambio silencioso. Empresas recuperadas en la Argentina*, 2003. Disponible en http://www.elcambiosilencioso.com.ar/wp-content/uploads/2011/01/elcambiosilencioso.pdf.

oportunidades la agremiación al sindicato de trabajadores papeleros a las empresas que producen papel y la cámara que las agrupa. Sin embargo, hasta fines del año 2012 no lograron integrarse en la CGT y tampoco sindicalizarse.

La CTEP no está exenta de contradicciones propias de las diferencias programáticas de los organismos que la componen. Los realineamientos políticos entre la CGT-Moyano y el gobierno kirchnerista han surtido sus efectos en el seno de la confederación de los trabajadores asociados en cooperativas. Un ejemplo de esto quedó demostrado en un comunicado emitido por el MTE el 27 de junio de 2012, a propósito de la convocatoria de Moyano al paro de actividades en repudio al aumento del impuesto a las ganancias de los trabajadores registrados implementado por el gobierno nacional. La organización cartonera adhirió al paro y llamó a no efectuar la recolección de residuos reciclables en las zonas que tiene asignadas por el gobierno porteño. A su vez, se solidarizó con Hugo y Pablo Moyano y con Julio Piumato, todos dirigentes de los gremios que habían roto sus lazos con el kirchnerismo, por las denuncias penales e intimidaciones judiciales efectuadas en su contra. El comunicado del MTE, como miembro de la CTEP, dejaba librada a la conciencia de los demás trabajadores afiliados la decisión de sumarse a la medida. No obstante, el documento instaba a Moyano, como Secretario General de la CGT, a integrar la CTEP en su estructura gremial, reclamo que ya venía solicitando desde hacía un año. Sin embargo, el MTE no hizo explícito su posicionamiento en la segunda huelga convocada el 20 de noviembre por la CGT-Moyano. Lógicamente, los miembros del Movimiento Evita y el Movimiento Nacional de Empresas Recuperadas, mucho más afines al gobierno kirchnerista, no adhirieron a ninguna de las dos medidas de fuerza. En cambio, tanto el MTE como el Movimiento Evita sí tuvieron una posición semejante frente al cacerolazo del 8 de noviembre de 2012. Ambas organizaciones se opusieron al reclamo. Incluso, un grupo de más de 100 miembros de la organización cartonera y del Movimiento Popular La Dignidad, colocó afiches en las calles de la ciudad porteña en contra de la medida que decían: "Yo no te vi cacerolear por mí. 8N, Nada".[127]

Durante la ocupación de predios en el barrio de Belgrano en repudio a la clausura de los trenes blancos, el MTE y El Álamo tuvieron una postura divisionista dentro del movimiento cartonero. No solo se opusieron al accionar de los cartoneros en contra de los acampes, sino que exigieron la incorporación de una mayor cantidad de camiones en un contexto en el cual los usuarios de los antiguos trenes se resistían. Esta mayor afinidad con la propuesta impulsada por el gobierno porteño probablemente explique los beneficios obtenidos por el MTE

---

[127]www.cartoneando.org.ar.

inmediatamente después del desalojo de los cartoneros acampados en Barrancas de Belgrano. En una entrevista, Alejandro Tiscornia menciona la incapacidad de las asambleas en sostener la organización de los cartoneros del Tren Blanco y la iniciativa del MTE en convertirse en interlocutores entre los recuperadores y el Estado:

"Después del desalojo, el MTE quiso convertirse en palanca de diálogo con el gobierno de la Ciudad de Buenos Aires y transformarse ellos en sujetos actores. Tal es así que a mí me echaron de una reunión. (...) Yo enfrenté esa cuestión que planteaba [Juan] Grabois de que el MTE era la organización más grande de cartoneros. Yo le dije 'te estás olvidando del Tren Blanco, me parece que son como 5.000'. El pibe me gritó mal y ante el silencio del resto, menos de Lidia [Quinteros] y otros más, nos fuimos el delegado del acampe de Barrancas, Marcelo Sosa, y yo. Lidia se quedó hasta saber qué era lo que querían ellos. Cuando salió dijo que ellos querían ser los interlocutores con el Gobierno porteño. Y nosotros no tuvimos capacidad de respuesta ante esa situación. Después me enteré que en el momento en que yo estaba detenido luego del desalojo con los otros 8 cartoneros, afuera el MTE ya había puesto a diferentes cartoneros de su organización respondiendo por los cartoneros detenidos. Ya desde ahí se estaban posicionando en interlocutores, cuando en realidad no lo eran".[128]

Con posterioridad a la clausura de los trenes, el MTE logró incorporar en su estructura un grupo de cartoneros provenientes del ramal de Tigre, liderado por la delegada Mabel Coronel. En un primer momento, la organización también actuó como dirección de otros grupos de cartoneros de cooperativas vinculadas con la CTA. En este sentido, en el mes de mayo de 2009, la central organizó charlas y cursos para delegados cartoneros en las cuales se invitó a los miembros del MTE y La Alameda para que comentaran su experiencia en torno a los subsidios obtenidos.[129] En el proceso de lucha, la confluencia en la marcha convocada durante el mes de diciembre de 2009 mencionada anteriormente constituye un ejemplo de esta unidad. Sin embargo, luego se distanciaron al ver que el MTE percibía todos los subsidios, mientras que no ocurría lo mismo con el resto de las cooperativas. Por ejemplo, en el mes de septiembre de 2009 el MTE convocó a una marcha en reclamo de un incremento del subsidio. Una semana más tarde, las cooperativas vinculadas con la CTA se manifestaron en reclamo de una mayor cantidad de cupos para percibir los incentivos, incremento del mismo y otras demandas de las que solo eran beneficiarios los cartoneros del MTE.

---

[128]Entrevista del autor a Tiscornia, op. cit.

[129]www.foroambiental.org.ar/spip.php?page=imprimir_articulo&id_article=632.

Las cooperativas de la CTA

Los cartoneros asociados en las cooperativas vinculadas con la Central de Trabajadores Argentinos provienen de diferentes ramales de los antiguos trenes blancos. Su integración en esas asociaciones se efectúa con posterioridad a la clausura de los ramales exclusivos, durante el año 2009. La base más numerosa se compone de un grupo de cartoneros proveniente de la zona oeste del Conurbano bonaerense, que viajaba en los trenes de Moreno a Once, y otro procedente de la zona norte, que se trasladaba en el ramal de Retiro a Tigre y el trasbordo hasta la localidad de Capilla del Señor. Estos grupos conformaron las cooperativas de Recuperadores Urbanos del Oeste (RUO) y Las Madreselvas (LM), respectivamente. Hasta el mes de diciembre de 2012, la primera tenía 664 beneficiados con subsidios y la segunda, 573.

Una característica que coincide en ambos grupos es su actuación más moderada respecto de los cartoneros que ocuparon Barrancas de Belgrano en repudio al reemplazo de los trenes blancos por los camiones. Los recuperadores provenientes de la zona oeste no se manifestaron en contra del reemplazo y aceptaron los camiones sin mayores reclamos. Por su parte, los cartoneros de la zona norte, específicamente aquellos que luego formaron la cooperativa Las Madreselvas, sí efectuaron acampes en otras zonas del barrio de Belgrano. Pero cedieron frente a la presión de la policía y el gobierno. Uno de los cartoneros de la cooperativa señala las razones por las cuales no fueron reprimidos:

"En Pampa y la vía fueron reprimidos [se refiere al asentamiento de Barrancas]. En Jaramillo teníamos una especie de reconocimiento de la policía de la Comisaría n° 35, que ya nos conocía. Si había algún problema, venía el Comisario a hablar con nosotros, tratábamos de calmar a los muchachos. No llegamos a ese extremo y pudimos reacomodarnos".[130]

Por su parte, la CTA también organiza a un tercer grupo proveniente de los trenes blancos que llega a la terminal de Constitución. Se trata de la cooperativa Cartonera del Sur. Esta última se compone de unos 50 cartoneros y hasta el año 2012 no había logrado percibir ningún subsidio y tampoco transportes cedidos por el gobierno porteño.

La conformación de las cooperativas se efectúa para obtener una igualdad de condiciones respecto del MTE frente a la ejecución de subsidios por parte del gobierno porteño. Por esta razón, en sus intervenciones han enarbolado una consigna para que no haya "cartoneros de

---

[130]Entrevista a Carlos, presidente de la cooperativa Las Madreselvas, realizada el día 05/10/2011.

primera y de segunda". Este intento por equiparar la situación de los cartoneros se inicia a través de un grupo de trabajadores de la Dirección General de Reciclado, perteneciente al Ministerio de Ambiente y Espacio Público del gobierno porteño, afiliado a ATE-CTA. Uno de los miembros de la junta interna de ATE señala que,

"Cuando se abrió este sistema que arrancó con el MTE, un poco sirvió para aglutinarlas formalmente, para pelear por un subsidio que las equiparara. Porque la única forma de recibir el subsidio del gobierno era bajo la forma de cooperativa, la forma legal. Ahí se contactaron con nosotros, con la CTA, como para darles una mano con eso. Pero fue en función de eso, de ver que había mucho recurso para el MTE, se los cruzaban en la calle y le empezaron a preguntar por qué tenían uniforme, por qué estaban cobrando".[131]

Por su parte, la iniciativa de los cartoneros en la conformación de esos emprendimientos tuvo sus dificultades durante los primeros tiempos. Uno de los dirigentes de la cooperativa Las Madreselvas menciona los primeros acercamientos a la CTA:

"El vínculo comenzó cuando empezamos a gestionar la cooperativa, ellos nos dieron una mano, sin mentirnos. Teníamos la necesidad de armar la cooperativa y no teníamos cómo. Le pedimos al gobierno, pero el gobierno se comprometió y no cumplió. Luego, se acercaron compañeros de la CTA que se ofrecieron a darnos una mano, y dijeron 'nosotros le pagamos la inscripción'. Ahí formamos la cooperativa".[132]

Otro dirigente cartonero de la cooperativa de Recuperadores Urbanos del Oeste, señala:

"La cooperativa se formó en el 2009, pero esto venía desde la época del Tren Blanco. Un grupo nos organizamos. Pero nadie nos abría las puertas, no nos ayudaba nadie que entienda de todo esto. Entre los años 2008 y 2009 comenzaron a darnos una mano (y nos siguen dando una mano) los muchachos que trabajan en la CTA, que nos guiaron sobre cómo se podía hacer la cooperativa. En el 2009 la armamos y comenzamos con 68 personas, porque las demás no creían en todo esto. Sabíamos que organizándonos

[131]Entrevista a Evangelina, miembro de la junta interna de ATE del Ministerio de Ambiente y Espacio Público, realizada el 21/09/2011.
[132]Entrevista a Carlos, op. cit.

íbamos a poder lidiar con los problemas que teníamos con la policía, con los vecinos, con los trenes, con el asunto de los camiones".[133]

Con posterioridad y el inicio de la obtención de subsidios, la cantidad de asociados creció en las cooperativas. Como señala uno de los miembros de ATE-CTA,

"Antes viajaban como podían y quizás no venían todos. Por ejemplo, por camión vienen 25 carros, pero un día venían 15, otro día 10. A partir del incentivo lo que se les exige es un mínimo de 3 veces por semana. Entonces, eso generó que vinieran más. Además, se fue acercando mucha más gente por el incentivo, la ropa, por eso hubo mayor cantidad de asociados".[134]

Como hemos visto en el gráfico que introduce el acápite, las manifestaciones protagonizadas por las cooperativas de la CTA han sido escasas. Fundamentalmente, los cartoneros han exigido el aumento de los cupos de perceptores de subsidios, de monotributo, de seguro contra accidentes laborales y otros beneficios que solo han sido otorgados al MTE, como por ejemplo guarderías para sus hijos. No obstante, estas asociaciones han logrado una capacidad de movilización importante en términos numéricos y de presión política. Por la exigencia de los puntos mencionados, las cooperativas de la CTA efectuaron una protesta en septiembre de 2011 en la cual movilizaron a cerca de 1.000 cartoneros.

El resto de las organizaciones

Además de las tres estructuras organizativas descritas anteriormente, existe un conjunto de cooperativas cartoneras de escasa composición numérica que han participado de solo 2 o 3 acciones directas a los efectos de obtener los subsidios, durante el período 2009-2012. Estas cooperativas pueden ser divididas en dos grupos. Por un lado, aquellas que lograron a partir de la ley 1.854, sancionada en el año 2005, la gestión de un centro de reciclado. Se trata de las asociaciones El Ceibo, Reciclando Sueños, Del Oeste y Recicladores del Bajo Flores, todas ellas beneficiadas a partir del gobierno de Aníbal Ibarra y Jorge Telerman. Incluso, los presidentes de las tres primeras participaron como candidatos para ocupar cargos en la Cámara de Diputados y la Legislatura porteña bajo el ala del Partido Humanista, en la lista encabezada por el ex secretario de Ambiente y Espacio Público de la gestión

---

[133]Entrevista a Gustavo, presidente de la cooperativa de Recuperadores Urbanos del Oeste, realizada el 08/09/2011.

[134]Entrevista a Evangelina, op. cit.

de Telerman, Juan Manuel Velasco, durante las elecciones del 2009. Por otro lado, un conjunto de asociaciones que no lograron gestionar ninguna planta de reciclado y tampoco han obtenido subsidios por parte del gobierno macrista. Entre ellas se encuentran las cooperativas Padilla, Unión de Carreros de La Matanza, Obreros del Cartón, etc.

Todas estas entidades se encuentran vinculadas entre sí con una estructura organizativa más amplia que las nuclea, compuesta por la Agrupación Sindical Cartoneros Independientes de la República Argentina (ASCIRA). A su vez, esta última se ampara en el Movimiento Nacional de Trabajadores Cartoneros, Recicladores y Organizaciones Sociales de Argentina (MNTCRyOS). Estas dos organizaciones de carácter nacional fueron creadas durante los años 2004 y 2005.[135] Dos de las reivindicaciones generales propuestas en su documento fundacional fueron, por un lado, lograr una participación directa en los beneficios de la riqueza generada por los residuos sólidos urbanos y, por otro lado, el repudio a la restricción de la labor de los cartoneros y

[135]El MNTCRyOS se compone de varias regionales a nivel nacional y por las siguientes organizaciones: A. Regional Mesopotámica (Misiones, Corrientes, Entre Ríos, Santa Fe y Formosa). Presidente: Héctor Balbastro (Asociación de Obreros Desocupados de Santa Fe Norte) y Mirtha Paulina Flores (Asociación Civil Dignidad y Vida Sana). B. Regional NOA (Jujuy, Chaco, Salta, Santiago del Estero y Tucumán). Presidente: Luis Alberto Núñez (Asociación Desocupados de Salta), Dante Macias, Sergio Figueroa, Nora Poccetto (Foro del Sector Social Salta), Norberto Primo (Asociación Civil Grupo Ecologista Tafí Viejo). C. Regional Centro-Cuyo (Catamarca, La Rioja, San Juan, Córdoba, La Pampa, Mendoza y San Luis). Presidente: Pablo Silva (Cooperativa de Trabajo de Cartoneros Organizados de Córdoba), Raúl Billar (Asociación Civil Raíces). Regional Sur (Neuquén, Río Negro, Chubut, Santa Cruz, Tierra del Fuego). Presidente: Jorge Requelme (Cooperativa de Cartoneros Ltda. Pcia. Santa Cruz). D. Regional Buenos Aires. Presidente: Francisco Monzón (Cooperativa de Recicladores del Bajo Flores), Sergio Camejo (Cooperativa Nueva Esperanza de Zárate), Jesús Scopini (Unión de Trabajadores Cartoneros de Argentina), Pedro Bassi (Movimiento de Trabajadores Desocupados Evita), Carlos Dipangracio (Cooperativa Sur de Quilmes), Walter Blanco (Cooperativa Rivera Sur de Lanús), Carlos Pierini (Cooperativa Avellaneda), Roberto Poeta (Cooperativa Recicladores del Sur - Tren Blanco del FFCC Gral. Roca), Zambrano Gabino (Movimiento Madre Tierra - Agrupación Indígena), Valentín Herrera (Cooperativa Reciclando Sueños), Virginia Pimentel (Asociación Civil Abuela Naturaleza), Sebastián Albornoz (Cooperativa Campana), Eduardo Batallan (Cooperativa San Cayetano de Zarate), Cristina Lescano (Asociación Civil El Ceibo), Fernando Biondi (Cooperativa Trentina Guarino Passamani), Daniel Magliotti (Prema Ecología Resguardo Ecología y Medio Ambiente), Graciela Montiel (Asociación de Desocupados de la Pcia. de Buenos Aires), Miguel García (Asociación Mutual Ejército de los Andes de 3 de Febrero), Eleuterio Luna (Cooperativa Los Hermanos de Villa Bosch), Damián Moreyra (Movimiento de Recuperadores Unidos del Oeste), Gustavo Pachango (Cooperativa Nueva Esperanza del Barrio Carrillo), René Alberto Cruz (Cooperativa Padilla).

a su declaración como actividad ilegal.[136] Sus intervenciones se efectuaron esporádicamente a través de comunicados, como por ejemplo, su solidaridad con los cartoneros desalojados en Barrancas de Belgrano, luego de la clausura de los trenes blancos. Finalmente, estos organismos se encuentran nucleados en la Central de Movimientos Populares, conformada a mediados de 2008 y presidida por el dirigente piquetero oficialista Luis D'Elía.

El análisis de estas estructuras organizativas pone en evidencia su accionar en el proceso de lucha. Los cartoneros del Tren Blanco fueron los más combativos durante el período. Dentro de ese grupo, los recuperadores de José León Suárez actuaron como vanguardia del movimiento que tendió a actuar con independencia del régimen político. Sin embargo, el reflujo en las manifestaciones y la represión policial tuvieron una influencia en la desarticulación de dicho movimiento. Por su parte, las otras organizaciones gestadas en el proceso descrito tendieron a actuar con una mayor dependencia de las estructuras del Estado y con posiciones más afines al gobierno porteño, ya sea amparadas en organizaciones gremiales (CGT y CTA), o bien, en entidades vinculadas con el gobierno nacional (CMP).

Conclusiones

Como hemos observado, los cartoneros han protagonizado una experiencia de lucha y organización. Fundamentalmente, los reclamos se caracterizan por la mejora en sus condiciones laborales. Las conquistas para el conjunto de los cartoneros como el permiso para cartonear y los trenes blancos fueron obtenidas durante el período 2001 y 2002, es decir, en un momento más general de activación política. Probablemente, esto último explique las razones por las cuales, en el período previo y en un momento más general de reflujo de la clase obrera, la misma consigna por el permiso para cirujear no haya tenido ningún resultado positivo. A su vez, en el proceso de lucha de los años previos e inmediatamente posteriores a diciembre de 2001 se gesta un movimiento que tiende a actuar por intermedio de la acción directa y de manera independiente del régimen político. El rol protagónico recae en un grupo de cartoneros proveniente de José León Suárez, quien actuó como vanguardia del resto del movimiento. Ciertos aspectos, como por ejemplo la presencia de mujeres delegadas y ex manzaneras, coinciden con el proceso de formación del Movimiento Piquetero. Otro elemento que se asemeja a otras organizaciones piqueteras es la confluencia con las

[136]Si bien el cartoneo fue permitido en la Ciudad de Buenos Aires, en localidades del interior del país aún permanece prohibido.

Asambleas Populares. Junto a ellas, los recuperadores actuaron en diversas manifestaciones y lograron beneficios.

Por su parte, el período posterior al año 2003 se caracteriza, en un primer momento, por una tendencia a la represión contra los cartoneros; y, en una segunda etapa, por avances y retrocesos en el conjunto de los cartoneros. El cierre de los trenes blancos concesionados por TBA y el desalojo en Barrancas de Belgrano puede ser caracterizado como un antes y un después en la historia de los cartoneros. Por un lado, constituye la expresión de una tendencia represiva por parte del Estado. Y, por otro lado, es el momento en el cual comienza una etapa de integración de los cartoneros en el régimen político por intermedio de las cooperativas. Estas últimas lograron una mejora en las condiciones laborales de sus asociados por intermedio de los subsidios otorgados por el gobierno porteño, aunque solo representan una minoría comparada con el conjunto de los cartoneros. Sus reclamos se han constituido a través de negociaciones individuales con el Estado en detrimento de una consigna unificadora que beneficie al conjunto de los recuperadores. No obstante, estas entidades han logrado una capacidad de presión política y mantener organizados a ciertos grupos de cartoneros. Se trata de aquellas cooperativas que tuvieron una posición más afín al gobierno porteño en el contexto del cierre de los trenes blancos y de grupos de recuperadores que actuaron con mayor moderación durante el mismo proceso. En ambos casos, las asociaciones se vincularon con estructuras más amplias que se encuentran más integradas al Estado, como por ejemplo la CGT, la CTA y la CMP.

Finalmente, el gobierno porteño ha comenzado a reconocer a los cartoneros como trabajadores del Estado, a través de la política de subsidios otorgada a las cooperativas. La obtención de un incentivo mensual, la logística vehicular, la cobertura médica y demás beneficios se enmarcan en ese reconocimiento. Toda esta política subsidiaria del Estado tiene una causa económica, pero al mismo tiempo no puede entenderse la distribución de los beneficios sin un análisis de las acciones y la intervención de los cartoneros y sus organizaciones.

Ediciones ryr

Conclusiones

Ediciones ryr

Hemos llegado al momento de la síntesis del estudio. Ante nuestro interrogante acerca de qué es un cartonero, estamos en condiciones de ofrecer una respuesta sobre la base de un estudio empírico. Un cartonero es un obrero ocupado que reproduce su fuerza de trabajo sobre la base de la recolección y clasificación de productos reciclables. Esta tarea constituye un trabajo por el cual se crea una mercancía, el insumo reciclable. Se trata de una materia prima utilizada por la industria para la elaboración de otros bienes. Dentro de la clase obrera, dada su inestabilidad laboral y su nivel de explotación, el cartonero forma parte de la sobrepoblación relativa. A su vez, en su interior, se incluye en una fracción particular de la sobrepoblación relativa, la modalidad estancada. Se trata de un reservorio de mano de obra barata que vende su fuerza de trabajo por debajo de su valor. Consecuentemente, su supervivencia no está asegurada, razón por la cual interviene necesariamente el asistencialismo estatal. Como tantas otras fracciones de la clase obrera, los cartoneros se han organizado y movilizado por la mejora en sus condiciones laborales. A través de su lucha, los recuperadores lograron que su trabajo tienda a ser efectivamente reconocido por el Estado.

La actividad cartonera ha sufrido cambios a lo largo de la historia. Entre fines del siglo XIX y principios del XX, el cirujeo no parece haber sido una actividad realizada por capas importantes de la clase obrera sino por el pauperismo consolidado, es decir, por quienes se encuentran definitivamente fuera del mercado. Personas enfermas, inválidas o ex combatientes se dedicaban a estas labores. El cirujeo comienza a mostrar algunos cambios a partir de las décadas de 1940 y 1960. En ese entonces, la actividad era frecuente en los basurales. Allí se asentaban galpones acopiadores y cirujas. En ciertos casos, la recolección de productos era efectuada por mujeres y sus hijos. Por su parte, el jefe de hogar era un obrero asalariado que solo participaba en las tareas de clasificación. En este sentido, el cirujeo constituía un complemento del salario del trabajador ocupado. Probablemente, esto muestre una tendencia a la pauperización de esta fracción de la clase obrera, aunque el fenómeno sigue siendo de menor magnitud en relación al conjunto de la clase.

Entre las décadas de 1970 y 1990, el cirujeo comienza a mostrar nuevos cambios, apareciendo en su forma actual. Se extiende a las calles y las zonas céntricas. De este modo, se modifica el ámbito de trabajo de los cirujas. Probablemente, esto haya influido en la utilización de carros manuales y tirados por caballos para almacenar los productos recogidos. A su vez, los jefes de hogar comienzan a participar de manera más activa en el proceso de recolección de productos, en la medida en que son expulsados de sus antiguas ocupaciones. Este proceso coincide con un momento de crecimiento del desempleo y desocupación.

Las décadas de 1980 y 1990 comienzan a mostrar un mayor crecimiento del cartoneo, sobre todo en las zonas céntricas de la ciudad porteña. Los cartoneros procedentes del conurbano bonaerense empiezan a utilizar los trenes procedentes de esa zona para trasladarse a su ámbito de recolección, las calles porteñas. En este período, también se observa una tendencia a recoger mayormente productos derivados del papel. La especialización en la recolección de papeles y cartones coincide con una etapa de reconversión de la industria papelera a los efectos de incrementar el uso de papel reciclado como insumo para la elaboración de papeles. Tendencia que se incrementa notablemente en la década de 2000, con la aparición masiva de cartoneros.

A su vez, la masificación de la actividad en los años inmediatamente previos al 2002 y la proliferación de cartoneros con carros manuales en detrimento del cirujeo a caballo muestra un empeoramiento de las condiciones de vida y trabajo de los recolectores, coincidente con la expansión de la sobrepoblación relativa. La posibilidad de un cartonero de construir su propio carro o comprarlo a un precio menor respecto del valor de un caballo, aún a costa de un mayor desgaste físico y una jornada laboral más extensa, implica la realización de una actividad de manera más intensiva. Por otra parte, es significativa la presencia de cartoneros que provienen de empleos previos de los cuales han sido expulsados. Generalmente, son empleos donde predomina la precariedad, como, por ejemplo, la construcción, el comercio y el empleo doméstico. En la mayoría de los casos, se trata de obreros con ocupaciones en relación de dependencia que han sido expulsados por el cierre de la empresa, por reducción de personal. En otros casos, un porcentaje de la población se vuelca al cartoneo puesto que, en sus antiguos empleos, se pagaba muy poco. A su vez, constituye una población joven.

El cartoneo constituye un trabajo por el cual se produce una mercancía: el insumo reciclado. Predominantemente, la tarea de recolección, clasificación y transporte es manual. Las diversas modalidades de cartoneo tienen un peso diferente en las actividades propias del proceso productivo del reciclado. Los cartoneros con recorridos a pie con carros y en puestos fijos dedican el mayor tiempo de su jornada a la recolección. Por su parte, los socios de las cooperativas que gestionan centros de reciclado realizan mayormente tareas de clasificación y enfardado, puesto que acceden a los productos reciclables de manera preferencial. Para ello disponen de maquinaria específica. La diferencia en el predominio de una y otra tarea explica la división del trabajo. Los cartoneros que recorren las calles con sus carros realizan la totalidad de las tareas del cartoneo (recolectan, clasifican y compactan los productos). No obstante, existe cierto grado de división genérica de la labor debido a que las mujeres participan en la clasificación de productos. Paralelamente, el empleo de niños menores de edad también es una constante en la actividad. De este modo, el conjunto de la unidad familiar participa de alguna u otra manera en las tareas de cartoneo. Por otra parte, los cartoneros que gestionan los centros de reciclado tienen funciones más específicas. La propia existencia de una cinta transportadora crea una división de tareas según el tipo de producto seleccionado de la misma. A su vez, un personal específico realiza las tareas de enfardado, otro, la labor de traslado de fardos en los auto-elevadores.

Solo algunas tareas del cartoneo se encuentran parcialmente mecanizadas. El trasladado de productos en las cintas mecánicas, la máquina enfardadora y los transportes constituyen ejemplos en este sentido. De este modo, los procesos de trabajo involucrados en el proceso de producción de la mercancía "material reciclado", no superan en general el ámbito de la cooperación simple (la recolección) y la manufactura (clasificación) o manufactura moderna muy elemental (clasificación con cinta de transporte). La gran industria apenas se insinúa en el transporte (ferrocarril, camión), aunque aún persiste allí el simple esfuerzo físico (carro). Domina entonces aquí el principio subjetivo, situación coherente con el salario a destajo, la cooperativa como instrumento de control del proceso de trabajo y la contratación por el "gang system". Coherente con su naturaleza de población sobrante, la descalificación y el predominio del trabajo manual son el resultado de una rama que opera con una muy baja composición orgánica del capital.

Las diversas formas de cartoneo influyen en las condiciones laborales. Los cartoneros con puestos fijos en zonas comerciales obtienen una mayor cantidad de productos, situación que redunda en un ingreso más elevado respecto de aquellos recuperadores con recorridos a pie con carros. Por su parte, los cartoneros en centros de reciclado y aquellos asociados en cooperativas han mejorado parcialmente sus ingresos, luego de la política de reciclado implementada por el gobierno porteño y la tendencia al reconocimiento efectivo de su trabajo. No obstante, el tiempo dedicado al cartoneo y la cantidad de productos recolectados y transportados en los carros son características que muestran la realización de una tarea de elevada intensidad. Las labores de clasificación y enfardado en los centros de reciclado también abonan en el sentido antes señalado debido a la ausencia de una ventilación adecuada en los galpones, la presencia de bacterias y la existencia de productos inflamables.

Los ingresos obtenidos por el cartoneo constituyen un salario. Al percibirlos, los cartoneros reproducen su vida material y la de su unidad familiar. En la actualidad, el salario cartonero se compone de dos fuentes. Por un lado, el Estado paga un monto fijo de dinero mensual a un porcentaje de los cartoneros asociados en cooperativas. Este proceso se enmarca en una tendencia al reconocimiento del cartonero como trabajador por el Estado, que comienza a manifestarse a partir del año 2008. Por otro lado, la industria, sobre todo la papelera a través de camioneros, galponeros y recorteros, paga un salario a destajo. La evolución salarial de los cartoneros se aproxima a la de los trabajadores no registrados de la economía, sobre todo en los últimos años. Pero se aleja cada vez más del salario real de los obreros registrados. Otra vez, la naturaleza limitada de la cooperación en el proceso de trabajo exige la presencia del salario a destajo, una forma que los capitalistas usan recurrentemente, como diría Harry Braverman, para "ahorrarse" el control del proceso de trabajo.

El pago efectuado por las empresas no se hace directamente a los cartoneros. Entre ambos, se encuentran los intermediarios tales como galpones acopiadores y camioneros, quienes actúan como auxiliares de la industria. Entre los intermediarios y los cartoneros se crean relaciones de hecho que no están legitimadas formalmente. La venta exclusiva a un intermediario a cambio del préstamo de las herramientas constituye un tipo de vinculación. En algunos casos, esa relación se estrecha aún más, sobre todo a partir del pago por tiempo. Por su parte, las cooperativas de cartoneros han intentado trascender a los intermediarios y vender directamente a las empresas papeleras. En este caso tampoco existe una relación formal, aunque las asociaciones son proveedoras directas de insumos a la industria. En cambio, la relación de dependencia de los cartoneros respecto de su otro empleador, el Estado, se observa más claramente en la medida en que este último destina a parte de su personal administrativo para el control de la asistencia de los recolectores a sus zonas de trabajo. Los intermediarios entre el cartonero y sus empleadores reales (las papeleras y el Estado) van desde simples capataces que cobran también su salario bajo la forma de destajo (el camionero) hasta las grandes recorteras que representan un grado mayor de concentración del capital, pasando por galponeros (cuya naturaleza de clase se encuentra anclada en la pequeña burguesía). Un lugar aparte lo ocupan las cooperativas, una forma de control del proceso de trabajo cuya función es "socializar" el gang system, es decir, eliminar al intermediario "externo", haciéndose cargo el colectivo obrero de esa tarea. Esta transformación le da a las cooperativas cierta ventaja "competitiva" frente a las otras formas de intermediación, pero es un simple preludio a una reducción salarial. En la medida en que se extiende el sistema de cooperativas, el sistema se nivela "hacia abajo", siguiendo la lógica del salario a destajo ya destacada por Marx.

La industria papelera no ha reconocido formalmente el trabajo cartonero. En la relación entre cartoneros y empresas no existe ningún tipo de convenio contractual ni beneficios sociales o cobertura médica. El Estado es el que asume parcialmente ese rol de empleador formal de los cartoneros, bien que con limitaciones, en tanto no los reconoce como empleados directos. El reconocimiento del trabajo cartonero se debe a un proceso que comienza con el permiso de la actividad durante el año 2002, luego de haber estado prohibida por décadas, la instalación de centros de reciclado gestionados por cooperativas y, finalmente, la emisión de un presupuesto destinado exclusivamente a los cartoneros a partir del año 2008. Este reconocimiento se efectiviza a partir de un cambio en la política del gobierno como consecuencia de la ineficiencia de las empresas privadas de recolección de residuos. Estas últimas procesaban una cantidad mínima de toneladas reciclables a un costo muy elevado. Por esta razón, el presupuesto en materia de reciclado fue reasignado a los cartoneros. A partir de ese proceso, el gobierno porteño comenzó a pagar a los cartoneros un salario mensual, bajo la forma de incentivo por capacitación, una cobertura médica y guarderías para el cuidado de los hijos de los recuperadores. A su vez, cedió en comodato vehículos para ser conducidos por los cartoneros y transportar los productos reciclables hasta los centros de reciclado o zonas de residencia de los cartoneros. Dicho de otro modo: se produce la estatización de la población sobrante como población sobrante. No se trata de una "incorporación a planta", es decir, la transformación plena del cartonero en un empleado estatal, situación que le quitaría parcialmente atributos de población sobrante, en tanto pasaría a estar "en blanco", organizado sindicalmente y con estatutos protectivos, lo que repercutiría en un nivel de ingresos superior. Por el contrario, la política de Macri de subsidiar a "cooperativas" es una forma de mantener a la población sobrante en su estado actual, una forma de resolver el problema de la basura de la ciudad con un ahorro sustantivo de presupuesto. Entonces, las ventajas que la expansión de la población sobrante trae aparejadas para la acumulación del capital, aparecen también como ventajas para el Estado: mano de obra muy barata, en condiciones de alta explotación y vulnerabilidad social.

Toda esta infraestructura creada por el Estado actúa, de algún modo, como un subsidio indirecto para la industria en la medida en que crea las condiciones para garantizar un insumo utilizado por ella. Del mismo modo opera la disminución de los impuestos para las empresas e intermediarios a partir de la creación del registro de comercializadores de materiales a reciclar. Hasta el año 2010, momento en el cual se crea el registro, el blanqueo de todos esos insumos provenientes mayoritariamente del mercado "negro" (o cartonero) se tornaba una dificultad para las empresas. Probablemente, la creación del registro se deba al incremento de insumos provenientes del cartoneo y la necesidad del blanqueo de esas compras por parte de las empresas frente a la Administración Fiscal de Ingresos Públicos. Con el registro, el Estado beneficia a las empresas e intermediarios inscriptos en el registro al disminuir la carga tributaria tanto del Impuesto al Valor Agregado como del Impuesto a las Ganancias. Esta disminución en las retenciones impositivas constituye una forma de subsidiar a la industria de manera indirecta. El Estado de la ciudad de Buenos Aires, entonces, utiliza a la población sobrante como una forma de subsidio al capital, al mantenerla en su situación como tal. Si bien, como veremos más abajo, la competencia de las cooperativas tiende a perjudicar a los intermediarios (camioneros, galponeros y recorteros), asegura un flujo de materia prima barata para la industria papelera, disminuye las necesidades de gastos del Estado en la recolección y tratamiento de residuos, haciendo posible el alivio de la presión impositiva sobre las empresas que se constituye en un nuevo subsidio. Es decir, una tasa de explotación más elevada es vehículo de la acumulación de los capitales más grandes del sector (las papeleras).

Como dijimos, el proceso de reconocimiento de la labor de los cartoneros por parte del Estado se encuentra mediado por la problemática en torno al sistema de recolección y tratamiento de residuos. Dicho reconocimiento se efectúa con posterioridad al 2001 y, más específicamente, a partir del año 2008. Aunque el Estado se beneficiaba con la labor cartonera desde las décadas previas, el reconocimiento del cartoneo es un proceso que corresponde al período actual. No obstante, el reciclado de productos se encuentra determinado por la existencia histórica de una industria que utiliza esos insumos como materia prima para la producción de otros bienes. En efecto, los representantes de la industria papelera solicitaron en más de una oportunidad al Estado la ejecución de políticas de reciclado, como por ejemplo, en las décadas de 1940 y 1990. Tales demandas se deben a insuficiencias de la rama papelera. En el primer caso, el motivo de la solicitud fue la dificultad de importar insumos. En el segundo caso, la demanda se debe a la necesidad de utilizar una mayor cantidad de insumos reciclables para abaratar costos de producción del papel, debido al incremento de las importaciones de estos productos y la pérdida de competitividad. Las transformaciones operadas en las últimas décadas en la recolección de materiales reciclables son, entonces, funcionales a las necesidades de acumulación de las grandes empresas del sector, las papeleras y no la expresión de una nueva "conciencia ecológica" o de un nuevo "sujeto social" portador de otros "valores". Se trata, simplemente, de la creación de una población sobrante que pueda operar en las condiciones de acumulación propias de una rama de baja composición orgánica del capital, como es la recolección de materiales reciclables. En este sentido, la historia que hemos contado guarda estrechos puntos de contacto con situaciones similares en la industria de la construcción o de la confección, por citar un par de ejemplos. Tal vez, por la importancia que aquí asume la forma "cooperativa", su historia se acerca bastante bien, en ese aspecto, a las cooperativas de la pesca de Mar del Plata.

Por otra parte, los cartoneros han protagonizado una experiencia de lucha y organización. En términos generales, los reclamos se caracterizan por la mejora en sus condiciones laborales. Con diferentes métodos de lucha, los cartoneros han establecido demandas sindicales. Las conquistas para el conjunto de los cartoneros, como el permiso para cartonear y los trenes blancos exclusivos de recuperadores, fueron obtenidas durante el período 2001 y 2002, es decir, en un momento más general de activación política. Probablemente, esto último explique las razones por las cuales, en el período previo y en un momento más general de reflujo de la clase obrera, la misma consigna por el permiso para cirujear no haya tenido ningún resultado positivo. A su vez, en el proceso de lucha de los años previos e inmediatamente posteriores a diciembre de 2001 se gesta un movimiento cartonero que tiende a actuar por medio de la acción directa y de manera independiente del régimen político. El rol protagónico recae en un grupo de cartoneros proveniente de José León Suárez, que actuó como vanguardia del resto del movimiento. Ciertos aspectos, como por ejemplo la presencia de mujeres delegadas y ex manzaneras, coinciden con el proceso de formación del Movimiento Piquetero. Otro elemento que se asemeja a otras organizaciones piqueteras es la confluencia con las Asambleas Populares de diferentes barrios porteños. Junto a ellas, los recuperadores actuaron en diversas manifestaciones y lograron beneficios. Incluso, la vinculación entre cartoneros y asambleas, y entre estas y la Asamblea Nacional de Trabajadores Ocupados y Desocupados podría estar expresando un realineamiento entre recuperadores y el Movimiento Piquetero. Otra vez, no nos encontramos aquí con un sujeto "nuevo" con una nueva "praxis", sino con la vieja historia de la organización de las capas más explotadas y subordinadas de la clase obrera.

En la periodización de la lucha, el período posterior al año 2003 se caracteriza, en un primer momento, por una tendencia a la represión contra los cartoneros; y, en una segunda etapa, por avances y retrocesos en el conjunto de los cartoneros. La clausura de los trenes cartoneros concesionados por la empresa Trenes de Buenos Aires y el desalojo en Barrancas de Belgrano pueden ser caracterizados como un momento bisagra en la historia de lucha. Por un lado, constituye la expresión de una tendencia represiva por parte del Estado contra los cartoneros. Por otro lado, es el momento en el cual comienza una etapa de integración de los cartoneros en el régimen político por intermedio de las cooperativas. Estas últimas lograron una mejora en las condiciones laborales de sus asociados por intermedio de los subsidios otorgados por el gobierno porteño, aunque solo representan una minoría comparada con el conjunto de los cartoneros. Sus reclamos se han constituido a través de negociaciones individuales con el Estado, en detrimento de una consigna unificadora que beneficie al conjunto de los recuperadores.

No obstante, estas entidades han logrado una capacidad de presión política y mantener organizados a ciertos grupos de cartoneros. Se trata de aquellas cooperativas que tuvieron una posición más afín al gobierno porteño en el contexto del cierre de los trenes blancos y de grupos de recuperadores que actuaron con mayor moderación durante el mismo proceso. En ambos casos, las asociaciones se vincularon con estructuras más amplias que se encuentran más integradas al Estado, como por ejemplo la Confederación General del Trabajo, la Central de Trabajadores Argentinos y la Central de Movimientos Populares. Al igual que otras capas de la población sobrante que protagonizaron el movimiento piquetero (como las empresas recuperadas, por ejemplo), los cartoneros han vivido una tendencia hacia el alza de la lucha acompañado por tendencias a la independencia de clase y luego un proceso de cooptación estatal. Lo peculiar de su caso es que aquí quien opera esa cooptación no es el Estado nacional, sino el macrismo.

Sintetizando: a lo largo del desarrollo del libro, hemos avanzado en algunas aproximaciones sobre nuestro objeto de estudio. En primer lugar, los cartoneros, cirujas o recuperadores urbanos son los nombres de fantasía o categorías históricas que asume una fracción de la clase obrera. Es decir, aquella que reproduce su fuerza de trabajo sobre la base de la recolección y venta de productos reciclables.

En segundo término, los cartoneros son parte de la sobrepoblación relativa porque venden su fuerza de trabajo por debajo de su valor. Su salario se encuentra por debajo del promedio de las remuneraciones de los trabajadores no registrados y muy por debajo de los obreros registrados. Esto confirma su condición de mano de obra barata. Se trata de una fracción de la clase obrera que bien puede caracterizarse como lo que comúnmente se denomina como trabajador "tercerizado". Es decir, no son obreros empleados bajo relación de dependencia por parte de las empresas papeleras. Su patrón se hace visible a través de los intermediarios quienes tampoco establecen una relación de dependencia con los cartoneros regida por convenios.

Finalmente, los cartoneros constituyen una mano de obra barata utilizada por las empresas y el Estado. Las primeras requieren del trabajo cartonero para disminuir los costos de producción en la elaboración del papel. De este modo, el insumo recogido por los cartoneros se torna necesario. Al mismo tiempo, debe ser una mercancía barata que no supere los precios de importación del reciclado y que su precio sea significativamente menor respecto de su sustituto, la pasta de celulosa en base a madera. El Estado, por su parte, garantiza un ahorro en el tratamiento de residuos. Paralelamente, todo el presupuesto destinado a los cartoneros y las políticas fiscales favorables a las empresas se constituyen como subsidios directos a la industria, en el primer caso, e indirecto en el segundo.

Más allá de otras consideraciones, en el recorrido realizado, una verdad aparece clara y distinta: la mejora de las condiciones de existencia de esta fracción de la clase obrera ha dependido centralmente de su propia actividad reivindicativa. Cuando ella cesó o se dejó encauzar por canales institucionales, el retroceso se apoderó del movimiento y lo recondujo a su marginalidad histórica en relación a la lucha del conjunto de la clase obrera. El futuro dirá si el "cartonero" terminará por incorporarse definitivamente al torrente proletario al que pertenece y, a partir de allí, saldrá a la luz de una vez por todas como lo que es: una expresión de las condiciones de existencia actuales de la clase obrera argentina. Por ahora, y para terminar, es posible adivinar algunas líneas de transformación que están operando.

Presente y ¿futuro?

A partir de la crisis de 2008-2009 varios fenómenos se juntan para dar lugar a una transformación del "cartonero". Por empezar, la disminución del precio del insumo reciclado ha generado un alejamiento de los cartoneros, los cuales se emplean en otras ocupaciones o changas. Por ejemplo, en una entrevista realizada en febrero de 2009, un dirigente del MTE señala uno de los primeros logros obtenidos por la cooperativa a partir de la política de subsidios del Estado. Menciona que el gobierno porteño había cedido hasta ese entonces en comodato un total de 18 camiones en reemplazo de los 89 transportes destartalados en los cuales se trasladaban antiguamente los cartoneros provenientes de la zona sur del conurbano bonaerense. Frente a la pregunta acerca de si esa cantidad ofertada por el Estado alcanzaba para abastecer al conjunto de los recuperadores de esa organización, el entrevistado indicó que la actividad había descendido debido a la baja de los precios del reciclado:

"En la actualidad, hubo una baja del precio del papel muy grande que complicó mucho la vida a los cartoneros. Está viniendo mucho menos gente que antes a cartonear. Porque el cartón bajó un 200 o 300%. El diario no se compraba hasta hace poco, el cartón llegó a valer 3 centavos. El plástico que costaba hasta hace poco 1 peso, ahora cuesta 20 centavos. Entonces, eso desinfló un poco la cantidad de gente que andaba por acá y por lo pronto hizo que los [18] camiones [cedidos por el gobierno porteño en un primer momento] alcancen. Pero, cuando se reincorpore esa gente, vamos a necesitar unos 30 camiones para que alcance para toda esa gente que viene del Sur. Para que los cartoneros que andan por Recoleta, Barrio Norte, Palermo y Almagro no queden afuera. (...) Esa gente que dejó de cartonear ahora trata de rebuscársela haciendo changas".[1]

Una de nuestras fuentes, dueña de uno de los galpones del que hablamos en el capítulo III, expresaba a su modo la diferencia, aludiendo a un factor menos coyuntural. Recordemos que ella había heredado el negocio de su padre, que había comenzado en el Albergue Warnes en los años '80:

"Antes era distinto el trabajo. Ahí, los que eran carreros era la gente que habían traído de las provincias por las inundaciones. El gobierno llevó a esa gente al Albergue. Ahora no. Los que se dedican al cartoneo es gente que está sin trabajo de acá, de provincia o de la ciudad. Era distinta la gente. Porque ahí en el Albergue vivían maestros, policías, de todo. Habían venido de afuera y no tenían trabajo".[2]

Comparando con la actualidad, la encargada del depósito señala que,

"Lo que más cambió fue la gente. La gente del Albergue Warnes tenía más educación. Ahora no. Además, ahora los carreros viven más de los planes sociales. Entonces quieren trabajar formalmente. Agarran un plan que le pagan 1.500 pesos por mes. Lo que cambió mucho es que ahora hay mucha droga. La mayoría de los chicos que están en la calle cartonean para conseguir paco. Vienen, hacen 10 pesos, luego van y compran paco. Trabajan..., pero después compran paco".[3]

---

[1]Entrevista a Carpenco, op. cit.
[2]Entrevista del autor a Marcela... op. cit.
[3]Ídem.

Otro galponero entrevistado reconoce que lo mejor ya pasó para ellos. Desde su perspectiva, el auge fue en el año 2002. Según menciona, el negocio en su conjunto no es muy redituable (ni para galpones ni para cartoneros). Por ello, sostuvo que como los cartoneros ahora cobraban planes sociales (o subsidios del gobierno), con ese incentivo los cartoneros se conformaban. Según su perspectiva, el gobierno "fomenta la vagancia". Desde esta mirada, entonces, serían los planes sociales los que cambian la estructura del empleo cartonero: la población sobrante escasea, dado que los planes equivalen más o menos a los ingresos del cartoneo; luego, solo se dedican a ello los que están más desesperados. Aquí el elemento más disruptivo está en la intervención del Estado de la ciudad de Buenos Aires que, con el cambio de política sobre la basura, reestructuró todo el sistema a favor de las cooperativas.

¿Hacia dónde va el mundo "cartonero"? Evidentemente, la lucha de los cartoneros, con los límites que impone la situación general que hemos descripto en este trabajo, ha tenido resultados contradictorios, tanto desde el punto de vista de su experiencia como fracción como desde el punto de vista de su experiencia como clase en su conjunto. Por un lado, como ya dijimos, tiende a consolidarse como población sobrante (dominio de la ideología cooperativista); por otro, tiende a desprenderse de atributos que la caracterizan (en tanto se sindicaliza, se une a las grandes organizaciones de clase, logra "blanquearse" en la estructura del empleo, etc.). Una variante intermedia, que no lo aleja de la población sobrante sino que cambia su forma de reproducción como tal (de "cartonero" a "subsidiado", es decir, a mantenido por la asistencia pública bajo la forma de "planes" y "subsidios") aparece como tercera vía que solo mantiene "latente" su situación de desocupado y garantiza una tasa de explotación elevada para los que no pueden abandonar la actividad (en tanto el subsidio está muy por debajo del salario del empleo "en negro").

Para pensar el futuro, siempre es bueno recuperar el pasado. Cuando la población sobrante logró mejoras sustantivas en sus condiciones de existencia en el interior del sistema capitalista, las consignas que guiaron su lucha implicaron siempre y tuvieron el mismo objetivo: la eliminación de las condiciones jurídico-sociales que reproducen su condición de población sobrante. En la década del '30, los trabajadores a domicilio de las industrias del calzado, de la confección y otras, enarbolaron como bandera de combate la incorporación a planta. Sin someter a las papeleras y al Estado a su condición de empleador directo, con todo lo que ello conlleva, no habrá espacios para un cambio profundo en las condiciones de existencia de los cartoneros. Por otro lado, cuando la población sobrante intentó pensar sus problemas históricos como clase, elaboró respuestas más allá del sistema capitalista. En este sentido, la lucha por la independencia de clase debería llevar a los cartoneros a rechazar los procesos de cooptación política a los que se encuentran hoy sometidos. Más que pensar en "novedades" identitarias, habría que pensar en un retorno a políticas de clase.

Dicho de otra manera, los cartoneros deberían luchar por incorporarse a la clase obrera en activo, esto es, por formalizar su relación como asalariado del Estado, como parte de una empresa estatal de recolección de residuos reciclables. Dicha empresa, bajo control de los trabajadores, debe ofrecer un trabajo estable y un salario acorde a una fuerza de trabajo que se desgasta rápido en un oficio insalubre y en horarios que exigen suplementos por nocturnidad. Transporte para los obreros, guarderías y jardines maternales para sus hijos, un plan de vivienda específico y los beneficios de una obra social estatal, completarían una verdadera política "progresista" para una población maltratada e híperexplotada.

Apéndice I

El dominio de la gran industria en la producción de pasta celulósica y papel

Una forma de entender por qué la rama del reciclado de papel requiere de obreros que vendan su fuerza de trabajo por debajo de su valor, es compararla con la forma "oficial" de producir papel, es decir, la industria que opera con la celulosa extraída directamente de árboles como materia prima. La descripción, a continuación, demuestra que, en el extremo opuesto a la recolección para el reciclado, donde domina la cooperación simple, se extiende el mundo de la gran industria. El proceso de producción comienza con la obtención de la celulosa.

Producción de celulosa

El paso inicial del proceso productivo que describimos (la "recolección") consiste en el corte de las plantas y su traslado. Cualquiera puede tener idea de cómo se hace observando cualquier documental por televisión: grandes máquinas que toman la planta cercana a la raíz, la abrazan y cortan y luego colocan los troncos ya desprovistos de ramas en grandes pilas. El cargado de camiones y el traslado también es puramente mecánico.

El proceso de producción de celulosa en base a madera comienza con la llegada de los troncos de los árboles a las plantas.[1] El primer paso consiste en extraer la corteza de los troncos. Con grúas, estos se transportan a la máquina descortezadora. El descortezado se puede realizar hidráulicamente, mediante chorros de agua con alta presión, o mecánicamente, rozando los troncos unos con otros o con herramientas metálicas de corte. Esos troncos se transportan por intermedio de cintas mecánicas hasta la máquina chipeadora. Esta última troza y convierte a os en unidades pequeñas denominadas "chips".[2]

---

[1] La descripción del proceso de elaboración de pasta celulósica se extrajo de Teschke, Kay y Demers, Paul (Dir.): "Industria del papel y de la pasta del papel", *Enciclopedia de Salud y Seguridad en el Trabajo*, Instituto Nacional de Seguridad e Higiene en el Trabajo, Ministerio de Empleo y Seguridad Social, Gobierno de España, s/f. Disponible en http://www.insht.es/portal/site/Insht/menuitem.cfcbb9e77253bfa0f42feb10060961ca/?vgnextoid=1d19bf04b6a03110VgnVCM100000dc0ca8c0RCRD&do=Search&x=0&tipoBusqueda=titulo&text=industria+del+papel&y=0.

[2] La moderna planta argentina productora de papel de periódicos, Papel Prensa, produce la celulosa en base a madera. Los troncos de madera son conducidos por la cinta transportadora hasta un descortezador. Tras estas operaciones, el tronco

La madera se compone de celulosa y lignina. Esta última es una sustancia que enlaza las fibras celulósicas que le otorgan sustento a la madera. El siguiente proceso en la elaboración de pasta celulósica consta de la separación de la celulosa y la lignina. Esa separación puede realizarse por intermedio de dos métodos que luego le otorgan una característica específica a la pasta: el método mecánico y el químico. Dentro de este último se destacan el método alcalino (sulfato o kraft), el más utilizado, y el ácido (sulfito).

Las pastas mecánicas se producen triturando la madera contra una piedra o entre placas metálicas, para que se separen las fibras. La acción de las máquinas rompe estas fibras de celulosa, por lo que la pasta resultante es más débil que la separada químicamente. La lignina no se disuelve, sino que se ablanda permitiendo que las fibras se asienten fuera de la estructura de la madera. En la elaboración de la pasta por raspado de la madera sobre una muela de piedra, el método mecánico más antiguo e históricamente el más usual, las fibras se extraen de trozos cortos de tronco presionados contra un cilindro rotatorio abrasivo.

La pasta química se produce al disolver químicamente la lignina. Con este proceso, las fibras se separan sin dañarse de forma sustancial. El procedimiento implica la cocción de las astillas y los reactivos en solución acuosa en un reactor o digestor, que puede funcionar por lotes o de forma continua. En la cocción discontinua, el digestor se carga de astillas a través de una abertura superior, se añaden los químicos y el contenido se cuece a temperatura y presión elevadas. Una vez que termina la cocción, se libera la presión "soplando" hacia afuera del digestor la pasta de-lignificada hacia un tanque de contención. Luego, se repite la secuencia. En la digestión continua, las astillas pre-cocidas con vapor se introducen en el digestor a un ritmo constante. Las astillas y los reactivos se mezclan en la zona de impregnación, en la parte superior del digestor, y se desplazan desde la zona superior de cocción a la inferior y a la zona de lavado, antes de soplarlas al tanque.

Por su parte, el procedimiento al sulfato produce una pasta más fuerte y oscura. La mezcla de cocción (licor blanco) es hidróxido sódico y sulfuro de sodio. La moderna pasta kraft se transporta generalmente en digestores continuos. La temperatura del digestor se incrementa lentamente hasta unos 170 grados centígrados y se mantiene a ese nivel durante 3 o 4 horas. La pasta (llamada "parda" por su color) se tamiza

---

del árbol es trozado en pequeñas astillas (chips). www.papelprensa.com. Por su parte, la Papelera Tucumán produce distintos tipos de papeles en base a pasta producida con bagazo de caña de azúcar, madera y productos reciclables. Para trozar la madera, la fábrica tiene, al igual que Papel Prensa, una máquina chipeadora. Villalonga, Juan Carlos: *Presente y futuro de la industria celulosa en la región: hacia un plan de producción limpia*, 1era ed., Buenos Aires, Greenpeace Argentina, 2006.

para separar los trozos de madera que hayan quedado sin digerir, se lava para separar la mezcla de cocción utilizada (ahora licor negro) y se envía a la nave de blanqueado o a la de la máquina de producción de pasta. La madera sin digerir se devuelve al digestor o a la caldera para quemarla y producir energía. La parte orgánica se consume como combustible, generando calor que se recupera en la parte superior del horno en forma de vapor a elevada temperatura. La parte inorgánica no quemada se recoge en el fondo de la caldera como una mezcla fundida. El fundido fluye fuera del horno y se disuelve en una solución cáustica débil, obteniéndose un "licor verde". Este licor se bombea a una planta de re-caustificación, donde se clarifica y entonces reacciona con cal apagada. El licor blanco se filtra y se almacena para su posterior reutilización.[3]

La pasta celulósica se produce cruda o blanqueada, según el tipo de papel que se quiera producir. Por ejemplo, la celulosa kraft cruda no es sometida a un proceso de blanqueo. Se trata de un tipo de pasta resistente utilizada para elaborar papeles para embalaje (papel kraft liner para cajas de cartón corrugado, papel para sacos, cartulinas y cartones). El blanqueo es un proceso dirigido en varias etapas mediante el cual se refina y aclara la pasta en bruto. El objetivo es disolver (pasta química) o modificar (pasta mecánica) la lignina parda que no se eliminó durante los procesos de elaboración de la pasta, manteniendo la integridad de las fibras. Cada etapa del blanqueo se define por su agente blanqueante, la temperatura y la duración. Después de cada una de esas etapas, la pasta se debe lavar con agentes cáusticos para eliminar los residuos blanqueadores y disolver la lignina antes de pasar a la etapa siguiente. Finalizada la última etapa, la pasta se bombea a través de series de tamices y limpiadores para eliminar cualquier contaminante, como basura o plásticos.

Estos restos se eliminan a través de otros procesos de lavado. Para el blanqueo de la pasta se utiliza cloro, dióxido de cloro y otros componentes libres de cloro, según la empresa (y los costos). La pasta que sale del proceso de "blanqueo" se coloca sobre una tela o malla metálica. A través de unos rodillos, la pasta se traslada a la máquina secadora. Allí

[3]Papel Prensa utiliza el método químico: las astillas se impregnan con soda cáustica y sulfito de sodio, para facilitar de ese modo la posterior separación de las pequeñas fibras (1 mm de largo) en la etapa de refinación. www.papelprensa.com. Por su parte, Papel Misionero es una fábrica productora de celulosa kraft (en base a madera de pino) y papeles sin blanquear (papeles bolseros y kraft liner). La empresa posee cuatro digestores totalmente automatizados. Al igual que otras empresas, posee una caldera de recuperación para quemar el licor negro resultante de la cocción química de la madera. En cambio, la planta de Celulosa Capitán Bermúdez, productora de pasta de celulosa kraft blanqueada de eucalipto y papeles para impresión y escritura, posee dos digestores discontinuos rotativos. Villalonga, op. cit.

se elimina, aproximadamente, el 95% del agua que contiene la pasta. Se seca por absorción y presión a través de varios secadores. El proceso que sigue depende si la fábrica solo produce celulosa para su posterior venta, o bien, si se trata de una empresa integrada y productora de papel. En el primer caso, la pasta se corta en planchas de unos 70 por 80 centímetros, se enfarda y luego se almacena para su posterior venta.

Producción de papel

En las fábricas papeleras donde no se produce la celulosa, esta se recibe en fardos u hojas prensadas, que es necesario deshacer en agua para poder utilizarla.[4] Si se utiliza recortes de papel reciclado también es necesario deshacerlos en agua. Esta operación se denomina "desintegración". Cuando la propia fábrica elabora la pasta celulósica no es necesaria esta operación ya que la suspensión fibrosa (agua y fibras) pasa directamente a la operación de refinado. Esta operación de deshacer la pasta o los recortes de papel reciclado para separar las fibras se realiza en un aparato llamado pulper. Es una especie de recipiente en forma cilíndrica que tiene una hélice en su parte inferior, la cual agita las hojas de pasta que son introducidas en él. Cuando la hoja de pasta está deshecha, el pulper se vacía haciendo pasar la pasta a través de una rejilla. Los restos más grandes que no hayan sido deshechos no pasan. En ocasiones se utiliza un "despastillador" para la desintegración total de las fibras.

Las fibras que se obtienen originalmente de la madera u otros vegetales requieren de un refinado para que desarrollen o mejoren las propiedades necesarias para la formación adecuada de la hoja de papel y su posterior uso. Con esta operación, la pasta adquiere aptitudes específicas para producir diversos tipos de papel: papel para impresión, embalaje, vegetal, etc. El proceso que sigue es la "mezcla de aditivos". Según el tipo de papel que se pretenda obtener, se deben añadir a las fibras una serie de productos que modifican sus propiedades y las del papel obtenido de ellas. Posteriormente, se efectúa un proceso de

[4] La descripción del proceso productivo del papel fue extractado de, Torraspapel S.A.: "Formación fabricación de papel", Barcelona, 2008. Disponible en www.torraspapel.com. El proceso de producción de papel descrito fue cotejado con otras fuentes consultadas sobre la elaboración de papel en Argentina que no describen el conjunto del proceso productivo, pero puede observarse que la maquinaria existente no difiere sustantivamente de la mencionada en la descripción. También fue cotejado con el proceso productivo de la fábrica Papelera del Plata, productora de papel tissue, a cuyo gerente hemos entrevistado en el año 2009. Finalmente, en los convenios colectivos celebrados por el sindicato de papeleros y productores de celulosa se puede identificar ciertos aspectos correspondientes a la maquinaria existente en la rama, según las operaciones de cada obrero en las plantas.

depuración donde se separan las fibras de todas aquellas partículas no deseadas que perjudican el papel. El objetivo es obtener un papel limpio sin manchas y evitar roturas en la fabricación, sobre todo cuando se utiliza papel reciclado. Si la producción de papel se realiza con insumos reciclados, el proceso de depuración es aún mayor respecto de la utilización de pasta virgen. Esto se debe a la elevada cantidad de impurezas contenidas en el papel reciclado.

Una vez que se han añadido las propiedades necesarias a la pasta de papel y se ha preparado convenientemente la mezcla de materias primas (fibras, aditivos, pigmentos) en la pileta de mezclas, las siguientes etapas en el proceso de producción son básicamente iguales para cualquier tipo de papel. Aquí comienza el proceso de elaboración propiamente dicha de la hoja de papel. En la industria papelera, se entiende por "formación de la hoja" a la disposición mediante la cual las fibras se entrelazan unas con otras. Esta formación de la hoja se realiza en dos partes bien diferenciadas de la máquina: la caja de entrada y la mesa de fabricación. El objetivo de la mesa de fabricación es deshidratar la pasta y formar la hoja de papel. La pasta enviada a través del labio de la caja de entrada se deposita sobre una "tela" sin fin la cual transporta las fibras a lo largo de la mesa de fabricación. Durante ese recorrido, se consolida la hoja y pasa por unos rodillos. En primera instancia, la deshidratación es por gravedad, o sea, el agua cae y se escurre. Luego, se aspira.

El papel aún continúa con un porcentaje elevado de agua. El procedimiento de secado utilizado a continuación de la mesa de fabricación es el denominado prensado húmedo. La hoja se transporta a través de unos rodillos que la presionan los cuales consiguen extraer hasta un 20% más de agua y, al mismo tiempo, le otorgan al papel unas condiciones específicas en su superficie y mayor resistencia. Luego de la sección de prensas, la hoja continúa su recorrido hasta el sector de secado por calor, con el objetivo de eliminar el porcentaje restante de agua, hasta obtener un producto con un 5% de agua. El secado de papel consiste en aplicar una gran cantidad de calor a la hoja mediante el método apropiado para elevar su temperatura hasta conseguir la evaporación del agua. Se trata de un procedimiento químico ya que provoca un cambio de estado de líquido a vapor. Existen varios métodos. El más utilizado es el "secado con cilindros calentados". Consiste en una serie de cilindros de diámetro variable y calentados con vapor. El papel queda en contacto con los cilindros superiores por una cara y con los cilindros inferiores por la otra permitiendo el secado por ambas caras.

Cuando termina su formación, el papel tiene una superficie que no es la más adecuada para la impresión de la tinta. Para mejorar su calidad superficial con el objeto de poder aplicar tintas de impresión de una manera fácil y eficaz se realiza una operación denominada estucado. Esta última consiste en aplicar una especie de pintura que proporciona a la hoja la lisura y el brillo necesario para que la tinta se adapte bien al papel. El estucado se realiza fundamentalmente en los papeles destinados a la impresión o escritura. Si el papel requiere de un elevado acabado superficial, como por ejemplo los papeles especiales, se realiza una operación denominada calandrado. Con este proceso, se mejora el brillo del papel y las propiedades de impresión. La calandra es una máquina que tiene una serie de rodillos colocados unos sobre otros que giran haciendo pasar la hoja de papel entre ellos.

Finalmente, el papel que sale de la máquina de papel o de la calandra, cualquier sea su tipo, se enrolla en bobinas para facilitar su transporte. La operación del bobinado tiene la misión de cortar y rebobinar la bobina de la máquina de gran diámetro (bobina madre) en bobinas de diámetro y anchura más pequeños (bobinas hijas). Algunos clientes exigen el papel en bobinas o en resmas y en tamaños específicos. Según se trate, la fábrica establece los cortes apropiados.[5]

Mecanización y automatización de las plantas

En términos generales, las modernas plantas de producción de celulosa y papel funcionan de manera continua y ciertos procesos en la elaboración se encuentran automatizados.[6] Las tareas ejecutadas por

---

[5]En la fábrica Papel Prensa, una vez producida la celulosa, esta sigue su proceso para la elaboración de papel de periódico. Luego de pasar por la máquina de fabricación de papel, este se enrolla a través de una máquina bobinadora, que genera una bobina de 17 toneladas. Luego, se desenrolla el papel, se corta en tamaños más chicos y se enrolla nuevamente en bobinas más pequeñas, según los requerimientos de los clientes de la empresa. www.papelprensa.com.

[6]La empresa Alto Paraná, productora de celulosa kraft en base a madera, posee un proceso continuo de descortezado de madera, chipeado, digestión, lavado, depuración, delignificación, blanqueo, secado y enfardado de la pasta. Villalonga, op. cit. Por otra parte, aún en plantas productoras de papel de pequeña escala, como por ejemplo, la empresa recuperada Unión Papelera Platense (UPP), el proceso de producción en la formación de la hoja de papel es continuo y solo requiere del control de los trabajadores. La UPP produce 45 toneladas de papel diarias (14.000 anuales) y es operada por 55 trabajadores. La empresa posee tres pulpers alimentados con insumo papel reciclado por un operario en cada uno. La pasta reciclada se traslada hacia unos piletones donde se refina, tarea que también es controlada por los obreros. De allí, la pasta se traslada a las dos mesas de fabricación de papel que posee la planta, operadas por tres y cuatro personas respectivamente (un conductor y dos y tres ayudantes). Otros operarios controlan, al final de la máquina de secado, el normal enrollado en la bobinadora. Ambas máquinas con continuas. El proceso de secado del papel se realiza con el vapor generador por dos grandes calderas, que se mantienen encendidas las 24 horas del día. A cargo de ellas se encuentra un trabajador por turno, los cuales regulan

los trabajadores son de control, fundamentalmente, por intermedio de equipos informatizados. Antiguamente, la producción industrial de pasta celulósica y de papel era un proceso semiautomático que requería de la intervención manual. En las instalaciones fabriles, los trabajadores permanecían en paneles situados junto a los procesos para observar el efecto de sus acciones. Por ejemplo, las válvulas en las partes superior e inferior de los digestores de cocción para la elaboración de pasta se abrían manualmente. Por su parte, el agregado de químicos se establecía de acuerdo con la experiencia, aspecto que dependía de la destreza y los conocimientos del trabajador. En cambio, en las fábricas modernas la sustitución de las válvulas y bombas controladas manualmente por otras dotadas de control electrónico permite procesos con control remoto. Para ello existen salas de control independientes del medio donde se efectúa el proceso de elaboración del producto para aislar los equipos electrónicos.[7]

Uno de los avances técnicos en la rama de producción de papel y celulosa es el aislamiento del trabajador, normalmente posible en las zonas de preparación de la madera, de preparación de la pasta de blanqueo y de producción de papel. También existen cabinas aisladas para el equipo móvil utilizado en el apilamiento de chips y en otras operaciones al aire libre. Una de las tareas de mayor exposición es la de los operarios que toman muestras para el control de calidad del producto. Allí se deben tomar ciertas precauciones ante las exposiciones a los ácidos y cáusticos reaccionantes y a los vapores residuales. En las plantas de blanqueo, los trabajadores están expuestos a los agentes blanqueantes y a las sustancias organocloradas y otros subproductos. Las variables del proceso, como la fuerza de los productos blanqueantes, el contenido de lignina, la temperatura y la consistencia de la pasta, se vigilan constantemente, y es preciso recoger muestras y hacer pruebas de laboratorio. Como los procedimientos se han automatizado y compartimentado más, las operaciones de mantenimiento, limpieza y control de calidad se han convertido en las más expuestas.

La maquinaria de procesos continuos y el control que ejecutan los obreros se refleja, de algún modo, en la descripción de los puestos de trabajo en el convenio colectivo que rige en la rama de producción de

---

la cantidad de vapor enviada a las máquinas y controlan la presión de vapor en las calderas. Para una descripción completa del proceso de producción en la UPP, ver, Deledicque, Luciana Melina y Moser, Juliana: "El proceso de trabajo en empresas recuperadas. La Unión Papelera Platense: Un estudio de caso", ponencia presentada en VII Congreso de la Asociación Argentina de Especialistas en Estudios del Trabajo, Buenos Aires, agosto de 2005. Disponible en www.iisg.nl/labouragain/documents/melina_moser.pdf].

[7]Teschke y Demers, op. cit.

papel y celulosa.[8] El convenio describe una multitud de operadores para diversas tareas, aspecto que refleja, de algún modo, la división del trabajo en el proceso de producción y la presencia de máquinas para cada puesto. Esto no implica que en el conjunto de las fábricas exista esta división, pero sí describe la cantidad de puestos viables en la rama celulósico-papelera en la Argentina. En la preparación del recurso fibroso para la elaboración de la pasta de celulosa intervienen los operadores de carga y descarga en grúas, sierras y equipos de arrastre. También se encuentran los operadores de la máquina chipera y descortezadora, siendo estos quienes mayor salario por hora reciben de acuerdo a la categoría "preparación de la madera, bagazo u otro recurso fibroso". Dentro de la categoría "fabricación de pastas celulósicas", los operadores de los digestores y procesos de lavado se encuentran mejor pagos. Le siguen los trabajadores vinculados con la tarea de depuración y blanqueo. En otro orden, aparecen los operadores del desfibrador, de la prensa de pasta, la enfardadora y la preparación de los reactivos químicos. En todos los casos existe un ayudante de cada operador. En la "preparación de los empastes", los insumos del papel, hay operarios para las tareas de manejo de los hidropulper, cilindros, refinadores, hervidores y trituradores. Los procesos de recuperación y tratamiento de efluentes también se encuentran divididos en diferentes operaciones. Allí, las categorías descritas por el convenio señalan la presencia de operadores de tratamiento de aguas, de efluentes, de calderas y turbinas, de distribución de energía, de caustificación y evaporación.

Por otra parte, en el proceso productivo del papel, se encuentran los operadores de las "máquinas continuas". Para ello, hay conductores de estas máquinas con ayudantes de primera a cuarta categoría. También hay operadores para las máquinas bobinadoras, rebobinadoras, embaladoras y calandras, con sus respectivos ayudantes. Finalmente, existe una división de operaciones en el "alistamiento y conversión" de los papeles. La categoría incluye los operadores de máquinas cortadoras, empaquetadora automática, enfardadora, guillotina, humectado, encapsuladora. En el mismo convenio se describe la presencia de un operario de encapsulado manual, de modo que, la tarea se realiza de manera mecánica y manual.

[8]Convenio Colectivo de Trabajo para la rama de fabricación de celulosa y papel, celebrado por la Federación de Obreros y Empleados de la Industria del Papel, Cartón y Químicos (FOEIPCQ) y la Asociación de Fabricantes de Celulosa y Papel (AFCP), Expte., n° 1.450.766/11, abril de 2012.

Apéndice II

La rentabilidad del trabajo cartonero

La razón básica por la cual el reciclado de desechos es una demanda que está lejos de identificarse con el ecologismo, es que es fuente de plusvalía extra para las industrias del sector. Para entenderlo basta con remitirse a algunas cifras elementales. Si prestamos atención al gráfico siguiente, veremos la diferencia enorme entre el precio de la pasta de celulosa importada y la de papel y cartón para reciclar: este último representa, aproximadamente, un 30% del precio de tonelada importada de celulosa virgen. Obviamente, el ahorro no es de tal magnitud, porque el papel y el cartón para reciclar tienen que ser transformados en pasta celulósica. Por esta razón, las empresas han hecho enormes inversiones para poder trabajar con el insumo reciclable.

Gráfico 22. Precio por tonelada importada en Argentina de pasta de celulosa (en base a madera) y papel y cartón para reciclar, 1993-2011.

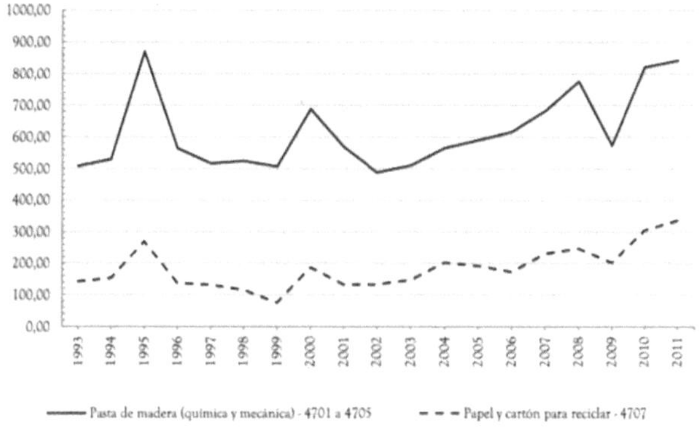

Fuente: elaboración propia en base a Secretaría de Medio Ambiente y UN COMTRADE.

El siguiente gráfico muestra que el reciclado es particularmente rentable para las empresas argentinas, en tanto el papel recuperado local es notablemente más bajo que el importado:

Gráfico 23. Comparación del precio del cartón corrugado importado respecto del comprado a los cartoneros en la provincia de Buenos Aires, en pesos argentinos, sin deflactar: precio por kilogramo vendido.

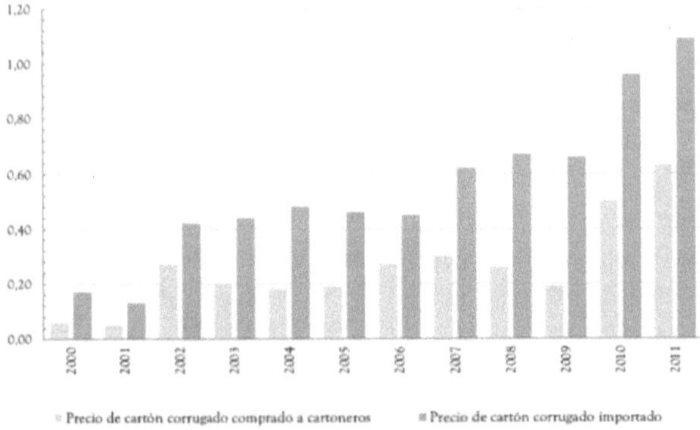

Fuente: relevamiento propio en diarios y UN COMTRADE.

Si bien el cuadro no refleja el precio de compra de las empresas, sino el precio de venta del cartón por parte de los cartoneros, es decir, sin la parte de los intermediarios, el ahorro es sustantivo. En efecto, el precio de venta de un intermediario a las empresas, según las entrevistas que hice, oscila entre un 30 y un 40% más respecto de la compra a cartoneros. Por ejemplo: en 2011, con un poco más de 0,60 pesos por kilogramo pagado al cartonero, más 0,24 pesos (40%) pagado al intermediario, el precio devengado por la empresa fue de 0,80 a 0,90 pesos. Comparado con los 1,10 pesos pagados por el cartón importado, representa todavía un ahorro de más de un 20%.

Apéndice III

Las dificultades metodológicas de la estadística oficial

Como todo investigador sabe, el estudio de la realidad social en la sociedad capitalista resulta complicado por el ocultamiento "natural" que las categorías burguesas producen. Detrás de un "cuentapropista" puede encontrarse un burgués (un consultor de multinacionales), un pequeño burgués (un dentista con consultorio propio) o un obrero (un cartonero). Pero hay otros problemas que se producen simplemente porque la realidad se transforma más rápidamente que los instrumentos de medición. El estudio del mundo "cartonero" tropieza con ambos problemas. En este apéndice tratamos de explicar por qué no utilizamos las estadísticas provenientes del Censo económico 2004 acerca de la rama del "reciclamiento de productos".

Dentro de las ramas de la producción en la Argentina, hay dos que se relacionan con el reciclamiento. Una de ellas, vinculada con la industria manufacturera, se dedica a reciclar productos desechados. Es decir, se convierte el producto en un insumo o mercancía. Esta puede estar relacionada con los cartoneros. La otra rama vinculada con el reciclado es la "venta al por mayor" (es una sub-rama dentro de la de "comercio"). Esta puede estar más relacionada con los galpones intermediarios que compran a cartoneros, particularmente, los galpones que se encuentran registrados o en blanco.

La sub-rama "Venta al por mayor de productos intermedios n.c.p., desperdicios y desechos"

En el censo económico del año 2004 se desagrega por producto la sub-rama "venta al por mayor de productos de desperdicios y desechos", como muestra el cuadro 32 en la siguiente página.

En lo que a papel y cartón se refiere, el censo registró 72 locales en todo el país y una cantidad de 402 asalariados, cifra que parece bastante escasa. Por dar un ejemplo, solo en la Ciudad de Buenos Aires se contabilizaron 114 galpones acopiadores, en el año 2006 (aunque no eran solo de venta de cartón y papel, sino que se incluían otros productos). Esta divergencia se podría explicar por el grado de informalidad de los galpones, o que estén contabilizados en otros rubros, o bien, que no estén registrados.

Cuadro 32. Cantidad de locales comerciales, asalariados y no asalariados por establecimiento dedicado a la venta de productos desechables, según tipo. Total del país, 2004.

Subrama. Venta al por mayor de:	Código de identificación	Cantidad de locales	Total asalariados y no asalariados	Solo asalariados	No asalariados
Desperdicios y desechos de papel y cartón	51492	72	481	402	79
Abonos, fertilizantes y plaguicidas / Caucho y productos de caucho excepto calzado y autopartes / Artículos de plástico	514931 / 514932 / 514933	1.111	6.095	5.089	1.006
Desperdicios y desechos metálicos (Incluye chatarra, viruta de metales diversos, etc.)	51494	687	3.180	2.353	827
Este código no existe, probablemente se trate del "514910" que remite a: Desperdicios y desechos textiles	51495	100	754	631	123
Desperdicios y desechos (Incluye venta al por mayor de petróleo, minerales no metalíferos, etc.)	51499	175	852	661	191

Fuente: Censo Económico, 2004.

La sub-rama "Reciclamiento de desperdicios y desechos metálicos" y "Reciclamiento de desperdicios y desechos no metálicos".

Según la definición de las resoluciones de la AFIP, los "recicladores" son los "establecimientos industriales que efectúan la transformación de los materiales citados en el art. 1 (PET, papel y cartón, vidrio, plástico, metales ferrosos o no ferrosos) en materia prima o productos finales". Es decir, las fábricas que obtienen materiales de desecho o descarte y los convierten en insumos o bienes finales son recicladores. Dicho así, las empresas papeleras que utilizan papel reciclado como insumo entrarían dentro de esta categoría. O bien, los establecimientos "recorteros" (clasifican los papeles y cartones antes de su uso en la fábrica) también serían "recicladores".

Por su parte, los censos económicos no solo contabilizan los establecimientos "recicladores", sino también, en el rubro del papel, las fábricas papeleras. De este modo, o bien se establece una doble contabilidad, o bien, cada establecimiento se registra al momento del censo como mejor le parece.

Lo cierto es que la industria del reciclado existe y en productos que no constituyen el papel y el cartón queda más claramente establecida su actividad. Por ejemplo, los establecimientos recicladores de metales (cualquiera sea su forma) se dedican, fundamentalmente, a fundir esos metales y producir bienes o planchas de metal para su posterior uso por automotrices y demás industrias. Por su parte, los recicladores de plásticos también lavan el producto (una vez recuperado y clasificado), le extraen todas las impurezas, lo trituran, lo secan y luego lo clasifican según su color, para su posterior venta y uso como insumo. El siguiente cuadro muestra aspectos de la rama del reciclamiento de productos:

Cuadro 33. Cantidad de establecimientos, asalariados y no asalariados en la rama de "reciclamiento". Total del país, 2004.

Región geográfica	Cantidad de establecimientos (más unidades auxiliares)	Cantidad de asalariados	Cantidad de no asalariados
Total del país	183	1.570	186
Solo Pcia de Buenos Aires	90	1.053	86
Ciudad de Buenos Aires	14	57	13

Fuente: Censo económico, 2004

Este cuadro nos permite observar, fundamentalmente, la cantidad de establecimientos recicladores en el conjunto del país, sin discriminar qué es lo que se recicla. La cantidad de asalariados dedicados al reciclado es, indudablemente, ridícula: solo 57 para la ciudad de Buenos Aires, donde hemos contabilizado una cifra que varía entre 10 y 20.000.

De un somero análisis del Censo queda claro que no puede ofrecer mucho para lo que buscamos. El problema básico, suponemos, consiste en la incapacidad para reconocer las transformaciones de la realidad y construirlas como "pregunta". Los que elaboraron el Censo indudablemente no tenían en la cabeza el paso previo al "reciclado", es decir, la "recolección", actividad económica que no es, consecuentemente, registrada.

Bibliografía y fuentes

Fuentes estadísticas e informes sectoriales de la rama papelera

AAVV: "El papel del reciclado", en *Revista Nueva Celulosa*, n°14, año 3, publicación de la empresa Celulosa Argentina, S.A., 1993.

Asociación de Fabricantes de Celulosa y Papel: "Memoria y balance correspondiente al ejercicio 01-08-86 al 31-07-87", Ministerio de Economía, 1987.

Asociación de Fabricantes de Celulosa y Papel: "Perspectivas del sector celulósico papelero hasta el año 2015", Ministerio de Economía, 1989.

Asociación de Fabricantes de Celulosa y Papel: *Diagnóstico y propuesta para la industria argentina de la celulosa y el papel*, Ministerio de Economía, 1991.

Asociación de Fabricantes de Celulosa y Papel: *Información estadística del sector. Resumen de datos anuales del período 1985-1993*, Ministerio de Economía, 1993.

Asociación de Fabricantes de Celulosa y Papel: *Información estadística, año 1992*, Ministerio de Economía, 1992.

Asociación de Fabricantes de Celulosa y Papel: *La Celulosa y el papel en Argentina*, Ministerio de Economía, 1988.

Asociación de Fabricantes de Celulosa y Papel: Producción de papel en Argentina, serie 1970-1982.

Azpiazu, Daniel: *La industria celulósica-papelera, su evolución histórica y perspectivas futuras*, Ministerio de economía, Secretaría de Estado de Programación y Coordinación Económica, Buenos Aires, 1977.

Bercovich, Néstor y Chidiak, Martina: "Reestructuración industrial y gestión ambiental en el sector de celulosa y papel en la Argentina", *Documento de Trabajo*, n° 16, CENIT, Centro de Investigaciones para la Transformación, Buenos Aires, 1994.

Bercovich, Néstor: "Desarrollo y crisis de la producción de celulosa y papel en Argentina", CEPAL, Buenos Aires, 1995.

Chudnovsky, Daniel y Chidiak, Martina: "Competitividad y medio ambiente. Claros y oscuros en la industria Argentina", *Documento de Trabajo*, n° 17, CENIT, Centro de Investigaciones para la Transformación, Buenos Aires, 1995.

CLAVES: "Celulosa y Papel", informe elaborado por consultora, Buenos Aires, 2005.

Convenio Colectivo de Trabajo para la rama de fabricación de celulosa y papel, celebrado por la Federación de Obreros y Empleados de la Industria del Papel, Cartón y Químicos (FOEIPCQ) y la Asociación de Fabricantes de Celulosa y Papel (AFCP), Expte., n° 1.450.766/11, abril de 2012.

Convenio Colectivo de Trabajo para la rama recorteros de papel celebrado por la Federación de Obreros y Empleados de la Industria del Papel, Cartón y Químicos con las empresas Recortera Argentina S.A., Recufibra S.A. y Materpel S.A., n° 499/2007. Disponible en: www.papeleros.org.ar.

Convenio Colectivo de Trabajo para la rama recorteros de papel celebrado por la Federación de Obreros y Empleados de la Industria del Papel, Cartón y Químicos con las empresas Materpel S.A., La Papelera del Plata S.A. (división COREPA), Refinpel S.A., Celulosa del Sur S.R.L. y Reciclados Arroyito S.R.L., Expte. nº 1.309.974/2009. Disponible en: www.papeleros.org.ar.

Convenio Colectivo de Trabajo para la rama recorteros de papel celebrado por la Federación de Obreros y Empleados de la Industria del Papel, Cartón y Químicos con las empresas Materpel S.A., La Papelera del Plata S.A. (división COREPA), Recufibra S.A. y Celulosa del Sur S.R.L., Expte. nº 1.445.385/2011. Disponible en: www.papeleros.org.ar.

Cuentas Anuales de Inversión, años 2001 a 2012. Secretaría de Hacienda, Gobierno de la Ciudad Autónoma de Buenos Aires. Disponible en: http://www.buenosaires.gob.ar/areas/hacienda.

Deledicque, Luciana Melina y Moser, Juliana: "El proceso de trabajo en empresas recuperadas. La Unión Papelera Platense: Un estudio de caso", ponencia presentada en: VII Congreso de la Asociación Argentina de Especialistas en Estudios del Trabajo, Buenos Aires, agosto de 2005. Disponible en: www.iisg.nl/labouragain/documents/melina_moser.pdf.

Di Fiore, Jorge: "Historia del papel en Argentina", (actualización a octubre de 2012). Disponible en: http://www.papel-historia-arg.com.ar/home.php.

FAOSTAT: Importación de desperdicios de papeles en Argentina (a valores por toneladas importadas y en dólares): serie 1974-2011. Disponible en: www.faostat3.fao.org.

Ferreres: Producción de papel en Argentina, serie 1960-1969.

IFONA: Anuario de Estadística Forestal. Desde 1960 hasta 1987 (28 números).

Industrias Forestales. Anuario de Estadística Forestal. Desde 1994 hasta 2010 (17 números).

Instituto Nacional de Estadística y Censos: Censo Nacional Económico, 1964.

Instituto Nacional de Estadística y Censos: Censo Nacional Económico, 1974.

Instituto Nacional de Estadística y Censos: Censo Nacional Económico, 1994.

Instituto Nacional de Estadística y Censos: Censo Nacional Económico, 2004.

Instituto Nacional de Estadística y Censos: Producción, importación y exportación de papel en Argentina, serie 1983-2010.

La Rosa, Liliana y Brandán, Susana: "Mercado nacional de papeles y pastas", Buenos Aires, Secretaría de Agricultura, Ganadería, Pesca y Alimentación, Dirección de Forestación, 2001.

M&S Consultores: "La industria papelera", informe elaborado por consultora, n° 94, Ministerio de Economía, Buenos Aires, 1993.

Presupuesto Consolidado del Sector Público de la Ciudad Autónoma de Buenos Aires, años 2001 a 2012. Secretaría de Hacienda, Gobierno de la Ciudad Autónoma de Buenos Aires. Disponible en: http://www.buenosaires.gob.ar/areas/hacienda.

Rossi, Amelia C. de y Bispe Lariguet, Martín: "Celulosa y papel. Estudio sectorial", Buenos Aires, Gerencia de Investigaciones Económicas, Banco Nacional del Desarrollo, s/f.

Rossi, Amelia C. de: "Pastas celulósicas y papel reciclado. Caracterización del flujo de producción", Buenos Aires, Gerencia de Investigaciones Económicas, Banco Nacional del Desarrollo, 1986.

Schvarzer, Jorge: "Evolución y perspectivas de la industria Argentina de la celulosa y el papel", *Documento de Trabajo del CISEA*, Buenos Aires, junio de 1993.

Secretaría de Medio Ambiente de la Nación: Serie de importación de papel reciclado (en toneladas y dólares): 1998-2011. Disponible en: www.ambiente.gov.ar.

Spina, Carlos; et. al.: *Guía de operaciones. Compraventa de materiales a reciclar. Tratamiento impositivo. Nuevo registro*; Buenos Aires, Osmar D. Buyatti Librería Editorial, 2010.

Teschke, Kay y Demers, Paul (Dir.): "Industria del papel y de la pasta del papel", Enciclopedia de Salud y Seguridad en el Trabajo, Instituto Nacional de Seguridad e Higiene en el Trabajo, Ministerio de Empleo y Seguridad Social, Gobierno de España, s/f. Disponible en: http://www.insht.es/portal/site/Insht/menuitem.cfcbb9e77253bfa0f42feb10060961ca/?vgnextoid=1d19bf04b6a03110VgnVCM100000dc0ca8c0RCRD&do=Search&x=0&tipoBusqueda=titulo&text=industria+del+papel&y=0.

Torraspapel S.A.: "Formación fabricación de papel", Barcelona, 2008. Disponible en: www.torraspapel.com.

UN COMTRADE: Importación de papel reciclado en Argentina (en toneladas y dólares), serie 1993-2010. Disponible en: www.comtrade.un.org.

Villalonga, Juan Carlos: *Presente y futuro de la industria celulosa en la región: hacia un plan de producción limpia*, 1era ed., Buenos Aires, Greenpeace, 2006.

Encuestas por el autor

A 65 cartoneros que recolectan productos reciclables en la zona porteña de Microcentro.

A 15 cartoneros de 3 asentamientos (uno en Yerbal 1400, otro detrás del Club Ferrocarril Oeste, ambos ubicados en el barrio de Caballito, y otro ubicado en una plaza a metros del Hospital Garrahan).

A 20 cartoneros que recolectan productos reciclables en los barrios porteños de Villa Urquiza, Caballito y Flores, provenientes de los trenes de los ramales Sarmiento y Mitre.

A 25 cartoneros que recolectan productos reciclables en la zona porteña de Once.

Entrevistas por el autor

Adriana y Carlos, de la Cooperativa Sud, realizada el 08/04/2008.

Alejandro Tiscornia, ex miembro de la Asamblea Popular de Saavedra, realizada el 22/10/2011.

Alejandro, encargado de la empresa RECICOR, un establecimiento recortero ubicado en Lomas del Mirador, realizada el 21/05/2013.

Alicia Montoya, presidenta de la Cooperativa El Álamo, realizada el 05/04/2008.

Anónima a cartonero que para en la estación Villa Urquiza, proveniente de José León Suárez, realizada el 16/09/2011.

Anónima a cartonero que recoge en el barrio de Once, realizada el 26/08/2009.

Anónima a dos cartoneros pertenecientes al Movimiento de Trabajadores Excluidos (MTE) que recogen en la zona de Paraguay y Uriburu, realizada el 27/02/2009.

Anónima a funcionario del Gobierno que controla una de las rutas de los camiones del MTE, la n° 14, realizada en 25/02/2009.

Anónima a intermediario que posee un camión y que se dedica a la compra-venta de materiales reciclables en Microcentro, ubicado en Tucumán 400, realizada el 14/10/2010.

Anónima a intermediario que posee un camión y que se dedica a la compra-venta de materiales reciclables en Microcentro, ubicado en Tucumán 700, realizada los días 7 y 14 de octubre de 2010.

Anónima a tres personas del asentamiento ubicado en Av. Juan de Garay y Rincón, a una cuadra del Hospital Garrahan, realizada el 23/03/2009.

Carlos, presidente de la cooperativa Las Madreselvas, realizada el día 05/10/2011.

Cristina Lescano, presidenta de la cooperativa El Ceibo, realizada el 04/09/2008.

Evangelina, miembro de la junta interna de ATE del Ministerio de Ambiente y Espacio Público, realizada el 21-09-2011.

Fabián y Alberto Di Marco, delegados y residentes del asentamiento ubicado detrás del Club Ferrocarril Oeste, el 09/04/2009.

Gabina Argañaraz, delegada general del ex Tren Blanco de los cartoneros provenientes de José León Suárez, y miembro de la cooperativa Por Siempre Unidos, realizada el 15/09/11.

Gastón Sánchez, abogado representante de un grupo de cartoneros en el contexto del cierre del Tren Blanco, realizada el día 16/11/2011.

Giselle, dueña de un galpón acopiador ubicado en las cercanías de la Av. San Martín (barrio de La Paternal), realizada el 15/05/2013.

Gustavo Ibáñez, presidente de la cooperativa de Recuperadores Urbanos del Oeste, de los cartoneros provenientes del ramal Sarmiento, realizada el 08/09/2011.

Ignacio Cobas, gerente de COREPA (la planta recicladora de la empresa productora de papel Papelera del Plata), y a Roberto Ostrolencki, ex obrero de la planta entre los años 1959 y 2002, realizadas el 17/06/2009.

Ing. Felipe Mussi, gerente de planta de la empresa Fana Química S.A., productora de papel, realizada el 09/08/2011.

Jorge Hugo Fernández, de la Cooperativa de vivienda y comercio "La Amistad", del asentamiento de la calle Yerbal 1400, realizada el 17/03/2009.

Jorge Olmedo, presidente de la cooperativa Del Oeste, realizada el 17/03/08.

Juan Martín Carpenco, dirigente del MTE, realizada los días 24/02/2009 y 14/04/2013.

Juez Roberto Gallardo, en el Tribunal n° 2 de la Ciudad Autónoma de Buenos Aires, realizada el 10/05/2011.

Lidia Quinteros, ex delegada del Tren Blanco (ramal Suárez) y actual dirigente de una de las plantas sociales creadas en el CEAMSE, realizada los días 15/10/2011 y 11/08/2012.

Lorena Monzón, presidenta de la Cooperativa de Recicladores Urbanos del Bajo Flores, realizada el 29/03/2008.

Lorena Pastoriza, presidenta de la cooperativa 8 de mayo que gestiona una planta social de reciclado ubicada en el predio del CEAMSE, realizada el 15/08/2012.

Marcela, encargada de un depósito comercializador de material reciclado, ubicado en las cercanías de la estación La Paternal, del ex ramal San Martín, realizada el 22/05/2013.

Marcela, esposa del encargado de un depósito comercializador de productos reciclables ubicado en la avenida Warnes (barrio de Paternal), realizada el 22/05/2013.

Miguel, encargado de un depósito acopiador ubicado en Lomas del Mirador, realizada el 30/05/2013.

Paio, chofer de uno de los camiones del MTE que estaciona en Córdoba al 2000, realizada el 27/02/2009.

Roberto, miembro de la cooperativa El Álamo, realizada el 28/11/2008.

Sandra Carlino, ex asistente del diputado Eduardo Valdes, impulsor de la ley 992, y funcionaria a cargo del Programa de Recuperadores Urbanos, realizada en agosto de 2009.

Valentín Herrera, presidente de la cooperativa Reciclando Sueños, realizada el 17/03/08.

Observaciones del proceso de trabajo

Centro de reciclado gestionado por la cooperativa de Recicladores del Bajo Flores, ubicado en el barrio homónimo, el 11/07/08.

Centro de reciclado gestionado por la cooperativa Del Oeste y Reciclando Sueños, ubicado en el barrio de Villa Soldati, el 02/07/08.

Centro de reciclado gestionado por la cooperativa El Álamo, en el Bajo Flores, realizada el 24/02/2009.

En los puestos fijos de cartoneros en la zona de Microcentro, en diferentes jornadas durante los meses de septiembre y noviembre de 2010.

En los puestos fijos de cartoneros en la zona de Once, en diferentes jornadas durante los meses de septiembre y octubre de 2009.

En los puestos fijos en el barrio de Once, en diferentes jornadas durante agosto y octubre de 2009.

En recorridos de cartoneros asociados en la cooperativa del Movimiento de Trabajadores Excluidos, octubre-noviembre de 2011.

En recorridos de cartoneros provenientes de los trenes de los ramales Mitre (Suárez-Retiro) y Sarmiento (Once-Moreno), agosto-septiembre de 2011.

En tres asentamientos en barrios de la ciudad porteña durante los meses de marzo y mayo de 2009.

Fuentes legislativas y resoluciones del poder ejecutivo

Biblioteca de la Legislatura de la Ciudad de Buenos Aires

Decreto del 21 de abril de 1942.

Decreto n° 306, de 2009.

Decreto n° 639, de 2007.

Decreto n°: 1.258, de 2002.

Decreto n°: 212, de 2005.

Decreto n°: 622, de 2003.

Decreto-ordenanza n° 12.867, de 1966.
Decreto-ordenanza n° 16.450, de 1963.
Despacho n° 3.136, de 2003.
Ley n° 1.854, de 2005.
Ley n° 992, de 2003.
Ordenanza Municipal n° 19.321, de 1964.
Ordenanza Municipal n° 24.423, de 1969.
Ordenanza Municipal n° 25.040, de 1970.
Ordenanza Municipal n° 26.455, de 1972.
Ordenanza Municipal n° 33.581, de 1977.
Ordenanza Municipal n° 39.874, de 1984.
Resolución n° 1.157, de 1925.

Resoluciones del Ministerio de Medio Ambiente y Espacio Público del Gobierno de la Ciudad Autónoma de Buenos Aires:

Año 2008: 2226.

Año 2009: 194, 429, 592, 815, 1.003, 1.285, 1.687, 1.688, 1.689, 1.703, 1.857, 1.879 y 2.

Año 2010: 491, 1685, 1.688, 238, 482, 918 y 1.041.

Año 2011: 604, 615, 624, 700, 830, 872, 878, 1103, 1282, 1368, 1580, 342, 627, 628, 741, 29, 1305, 887, 888, 1328, 1396, 1296, 1487, 1580, 1506, 265, 1378, 267, 745, 1435, 1347, 758 y 1319.

Año 2012: 100, 126, 224, 225, 226, 597, 695, 835, 838, 858, 949, 1003, 1010, 1256, 1292, 1333, 1411, 429, 682, 697, 836, 1006, 1169, 1408, 841, 1005, 1334, 1415, 567, 566, 837, 853, 1008, 1338, 1413, 268, 568, 694, 840, 1007, 1407, 834, 596, 1009, 1257, 1412, 833, 1293, 1414, 842, 1295, 1410, 839 y 1409.

Año 2013: 5.

Otras resoluciones

Del Ministerio de Ambiente y Espacio Público del Gobierno de la Ciudad de Buenos Aires: n°: 106, de 2004; 753, de 2007; 1.532, de 2008; 365, de 2008; 1.117, de 2009; 1.118, de 2009; y, 1.119, de 2009.

De la Defensoría del Pueblo de la Ciudad Autónoma de Buenos Aires: n° 2.932, de 2008.

Versiones taquigráficas

Acta de la 24ª Sesión Ordinaria: "Creación de guarderías para hijos cartoneros", Despacho n° 3136, Versión Taquigráfica, n°35, Legislatura de la Ciudad Autónoma de Buenos Aires, 6 de noviembre de 2003.

Acta de la 32ª Sesión Ordinaria: "Despacho 2600: Declaración de emergencia en materia de higiene urbana en la Ciudad. Se trata sobre tablas", Versión Taquigráfica, n°53, Legislatura de la Ciudad Autónoma de Buenos Aires, 5 de diciembre de 2002.

Acta de la 33ª Sesión Ordinaria: "Despacho 2600: Declaración de emergencia en materia de higiene urbana en la ciudad (Continuación). Texto definitivo. Ley 992. (Exp. 353-D-02. Obras y Servicios Públicos y de Ecología)", Versión Taquigráfica, n°55, Legislatura de la Ciudad Autónoma de Buenos Aires, 12 de diciembre de 2002.

Acta de la 34ª Sesión Ordinaria: "Despacho 2145: Sistema de gestión de residuos sólidos urbanos. Texto Definitivo. Ley 1854. (Exp. 2021-D-2004, 2070-D-2004, 2106-D-2004 y agreg. Comisiones de Ecología; de Obras y Servicios Públicos y de Presupuesto, Hacienda, Administración Financiera y Política Tributaria)", Versión Taquigráfica, n°51, Legislatura de la Ciudad Autónoma de Buenos Aires, 24 de noviembre de 2005.

Acta de la 5a Sesión Especial: "Informes sobre los recuperadores urbanos que viajan en los denominados Trenes Blancos. Se trata sobre tablas. Resolución 658/2006. (Exp. 3506-D-2006)", Versión Taquigráfica, n°43, Legislatura de la Ciudad Autónoma de Buenos Aires, 5 de diciembre de 2006.

Comisión Conjunta de Obras y Servicios Públicos, de Ecología, y de Presupuesto, Hacienda, Administración Financiera y Política Tributaria, Versión Taquigráfica, Legislatura del Gobierno de la Ciudad de Buenos Aires, 10 de septiembre de 2008.

Comisión Conjunta de Obras y Servicios Públicos, de Ecología, y de Presupuesto, Hacienda, Administración Financiera y Política Tributaria, Versión Taquigráfica, Legislatura del Gobierno de la Ciudad de Buenos Aires, 17 de septiembre de 2008.

Comisión Conjunta de Obras y Servicios Públicos, de Ecología, y de Presupuesto, Hacienda, Administración Financiera y Política Tributaria, Versión Taquigráfica, Legislatura del Gobierno de la Ciudad de Buenos Aires, 22 de septiembre de 2008.

Comisión Conjunta de Obras y Servicios Públicos, de Ecología, y de Presupuesto, Hacienda, Administración Financiera y Política Tributaria, Versión Taquigráfica, Legislatura del Gobierno de la Ciudad de Buenos Aires, 24 de septiembre de 2008.

Comisión Conjunta de Obras y Servicios Públicos, de Ecología, y de Presupuesto, Hacienda, Administración Financiera y Política Tributaria, Concesión del Servicio Público de Higiene Urbana, Audiencia pública, Versión Taquigráfica, Legislatura del Gobierno de la Ciudad de Buenos Aires, 1° de octubre de 2008.

Fallos, causas y recursos de amparo

Bullrich, Patricia: "Denuncia correspondiente a causa con expediente nº 11797/0 del Juzgado en lo Contencioso Administrativo y Tributario de la Ciudad nº 9, Secretaría 18", 2004.

Defensoría del Pueblo de la Ciudad Autónoma de Buenos Aires: Resolución n° 3321, sobre el registros de niños cartoneros menores de edad, 6 de julio de 2004.

Gallardo, Roberto: "Sentencia, Montenegro Patricia Alejandra y Otros contra el GCBA sobre amparo (Art. 14, CCABA), Expte. 17378 / 0", 2005.

Juzgado Federal en lo Criminal y Correccional de Tres de Febrero, Pcia. De Buenos Aires: Causa n° 315/08, "Somosa, Facundo José S/ DCIA. INF. ART. 191 del CP", 2004.

Pierini, Alicia Beatriz: "Denuncia de defensora del Pueblo de la Ciudad Autónoma de Buenos Aires, contra el señor el Jefe de la Comisaría nº 33, Sr. Julio César Federico Fernández, por su posible autoría o participación en los delitos de privación ilegítima de la libertad, lesiones y de abuso de autoridad y violación de los deberes de los funcionarios públicos", en el marco del desalojo de cartoneros de Barrancas de Belgrano, 2008. Disponible en: www.defensoria.org.ar.

Sánchez, Martín Gastón y Daniela Ubal (Letrados patrocinantes): "Acción de amparo. Solicita medida cautelar. Recurso presentado contra Trenes de Buenos Aires S.A. (TBA)", Provincia de Buenos Aires, 2007.

Resoluciones fiscales y fuentes de la AFIP

Administración Federal de Ingresos Públicos: "Registro de comercializadores de compraventa de materiales a reciclar". Disponible en: www.afip.gob.ar/genericos/rg2849/rg_Listado_Completo.asp.

Resolución fiscal de la Administración Federal de Ingresos Públicos, n° 2849, sancionada en 2010.

Resolución fiscal de la Administración Federal de Ingresos Públicos, n° 2887, sancionada en 2010.

Diarios, periódicos, revistas y páginas web consultadas

Diario *Clarín*: relevamiento desde enero de 1989 hasta diciembre de 2012.

Diario *La Nación*: relevamiento desde enero de 1989 hasta diciembre de 2012.

Diario *Página/12*: relevamiento desde enero de 1989 hasta diciembre de 2012.

Periódico *Prensa Obrera*: relevamiento desde enero de 2000 hasta diciembre de 2012.

Periódico *Infobae* (varios números).

Periódico *Noticias Urbanas* (varios números).

Asociación de Fabricantes de Celulosa y Papel: "AFCP Noticias", Newsletter de la Asociación de Fabricantes de Celulosa y Papel, desde n° 1 (2007) hasta n° 119 (2012).

La Fogata: http://www.lafogata.org.

Movimiento de Trabajadores Excluidos: http://www.cartoneando.org.ar.

Prensa de Frente. Noticias de los movimientos populares por el cambio social: http://www.prensadefrente.org.

Revista Argentina de Derecho Municipal y Administración Comunal, Buenos Aires, n° 28, 1931.

Bernárdez, M.: "La quema de las basuras", en *Revista Caras y Caretas*, n° 16, Buenos Aires, 1899.

Cortese, Luis O.: "Un tren entre las basuras y el vaciadero", en *Historias de la Ciudad. Una Revista de Buenos Aires*, n° 9, Ed. Federación Junta Central de Estudios Históricos de la Ciudad de Buenos Aires, 2001.

Cuello, Goyo: "La quema de basuras", en *Revista Caras y Caretas*, n°1.112, Buenos Aires, 1920.

AAVV: "Camino al Apocalipsis", en *Cuadernos de Ambientalismo*, año I, n° 5, Buenos Aires, Ambientalismo Editora SRL, 1984.

Revista de Información Municipal, n° 57/58, 1945.

Revista de la *Municipalidad de la Ciudad de Buenos Aires*: "Problema de la basura en la ciudad de Buenos Aires", 1947.

Revista digital del barrio de Villa Crespo: varios números desde julio de 2004 hasta julio de 2012. Disponible en http://www.villacrespomibarrio.com.ar.

Revista digital *Infocartonero*: varios números. Desde n°1 (02/11/2005) hasta su último número publicado, n°17 (20/12/2007). Disponible en http://www.geocities.ws/infocartonero.

Informes, registros y convenios del Gobierno de la Ciudad Autónoma de Buenos Aires y relevamientos sobre el cartoneo de otros organismos

AAVV: "Estudio de calidad de los residuos sólidos urbanos 2009 de la ciudad de Buenos Aires", informe elaborado por la Facultad de Ingeniería de la UBA, 2010.

AAVV: "Estudio de calidad de los residuos sólidos urbanos de la Ciudad de Buenos Aires", informe elaborado por la Facultad de Ingeniería de la UBA, 2007.

AIDIS: "Diagnóstico de la Situación de los Residuos Sólidos en Argentina", 2002. Disponible en: http://www.ambiente.gov.ar/archivos/web/salud_ambiente/File/Residuos%20Solidos%20en%20Argentina.pdf.

CEAMSE: "Memoria y balance. Ejercicio n°30", Cuentas Anuales de Inversión, Secretaría de Hacienda, Gobierno de la Ciudad Autónoma de Buenos Aires, 2006.

CEAMSE: "Memoria y balance. Ejercicio n°31", Cuentas Anuales de Inversión, Secretaría de Hacienda, Gobierno de la Ciudad Autónoma de Buenos Aires, 2007.

CEAMSE: "Memoria y estados contables. Ejercicio n°32", Cuentas Anuales de Inversión, Secretaría de Hacienda, Gobierno de la Ciudad Autónoma de Buenos Aires, 2008.

CEAMSE: "Memoria y estados contables. Ejercicio n°33", Cuentas Anuales de Inversión, Secretaría de Hacienda, Gobierno de la Ciudad Autónoma de Buenos Aires, 2009.

CEAMSE: *Basurales detectados y saneados por CEAMSE en el Área Metropolitana*, Ceamse, Buenos Aires, 2004.

De Luca, Sandra, et. al.: "Evolución de la calidad de los RSU (1972-2005). Ciudad de Buenos Aires", informe elaborado por la Facultad de Ingeniería de la UBA, s/f.

Defensoría del Pueblo de la Ciudad Autónoma de Buenos Aires: "Informe de Situación. Desalojos de 'Nuevos Asentamientos Urbanos'", Buenos Aires, 2006.

Dirección General de Estadística y Censos: "Registro de Recuperadores Urbanos", Programa de Recuperadores Urbanos, Subsecretaría de Medio Ambiente, Gobierno de la Ciudad Autónoma de Buenos Aires, 2003.

Dirección General de Estadística y Censos: "Registro de Recuperadores Urbanos", Programa de Recuperadores Urbanos, Subsecretaría de Medio Ambiente, Gobierno de la Ciudad Autónoma de Buenos Aires, 2004.

Dirección General de Reciclado: "Registro de Recuperadores Urbanos", Ministerio de Medio Ambiente y Espacio Público, Gobierno de la Ciudad Autónoma de Buenos Aires, años 2008, 2009, 2010 y 2011.

Gobierno de la Ciudad Autónoma de Buenos Aires: "Acta Acuerdo", convenio firmado entre el gobierno porteño y las cooperativas de cartoneros El Ceibo, El Amanecer de los Cartoneros, Movimiento de Trabajadores Excluidos, El Álamo, Del Oeste, Tren Blanco ramal José León Suárez y Tigre, 7 de julio de 2008. Disponible en: www.ambiente.gov.ar/archivos/web/ObservaRSU/file/acuerdo.pdf.

Gobierno de la Ciudad Autónoma de Buenos Aires: "CENSO. Niñas y adolescentes en las calles de la ciudad de Buenos Aires.

Informe técnico, diciembre de 2007", Dirección General de Gestión de Políticas y Programas, Ministerio de Desarrollo Social, 2007.

Gobierno de la Ciudad Autónoma de Buenos Aires: "CENSO. Niñas y adolescentes en las calles de la ciudad de Buenos Aires. Informe técnico, enero de 2008", Dirección General de Gestión de Políticas y Programas, Ministerio de Desarrollo Social, 2008.

Gobierno de la Ciudad Autónoma de Buenos Aires: "CENSO. Niñas y adolescentes en las calles de la ciudad de Buenos Aires. Informe técnico, julio de 2008", Dirección General de Gestión de Políticas y Programas, Ministerio de Desarrollo Social, 2008.

Gobierno de la Ciudad Autónoma de Buenos Aires: "Convenio Marco entre la Ciudad de Buenos Aires y la Cooperativa de Trabajo Ecológica de Recicladores del Bajo Flores Limitada", n°3, 2006. Publicado en el Boletín Oficial de la Ciudad Autónoma de Buenos Aires, n° 2.439, el 16/05/2006.

Gobierno de la Ciudad Autónoma de Buenos Aires: "Diagnóstico de la situación actual sobre la generación, recuperación y disposición final de los residuos sólidos urbanos en la ciudad de Buenos Aires", Ministerio de Medio Ambiente y Espacio Público, Consejo asesor permanente ley n° 123, Comisión de seguimiento de la ley n° 1.854 de gestión integral de residuos sólidos urbanos, Subcomisión tratamiento y disposición final, noviembre de 2007.

Gobierno de la Ciudad Autónoma de Buenos Aires: "Informe Anual Ambiental. Ley n° 303 de información ambiental (Decreto n° 1.325/2006)", Ministerio de Medio Ambiente y Espacio Público, 2007.

Gobierno de la Ciudad Autónoma de Buenos Aires: "Informe Anual de Gestión Integral de Residuos Sólidos Urbanos. Ley n° 1854", Ministerio de Medio Ambiente y Espacio Público, 2008.

Gobierno de la Ciudad Autónoma de Buenos Aires: "Pliego de Bases y Condiciones. Concurso Público para la Contratación del Servicio de Recolección de Residuos Sólidos Urbanos Secos", Ministerio de Medio Ambiente y Espacio Público, abril de 2010.

Gobierno de la Ciudad Autónoma de Buenos Aires: Convenio firmado entre los Estados de la Ciudad de Buenos Aires y la Provincia de Buenos Aires para el funcionamientos del CEAMSE, ratificado por ordenanza n° 33.691, Biblioteca de la Legislatura, 1977.

Jäger, Mariano: "Depósitos que comercializan reciclables en la CABA. Adónde venden los cartoneros", en: *Revista UBA Encrucijadas*, n°30, Universidad de Buenos Aires, marzo de 2005.

Gobierno de la Ciudad Autónoma de Buenos Aires: "Acta de apertura de propuestas", Concurso Público, n° 1/2010, Expte. N° 350165/2010, Resolución n° 227/11, del Ministerio de Ambiente y Espacio Público, Rubro: Contratación del Servicio de Recolección de Residuos Sólidos Urbanos - Fracción Secos, 29/03/2011.

Martín, Guillermina y Belistri, Cecilia Laura: "Algunas aproximaciones a la conceptualización del trabajo de las mujeres cartoneras que trabajan en Ciudad de Buenos Aires", Programa de Recuperadores Urbanos, Subsecretaría de Medio Ambiente, Gobierno de la Ciudad Autónoma de Buenos Aires, 2004.

Ministerio de Transporte de la Nación y Comisión Nacional de Regulación del Transporte: "Informe sobre trenes cartoneros", carta enviada por el autor por pedido de información de acceso público según Decreto n° 1.172/2003, Expte. N° 0503643/2011.

Presidencia de la Nación: "Plan nacional de valorización de residuos. Evaluación de plantas de separación de residuos sólidos", Dirección de calidad ambiental, Secretaría de Recursos Naturales y Desarrollo Sustentable, Subsecretaría de Ordenamiento Ambiental, 1999. Disponible en: http://www.ambiente.gob.ar/observatoriorsu/infoteca/archivos_para_bajar/PLANVAL_PL_SEP.pdf.

Programa de Recuperadores Urbanos: "Circuito de reciclado en la Ciudad Autónoma de Buenos Aires. Informe 2006", Subsecretaría de Medio Ambiente, Gobierno de la Ciudad Autónoma de Buenos Aires, 2006.

Programa de Recuperadores Urbanos: "El circuito de recuperación de materiales reciclables en la Ciudad de Buenos Aires: actores, volúmenes y perspectivas", Subsecretaría de Medio Ambiente, Gobierno de la Ciudad Autónoma de Buenos Aires, 2006.

Programa de Recuperadores Urbanos: "Informe sobre las encuestas a los depósitos que comercializan en la CABA", Dirección General de Políticas de Reciclado Urbano, Gobierno de la Ciudad de Buenos Aires, 2004.

Programa de Recuperadores Urbanos: "Informe sobre las encuestas realizadas a los responsables de camiones", Dirección General de Políticas de Reciclado Urbano, Ciudad Autónoma de Buenos Aires, 2004.

Programa de Recuperadores Urbanos: "Una mirada sobre los depósitos que comercializan reciclables en la CABA", Dirección General de Políticas de Reciclado Urbano, Gobierno de la Ciudad de Buenos Aires, 2004.

Secretaría de Ambiente y Desarrollo Sustentable de la Nación: "Inclusión de recuperadores urbanos en el sistema de gestión de residuos en CABA. La experiencia del Movimiento de Trabajadores Excluidos. Entrevista a Juan Grabois". Disponible en: http://www.ambiente.gob.ar/archivos/web/ObservaRSU/file/Inclusi%C3%B3n%20de%20los%20recuperadores%20urbanos.pdf.

Sindicatura de la Ciudad de Buenos Aires: "Diagnóstico Institucional 'Asentamientos Precarios, Villas, NHT, Inmuebles Intrusados, Barrios Municipales y Complejos Habitacionales'. Informe especial UPE Nº 3", Gobierno de la Ciudad Autónoma de Buenos Aires, 2007.

Sindicatura de la Ciudad de Buenos Aires: "Intervención estatal destinada al abordaje del Déficit Habitacional en la Ciudad de Buenos Aires. Diagnóstico especial N°8-UPE-SGCBA/09", Gobierno de la Ciudad Autónoma de Buenos Aires, 2009.

UNICEF-OIM: "Informe sobre trabajo infantil en la recuperación y reciclaje de residuos", Buenos Aires, 2005. Disponible en: www.unicef.org.

Tesis abordadas para la reconstrucción de la historia del cirujeo

Camerino, Cosme Miguel: "El reciclaje de papel en la ciudad de Buenos Aires". Tesis de licenciatura, Filosofía y Letras, Universidad de Buenos Aires, 2000.

Díaz, Gabriel: "Gestión Integral de Residuos Sólidos Domiciliarios para grandes ciudades". Tesis de licenciatura en Facultad de Arquitectura y Urbanismo, Universidad Católica de Salta, 2000.

Martino, Mónica L.: "El cirujeo". Tesina presentada en Facultad de Ciencias Sociales, Universidad de Buenos Aires, 1989.

Nara, Liliana: "Análisis de la problemática de los grupos humanos marginados en la Capital Federal - Villas de emergencia". Tesis presentada en la Facultad de Ciencias Sociales, Universidad de Buenos Aires, 1983.

Roccatagliata, Atilio: "Los Chiffonier (los traperos)", Tesis doctoral, Buenos Aires, Facultad de Medicina, Universidad de Buenos Aires, 1919.

Saraví, Gonzalo Andrés: "Detrás de la basura: cirujas". Tesis de licenciatura, Facultad de Filosofía y Letras, Departamento de Ciencias Antropológicas, Universidad de Buenos Aires, 1993.

Suárez, Francisco: "Actores sociales de la gestión de residuos sólidos de los municipios de Malvinas Argentinas y José C. Paz". Tesis maestría, Facultad de Filosofía y Letras, Universidad de Buenos Aires, 2001.

Actas de reuniones entre cooperativas de cartoneros, organizaciones no gubernamentales y funcionarios del Gobierno de la Ciudad Autónoma de Buenos Aires, de la Dirección General de Reciclado, dependiente del Ministerio de Medio Ambiente

"Primer Taller Sectorial con Recuperadores Urbanos", lugar: Defensoría del Pueblo de la Ciudad Autónoma de Buenos Aires, 1 de junio 2010.

"Primer reunión sectorial con recuperadores", lugar: Defensoría del Pueblo de la Ciudad Autónoma de Buenos Aires, 8 de Junio de 2010.

"Segunda reunión sectorial con recuperadores", lugar: oficinas de Fundación Poder Ciudadano, 23 de Junio de 2010.

"Categorización de resultados de las propuestas presentadas por dos grupos", (sin dato del lugar de realización), 29/06/2010.

"Sexto Taller con Recuperadores", lugar: sede Fundación Poder Ciudadano, 1 de diciembre 2010.

"Segundo Taller con Recuperadores", lugar: sede Fundación Poder Ciudadano, 18 de agosto de 2010.

"Tercer Taller con Recuperadores", sede Fundación Poder Ciudadano, 15 de septiembre de 2010.

"Cuarto Taller con Recuperadores", sede Fundación Poder Ciudadano, 29 de septiembre 2010.

"Quinto Taller con Recuperadores", sede Fundación Poder Ciudadano, 20 de octubre de 2010.

Otras fuentes

Consejo Asesor Permanente Ley N° 123: "Comisión de Seguimiento de la Ley N° 1854 de Gestión Integral de Residuos Sólidos Urbanos de la Ciudad Autónoma de Buenos Aires", varias reuniones, desde el 11 de julio de 2007 hasta 15/07/2009.

García, Nahuel, Pérez Giménez, Sheila y Ramiro García: *El Tren Blanco*, película-documental; Ciudad Autónoma de Buenos Aires, 2003.

Gobierno de la Ciudad de Rosario: "Relevamiento sobre Hábitos de 'Cirujeo' en la Ciudad de Rosario", Secretaría de Servicios Públicos - Dirección General de Política Ambiental, - Programa de Emprendimientos Ambientales Solidarios, Rosario, 2004.

Greenpeace: "Sin 'centros verdes', no hay Basura Cero", mayo de 2007. Disponible en www.greenpeace.org.

Talleres y reuniones sectoriales con recuperadores urbanos, desde 1 de junio 2010 hasta 20 de octubre de 2010.

Bibliografía consultada

AAVV: "Condiciones Sociales y de Salud de los Recicladores de Medellín", Colombia, 2008. Disponible en: http://redalyc.uaemex.mx/pdf/422/42210503.pdf.

AAVV: "Inventario de residuos sólidos", Gobierno del Distrito Federal de México, 2008. Disponible en: www.sma.df.gob.mx.

AAVV: "Condiciones de trabajo y salud de los recicladores urbanos de Medellín (Colombia)", Societat Catalana de Seguretat i Medicina del Treball, Catalunia, 2007. Disponible en: www.scsmt.cat/Upload/Documents/1/4/148.pdf.

AAVV: "Importância ambiental do trabalho dos catadores de materiais recicláveis em goiânia goiás Brasil", Brasil, Organización Panamericana de la Salud, 2006. Disponible en: www.bvsde.paho.org/bvsaidis/uruguay30/BR05415_Rabelo.pdf.

Abduca, Ricardo Gabriel: "Acariciando lo áspero. El itinerario cartonero como construcción de un territorio", en Suárez, Francisco y Schamber, Pablo (Comp.): *Recicloscopio II. Miradas sobre recuperadores, políticas públicas y subjetividades en América Latina*, Buenos Aires, Ediciones CICCUS-UNLA-UNGS, 2011.

Adissi, Grisel: "El fenómeno 'cartoneros' en los medios gráficos porteños. La construcción de un nuevo sujeto/objeto histórico", en *UBARED*, Universidad Nacional de General Sarmiento, 2004. Disponible en: www.urbared.ungs.edu.ar.

Aimetta, Corina: "Salir a carrear: ¿trabajo o rebusque?", en *Revista Trabajo y Sociedad. Indagaciones sobre el trabajo, la cultura y las prácticas políticas en sociedades segmentadas*, nº 12, vol. XI, Santiago del Estero, Argentina, 2009.

Alonso, Aldo Fabio: "La informalidad económica en el siglo XXI: una mirada a través del trabajo de los 'cartoneros' en la ciudad de Santa Rosa, La Pampa, Argentina", ponencia presentada en *XX Jornadas de Historia Económica*, Mar del Plata, 2006.

Álvarez, Raúl: "Plantas que crecen en la basura. Los emprendimientos sociales de separación de basura en el CEAMSE de la Zona Norte del Conurbano Bonaerense", ponencia presentada en *XI Congreso Nacional y I Latinoamericano de Sociología Jurídica y Coloquio internacional: "Multiculturalismo, Identidad y Derecho"*, Facultad de Derecho, Universidad de Buenos Aires, octubre de 2010.

Angélico, Héctor y Maldován, Johanna: "Asociatividad y redes: la disputa por la participación de los cartoneros en el sistema público de higiene urbana de la CABA", ponencia presentada en: *X Congreso Nacional de Estudios del Trabajo*, Buenos Aires, 2011.

Angélico, Héctor y Maldován, Johanna: "El reciclaje de residuos sólidos urbanos: las cooperativas como un actor diferenciado en el circuito productivo", ponencia presentada en: *V encuentro de investigadores latinoamericanos de cooperativismo*, Brasil, 2008.

Anguita, Eduardo: *Cartoneros. Recuperadores de desechos y causas perdidas*; Buenos Aires, Grupo Editorial Norma, 2003.

Baigorria, Osvaldo: *Anarquismo trashumante. Crónicas de crotos y linyeras*, Buenos Aires, Ed. Terramar, 2008.

Banco Interamericano de Desarrollo: "Dinámica de organización de los recicladores informales. Tres casos de estudio en América Latina", 2010. Disponible en: www.iadb.org.

Banco Interamericano de Desarrollo: "Mejoramiento de las condiciones de vida de recicladores informales en ALC", 2005. Disponible en www.fitel.org.

Bertone, Julia; Fraire, Vanina; Orellano, Gabriela y Peano, Alejandra: "El conflicto de la basura en San Francisco: la construcción del otro desde la mirada del ciruja", en Scribano, Adrián (Comp.): *Policromía corporal. Cuerpos, grafías y sociedad*, Argentina, Jorge Sarmiento Editor, 2007.

Bonacchi, Verónica: "Reciclaje. La alternativa de recuperar materiales de la basura: mitos y verdades; ventajas y costos", s/f. Disponible en: www.ceamse.gov.ar.

Borello, José Antonio: "El reciclado de papel y cartón en la Argentina: obstáculos y posibilidades", *Documento de Trabajo*, n° 5, Universidad Nacional de General Sarmiento, 2000.

Borello, José Antonio: *La industria argentina de celulosa y papel. Reestructuración, reciclado, calidad y localización*, Universidad de Buenos Aires, Centro de Estudios Urbanos y Regionales, Centro de Estudios Avanzados (CEUR-CEA), 1997.

Bosi, Antonio: "Catadores de recicláveis no Brasil: a organização capitalista do trabalho 'informal'", ponencia presentada en *XIII Congresso Brasileiro de Sociologia*, Recife (PE), UFPE, 2007.

Brancoli, Diego y Frassetti, Juan Pablo: "Exclusión social, estrategias familiares de vida y políticas públicas: los cartoneros", Instituto de Investigación del Programa de Recuperadores Urbanos, Subsecretaría de Medio Ambiente, Gobierno de la Ciudad Autónoma de Buenos Aires, 2004.

Buldaín, Beatriz: "Primera planta de selección y clasificacion de residuos de la Ciudad Autónoma de Buenos Aires. Los cartoneros del Bajo Flores y la oportunidad de encauzar un nuevo modelo de gestión" en, Schamber, Pablo y Suárez, Francisco (Comp.): *Recicloscopio III. Miradas sobre recuperadores urbanos, formas organizativas y circuitos de valorización de residuos en América Latina*, Buenos Aires, Ediciones CICCUS-UNLA-UNGS, 2011.

Calello, Tomás Daniel: "Asambleas vecinales y cartoneros. Reflexiones sobre lo que ¿fue?", en Schamber, Pablo J. y Suárez, Francisco M. (Comp.): *Recicloscopio. Miradas sobre recuperadores urbanos de residuos de América Latina*; Buenos Aires, Prometeo Libros, 2007.

Castillo Berthier, Héctor; et. al.: "Basura: Proceso de Trabajo e Impactos en el Medio Ambiente Urbano", en *Revista Estudios Demográficos y Urbanos*, Vol. 2 N° 3, sept- dic, p. 513 a 545; México, El Colegio de México, 1987.

Chehtman, Solana María: "La autogestión como política social", ponencia presentada en *6to Congreso Nacional de Ciencia Política*, Universidad Nacional de Rosario, 2003.

Corredor, Marta: "El sector reciclaje en Bogotá y su región. Oportunidades para los negocios inclusivos", Colombia, FUNDES AVINA, 2010. Disponible en: www.fundes.org.

Cross, Cecilia y Débora Gorbán: "Formas de organización y acción colectiva de desempleados y recicladores en el Conurbano bonaerense", en *Revista Venezolana de Gerencia*, vol. 9, n°26, Universidad del Zulia, Maracaibo, Venezuela, 2004.

Cross, Cecilia: "El empleo como aspiración y la precariedad como práctica: Experiencias de trabajadoras de una planta social de clasificación de residuos", ponencia presentada en: *VI Jornadas de Sociología de la UNLP, Debates y perspectivas sobre Argentina y América Latina en el marco del Bicentenario. Reflexiones desde las Ciencias Sociales*, La Plata, 2010.

DANE: *Resultados de los estudios realizados por el DANE y la UESP sobre el reciclaje en Bogotá, 2001-2003. El reciclaje en Bogotá: actores, procesos y perspectivas*, Colombia, Ed. Gráficas DUCAL, 2004.

De La Torre, Lidia: "La ciudad residual", en Romero, José Luis y Romero, Luis Alberto (comp.): *Buenos Aires: historia de cuatro siglos*, Tomo II, Buenos Aires, Ed. Abril S.A., 1983.

De La Torre, Lidia: *Buenos Aires: del conventillo a la villa miseria (1869-1989), Buenos Aires*, Buenos Aires, Editorial de la Universidad Católica Argentina, 2008.

Demajorovic, Jacques; Rizpah Besen, Gina; y, Alexandre Arico Rathsam: "Os desafios da gestão compartilhada de resíduos sólidos face à lógica do mercado", Brasil, 2004. Disponible en: www.anppas.org.br/encontro_anual/encontro2/GT/GT11/jacuqes_demajorovic.pdf.

Dimarco, Sabina: "Entre el trabajo y la basura: socio-historia de la clasificación informal de residuos en la Ciudad de Buenos Aires (1870-2005)", Tesis doctoral, Facultad de Ciencias Sociales, Universidad de Buenos Aires, 2010.

Dimarco, Sabina: "Entre riesgo social y beneficio ambiental: transformaciones socio-históricas en la construcción social del riesgo de la clasificación de residuos", en *Revista del Área de Estudios Urbanos del Instituto de Investigaciones Gino Germani*, n°16, Buenos Aires, 2011.

Dimarco, Sabina: "Experiencias de autoorganización en cartoneros: un acercamiento a la configuración de vínculos laborales, sociales y políticos en contextos de exclusión social", en *Programa Nacional de Becas* CLACSO, Buenos Aires, 2005. Disponible en: www.bibliotecavirtual.clacso.org.ar.

Dos Santos, Anna Lúcia Florisbela y Günther Wehenpohl: "De pepenadores y triadores. El sector informal y los residuos sólidos municipales en México y Brasil", en *INE-SEMARNAT, Gaceta ecológica*; número 60; México, 2001.

Durón Miranda, Elena y Zulema Morales: "Excavadores del basural de Bariloche. Apuntes de una experiencia en curso", en Schamber, Pablo J. y Francisco Suárez (comp.): *Recicloscopio. Miradas sobre recuperadores urbanos de residuos de América Latina*; Buenos Aires, Ediciones Prometeo, 2007.

Escliar, Valeria, Mutuberría Lazarini, Valeria; Rodríguez, María Florencia; Rodríguez, Paula: *Cartoneros: ¿una política individual o asociativa? Ciudad de Buenos Aires, año 2004-2005*; Cuadernos de Trabajo, n°75; Buenos Aires, Ediciones del CCC, Centro Cultural de la Cooperación Floreal Gorini, 2007.

Fajn, Gabriel: "Exclusión social y autogestión. Cooperativas de recicladores de residuos", en *Revista IDELCOOP*, n°139, Buenos Aires, Instituto de la Cooperación, 2002.

Firpo de Souza Porto, Marcelo; Denise Chrysóstomo de Moura Juncá, Raquel de Souza Gonçalves, Maria Izabel de Freitas Filhote: "Lixo, trabalho e saúde: um estudo de caso com catadores em um aterro metropolitano no Rio de Janeiro, Brasil", Brasil, 2004. Disponible en: www.scielo.br/pdf/csp/v20n6/07.pdf.

Franceschini, Guilherme y Caroline L. Ribeiro: "Economia solidária e cooperativas de catadores: competências e habilidades para a emancipação financeira-política-social", ponencia presentada en *VI ENEDS - Campinas*, San Pablo, Brasil, 2009.

García Velloso, Enrique: *En el barrio de las ranas*, Facultad de Filosofía y Letras, UBA, Instituto de Literatura Argentina Ricardo Rojas, 1985.

García, Analía: "En busca de la dignidad. Sobre los procesos de construcción de identidades colectivas en organizaciones de cartoneros y piqueteros", ponencia presentada en: *V Congreso Europeo CEISAL de Latinoamericanistas. Las relaciones triangulares entre Europa y las Américas en el siglo XXI: expectativas y desafíos*", Bruselas, 2007.

Ginieis, María Angélica: "Circuitos invisibles y rincones olvidados. Las 'cirujas' de Pehuajó desde una perspectiva de género". Tesis de maestría, PRIGEPP-FLACSO, Argentina, 2009.

Giráldez, Nélida: *El ciruja*, Buenos Aires, Editorial Braga, 1993.

Gorbán, Débora: "Formas de organización y espacio. Reflexiones alrededor del caso de los trabajadores cartoneros de José León Suárez". Tesis de maestría, Facultad de Ciencias Sociales, Universidad de Buenos Aires, 2005.

Grassi, Luis Sebastián: "Inserción de los Recuperadores Urbanos en el ámbito de la Ley n° 1.854 y su decreto reglamentario n° 639/07 en la Ciudad de Buenos Aires", en Suárez, Francisco y Schamber, Pablo (Comp.): *Recicloscopio II. Miradas sobre recuperadores, políticas públicas y subjetividades en América Latina*, Buenos Aires, Ediciones CICCUS-UNLA-UNGS, 2011.

Guevara, Celia et. al.: "Metrópolis y márgenes", en Gutman, Margarita y Thomas Reese (Comp.): *Buenos Aires 1910. El imaginario para una gran capital*; Buenos Aires, EUDEBA, 1999.

Gutiérrez, Pablo: "Recuperadores urbanos de materiales reciclables" en, Mallimaci, Fortunato y Salvia, Agustín (Coord.): *Los nuevos rostros de la marginalidad. La supervivencia de los desplazados*, Argentina, Biblos, 2005.

Koehs, Jessica: "Cuando la ciudadanía apremia. La ley 'cartonera' y la emergencia del cartonero como actor público", en Gabriela Delamata (Comp.): *Ciudadanía y Territorio. Las relaciones políticas de las nuevas identidades sociales*, Argentina, Editorial Espacio, 2005.

Lampasona, Julieta; Manera, Maximiliano e Iozzi, Adrián: "Cartoneros: proceso de construcción de territorio social", ponencia presentada en *IV Jornadas de Jóvenes Investigadores*; Buenos Aires, Instituto de Investigaciones Gino Germani, 2007.

Llanes, Ricardo M.: *El barrio de Parque de los Patricios, Buenos Aires*, Cuadernos de Buenos Aires, n° XLII, Primera Edición, Municipalidad de Buenos Aires, 1974.

Lozano, G.; Ojeda, S.; Armijo C.; Favela H.; Aguilar W. y Cruz S.: "La basura como opción de trabajo: un perfil sociodemográfico de los pepenadores", ponencia presentada en *II Simposio Iberoamericano de Ingeniería de Residuos Barranquilla*, Instituto de Ingeniería. Universidad Autónoma de Baja California, Mexicali, B.C. México, 2009. Disponible en www.uninorte.edu.co/divisiones/Ingenierias/IDS/upload/File/Memorias%20II-SIIR/6B-Lozano-Mxico-002.pdf.

Malicia, Matilde: "Cartoneros tucumanos. Una mirada desde sus protagonistas", en Schamber, Pablo J. y Francisco Suárez (Comp.): *Recicloscopio. Miradas sobre recuperadores urbanos de residuos de América Latina*; Buenos Aires, Ediciones Prometeo, 2007.

Marinsalta, Claudia: "Cartoneras en el espacio de Bahía Blanca. Una alternativa de supervivencia". Tesis de maestría, Argentina, PRIGEPP-FLACSO, 2007.

Martín, Irene et. al.: "Vulnerabilidad y riesgos de los recuperadores de residuos de la Ciudad Autónoma de Buenos Aires", en, Suárez, Francisco y Schamber, Pablo: *Recicloscopio. Miradas sobre recuperadores urbanos de residuos de América Latina*, Buenos Aires, Ediciones Prometeo, 2007.

Martin, Luis: "El pueblo de las Ranas y el Barrio", en, *Ateneo de Estudios Históricos. Parque de los Patricios*, núm. 15, Buenos Aires, 1973.

Martínez Estrada, Ezequiel: *La cabeza de Goliat. Microscopía de Buenos Aires*, 2° edición aumentada, Buenos Aires, Emecé editores, S.A., 1947.

Medina, Martín: "Reciclaje de desechos sólidos en América Latina", en *Revista Frontera Norte*, Vol. 11, n°21, Méjico, 1999.

Mesa, Pablo Edgardo: *Los recuperadores urbanos en la Gran Ciudad Metropolitana de Buenos Aires*, Buenos Aires, Ediciones Prometeo, 2010.

Miguez, Mercedes y Vilela, Marcela: "Fuimos por cartoneros y nos encontramos con recuperadores", en, AAVV: *Buenos Aires. Voces del Sur. Construcción de identidades barriales*; Cuaderno N°6, Instituto Histórico de la Ciudad de Buenos Aires, Ministerio de Cultura, Gobierno de la Ciudad Autónoma de Buenos Aires, 2006.

Mora Reyes, José Ángel: "El problema de la basura en la ciudad de México", México, 2004. Disponible en <http://www.fundacion-christlieb.org.mx/estudios/estudio30.pdf>.

Orsatti, Álvaro y Gilardi, Rubén: "Regulación del trabajo en la vía pública en la Ciudad de Buenos Aires", en Carpio, Jorge; Klein, Emilio y Novacovsky, Irene (Comp.): *Informalidad y exclusión social*, Fondo de Cultura Económica, Buenos Aires, 1999.

Oviedo, Luis: *Una historia del movimiento piquetero. De las primeras coordinadoras al Argentinazo*, Buenos Aires, Ed. Rumbo, 2004.

Pacheco e Silva, Marina; y, Ribeiro, Helena: "Grupos de catadores autônomos na coleta seletiva do município de São Paulo", en *Cadernos Metrópole*, n° 21, Brasil, 2009. Disponible en: www.observatoriodasmetropoles.net/download/cm_artigos/cm21_159.pdf.

Paiva, Verónica y Perelman, Mariano: "Aproximación histórica a la recolección formal e informal en la Ciudad de Buenos Aires: la 'quema' de Parque Patricios (1860-1917) y la del Bajo Flores (1920-1977)", en: *Revista Theomai*, n°21, 1er semestre, Buenos Aires, Ed. Universidad Nacional de Quilmes, 2010.

Paiva, Verónica y Perelman, Mariano: "Aproximaciones a la Historia del Cirujeo en la Ciudad de Buenos Aires", en *Revista del Instituto de Arte Americano e Investigaciones Estéticas*, n° 161, Buenos Aires, 2008.

Paiva, Verónica: *Cartoneros y cooperativas de recuperadores. Una mirada sobre la recolección informal de residuos. Área Metropolitana de Buenos Aires, 1999-2007*; Buenos Aires, Ediciones Prometeo Libros, 2008.

Palomino, Héctor: "La Argentina hoy, los movimientos sociales", en: *Revista Herramienta*, n°27, Buenos Aires, 2004.

Panaia, Marta: *Accidentes de trabajadores informales y migrantes sin papeles: el caso de la industria de la construcción, cirujas, trabajadores infantiles y trabajadores agrícolas en la ciudad e rosario y capital federal*, Buenos Aires, Superintendencia de Riesgos del Trabajo, Presidencia de la Nación, 2007.

Panaia, Marta: *Sociología del riesgo. Accidentes de trabajo en el sector informal*, Buenos Aires, Ed. Miño y Dávila, 2008.

Parizeau, Kate: "Un estudio acerca de la salud de los cartoneros de Buenos Aires. Peligro y desigualdad", en: Suárez, Francisco y Schamber, Pablo (Comp.): *Recicloscopio II. Miradas sobre recuperadores, políticas públi-*

cas y subjetividades en América Latina, Buenos Aires, Ediciones CICCUS-UNLA-UNGS, 2011.

Perelman, Mariano, y Martín Boy : "Cartoneros en Buenos Aires: nuevas modalidades de encuentro", en: *Revista Mexicana de Sociología*, vol. 72, núm. 3 (julio-septiembre), 2010.

Perelman, Mariano: "El cirujeo en la ciudad de Buenos Aires: etnografía de la supervivencia", Tesis doctoral, Facultad de Filosofía y Letras, Universidad de Buenos Aires, 2010.

Perelman, Mariano: "Las subjetividades en vidas de cartón: el cirujeo en la Ciudad de Buenos Aires". Tesis de licenciatura, Facultad de Filosofía y Letras, Universidad de Buenos Aires, 2004.

Prignano, Ángel Oscar: "Una guerra de cuatro siglos: La lucha de Buenos Aires por deshacerse de sus basuras", en: *Primer Ciclo de Conferencias sobre Residuos Sólidos Urbanos*, Secretaría de Ambiente y Desarrollo Sustentable de la Nación, s/f. Disponible en: http://goo.gl/J7FXj.

Prignano, Ángel Oscar: "Cloacas y cirujas de Buenos Aires", en: Revista *Todo es Historia*, n° 491, Buenos Aires, 2008.

Prignano, Ángel Oscar: *El Bajo Flores. Un barrio de Buenos Aires*, Buenos Aires, Junta de Estudios Históricos de San José de Flores, 1991.

Prignano, Ángel: *Crónica de la basura porteña. Del fogón indígena al cinturón ecológico. Buenos Aires*, Junta de Estudios Históricos de San José de Flores, 1998.

Queiróz Ribeiro, Solange y Marcelo Dornelis Carvalhal: "A precarização do trabalho dos catadores de material reciclável e a organização coletiva na associação dos catadores de material reciclável - Acamar - Cascavel - Paraná - Brasil", Brasil, 2009. Disponible en: http://egal2009.easyplanners.info/area02/2233_Queiroz_Ribeiro_Solange.pdf.

Reato, Ceferino: *El gran botín. El negocio de gobernar la Capital*, Buenos Aires, Ed. Sudamericana, 1996.

Repetto, Julieta; Repetto, Mariana y Agoltti, Laura: "Análisis de un colectivo social: caso "Cartoneros" en Corrientes", Facultad de Arquitectura y Urbanismo, Universidad Nacional del Nordeste, 2003.

Reynals, Cristina: "De cartoneros a recuperadores urbanos", ponencia presentada en el *Seminario Internacional "Respuestas de la Sociedad Civil a la Emergencia Social: Brasil y Argentina Comparten Experiencias"*, 4 de noviembre - Universidad de São Paulo, Brasil, 2002.

Ribeiro, Helena y Gina Rizpah Besen: "Panorama da coleta seletiva no brasil: desafios e perspectivas a partir de três estudos de caso", Brasil, 2006. Disponible en: www.interfacehs.sp.senac.br.

Rodríguez, Mónica Viviana: "Recuperación y reciclado de hierro en la Región Metropolitana de Buenos Airtes (RMBA)", en: Schamber, Pablo y Suárez, Francisco (Comp.): *Recicloscopio II. Miradas sobre recu-*

peradores urbanos, formas organizativas y circuitos de valorización de residuos en América Latina, Buenos Aires, Ed. CICCUS-UNLA-UNGS, 2011.

Saavedra, Luis O.: "Capital del ciruja", en *Documento de Protagonistas*, Buenos Aires, Bege Producciones, 1991.

Sánchez, Diana Carolina: "Algunas observaciones sobre la experiencia asociativa de recuperadores en el relleno sanitario de Salta (Argentina) en: Schamber, Pablo J. y Francisco Suárez (Comp.): *Recicloscopio. Miradas sobre recuperadores urbanos de residuos de América Latina*; Buenos Aires, Ediciones Prometeo, 2007.

Saraví, Gonzalo: "Detrás de la basura: cirujas. Notas sobre el sector informal urbano", en, Quirós, Guillermo y Gonzalo Saraví (Comp.): *La informalidad económica. Ensayos de antropología urbana*, Buenos Aires, Centro Editor de América Latina, 2004.

Schamber, Pablo J. y Suárez, Francisco M. (Comp.): *Recicloscopio. Miradas sobre recuperadores urbanos de residuos de América Latina*, Buenos Aires, Editorial Prometeo, 2007.

Schamber, Pablo J. y Suárez, Francisco M.: "Actores sociales y cirujeo y gestión de residuos. Una mirada sobre el circuito informal del reciclaje en el conurbano bonaerense", en *Revista Realidad Económica*, n°190, Buenos Aires, 2006. Disponible en www.iade.org.ar.

Schamber, Pablo: *De los desechos a las mercancías. Una etnografía de los cartoneros*, Buenos Aires, Editorial SB, 2008.

Socolsky, Alejandra Dobo de: "Cartoneros: marco social, político y económico", en: *Latin American and Caribbean Center*, Florida International University, Miami, Florida, 2006. Disponible en: www.insumisos.com.

Solans, Xavier; Alonso, Rosa María; Constans, Angelina y Mansilla, Alfonso: "Exposición laboral a hongos y bacterias ambientales en una planta de selección de residuos de envases", en *Revista Iberoamericana de Micología*, n° 2, vol. 24, España, 2007. Disponible en http://www.reviberoammicol.com/2007-24/131135.pdf.

Suárez, Francisco: "Actores sociales de la gestión de residuos sólidos de los municipios de Malvinas Argentinas y José C. Paz". Tesis de maestría, Facultad de Filosofía y Letras, Universidad de Buenos Aires, 2001.

Suárez, Francisco: "Que los recojan y arrojen fuera de la Ciudad. Historia de la gestión de los residuos sólidos (las basuras)", en, *Documento de trabajo*, n°8, Universidad Nacional de General Sarmiento, 1998.

Suárez, Francisco, et. al.: "El reciclado de plástico en la Región Metropolitana de Buenos Aires", en: Schamber, Pablo y Suárez, Francisco (Comp.): *Recicloscopio II. Miradas sobre recuperadores urbanos, formas organizativas y circuitos de valorización de residuos en América Latina*, Buenos Aires, Ed. CICCUS-UNLA-UNGS, 2011.

Taller de Estudios Laborales: "Informe Trimestral de Estadísticas Laborales y Económicas", n°17, mayo de 2011. Disponible en: http://www.tel.org.ar/spip/est/inftrimay11.pdf.

UAESP: *Caracterización de la actividad del reciclaje en Bogotá*, Ed. Bogotá, Colombia, Pontificia Universidad Javeriana, IDEADE, 2011.

Vergara, Gabriela y Giannone, Gabriel: "Carreros, cartoneros, cirujas y algo más. Hacia un mapeo de los colectivos de recuperadores de residuos en la ciudad de Córdoba", en *Boletín Onteaiken*, n°7, mayo, Córdoba, 2009.

Wamsler, Christine: "El Sector Informal en la separación del material reciclable de los residuos sólidos municipales en el Estado de México", Secretaría de ecología, Dirección general de normatividad y apoyo técnico, Gobierno del Estado de México, 2000. Disponible en: www2.gtz.de/dokumente/bib/05-0023.pdf.

Índice

Ediciones ryr

Títulos publicados

Desocupados en la ruta. Dibujos con programa, Nancy Sartelli

La Herencia, Rosana López Rodriguez

Contra la cultura del trabajo, Eduardo Sartelli (comp.)

La plaza es nuestra, Eduardo Sartelli

Lucha de calles. Lucha de clases, Beba Balvé, et al

El '69, Beba Balvé, Beatríz Balvé

La guerrilla fabril, Héctor Löbbe

La cajita infeliz, Eduardo Sartelli

La Contra, Fabián Harari

Entre tupas y perros, Daniel De Santis

Lecciones de batalla, Gregorio Flores

Valor, acumulación y crisis, Anwar Shaikh

Historia del trotskismo, Osvaldo Coggiola

Rojo Amanecer, Osvaldo Coggiola

Lenin, Georg Lukács

Bolivia: La revolución derrotada, Liborio Justo

Belleza en la barricada, Vicente Zito Lema

Patrones en la ruta, Eduardo Sartelli et al

Obra poética completa, Roberto Santoro

Trelew. El informe, Eduardo Sartelli et al.

Cuentos completos, Humberto Costantini

Poesía y teatro, Humberto Costantini

Investigaciones CEICS

Del taller a la fábrica, Marina Kabat

Costureras, monjas y anarquistas, Silvina Pascucci

Descalificados, Damián Bil

El ingrediente secreto, Verónica Baudino

Crítica del marxismo liberal, Juan Kornblihtt

Brutos y baratos, Romina De Luca

Hacendados en armas, Fabián Harari

Dios, rey y monopolio, Mariano Schlez

Culpable, Gonzalo Sanz Cerbino

Una espada sin cabeza, Stella Grenat

Nacional y popular, Julieta Pacheco

Cirujas, cartoneros y empresarios, Nicolás Villanova

Serie Clásicos

El tribuno del pueblo, Graco Babeuf

La agonía de la cultura burguesa, Christopher Caudwell

Historia de la Revolución Rusa, León Trotsky

Historia y conciencia de clase, Georg Lukács

Literatura y revolución, León Trotsky

Espontaneidad y acción, Rosa Luxemburgo

BIBLIOTECA
MILITANTE
Ediciones ryr

Colección Historia Argentina

Juan Carlos Torre: *La vieja guardia sindical y Perón*
Edgardo Bilsky: *La semana trágica*
Raúl Dargoltz: *El Santiagueñazo. Gestación y crónica de una pueblada argentina*
Jorge Roze: *Conflictos agrarios en Argentina. El proceso liguista*
Alberto Bonnet, Adolfo Gilly y Alan Woods: *La izquierda y la guerra de Malvinas*
Julio Frydenberg y Miguel Ruffo: *La semana roja de 1909*
Natalia Duval: *Los sindicatos clasistas. SiTraC (1970-71)*
Hiroshi Matsushita: *Movimiento Obrero Argentino 1930-1945*
Daniel Pereyra: *Memorias de un militante internacionalista*

Colección Arte y Filosofía

Alex Callinicos: *Contra el posmodernismo*
Paul Lafargue: *En defensa del materialismo histórico*
Ernest Mandel: *Crimen delicioso*
Karl Marx y Bruno Bauer: *Sobre la liberación humana*
Paul Lidsky: *Los escritores contra la Comuna*
Ellen Meiksins Wood: *¿Una política sin clases? El post-marxismo y su legado*
Mario Luciano Robles Baez: *Dialéctica y capital*

Colección Básicos del Socialismo

Daniel Guérin: *La lucha de clases en el apogeo de la Revolución Francesa*
Víctor Serge: *El año I de la Revolución Rusa*
Guillermo Lora: *Revolución y foquismo*
Maximilien Rubel: *Karl Marx: Ensayo de biografía intelectual*
Paul Mattick: *Marx y Keynes. Los límites de la economía mixta*
CLR James: *Los jacobinos negros*

Colección Problemas Contemporáneos

Daniel Pereyra: *Del Moncada a Chiapas. Historia de la Lucha Armada en América Latina*
Lillian Hellman: *Tiempo de Canallas*
Alejandro Valle Baeza y Gloria Martínez González: *México, otro capitalismo fallido*
Roberto Montoya: *La impunidad imperial*
Hal Draper: *La revuelta de Berkeley*
Vo Nguyen Giap, Hoang Quoc Viet, Le Van Luong y Truong Chinh: *Los orígenes de la Revolución Vietnamita, 1930-1945*

Colección Literatura en Acción

David Viñas: *En la semana*
Andrés Rivera: *El precio*
César Vallejo: *El tungsteno y otros relatos*
José González Castillo: *Los invertidos y otras obras*
Andrés Rivera: *Los que no mueren*
P. Esteve, W. Operto y R. Monti: *Máscaras Rojas: El teatro político de los años '70. Volumen I*

Made in United States
Troutdale, OR
11/03/2026

56847371R00236